国家出版基金项目
NATIONAL PUBLICATION FOUNDATION

国家出版基金项目

“十四五”时期国家重点出版物出版专项规划项目

智慧农业关键技术集成与应用系列丛书

大田无人化智慧农场

Unmanned Smart Farm for Field Crops Production

罗锡文　胡　炼◎主编

中国农业大学出版社
China Agricultural University Press
·北京·

内 容 简 介

无人化智慧农场是智慧农业的主要实现方式，是一个多学科交叉的应用领域，涉及农业工程、车辆工程、控制工程、计算机科学与技术、机器人工程等，并融合了自动驾驶、机器视觉、深度学习、遥感信息和农机-农艺融合等前沿技术。

本书的作者为高校从事智慧农业方向的教师、科研人员和研究生，依托"无人化智慧农场"团队的教研与推广实践，全面详细地介绍了大田无人化智慧农场的技术体系，内容涵盖了从农场规划建设至运行维护所涉及的各个环节，重点阐述支撑农场高效生产的智能农机装备的相关理论与方法，特别是线控底盘、卫星定位、路径规划、导航控制、自动避障和多机协同等。本书适合作为现代农业研究人员和应用技术人员的参考资料，也可作为农业工程、智慧农业和车辆工程等相关专业研究生、本科生和专科生的学习资料。

图书在版编目(CIP)数据

大田无人化智慧农场/罗锡文，胡炼主编. --北京：中国农业大学出版社，2024.12.
ISBN 978-7-5655-3346-4

Ⅰ. S126

中国国家版本馆 CIP 数据核字第 2024JS6117 号

书　名　大田无人化智慧农场
　　　　Datian Wurenhua Zhihui Nongchang
作　者　罗锡文　胡　炼　主编

总 策 划　王笃利　丛晓红　张秀环
责任编辑　刘　聪　石　华　蔡恩嘉
策划编辑　刘　聪　石　华
封面设计　中通世奥图文设计中心
出版发行　中国农业大学出版社
社　　址　北京市海淀区圆明园西路 2 号
邮政编码　100193
电　　话　发行部 010-62733489，1190
　　　　　　编辑部 010-62732617，2618
读者服务部 010-62732336
出　版　部 010-62733440
网　　址　http://www.caupress.cn
E-mail cbsszs@cau.edu.cn
经　　销　新华书店
印　　刷　涿州市星河印刷有限公司
版　　次　2024 年 12 月第 1 版　　2024 年 12 月第 1 次印刷
规　　格　185 mm×260 mm　　16 开本　　23.5 印张　　509 千字
定　　价　128.00 元

智慧农业关键技术集成与应用系列丛书
编委会

编委会

总　序

智慧农业作为现代农业与新一代信息技术深度融合的产物，正成为实现农业高质量发展和乡村振兴战略目标的重要支撑。习近平总书记强调，全面建设社会主义现代化国家，实现中华民族伟大复兴，最艰巨最繁重的任务依然在农村，最广泛最深厚的基础依然在农村。智慧农业通过整合5G、物联网、云计算、大数据、人工智能等新兴技术，助力农业全产业链的数字化、网络化和智能化转型，不仅显著提升农业生产效率与资源利用率，同时推动了农业经营管理模式的变革，促进农业可持续发展。智慧农业的意义，不仅在于技术的迭代，更体现在对农业发展模式的深刻变革，对农村社会结构的再塑造，以及对国家粮食安全的全方位保障。

纵观全球，发达国家在智慧农业领域已取得瞩目成效。例如，美国、加拿大、澳大利亚等资源富足国家已经通过智慧大田技术实现了一人种5 000亩地；以色列、荷兰等资源短缺国家通过智慧温室技术实现了一人年产200 t蔬菜、一人种养100万盆花；资源中等国家丹麦、德国通过智慧养殖技术实现了一人养殖20万只鸡、日产鸡蛋18万枚，一人养殖1万头猪、200头奶牛、200 t鱼。这些成功案例不仅展示了智慧农业在提高劳动生产率、优化资源配置和实现可持续发展方面的巨大潜力，也为我国发展智慧农业提供了宝贵的经验和参考。相比之下，我国农业仍面临劳动力老龄化、资源浪费、环境污染等挑战，发展智慧农业已迫在眉睫。这不仅是现代农业发展的内在需求，更是国家实现农业强国目标的战略选择。

党的二十大报告提出，到2035年基本实现社会主义现代化，到本世纪中叶全面建成社会主义现代化强国，而农业作为国民经济的基础产业，其现代化水平直接关系到国家整体现代化进程。从劳动生产率、农业从业人员比例、农业占GDP比重等关键指标来看，我国农业现代化水平与发达国家相比仍有较大差距。智慧农业的推广与应用，将有效提高农业的劳动生产率和资源利用率，加速农业现代化的步伐。

智慧农业是农业强国战略的核心支柱。从农业1.0的传统种植模式，到机械化、数字化的农业 2.0 和 3.0 阶段，智慧农业无疑是推动农业向智能化、绿色化转型的关键途径。智慧农业技术的集成应用，不仅能够实现高效的资源配置与精准的生产管理，还能够显著提升农产品的质量和安全水平。在全球范围内，美国、加拿大等资源富足国家依托智慧农业技术，实现了大规模的高效农业生产，而以色列、荷兰等资源短缺国家则通过智能温室和精细化管理创造了农业生产的奇迹。这些实践无不证明，智慧农业是农业强国建设的必由之路。

智慧农业还是推动农业绿色发展的重要抓手。传统农业生产中，由于对化肥、农药等投入品的过度依赖，导致农业面源污染和环境退化问题日益严重。而智慧农业通过数字化精准测控技术，实现了对农业投入品的科学管理，有效降低了资源浪费和环境污染。同时，智慧农业还能够建立起从生产到消费全程可追溯的质量监管体系，确保农产品的安全性和绿色化，满足人民群众对美好生活的需求。

“智慧农业关键技术集成与应用系列丛书”是为响应国家农业现代化与乡村振兴战略而精心策划的重点出版物。本系列丛书围绕智慧农业的核心技术与实际应用，系统阐述了具有前瞻性与指导意义的新理论、新技术和新方法。丛书集中了国内智慧农业领域一批领军专家，由两位院士牵头组织编写。丛书包含 8 个分册，从大田无人农场、无人渔场、智慧牧场、智慧蔬菜工厂、智慧果园、智慧家禽工厂、农用无人机以及农业与生物信息智能感知与处理技术 8 个方面，既深入地阐述了智慧农业的理论体系和最新研究成果，又系统全面地介绍了当前智慧农业关键核心技术及其在农业典型生产场景中的集成与应用，是目前智慧农业研究和技术推广领域最为成熟、权威和系统的成果展示。8 个分册的每位主编都是活跃在第一线的行业领军科学家，丛书集中呈现了他们的理论与技术研究前沿成果和团队集体智慧。

《无人渔场》通过融合池塘和设施渔业的基础设施和养殖装备，利用物联网技术、大数据与云计算、智能装备和人工智能等技术，实现生态化、工程化、智能化和国产化的高效循环可持续无人渔场生产系统，体现生态化、工程化、智慧化和国产化，融合空天地一体化环境、生态、水质、水生物生理信息感知，5G 传输，智能自主渔业作业装备与机器人，大数据云平台，以及三维可视化的巡查和检修交互。

《智慧牧场》紧密结合现代畜牧业发展需求，系统介绍畜禽舍环境监控、行为监测、精准饲喂、疫病防控、智能育种、农产品质量安全追溯、养殖废弃物处理等方面的智能技术装备和应用模式，并以畜禽智慧养殖与管理的典型案例，深入分析了智慧牧场技术的应用现状，展望了智慧牧场发展趋势和潜力。

《农用无人机》系统介绍了农用无人机的理论基础、关键技术与装备及实际应用，主要包括飞行控制、导航、遥感、通信、传感等技术，以及农田信息检测、植保作业和其他典型应用场景，反映了农用无人机在低空遥感、信息检测、航空植保等方面的最新研究成果。

《智慧蔬菜工厂》系统介绍了智慧蔬菜工厂的设施结构、环境控制、营养供给、栽培模式、智能装备、智慧决策以及辅助机器人等核心技术与装备，重点围绕智慧蔬菜工厂两个应用场景——自然光蔬菜工厂和人工光蔬菜工厂进行了全面系统的阐述，详细描述了两个场景下光照、温度、湿度、CO_2、营养液等环境要素与作物之间的作用规律、智慧化管控以及工厂化条件下高效生产的智能装备技术，展望了智慧蔬菜工厂巨大的发展潜力。在智慧蔬菜工厂基本原理、工艺系统、智慧管控以及无人化操作等理论与方法方面具有创新性。

禽蛋和禽肉是人类质优价廉的动物蛋白质来源，我国是家禽产品生产与消费大国，生产与消费总量都居世界首位。新时期和新阶段的现代养禽生产如何从数量上的保供向数量、品质、生态“三位一体”的绿色高品质转型，发展绿色、智能、高效的家禽养殖工厂是重要的基础保障。《家禽智能养殖工厂》总结了作者团队多年来对家禽福利化高效健康养殖工艺、智能设施设备与智慧环境调控技术的研究成果，通过分析家禽不同生长发育阶段对养殖环境的需求，提出家禽健康高效养殖环境智能化调控理论与技术、禽舍建筑围护结构设计原理与方法，研发数字化智能感知技术与智能养殖设施装备等，为我国家禽产业的绿色高品质转型升级与家禽智能养殖工厂建设提供关键技术支撑。

无人化智慧农场是一个多学科交叉的应用领域，涉及农业工程、车辆工程、控制工程、计算机科学与技术、机器人工程等，并融合了自动驾驶、机器视觉、深度学习、遥感信息和农机-农艺融合等前沿技术。可以说，无人化智慧农场是智慧农业的主要实现方式。《大田无人化智慧农场》依托“无人化智慧农场”团队的教研与推广实践，全面详细地介绍了大田无人化智慧农场的技术体系，内容涵盖了从农场规划建设至运行维护所涉及的各个环节，重点阐述了支撑农场高效生产的智能农机装备的相关理论与方法，特别是线控底盘、卫星定位、路径规划、导航控制、自动避障和多机协同等。

《智慧果园关键技术与应用》系统阐述了智慧果园的智能感知系统、果园智能监测与诊断系统、果园精准作业装备系统、果园智能管控平台等核心技术与系统装备，以案为例、以例为据，全面分析了当前智慧果园发展存在的问题和趋势，科学界定了智慧果园的深刻内涵、主要特征和关键技术，提出了智慧果园未来发展趋势和方向。

智慧农业的实现依靠快速、准确、智能化的传感器和传感器网络，智能感知与处理技术是智慧农业的基础。《农业与生物信息智能感知与处理技术》以作物生长信息、作物病虫害信息、土壤参数、农产品品质信息、设施园艺参数、有害微生物信息、畜禽生理生态参数等农业与生物信息的智能感知与检测等方面的最新研究成果为基础，介绍了智能传感器、传感器网络、3S、大数据、云计算以及5G通信与农业物联网技术等现代信息技术在农业中综合、全面的应用概况，为智慧农业的发展提供坚实的基础。

本系列丛书不仅在内容设计上体现了系统性与实用性，还兼顾了理论深度与实践指导。无论是对智慧农业基础理论的深入解析，还是对具体技术的系统展示，丛书都致力于为广大读者提供一套集学术性、指导性与前瞻性于一体的专业参考资料。这些内容的深度与广度，不仅能够满足农业科研人员、教育工作者和行业从业者的需求，还能为政府部门制定农业政策提供理论依据，为企业开展智慧农业技术应用提供实践参考。

智慧农业的发展，不仅是一场技术革命，更是一场理念变革。它要求我们从全新的视角去认识农业的本质与价值，从更高的层次去理解农业对国家经济、社会与生态的综合影响。在此背景下，“智慧农业关键技术集成与应用系列丛书”的出版，恰逢其时。这套丛书以前沿的视角、权威的内容和系统的阐释，填补了国内智慧农业领域系统性专著的空白，必将在智慧农业的研究与实践中发挥重要作用。

本系列丛书的出版得益于多方支持与协作。在此，特别要感谢国家出版基金的资助，为丛书的顺利出版提供了坚实的资金保障。同时，向指导本项目的罗锡文院士和赵春江院士致以诚挚的谢意，他们高屋建瓴的战略眼光与丰厚的学术积淀，为丛书的内容质量筑牢了根基。感谢每位分册主编的精心策划和统筹协调，感谢编委会全体成员，他们的辛勤付出与专业贡献使本项目得以顺利完成。还要感谢参与本系列丛书编写的各位作者与技术支持人员，他们以严谨的态度和创新的精神，为丛书增添了丰厚的学术价值。也要感谢中国农业大学出版社的大力支持，在选题策划、编辑加工、出版发行等各个环节提供了全方位的保障，让丛书得以高质量地呈现在读者面前。

智慧农业的发展是农业现代化的必由之路，更是实现乡村振兴与农业强国目标的重要引擎。本系列丛书的出版，旨在为智慧农业的研究与实践提供理论支持和技术指引。希望通过本系列丛书的出版，进一步推动智慧农业技术在全国范围内的推广应用，助力农业高质量发展，为建设社会主义现代化强国作出更大贡献。

李道亮

2024 年 12 月 20 日

前言

智能农机装备是转变农业发展方式、提高农村生产力的基础，是实施乡村振兴战略的重要支撑，是智慧农业的核心。没有农业机械化，就没有农业农村现代化。自 2004 年以来，我国农机制造水平稳步提升，农机装备总量持续增长，农机作业水平快速提高，农业生产已逐步从依赖人力畜力转向主要依靠机械动力，进入机械化为主导的新阶段。农业机械化的快速发展，为推动工业化和城镇化、解放农业劳动力、提高农业生产效率，支撑农业农村现代化、保证粮食安全、促进农业经营主体产业化和规模化生产等方面发挥了重要作用。

然而，随着我国城镇化的加速推进和农村劳动力的转移，农村劳动力出现了季节性和结构性短缺，当前种地的大多是老人和妇女。统计数据显示，我国现有农村劳动力中，50 岁以上的占比高达 34.4%，妇女约占农村劳动力的 70%。未来“谁来种地”和“怎样种地”已成为我国农业乃至世界农业面临的共同问题。

无人化智慧农场能够实现农业生产和管理全过程的数字化感知、智能化决策、精准化作业和智慧化管理，是实现智慧农业的重要途径。无人化智慧农场正在成为农业新质生产力，推动农业生产向高产高效、绿色生态、优质安全的可持续发展的目标迈进，成为未来农业发展的主要趋势。英国、美国、以色列、挪威、荷兰、德国、日本等发达国家都先后开始建设无人化大田智慧农场、无人化智慧温室、无人化智慧猪场、无人化智慧渔场等。2017 年英国哈珀·亚当斯大学创建了全球第一个大麦小麦轮作无人农场；2020 年华南农业大学在广州增城建成了全球首个水稻无人化智慧农场，实现了水稻生产的耕、种、管、收全程无人作业，突破了四大关键技术，实现了五大功能，包括耕种管收生产环节全覆盖、机库田间转移作业全自动、自动避障异况停车保安全、作物生长过程实时全监控、智能决策精准作业全无人。在国内各地的大田无人化智慧农场实践中，取得了显著成效，展现了其巨大发展潜力，大幅提高了劳动生产率、土地产出率和农业资源利用率，取得了显著的经济、社会和生态效益，为“谁来种地”和“怎样种地”提供了可行的解决途径。

本书共分四个部分。第一部分是绪论和概述，由第 1～2 章组成，结合我国农业机械化发展历程及现代农业发展面临的挑战，指出智慧农业和无人化智慧农场是农业现代化发展的必然趋势。通过介绍大田无人化智慧农场的概念、特点和应用，帮助读者全面了解该领域的整体概况。第二部分是基础内容，由第 3～4 章组成，介绍了大田无人化智慧农场基础设施和大田作业农机构造等基础知识，包括机库、机耕道、农田和水利等基础设施规划与设计方法，以及农机动力传动、转向、机具连接和线控技术等方面知识。第三部分是关键技术，由第 5～12 章组成，重点分析数字化感知、路径规划、无人驾驶农机控制、精准作业、协同作业、智慧化管理和安全设计等关键技术。第四部分是大田无人农场应用，以国内外典型的大田无人化智慧农场实施项目为案例，具体介绍大田无人化智慧农场的应用。最后展望了我国大田无人化智慧农场的发展规划，分析了经营模式和政策支撑，为企业、农户和政府部门提供参考。

本书在各章节主要内容中，配有视频和图片等数字资源，可通过扫描二维码链接观看，帮助读者更加直观了解大田无人化智慧农场关键技术和典型大田无人化智慧农场实施场景。

在本书编写过程中，得到了中国农村技术开发中心、上海联适导航技术股份有限公司、井岗山农高区管理委员会、安徽中科智能感知科技股份有限公司、黑龙江省七星农场、湖南宏硕生物科技有限公司、吉林省佰强科技有限责任公司等单位的大力支持。感谢华南农业大学无人化智慧农场团队老师和研究生们的辛勤付出，特别感谢参与本书初稿整理以及文字勘测工作的岳孟东、谷秀艳、陶婉琰、阮庆强、满忠贤、冯达文。同时，我们也感谢支持本书研究工作的国家重点研发计划“工厂化农业关键技术与智能农机装备”专项，“水稻全程无人化生产技术装备创制与应用（2021YFD2000600）”“玉米生产全程无人化作业技术装备创制与应用（2022YFD2001600）”和“小麦生产全程无人化作业技术装备创制与应用（2022YFD2001500）”，以及广东省重点领域研发计划“无人农场关键技术集成与应用示范（2023B0202010023）”项目和井冈山农高区省级科技专项（揭榜挂帅）“南方红壤丘陵区水稻智慧生产关键技术与装备研发及示范应用（20222-051252）”项目。

限于编者水平，本书难免存在错误与不妥之处，恳请广大同行及读者批评指正，以便今后修订时改进。

编　者

于华南农业大学

2024 年 9 月

目录

第 1 章

绪 论

1.1 农业机械化发展阶段概述

如同我国农业的发展经历了原始农业、传统农业和机械化农业三个发展阶段，正向智慧化农业发展的历史一样，我国的农业机械化也经历了原始生产、传统生产和机械化生产三个发展阶段，正向智慧化生产阶段发展，可分别称为 1.0 原始生产阶段、2.0 传统生产阶段、3.0 机械化生产阶段和 4.0 智慧化生产阶段。

1.1.1 1.0 原始生产阶段

10 000 万年前至公元前 500 年左右为原始农业阶段，历时 7 500 年左右。原始农业是由采集、狩猎逐步过渡而来的一种近似自然状态的农业，属于世界农业发展的最初阶段。其特征是使用简陋的石制工具，采用粗放的刀耕火种的耕作方法，进行以简单协作为主的集体劳动。距今 12 000 年前，中国新石器时代的早期阶段出现了原始农业的雏形，进入原始农业的重大技术突破的标志是人类驯化了野生植物和动物。水稻是原始农业社会最重要的农作物之一，中国是世界上最早种植水稻的国家，其他农作物还有粟、黍和大豆等。此时的畜牧业也有所发展，人类驯化了猪、狗、羊、牛、马和鸡等六畜。距今约 7 000 年前，浙江余姚市河姆渡的原始居民开始采用棍棒或石制、骨制耒耜种植水稻。传说中，神农氏“因天之时，分地之利，制耒耜，教民农作”成为农业的始祖。耒是一根尖头木棍加上一段短横梁，使用时把尖头插入土壤，然后用力翻出，改进的耒有两个尖头或具有省力曲柄。耜类似耒，但尖头变成扁头（耜冠），类似锹、铲，其材料从早期的木质发展至后来的石质。耒耜的发明提高了作业效率，成为后来犁的前身。铁器出现之后，木耒、木耜开始套上铁制的刃口，长沙马王堆汉墓出土的木耜上就套有铁刃。河姆渡还出土了可能已驯化的水牛遗骨化石，因此有人甚至认为，河姆渡的先民可能已使用牛踏田的整田方式。在原始农业阶段，由于土地瘠薄，生产工具落后，耕作方式粗放，作物产量很低，先民还需靠狩猎、捕鱼等方式维持生存，并要经常迁徙。

1.1.2 2.0传统生产阶段

从公元前500年左右至以蒸汽机发明为代表的工业社会开始的这段时期为传统农业阶段。传统农业是在自然经济条件下，采用人力、畜力、手工工具和铁器等为主的手工劳动方式，靠世代积累的传统经验发展，以自给自足的自然经济居主导地位的农业。传统农业的基本特征，一是金属农具和木制农具代替了原始的石器农具。二是畜力成为生产的主要动力。犁的出现是原始农业向传统农业转型时期（特别是在水稻生产中）生产工具上的一项重要进步。犁耕将原来用耒耜上下间歇运动的耕作方式变为水平连续运动的耕作方式，唐代将直辕犁改进为曲辕犁更是一大进步：曲辕犁的设计使其操作灵活，便于调头和转弯；在构造上增加了翻土用的犁壁，可以调整犁铧以控制犁的入土深度，使耕作更加精细，可适应不同土壤条件和作物要求。曲辕犁一直延续至近代。清代的《御制耕织图》中对耕、耙耱和碌碡等水田耕整环节进行了描述。水稻种植也从原始社会的无序撒播改进为有序点播（穴播），汉代还出现了插秧。三是逐步形成了一套精耕细作的农业种植措施，如选育良种、积肥施肥、兴修水利、防治病虫害、改良土壤、改革农具和实行轮作等。用龙骨水车提水、施用草木灰和农家肥、用虫梳除虫等田间管理技术广泛应用于水稻生产中。在收获环节，汉代开始采用镰刀收获，从石镰、蚌镰、铜镰到铁镰逐步改进，其中铁镰一直沿用至今。

1.1.3 3.0机械化生产阶段

以1776年蒸汽机的发明和使用为标志，人类进入了工业社会，农业也进入了机械化农业时代。工业社会的特征之一是人类社会的生产工具得到了革命性的发展，机器代替了手工工具。拖拉机作为农业机械化的重要组成部分，扮演着推动农业发展的关键角色。1958年7月20日，我国第一台拖拉机“东方红”下线，引领我国农业机械化进入快速发展阶段。以近20多年来的发展为例，2000年全国农业物耕种收综合机械化水平为32.30%，2022年提高至73.11%，22年间提高了40%以上。农业机械化水平的快速提升，大幅提高了农业生产的劳动生产率、土地产出率和资源利用率。过去一个人一头牛一天最多只能犁2亩（1亩≈667 m^2）水田，现在一台90马力拖拉机一天能旋耕60～80亩水田；“面朝黄土背朝天”是人工插秧的典型写照，过去一个人一天最多能插1亩田，现在一台乘坐式插秧机一天能插50～60亩；过去在水稻生产中采用人工喷药，不但效率低，而且时有人员中毒事件发生，现在采用无人机喷药，1 h能喷200亩。我国的水稻生产从1952年的种植面积4.26亿亩、单产160.53 kg和总产6 843万t，发展至2020年的种植面积4.51亿亩、单产469.6 kg和总产21 186万t，其中农业机械化做出了重要贡献。“农业的根本出路在于机械化”，我国农业机械化的发展历史证实了毛主席的这一英明论断。

1.1.4 4.0智慧化生产阶段

智慧农业是现代农业的发展方向，是现代科学技术与农业生产相结合，实现无人化、自动化、智能化和无人化生产的农业生产方式与技术，主要包括现代生物技术、现代信息技术和智能农机装备。数字化感知、智能化决策、精准化作业和智慧化管理是智慧化生产的四大关键技术。①数字化感知是指通过“星”(卫星)、“机”(有人驾驶或无人驾驶的飞机)、“地”(地面仪器)技术平台获取农业生产过程中的土壤信息(包括土壤耕作阻力、土壤养分和水分含量)、作物长势信息和作物病虫草害信息等。②智能化决策包括智能决策农业生产的土地整治、耕整、种植、播种、田间管理和收获方案。③精准化作业包括耕整、种植、田间管理和收获各环节的农机自动导航和精准作业，还有谷物高效精准干燥等。④智慧化管理包括农作物生长管理、农机管理(农机作业位置、作业质量和故障预警等)和农场管理(包括产前、产中、产后全程的农事管理、农机管理和经营管理等)。2020年华南农业大学采用智慧化生产技术在广东增城创建了世界上第一个水稻无人化智慧农场，实现了五大功能：耕种管收生产环节全覆盖、机库田间转移作业全自动、自动避障异况停车保安全、作物生长过程实时全监控、智能决策精准作业全无人。2021年水稻无人化智慧农场种植的早稻产量比传统种植方式高出32个百分点。实践表明，采用智慧农业技术，人不下田也能种地，也能种好地。

1.2 大田无人化智慧农场的发展需求

1.2.1 可大幅提高农业生产的三率

随着人口增长和人类对食品需求的不断增加，传统的农业生产方式已经很难满足现代社会发展的需求。智慧农业作为一种新型的农业生产方式，是现代农业的发展方向。大田无人化智慧农场是实现智慧农业的有效途径，以智能农机装备为基础，以数据和知识为核心要素，将现代先进技术与农业深度融合，可大幅度提高农业生产的三率(劳动生产率、土地产出率和资源利用率)，是现代农业发展的必然趋势。

1.2.1.1 提高劳动生产率

1952年，我国总人口5.75亿，其中农村劳动力人口1.73亿，即1个农村劳动力的劳动产出满足3.32个人的实际粮食需要；2019年，我国总人口14亿，农村劳动力人口1.94亿，即1个农村劳动力的劳动产出满足7.2个人的实际粮食需要；到2050年，我国总人口预计13.65亿，但农村劳动力人口占比将低于10%，急需通过提高劳动生产率来满足人们的食物需求。2003—2019年，我国农作物综合机械化率每提高1个百分点，城市化率约提高0.53个百分点，而农业劳动力在社会总劳动力中的占比则降低0.64个百分点，表明农业机械化可大幅提高劳动生产率，能使更少的农村劳动力养活更多的人口。到2050年，我国 1 个农村劳动力需要养活至少 10 个人，为此，需要进一步提高农业机械化和智能化，实现农业无人化智慧生产，提高劳动生产率。

1.2.1.2 提高土地产出率

1949 年，我国水稻、小麦和玉米三大粮食作物的单产分别为 1 892.29 kg/hm^2、642.10 kg/hm^2 和 961.66 kg/hm^2；随着农业机械化技术和良种良法等先进农业科学技术的应用，2020 年三大作物的单产分别提高至 7 043.22 kg/hm^2、5 742.09 kg/hm^2 和 6 317.74 kg/hm^2，分别是 1949 年的 3.7 倍、8.9 倍和 6.6 倍。当前，我国人均耕地面积仅为 0.86 hm^2，且随着工业化和城镇化的发展，我国农业用地将更为紧张，因此，通过智慧农业生产提高土地产出率是用有限的耕地养活众多人口的重要途径之一。

1.2.1.3 提高资源利用率

1991—2020 年，我国通过采用精准灌溉技术，灌溉水有效利用系数从 0.358 提高至 0.560；采用精准施肥技术，节约肥料 15%～40%；采用精准施药技术，节约农药 40%～60%。总体来看，我国农业生产的资源利用率与发达国家还存在一定的差距，以 2020 年为例，我国水稻、玉米和小麦三大粮食作物的化肥、农药和农田灌溉用水利用率分别为 40.2%、40.6%、55.9%，而欧美等发达地区的小麦、玉米等粮食作物生产的化肥、农药、农田灌溉用水的利用率均为 50%～65%。为此，我国需加强推广精准农业生产技术，提高农田灌溉用水、化肥和农药等农业资源的有效利用率。

1.2.2 是解决“谁来种地”和“怎样种地”的有效途径

随着我国农村劳动力“老龄化、女性化、副业化”的日益加重，“谁来种地”和“怎样种地”已成为我国农业和世界农业面临的共同难题。第三次全国农业普查数据显示，2016 年全国农业生产经营人员 31 422 万人，其中年龄 55 岁及以上的 10 551 万人，占比 33.58%，女性 14 927 万人，占比 47.50%。2022 年全国第一产业从业人员 29 562 万人，比 2002 年减少了 7 078 万人，第一产业中青壮年劳动力向第二、第三产业的转移带来了农村劳动力数量的减少和结构的改变。农民工进城后，只能利用假期返乡简单“照顾”留在农村中的地，种地从“主业”变成了“副业”，种地质量难以保证，甚至造成耕地撂荒现象。

随着科学技术的发展，物联网、大数据、人工智能、机器人、智能装备制造和 5G 等新一代信息技术使智能农机替换人工成为可能。大田无人化智慧农场能够实现农业生产和管理全过程的信息感知、定量决策、智能控制、精准投入和个性化服务，进而实现农业生产集约化、高产、优质、高效、绿色和安全等可持续发展的目标。英国、美国、以色列、挪威、荷兰、德国和日本等发达国家已先后建设大田无人农场、无人温室、无人猪场和无人渔场等，2017 年，英国哈珀亚当斯大学创建了全球第一个小麦无人农场。2020 年，华南农业大学在广州增城成功建设了全球首个水稻大田无人农场。2020 年 5 月 3 日，无人农场的第一台无人驾驶拖拉机自动从机库开至田中，在第一行作业的起点放下旋耕机并开始作业。在北斗卫星信号和计算机的支持下，无人驾驶拖拉机精准地完成了走直线、调头转弯和对行上线等各个动作，直线行驶误差不超过2.5 cm，对行误差不超过2.5 cm，可以保证不漏耕、不重耕。2020年5月9日，无人驾驶拖拉机配备水稻旱直播机，采用开沟旱播的方式，准确地将水稻种播在田中。水稻生长期间，采用无人驾驶高地隙喷雾机进行农药喷施，并用无人机进行农药喷施和变量施肥等田间管理作业。2020年8月30日，无人驾驶收获机和无人驾驶运粮车先后自动从机库驶出，组成无人驾驶主从导航收获系统——收获机自动进入田中收获，运粮车则在田边等待。收获机粮仓快满时，立即通过云端服务器向运粮车发出“请来接粮”的信号，运粮车收到信号后，立即行驶到收获机旁边，收获机准确地将稻谷卸至运粮车中。卸完粮后，收获机继续收获，运粮车判断自身粮仓是否装满，若不满则原地等待，继续接收“请来接粮”信号，若满仓则将稻谷卸至卡车中。从2020年5月3日旋耕至2020年8月30日收获，历时120天，实现了水稻生产耕、种、管、收全程无人作业，与人工驾驶作业相比，作业效率高，作业质量好，作物产量高。大田无人化智慧农场为解决“谁来种地”和“怎样种地”提供了一条有效途径。

实践表明，发展大田无人化智慧农场是推动现代农业发展的重要举措。大田无人化智慧农场以现代化、自动化装备升级传统农业产业，实现了农业生产和管理全程的无人化，从而大大提高劳动生产效率，是现代农业发展的方向。

参考文献

[1] 罗锡文，胡炼，何杰，等. 中国大田无人农场关键技术研究与建设实践[J]. 农业工程学报，2024，40(1)：1-16.

[2] 罗锡文，廖娟，臧英，等. 我国农业生产的发展方向：从机械化到智慧化[J]. 中国工程科学，2022，24(1)：46-54.

第 2 章

大田无人化智慧农场概述

2.1　大田无人化智慧农场的概念

发展大田无人化智慧农场是推动现代农业高质量发展的重要举措，其以现代化和自动化装备升级传统农业产业，实现农业生产和管理全程的无人化，从而大大提高劳动生产效率。大田无人化智慧农场的本质是在农业生产中用智能农机装备替换人力，是未来农业发展的必然趋势，是实现智慧农业的重要途径。

大田无人化智慧农场包括数字化感知、智能化决策、精准化作业和智慧化管理四大关键技术，具有以下五大功能。

一是耕种管收生产环节全覆盖，即覆盖农作物生产中的耕整、种植、田间管理（水、肥、药）和收获的各个环节。

二是机库田间转移作业全自动，即农机自动从机库转移到田间，完成田间作业后自动回到机库。

三是自动避障异况停车保安全，即农机在转移和作业过程中能自动避障，遇到异常情况能自动停车，以确保安全。

四是作物生长过程实时全监控，即能对作物生产过程中的长势和病虫草害情况进行实时监控。

五是智能决策精准作业全无人，即能根据作物的长势和病虫草害情况及时作出决策并自动进行精准作业，包括精准灌溉、精准施肥和精准施药等。

2.2　大田无人化智慧农场的系统架构

大田无人化智慧农场的系统架构如图 2-1 所示，包括数字化感知、智能化决策、精准化作业和智慧化管理四大关键技术，集成云管控平台和无人化智能农机形成大田无人化智慧农场总体解决方案，以实现耕种管收生产环节全覆盖、机库田间转移作业全自动、自动避障异况停车保安全、作物生长过程实时全监控和智能决策精准作业全无人五大功能为目标，达到农场全程无人（少人）智慧化可持续性运行。

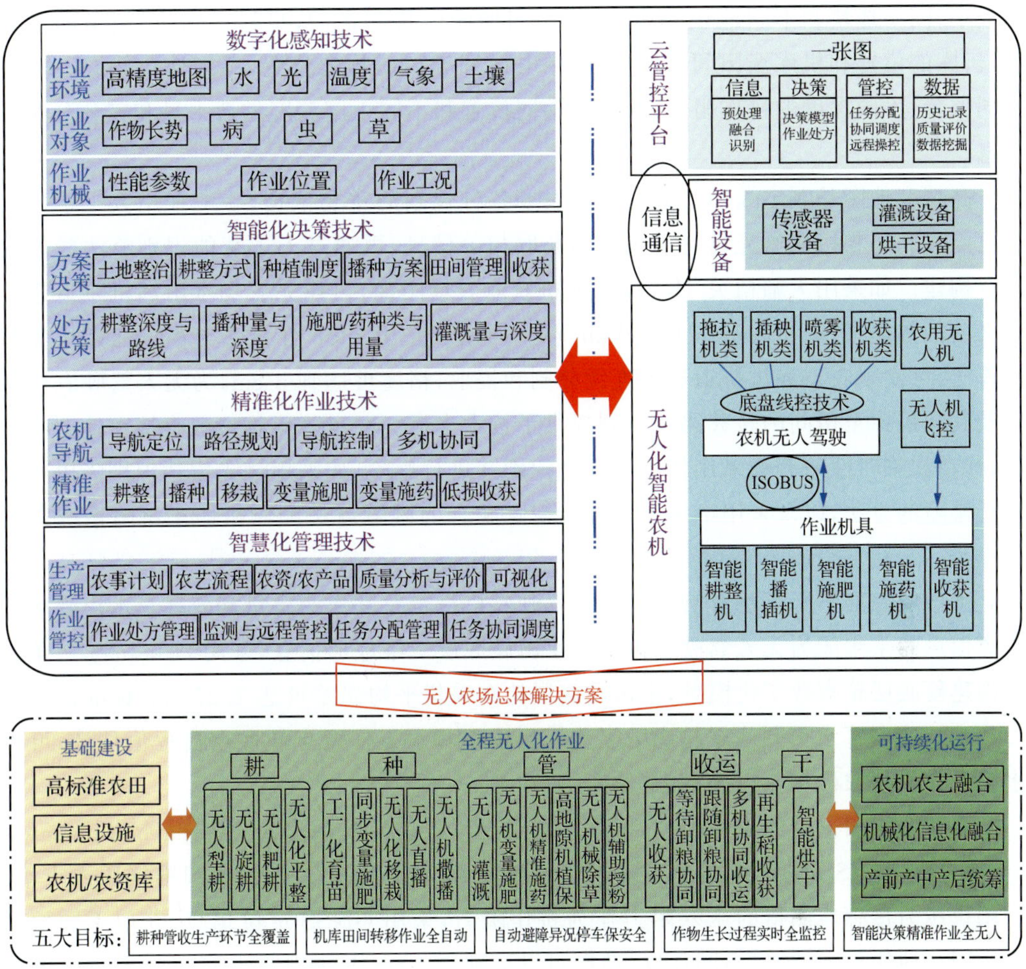

图 2-1　大田无人化智慧农场系统架构图

2.3　大田无人化智慧农场的关键技术

2.3.1　数字化感知

数字化感知技术包括大田无人化智慧农场的作业环境、作业对象和作业机械信息的精准感知，“星-机-地”是数字化感知的主要技术。其中，“星”指采用卫星影像获取较大范围的各种信息，“机”指采用农用飞机获取农田中的各种信息，“地”指采用地面机载仪器直接获取农田中的各种信息。

2.3.1.1　作业环境信息感知

大田无人化智慧农场的作业环境信息包括农场高精度地图构建信息，以及水、光、温、湿、气和土壤养分信息等。农场高精度地图包括大田无人化智慧农场的位置，地块的位置和大小，同一地块和不同地块的田面高差，田埂的位置和走向，机耕道的位置、走向和宽度，机库的位置和机库至田间的道路，田中电线杆等障碍物的位置，不同地块和同一地块不同位置、不同深度的耕作阻力，地块中不同位置和不同土壤深度的含水量和养分分布等信息。

高精度地图是制定大田无人化智慧农场各种规划的重要依据，一般采用人工手持设备打点或利用相机和激光雷达等传感器获取相关信息，再通过人工智能识别算法等方法进行构建。如采用大疆精灵 4RTK 无人机获取农场图像，再建立农场水田和机耕道边界语义分割数据集，采用改进型 DeepLab V3+网络和基于 Blob 分析法与霍夫变换边界识别算法，可实现农田和机耕道边界连续分割和提取，精度可达到 5 cm，为无人驾驶农机作业及其从机库至田间的转移路径规划提供了技术支撑。固定障碍物一般直接在地图中标出，移动和临时性障碍物采用传感器实时识别并进行避障，如采用激光雷达识别障碍物和绕行避障的方法，以及采用毫米波雷达与视觉融合的避障算法和农机停车避障系统进行避障。

水田硬底层不平直接影响水田无人驾驶农机行走及其作业质量和效率。水田硬底层轮廓信息的采集能为无人驾驶农机提供水田硬底层三维地形信息，采用 Delaunay 三角剖分构建硬底层轮廓数字化模型，水田硬底层轮廓采集平均误差可达 1.25 cm，标准误差为 1.49 cm，实现了水田硬底层轮廓数字化模型构建和水田任意点硬底层高程值估计，可为水田无人驾驶农机作业提供精准“地图”。

为获取农田土壤的耕作阻力，可采用基于全球卫星导航系统(global navigation satellite system，GNSS)的车载式土壤耕作阻力测定仪，将土壤坚实度测定圆锥仪压入土壤，采用拉压力传感器测得的压入阻力作为耕作阻力，采用 GNSS 定位信息，获取不同地块以及同一地块不同位置、不同深度(精度可以达到 0.5 cm)的耕作阻力信息。土壤中的氮磷钾至今仍无法实现在线快速准确测定，可采用带 GNSS 定位的土壤取土器，将不同位置、不同深度的土壤取出放在专制的容器中，并记录其位置，在实验室中分析后即可获得不同位置、不同深度处土壤的氮磷钾含量、pH 和有机质值，为农田的变量施肥提供支撑。

土壤水分和水田田面水层深度可采用土壤水分无线测定系统获取，该系统可在水田田面有水时测定水层深度，在田面无水时测定土壤水分，并将测定结果实时发送至网络终端，根据水层和水分情况可通过远程控制进行自动灌水和排水。

2.3.1.2 作业对象信息感知

作业对象信息的精准感知是大田无人化智慧农场田间管理环节实现无人化作业的前提和基础，在此基础上开发适用于作物生产无人化作业的肥药处方智能决策系统，可为田间管理提供数据和作业决策方面的支撑。大田无人化智慧农场的作业对象信息主要包括作物长势和病虫草害等信息。

1. 长势信息感知

作物长势信息是表征作物生长状态的重要参数。及时、准确、快速和无损地获取作物长势信息,对于分析作物生长特征,判断作物营养状况,实现精准施肥,促进作物生长具有重要意义。归一化植被指数(normalized difference vegetation index,NDVI)是作物长势及营养状态的常用指示因子,根据该参数可解析出作物对氮的需求量,指导农户合理施肥。

采用传统的航天、航空遥感技术获取作物长势信息存在周期长、分辨率低、气象影响因素多等问题,尤其在广东等南方地区,适合遥感的无云气象条件的时间更少。无人机近地遥感技术可弥补现有航天、航空遥感技术的不足。受载荷量及滞空时间的限制,要求无人机挂载的遥感传感器质量轻、体积小。通过获取的长势信息,构建作物养分信息快速解析和施肥决策模型,并采用与已有标准种植模型比对的方式生成施肥处方图;采用变量施肥,无人机根据处方图执行施肥作业,结合北斗卫星导航系统定位,进行精准的肥料"补缺";无人机可自主起降,根据航线进行自主飞行和自动变量作业,实现肥料均匀撒施和用量的精准控制。应用示范结果表明,采用机载遥感处方施用氮肥,亩均氮肥施用量比传统施肥方式最多可减少30%,且水稻生长整齐一致,青枝腊秆,籽粒饱满,产量比传统施肥处理高6%~10%,亩均可增收100元,达到了稳产、节本和绿色环保的效果。

2.病虫草害信息感知

作物病虫草害的早期准确检测信息是实施病虫草害精准防治的重要依据。目前,常用的作物病虫草害检测方式主要有电子鼻检测法、光谱检测法、图像识别法和激光雷达检测法等。例如,采用双层R-FCN网络的褐飞虱检测和计数算法,褐飞虱识别准确率达90%以上。为精准检测褐飞虱数量及其对水稻的侵害信息,华南农业大学采用高光谱技术获取水稻茎秆和冠层光谱特征波段信息,基于宽度学习系统(broad-learning system,BLS),建立茎秆与冠层光谱特征信息相结合的褐飞虱危害识别及危害等级判定模型,水稻褐飞虱危害识别率可达98.3%,褐飞虱危害等级判定准确率可达97.2%,为进一步研发基于水稻光谱特征的多方位监测装置提供了支持。基于FRNet深度学习网络模型的水稻病虫害识别系统,目前已能识别23种水稻病害、19种虫害,识别的准确率分别为93.41%和90.25%,可支撑农户进行远程病虫草害的识别与智能诊断,指导农户精准用药。

3.作业机械信息感知

作业机械信息是在大田无人化智慧农场生产中制定作业机械和作业规划的重要依据。作业机械信息主要包括作业机械的性能参数、机械定位和作业工况等。

作业机械的性能参数包括功率、前进速度、转弯半径和拖拉机动力输出轴(power take-off,PTO)转速等。在无人驾驶系统中设计了数据采集模块,通过T-BOX(Telemeties Box,远程信息处理器)对农机实时工况数据(如实时航向、位置偏差、RTK信号等)进行采集和计算,通过控制器局域网(controller area network,CAN)总线获取农机的胎压、时速和发动机转速等信息,并将这些信息发送至云管控平台,为智能农机自动驾驶技术的改进或作业质量的评估提供参考,如采用基于GNSS和惯性测量单元(intertial measurement unit，IMU）融合的农机前进速度测量方法，可提高农机转向时速度测量的准确性。作业机械的作业位置主要通过安装在作业机械上的卫星天线信号获得，考虑作业机械移动可能产生的误差，可采用基准站的差分信号进行校正。多机协同作业时，主机与从机的位置信号通过数传电台或4G/5G模块传送。

作业机械的工况信息通过安装在相关部位的传感器获得，如旋耕机的转速和旋耕深度等；播种机的穴粒数、穴距、播种深度和堵塞情况等；施肥机的排肥轮转速、施肥量和堵塞状况等；喷雾机的流量、喷雾压力和堵塞情况等；收获机的谷物流量、脱粒损失、清选风扇转速、脱粒滚筒转速、净粮升运转速和皮带损失等。通过在无人驾驶旋耕机上安装视觉传感器、姿态传感器和车载处理终端，可实时采集并处理旋耕作业后的土壤图像，识别并统计图像中的土块大小和数量，根据计算的碎土率评价无人驾驶旋耕机的碎土作业质量，并自主决策是否需要重复旋耕作业。通过水稻旱直播机上安装的传感器自动获取农机实际作业距离、作业覆盖率、作业效率、作业直线度和作业面积等信息，通过播种监测装置监测作业漏播率及播种覆盖率。

采集的工况信息可自动传送至农机上的控制中心和远程监控平台，控制中心根据接收到的工况信息做出相应的处理。如发现收获机脱粒滚筒转速降低过多，就降低收获机前进速度，以防脱粒滚筒发生堵塞；如发现播种机、施肥机或喷雾机堵塞，则立即停机，并通知操作人员排除故障。

2.3.2 智能化决策

智能化决策指根据数字化感知获取的各种农情信息对精准作业进行智能决策，包括土地整治、耕整、种植、播种、田间管理和收获。

2.3.2.1 智能决策土地整治方案

在大田无人化智慧农场建设中，为了提高机械化作业的效率，田块应尽可能大，田面应尽可能平，连片面积也应尽可能大，所以应根据地形地貌和田面高差，智能决策土地整治方案，包括地块大小和机耕道等，地块应尽可能按长方形布置，农机下地口布置应合理。灌排渠道布置也是土地整治方案中应重点考虑的一个问题。在建设无人化智慧农场时采用无人机航拍农田的图片并通过拼接生成高程分布图，根据各田块高程差决策小田块合并大田块的方案，以及灌排渠道布置方案。

2.3.2.2 智能决策耕整方案

不同作物、不同生长期对土壤结构的要求不同。耕作方式是影响土壤结构甚至微生物的重要因素，所以应根据不同作物对土壤结构的要求和耕整习惯等，智能决策耕整方案，包括犁耕、耙耕和旋耕等。根据作物生长要求，优化组合不同耕作方式，如犁-耙、犁-旋和冬翻春旋（耙）等，以及水田旱耕和水田水耕等。精准平整对实现水田“寸水不过地”尤为重要，包括水田水平整和水田旱平整等，要根据农田土壤含水量选用，如根据平地作业过程中的地形实时测量数据，动态决策北斗平整作业机具的作业深度和作业路径。

2.3.2.3 智能决策种植方案

我国地域辽阔，农作物品种众多，种植习惯各异，所以应根据不同区域和不同作物的生长要求，智能决策种植方案。一是熟制的选择，包括一熟制或多熟制，如稻-麦、稻-油(菜)、稻-稻等；二是种植品种的选择，以水稻为例，包括粳稻和籼稻，常规稻、杂交稻和超级杂交稻，早稻、中稻和晚稻，还有再生稻等；三是种植方式的选择，如水稻的直播和移栽，直播又包括水直播、旱直播和飞机撒播，移栽包括插秧和抛秧等。

2.3.2.4 智能决策播种方案

一是播种时间，农谚有“春争日，夏争时”之说。对于播种时间的选择：①根据作物生长的要求，②根据当地的气温，如水稻直播一般要求温度在 12 ℃以上；③根据气候，如晴天或下雨前播等。二是播种量，如行距、穴(株)距和每穴(株)种粒数。三是播种精度，如玉米播种要求每穴 1 粒、穴距相等、播深一致等。采用电驱播种技术和北斗定位技术，可实现穴距调整与播种的种子坐标和深度的三维定位。

2.3.2.5 智能决策田间管理方案

田间管理包括水、肥、药和杂草的管理。一是水的管理，应根据作物生长情况和土地墒情进行自动灌溉和排水，如水稻生长要求“三青三黄”，即晒三次田，灌三次水，所以要求适时掌握稻田水层深度或土壤中的含水量。二是施肥，目前根据 NDVI 推算作物对氮需求量的研究取得了重要进展，对合理施用氮肥具有重要的指导作用，如通过获取的水稻长势信息构建水稻养分信息快速解析和施肥决策模型并生成施肥处方图，再采用变量施肥无人机根据处方图执行施肥作业。三是对病虫草害的防控，目前对病虫草害的快速精准实时识别尚未取得重大突破，所以应采取光谱检测、图像识别和在田头加装摄像头等多种技术融合的方法，以实现病虫草害的早期识别。

2.3.2.6 智能决策收获方案

一是要确定收获时间，俗语有云：“九成熟，十成收；十成熟，九成收”，不同品种的作物对收获成熟度的要求不一样，应注意把握分寸。二是收获方式，如水稻的全喂入收获与半喂入收获，倒伏水稻的收获等。三是机器的调整，如水稻收获机应能根据水稻长势自动调整前进速度、割幅宽度、割台高度、拨禾轮转速、脱粒滚筒转速和清选风扇转速等。

2.3.3 精准化作业

2.3.3.1 农机自动导航

1. 定位与测姿

农田环境、作业工况和复杂的地面情况均影响农机定位和姿态估计，而定位的偏离会导致作业路线偏离，进而影响作业质量。采用北斗卫星导航系统(BDS)/GNSS 的厘米级平面定位数据和惯性传感器(inertial measuring unit，IMU)测得的农机横滚俯仰、线加速度和角加速度信息，可以获取农机精准的位姿。农机在田间作业时，树木遮挡常导致差分信号丢失，可采用融合北斗定位数据和 IMU 数据的 Kalman 滤波方法，依据四自由度农机运动学模型设计 BDS/INS 信息融合算法，结合导航跟踪控制方法实现失锁续航功能。研究结果表明，在行驶速度为 1 m/s 时，农机的平均失锁续航距离为 16.65 m，如果在此范围内信号恢复，则转为正常行驶。网络信号在较为偏远的山区覆盖不全面时，农机可能无法获取差分信号，采用星基增强精密单点定位技术的农机自动导航系统可替代地基 RTK 系统，采用卫星通信替换蜂窝网络传输差分信号。广东、江西、湖北三个区域的定位性能测试表明，动态定位标准差分别为 0.009 19 m、0.013 16 m 和 0.012 679 m。

2. 路径规划

路径规划是农机导航与自动作业的关键技术之一，一般田块分为矩形边界和不规则边界两大类。为实现田块的全覆盖路径规划，针对矩形边界田块，采用平行作业内圈和矩形套外圈的方法；针对不规则边界田块，采用平行边界内缩的方式规划外圈路径，内部矩形区域采用平行路径实现全覆盖。为减小农机自动驾驶中地头的预留距离，往复作业法结合弓形转弯和鱼尾转弯法适用于智能喷雾机无人喷雾作业和智能拖拉机无人播种作业，套行法结合弓形转弯及边界补漏作业的方式适用于智能拖拉机无人旋耕作业。采用不同的作业策略可以改变作业时间，针对最短作业时间问题，在保留对转弯空间进行补漏的基础上，采用基于贪婪算法与禁忌搜索算法（Greedy-TS）相结合的组合优化方法对田间路径规划进行全局优化，所设计的组合优化方法可缩短作业距离 4% 以上。路径规划所需的田块边界位置信息可通过高清晰度可见光遥感影像快速准确地获取。

3. 导航控制

导航控制技术是智能农机自动导航控制系统的核心技术之一。针对旱田路径跟踪设计的比例-积分-微分（proportion integration differentiation，PID）直线路径跟踪导航控制器，在前进速度 0.8 m/s 时，直线跟踪平均绝对误差≤3 cm。在地头转弯曲率较大时，路径跟踪难度增加，无法采用简单模型实现精准跟踪，但可采用深度强化学习方法建立基于性能指标的导航控制网络。该网络能在一定范围内的任意初始偏差和不同速度下进行跟踪，运用并行计算单元（graphic processing unit，GPU）计算输出，计算周期仅 12 ms。

水田农机作业时，侧滑严重影响农机导航精度，基于预瞄跟随和侧滑补偿的复合路径跟踪控制算法能显著提高农机导航系统的水田抗侧滑干扰能力。针对水田农机俯仰横滚变化频繁且幅度大的问题，通过建立基于农机姿态修正的农机运动学模型，以及水田农机的线性模型、目标函数和约束函数的农机姿态模型预测控制（model predictive control，MPC）路径跟踪方法，可获取高精度跟踪控制效果。田间试验结果表明，直线路径跟踪的平均均方根误差为 4.3 m，平均绝对误差为 3.3 m。

2.3.3.2 农机精准作业

1. 耕整环节

农田田面和硬底层不平可导致旋耕作业的深度不一和旋耕机倾斜，影响耕后作业平整度和耕深。安装耕深自动调节系统和农机具自动调平控制系统的旋耕机可实时调节机具作业耕深，减少拖拉机左右倾斜对作业质量的影响。相比无调平功能的旋耕机，可显著提高耕后地表横向平整度和耕深稳定性，田间试验结果表明，具有自动调平功能的旋耕机耕后垄面横向最大高差和耕深横向最大高差分别为 1.9 cm 和 1.8 cm，而无自动调平功能的旋耕机分别为9.8 cm 和9.7 cm。为满足我国农田精准平整作业需求，一般采用激光和北斗信号实现平整机具高程精准测量，高精度激光接收器的精度可达±3 mm。通过平整机具高程与水平联合控制方法可控制平整机具作业高程和水平控制误差分别≤17 mm 和≤0.24°，实现平整机具精准作业控制，平整作业精度≤±30 mm。针对人工确定平整深度和路径难的问题，华南农业大学创新了平整过程中基于车体位姿估计的农田表面高程测量技术，误差≤11 mm；成功研制系列旱地和水田平整机具。采用精准平整系统引导推土机和挖掘机进行耕地耕层剥离和平整精准作业，提高了高标准农田建设质量和效益。

2. 种植环节

在大田作物生产中，保持作物种植的合理株距是保证大田作物产量和品质的重要措施之一。传统的地轮驱动播种机易因地轮滑移而产生播种不均、漏播及株距调节精度不高等问题，基于卫星和雷达测速的电驱播种技术可实现株距和播量的精准调节，基于北斗卫星信号的株距和播量控制系统已用于水稻和花生等播种机。为监测排种器的播量和漏播情况，基于时间序列的播种量穴粒数和穴数监测系统实现了对水稻精量穴直播机播种量、排种器转速、种箱料位高度和机具行驶速度的监测，满足不同播种速度和不同品种的水稻播种量实时监测要求。结合北斗定位技术，还可精确获得播种种子的空间位置分布信息，为后续的中耕、植保和对行收获等田间精准作业提供技术支撑。

3. 田间管理

田间管理是大田作物生产的关键环节，病虫草的精准防控和肥药的精准施用是提高作物产量的重要措施。大田作物追肥可采用变量喷施无人机，首先由无人机搭载光谱传感器获取作物光谱信息，解析后获得作物营养丰缺信息，并根据专家知识及决策支持系统生成施肥处方图，再由变量施肥无人机进行精准施肥作业，亩均氮肥施用量比传统施肥最多可减少 30%。大田病虫草害的防控常采用植保无人机和喷杆喷雾机喷施农药。无人机植保的药液浓度通常较大、雾滴细小，采用雾滴防漂移、添加助剂等技术和优选作业参数，可提高无人机植保的药效利用率。喷杆喷雾机是大田作物植保作业的重要装备之一，利用 GNSS 的定位和速度信息可精准控制无人机喷雾量以提高喷施均匀性和覆盖率；利用激光雷达和机器视觉技术识别目标对象，并通过电磁阀实现对靶喷施，可提高农药利用率。此外，智能化的机械除草技术也在大田除草作业中逐步推广应用，为大田作物的杂草防控提供了非化学除草技术与除草机械。

4. 收获环节

农作物机械收获作业精准化主要包括在线测产技术和减损收获技术。利用联合收获机双板差分冲量式谷物流量传感器可实现联合收获机在线测产，测产精度误差小于3.8%，并有空间数据插值、误差产量数据过滤、产量数据统计分布、原始产量点图、栅格图和等值线图的谷物产量图生成系统。联合收获机在线测量技术的应用以及产量分布图为大田无人化智慧农场种植管理的方案制定和作物生产过程中的科学调控和投入提供了数据支撑。

采用传感器和图像识别技术实时检测作物的倒伏情况，可为割台控制提供信息支撑；采用仿形机构感知地形变化，设计模糊 PID 自适应仿形控制系统，可自动调整收获机的割台高度，减少收获作业中的损失。

2.3.4 智慧化管理

传统农场管理中存在人力物力资源耗费大、农场规划不统一、缺乏科学管理或管理不完善等问题。随着现代农业和智慧农场的发展，农机管理数字化平台和农场管理系统等快速发展，促进了农场的智慧化管理。农场智慧化管理包括农作物生长管理、农机管理和农场管理，其中农作物生长管理包括农作物长势和对病虫草害的管理；农机管理包括远程监控农机作业位置、作业进度和作业质量，远程监控农机作业状况并进行故障预警、指导维修并对农机进行远程调度；农场管理包括产前、产中和产后的全程农事管理、农资管理和经营管理。

2.3.4.1 作物生长管理

为实现作物生产智慧化管理，一是应邀请农学专家共同建立作物长势、水肥胁迫和病虫草侵害的信息数据库。以水稻生产为例，应包括水稻生产各个时期的信息，如幼苗期、分蘖期、拔节期、始穗期、抽穗期、齐穗期、灌浆期、蜡熟期和成熟期等，这些信息应包括叶片的数量、颜色、叶绿素和冠层的颜色，茎秆的直径和颜色等，不同生长期的信息不一样，水稻受水肥胁迫和病虫侵害后，这些信息也会发生变化。二是在大田无人化智慧农场中应有能自动获取上述信息的技术和措施，如采用无人机携带多光谱、高光谱和高分辨相机拍照，在田边安装摄像头和监控系统等。三是应有能将田间获取的信息（如图片等）与数据库中的信息自动进行比对的技术。四是应能根据比对结果进行智能决策，作出施肥或施药的处方图，准确给出施肥的种类和施肥量或施药的药剂和药量等。

2.3.4.2 智能农机管理

农机的智慧化管理包括三个方面：一是远程监控农机作业位置、作业质量和作业速度。通过安装在农机上的卫星天线获得农机的作业位置、作业轨迹和作业进度；通过安装在农机上的摄像头监控装置和传感器精准获得农机的作业质量，如犁、耙、旋耕质量，插秧质量和漏插率及漂秧情况等，喷雾雾滴大小、均匀性和喷嘴堵塞情况等，收获机收获幅宽和夹带损失等。二是远程监控农机工况并进行故障预警和指导维修，如监控旋耕机的旋耕刀转速和收获机脱粒滚筒转速等，并与数据库中正常工作的数据比对，如发现异常立即进行智能决策并提出处理方案，如出现故障立即指导农机维修，提供最近的维修点地址。三是进行远程调度，如某台农机完成指定作业任务后，根据农场全场作业任务安排，以行驶距离和行驶时间最短为原则，将机器调至新的作业地块，并告知转移路线和入田口位置。

2.3.4.3 农场管理

农场的智慧化管理包括三个方面：一是农事管理，包括产前、产中、产后管理。以水稻生产为例，产前主要包括稻种品种的选择和稻种加工，要根据种植区域和市场要求选择市场欢迎、品质好、产量高的品种，稻种加工包括清选、分级和包衣（丸粒化）等，直播稻的播前处理对播后的植株生长尤为重要；产中主要包括耕、种、管、收、干燥和秸秆处理；产后处理主要包括加工和储藏。二是农资管理，主要包括肥料和农药的管理。要合理安排基肥和追肥的施用比例。测土配方施肥是确定基肥的主要方式，追肥主要根据作物长势施用。多用有机肥。三是经营管理，节本增效是经营管理的基本目标，要在保证作物品质和产量的前提下，减少作业环节，减少作业投入，提高作物单产。

参考文献

[1] 罗锡文，胡炼，何杰，等. 中国大田无人农场关键技术研究与建设实践[J]. 农业工程学报，2024，40(1)：1-16.

[2] 罗锡文，廖娟，胡炼，等. 我国智能农机的研究进展与无人农场的实践[J]. 华南农业大学学报，2021，42(6)：8-17.

[3] 罗锡文. 无人农场是数字农业的实现途径之一[J]. 大数据时代，2021：13-19.

第3章

大田无人化智慧农场基础设施

3.1 大田无人化智慧农场整体规划

为提高生产效率，大田无人化智慧农场要求田块较大，田面平整，集中连片种植，我国传统农场的田块大多数较小，田面高差大，连片种植面积较小，所以必须按照高标准农田建设的要求进行宜机化改造，主要包括仓储设施建设、田块建设和智能设施建设。

仓储设施主要包括农场的机库和物料库，大田无人化智慧农场采用"无人化"的生产管理方式，所有的农机和农资都需要分类存放并上传至云平台，实现"线上+线下"的有效管理。田块建设主要包括田间道路建设和田块整治，大田无人化智慧农场采用无人驾驶农机进行作业，要求田间道路和田块规整，尽量降低作业路径规划的难度。智能设施包括田间灌排系统、电力系统和传感器系统等，合理的田间智能设施布置为实现大田精准化作业提供必要信息，可以大大提高农场的生产效益。

3.2 农场仓储设施建设

3.2.1 农机机库

大田无人化智慧农场的机库可以分为三个区域：装备存放区、机具安装区和作业出发区。

装备存放区主要用于存放农场全程作业所需要的农机、机具、无人机以及其他机械装备。大田无人化智慧农场采用"线上+线下"的仓储管理方式对所有农机装备进行集中管理。要根据种类和功能，按统一格式对每辆农机设备进行编号管理，并将设备信息上传至云管控平台。线下机库根据农机种类划分停放区，所有设备按照型号和规格统一有序停放。

以水稻无人化智慧农场为例，农场设备管理系统如图 3-1 所示。水稻无人化智慧农场生产过程中所使用到的装备可以分为三类：农机、机具和无人机。其中农机包括旱地拖拉机、水田拖拉机、喷雾机和收获机;机具包括犁耕机、旋耕机、播种机(旱直播机、水直播机)和插秧机;无人机包括植保无人机和遥感无人机。

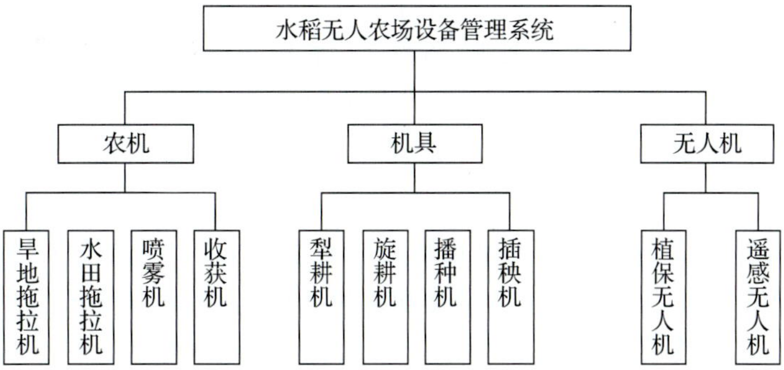

图 3-1　水稻无人化智慧农场设备管理系统图

机具安装区的主要功能包括机具的装卸和农机故障的修理。无人驾驶农机由提供动力的拖拉机和作业机具组成。根据作业类型,需要为拖拉机匹配不同的机具。机具安装区通常配备起重设备和拆卸设备,通过各种设备的配合做到快速装卸。

作业出发区主要用于停放即将出发作业的农机,是自动驾驶农机的作业起点。大田无人化智慧农场的农机装备都配备有无人驾驶系统,通过北斗、GNSS进行导航。因此,出发区应设在室外开阔地段或使用的屋顶材料不屏蔽卫星信号,尽量减少树木和建筑物的遮挡,确保农机能够稳定接收卫星信号。准备出发的农机按照规划好的路径自动从出发区出发,行驶至田间进行作业,作业完成后自动返回机库。大田无人化智慧农场的农机机库应设置在农场的交通中心,确保无人驾驶的农机可由机库通过田间道路前往农场的任意田块进行作业。

3.2.2　粮仓与物料仓库

大田无人化智慧农场的粮仓用于存放收获的粮食,配备烘干和除湿等设备。粮仓的大小根据播种面积大小和作物种类设计。物料仓库主要用于存放农药、化肥和地膜等农资,严禁明火,同时配备消防安全设施和警报装置。物料仓库也采取“线上+线下”的管理方式,不同种类的物料统一编号后,相关信息上传至云管控平台,其中化肥、农药等物料应单独存放。

3.3　大田无人化智慧农场的农田建设

3.3.1　规模化

大田无人化智慧农场是一种采用无人驾驶智能农机装备替代传统人工驾驶农业机械进行作业的先进农业生产模式。农业无人化是农业机械化发展的更高阶段。农业机械化与土地规模化相辅相成，规整、连片的土地可以大幅提高农机装备作业的效率。土地规模化整治是我国高标准农田建设的重要内容。“十三五”期间国家发展和改革委员会发布了《全国土地整治规划(2016—2020年)》，明确提出了要优化基本农田结构布局，依据土地利用总体规划，按照现代农业发展要求，调整优化农田结构布局，形成集中连片和设施配套的基本农田格局。要将高标准农田建设与新农村建设相结合，引导农民适度集中居住，推进田、水、路、林、村综合整治，建成一定规模的成片高标准农田，促进农业适度规模经营。

大田无人化智慧农场对农田规模化整治的基本要求是“小块变大快”和“碎地变整地”。以水稻种植为例，我国水田的分散化和碎块化严重，在南方地区尤为明显。建设大田无人化智慧农场要先将分散的土地集中，扩大种植规模，同时填平不必要的田埂和沟壑，使破碎的地块集中起来，以利于机械高效作业。

3.3.2 宜机化

土地宜机化是指对土地进行适宜机械化作业的改造，是提高农业机械作业效率和作业质量的前提。《全国土地整治规划(2016—2020年)》提出，要完善基本农田基础设施，开展土地平整归并，实现田块集中连片，降低基础设施占地率，增加农田耕作层厚度。2019年农业农村部发布了《丘陵山区农田宜机化改造工作指引(试行)》，提出要科学有序有效推进丘陵山区农田宜机化改造，为加快农业机械化转型升级创造条件。大田无人化智慧农场对农田宜机化改造的要求包括以下几个方面。

3.3.2.1 农田平整度

以水稻无人化智慧农场为例，水田硬底层的平整度直接影响无人驾驶农机的导航精度。农机作业时，土壤硬底层中的较大坑洼会导致农机陷入其中，降低无人驾驶农机的作业效率。因此，对于原来是香蕉地和甘蔗地等硬底层不平的农田，应先移开耕作层土壤，采用工程机械将土壤硬底层压平压实。再将耕作层土壤回填至硬底层上，保证20～30 cm的耕作层厚度。

3.3.2.2 田块规则度

大田无人化智慧农场采用无人驾驶农机进行作业，事先需要对作业路径进行合理规划。受农机转弯半径和机具幅宽限制，难以对狭小的田间拐角和弯曲的田埂处实现全覆盖。因此，大田无人化智慧农场要求田块的边界尽量为直线，整体形状以规则长方形为宜。

3.3.2.3 水田农机出入田口

水田农机出入田口是农机进出农田的重要通道，其设计是否合理直接影响无人驾驶农机田间作业路径规划的可行性和难度，同时也影响农机自动进出田块的安全。

出入口位置通常建议修建在水田边角处，两块相邻田块可共建一个双向出入口，如图3-2所示。

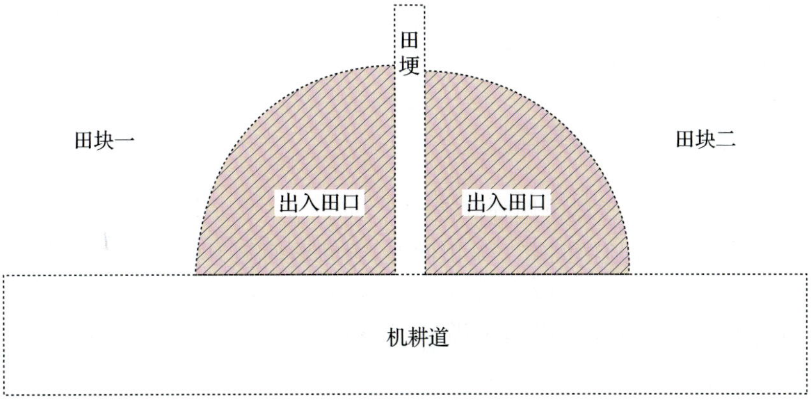

图 3-2 水田农机出入田口的位置

为保证水田农机能通过出入田口顺利进出田块，下田坡道的坡度不应超过 30°，宽度不小于 3 m。除了对田口宽度和坡度有所要求外，更重要的是田块内部与水田硬底层的高度关系适宜，即下田坡道一定要低于水田硬底层，如图 3-3 所示。

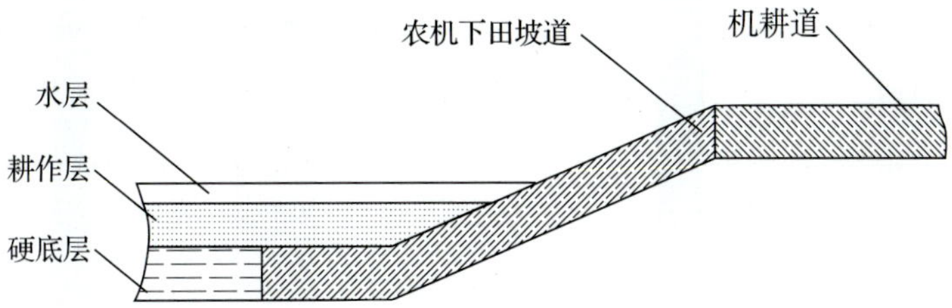

图 3-3 水田农机下田坡道设计

3.3.3 田间道路

参考农业农村部发布的《高标准农田建设通则》(GB/T 30600)和《高标准农田建设评价规范》(GB/T 33130—2024)。大田无人化智慧农场在此标准上对田间道路提出了更高的要求。

①田间道路指为农机作业、农业物资运输等农业生产活动所修建的交通设施，包括机耕道和生产道。

②大田无人化智慧农场的田间道路布置应适应农业现代化的需要，与田、水、林、电、村的规划相适应，合理确定田间道路的密度。

③机耕道路面宽度以 3～6 m 为宜，生产道路面宽度不超过 3 m。大型机械化作业区的路面宽度可适当增加。

④大田无人化智慧农场的田间道路应尽可能为直线路段，转弯路段的转弯半径应大于农机的最大转弯半径。

⑤合理配套建设农机下田坡道、桥涵、错车道和末端调头点等附属设施，以提高农机作业便捷度。

⑥田间道路通达度指在集中连片的耕作田块中，田间道路直接通达的耕作田块数占耕作田块总数的比例，应达到100％。

3.3.4　农田标准化改造模式

农田标准化改造可参考以下四种改造模式，如图3-4所示。

①1路2渠模式。即地中间有1条田间路，田间路两侧为格田，格田四周为水渠。

②2路1渠模式。即地中间有1条水渠，水渠两侧为格田，格田外侧为田间路。

③2路3渠模式。即地中间2条田间路，田间路两侧为格田，格田四周和两条田间路中间共计3条水渠。

④1路1渠模式。即地一侧为田间路，中间为格田，另一侧为水渠。

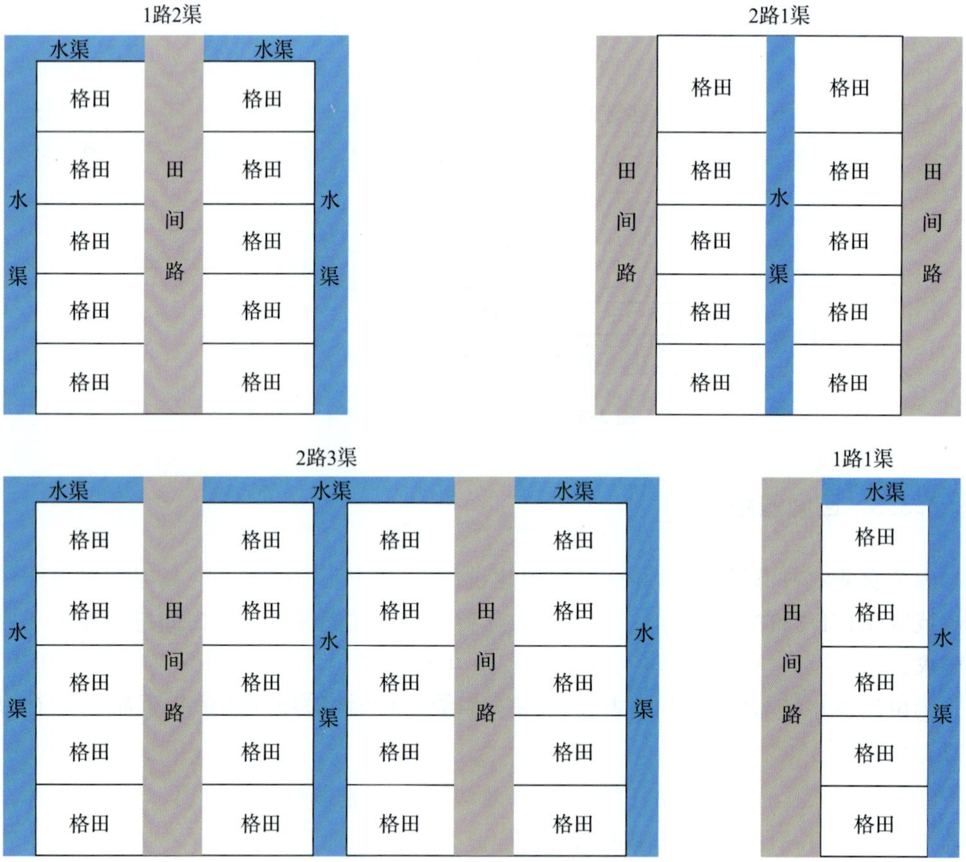

图3-4　农田标准化改造模式

3.4 田间智能设施建设

3.4.1 灌排设施

排灌设施是大田无人化智慧农场建设中最重要的基础工程之一。水稻、小麦等粮食作物在生长过程中需要大量的水资源，合理布置沟渠和灌溉系统可以提高水资源的利用率，对防灾减灾、提高生产效率和保障粮食稳产增产具有重要意义。大田无人化智慧农场的灌排系统通过田间传感器实时采集水位数据，当稻田水位高于或低于设定阈值时，灌排系统会自动开闭闸门，做到精准灌排。

3.4.2 电力设施

大田无人化智慧农场电力设施系统为整个农场的运转提供能源支撑。大田无人化智慧农场是高度自动化的数字农场，田间的传感器网络、防虫灯、灌排设施的电控节点以及田间的局域网基站等都需要稳定的电力维持运转。大田无人化智慧农场中的电力设施建设应与农田、田间道路和水利设施的布局相结合，尽量避开机耕道，在无人驾驶农机规划的作业路径之外搭建电力设施。尽量避免不必要的布线，高压电线的架设高度应超过大型农业机械的机身高度，小型设备的用电尽量采用太阳能等清洁能源。

3.4.3 传感器设施

田间传感器网络构成大田无人化智慧农场的感知系统。计算机辅助决策是大田无人化智慧农场系统的重要功能，通过对传感器实时采集的农场数据进行分析和建模，可以得到作物的长势和病虫草害等数据信息，并对可能发生的灾害情况进行预警。管理员可以根据分析结果确定下一阶段农场所需要进行的农事作业（施肥、施药和灌排等）。大田无人化智慧农场的传感器设备包括监控摄像头、土壤水分传感器、土壤养分传感器、水位监测传感器、田间气候监测站和田间虫情检测器等。根据监测要求，合理布局传感器的位置，避免出现监测盲区和重复监测。

3.5 农田建设案例

综合规模化、宜机化和道路相关要求，某水稻无人化智慧农场的农田标准化改造方案如图 3-5 所示，农机出入田口如图 3-6 所示，农机库如图 3-7 所示。

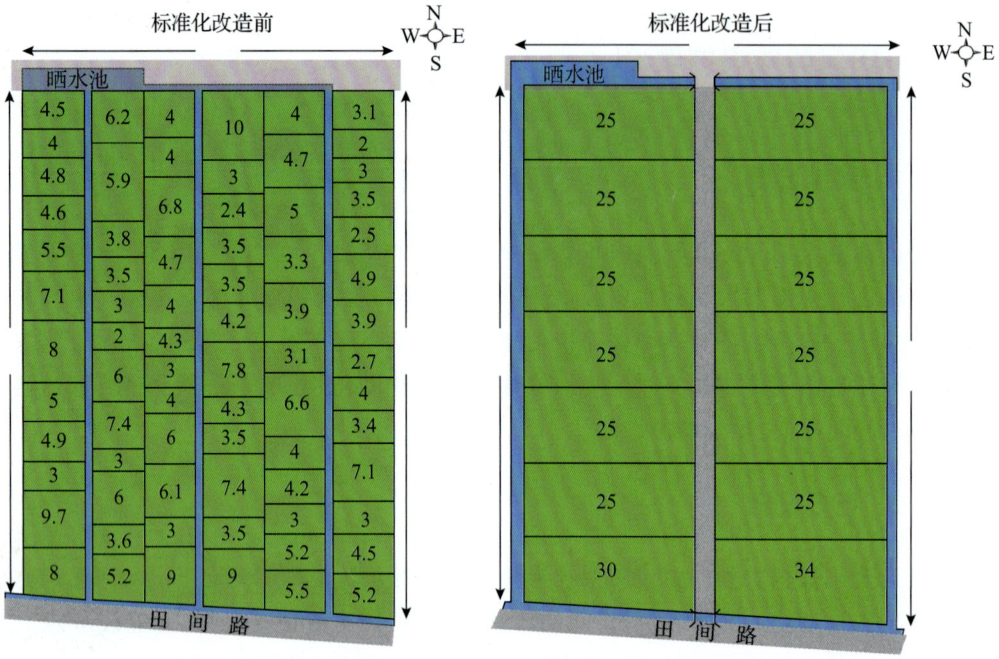

图 3-5　某水稻无人化智慧农场的农田标准化改造方案

图 3-6　某水稻无人化智慧农场的农机出入田口

图 3-7　某水稻无人化智慧农场的农机库

参考文献

[1] 国土资源部，国家发展和改革委员会。全国土地整治规划（2016—2020 年）[EB/OL]. (2017-01-10)[2025-03-01]. https://www.mnr.gov.cn/gk/ghjh/201811/t20181101_2324933.html.

[2] 中华人民共和国国家质量监督检验检疫总局，中国国家标准化管理委员会. GB/T 30600-2022 高标准农田建设 通则 [S]. 北京：中国标准出版社，2022.

[3] 中华人民共和国国家质量监督检验检疫总局，中国国家标准化管理委员会. GB/T 33130—2024 高标准农田建设评价规范 [S]. 北京：中国标准出版社，2024.

第 4 章

大田作业农机构造基础

4.1 大田作业农机概述

农业机械装备是大田无人化智慧农场的重要支撑之一，是完成耕种管收各环节作业任务的载体。按照动力分类，包括自走式、牵引驱动式和悬挂驱动式。自走式农机依靠自身动力系统实现行走和作业；牵引驱动式和悬挂驱动式则需借助与其匹配的动力底盘输出的动力进行作业。以水稻生产为例，主要有轮式拖拉机、履带式拖拉机、水稻插秧机、水稻直播机、高地隙喷杆喷雾机、全喂入式收获机、半喂入式收获机和农用飞机等，如图 4-1 所示。

（a）轮式拖拉机　　（b）水稻插秧机　　（c）履带式拖拉机

图 4-1　大田作业农机

4.2 农机转向系统

农机通过精准调节车轮、履带或其他移动部件的转动角度或速度差等参数，实现灵活转向，以适应不同作业环境、地形条件及作物生长状态的需求。为了使农机能转向，必须在农机上形成一个与转弯方向一致的转向力矩以克服农机的转向阻力矩。农机的转向力矩可通过以下几种方式获得：①改变车轮与机体之间的相对位置。轮式车辆通常偏转前轮，即前轮转向，利用地面对导向轮的侧向反作用力，使车辆转向；还有偏转后轮，即后轮转向；前后轮都偏转，即四轮转向。②折腰转向。车辆通过改变前、后车体的相对位置来实现转向，前、后车体间用铰接装置连接，用工作油缸使前车体绕铰接轴转动而改变行驶方向。③差速转向。行走装置相对机体的位置不变，只改变传至两侧行走装置驱动轮上的驱动转矩，即车辆通过调节两侧驱动轮上的驱动转矩以产生不同的驱动力来实现转向，驱动转矩的调节由转向机构完成。履带式车辆和手扶拖拉机常采用差速转向方法。

4.2.1 前轮转向

前轮转向是最传统也是应用最广泛的农机转向方式，其基本原理是通过方向盘或操纵杆控制前轮偏转，从而改变农机的行驶方向。

前轮转向的转弯半径受前轮最大偏转角（一般为±30°~±50°）、轴距（即前轮与后轮之间的距离）以及车轮与地面的摩擦系数等因素共同影响。在正常情况下，前轮转向的转弯半径通常较大，特别是在低速行驶时更为明显。前轮转向广泛应用于各类中小型农机中，如拖拉机、旋耕机和播种机等在平坦开阔的农田中进行耕作、播种和收获等常规作业。因操作简便和成本较低的特点，前轮转向成为众多农户和农业合作社的首选。尽管前轮转向在转弯半径上存在一定局限性，但其稳定性和可靠性得到了广泛认可。通过优化前轮设计、提高轮胎附着力以及采用先进的电子辅助系统（如电子助力转向 EPS），可以在一定程度上减小转弯半径，提升转向精度和驾驶舒适度。同时，前轮转向还具备良好的路面适应性，能够在多种土壤条件中稳定工作。

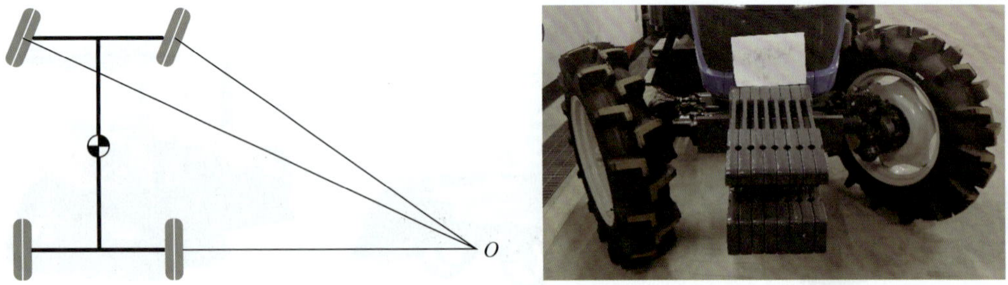

（a）转向原理　　　　（b）实物图

图 4-2　前轮转向原理及实物图

以下以前轮导向、后轮驱动和装有差速器的轮式拖拉机为例，研究低速轮式车辆在水平地面上稳定转向时的运动学。整个拖拉机绕转向中心 O 以角速度 ωr 作稳定转向运动（图 4-2）。拖拉机在转向或直线行驶过程中，要求左右两侧车轮以不同的角速度旋转，其理由：一是转向时，外侧车轮所走过的路程比内侧长；二是当左、右车轮轮胎的载荷、气压不等或磨损不均时，其实际滚动半径不相等；三是在高低不平的道路上行驶时，两侧车轮实际走过的路程也不同。因此，为了减少转向和直线行驶时的功率消耗、轮胎磨损和地面阻力，改善操纵性，对轮式拖拉机转向的基本要求是保证各个车轮在地面上只有滚动，而不产生滑动（包括侧向滑移、纵向滑移和滑转）。为此，必须满足以下三个条件。

①转向时，所有车轮除绕自己的轴线自转外，还应绕同一转向轴线公转。转向轴线应

当是通过各车轮几何轴线的垂直平面的交线，在平面图4-2上表现为转向中心O点，这样就能防止各车轮在转向时产生侧滑现象。从转向中心O到拖拉机驱动桥中心点之间的距离R称为拖拉机的转向半径，R值可用下式表示：

$$R = L\text{ctg}\alpha + \frac{M}{2} \tag{4-1}$$

$$R = L\text{ctg}\beta - \frac{M}{2} \tag{4-2}$$

为了满足上述要求，轮式拖拉机在转向时，内、外导向轮相对于机体的偏转角度应不相等，分别为a和β。由公式(4-1)、公式(4-2)可知，这两个角度应该具有下列关系：

$$\text{ctg}\alpha = \frac{R - 0.5M}{L}$$

$$\text{ctg}\beta = \frac{R + 0.5M}{L}$$

$$\text{或 } \text{ctg}\beta - \text{ctg}\alpha = \frac{M}{L} = \text{常数} \tag{4-3}$$

式中：M为左、右转向节立轴之间的距离，L为拖拉机的轴距。

轮式拖拉机不论以多大的转向半径转向，两侧导向轮相对于机体所偏转的角度a和β都必须满足公式(4-3)中的条件。一般轮式拖拉机采用转向梯形机构或双拉杆机构等，选择合适的参数后，可以使a和β之间的关系接近于公式(4-3)所提出的要求。

②转向时，两侧驱动轮应能以不同的角速度旋转，以防止在转向时驱动轮产生纵向滑移或滑转。

拖拉机转向时的平均速度可用后桥中点OT的速度V'表示，拖拉机的转向角速度ω_g为：

$$\omega_g = \frac{V'}{R} \tag{4-4}$$

转向时，机体上任一点都绕转向中心O回转，其速度为该点到O点的距离与角速度ω_g的乘积。因此，拖拉机内、外侧驱动轮的几何中心点O_1和O_2的移动速度应分别等于：

$$V_1 = (R - 0.5B)\omega_g = V' - 0.5B\omega_g \tag{4-5}$$

$$V_1 = (R + 0.5B)\omega_g = V' + 0.5B\omega_g \tag{4-6}$$

式中：B为拖拉机的轮距。

由公式(4-5)、公式(4-6)可知，两侧驱动轮的几何中心点在转向时的移动速度是不相等的，外侧驱动轮的移动速度大于内侧驱动轮的移动速度。为了保证两侧驱动轮都处于纯滚动工况，两侧驱动轮必须能以不同的角速度旋转，且其旋转角速度的大小能自动适应转向运动学的要求。为此，需要在农机后桥装设差速器(轮式拖拉机)或转向离合器(手扶拖拉机)

③转向时，两侧导向轮应能以不同的角速度旋转，以防止转向时导向轮产生纵向滑移或滑转。常规后轮驱动拖拉机可自动满足该要求，因为其导向轮是从动轮，能在前轮轴上自由旋转。

由公式(4-5)、公式(4-6)可知，转向时，整个拖拉机绕转向中心 O 点的回转运动可分解为以下两种运动：

一是牵连运动，以后桥中点 O_r 的速度 V' 所作的牵连直线运动。

二是相对运动，以角速度 ω_r 绕点 O_r 的相对转动。根据上述分析可以看出，轮式拖拉机转向时，左、右前导向轮的偏转角度不相等。理论上可用一个安装在前桥中点 O_c 处的单导向轮来代替，其偏转角度为平均偏转角 θ，$\theta=\frac{\alpha+\beta}{2}$。

4.2.2 后轮转向

后轮转向即通过独立控制后轮的角度来实现转向。相比前轮转向，后轮转向具有更小的转弯半径和更快的响应速度，特别适用于需要快速转向或空间受限的作业场景。

后轮转向的转弯半径受后轮最大偏转角(一般大于前轮偏转角)、车身长度及轴距等因素共同影响。在某些高端农机中，后轮转向系统还具备主动转向功能，可根据车速和驾驶意图自动调整后轮偏转角，实现更精准的转向控制(图 4-3a)。后轮转向系统多应用于大型农机、联合收获机以及需要频繁转向的特种作业车辆(图 4-3b)。在大型农场、果园或复杂地形中，后轮转向能显著提升农机的灵活性和作业效率。此外，在公路运输或需要快速变道的场景下，后轮转向也展现出其独特的优势。后轮转向系统通过精密的液压或电动驱动装置实现后轮的独立控制，具备较高的灵活性和较快的响应速度。在转向过程中，后轮能够迅速响应驾驶员的指令并调整角度，实现更小的转弯半径和更稳定的行驶轨迹。同时，后轮转向系统还具备良好的载荷分配能力，能够在不同作业负载下保持稳定的转向性能。

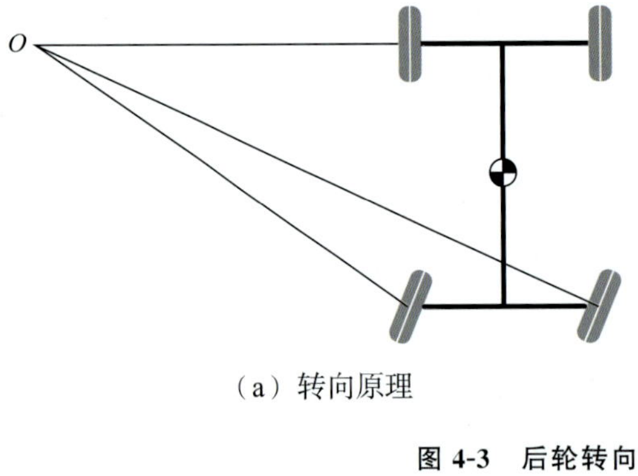

（a）转向原理

（b）实物图

图 4-3　后轮转向原理及实物图

4.2.3 四轮转向

四轮转向是一种高度集成的转向方式，通过同时控制前后轮的角度来实现更加精准的转向控制。在高速行驶时能够提供更好的稳定性和操控性，在低速作业时则能实现极小的转弯半径和更高的作业精度。

四轮转向的转弯半径受前后轮最大偏转角、车身尺寸及轴距等因素共同影响。在高端农机中，四轮转向还具备智能控制功能，可根据车速、驾驶意图及路况信息自动调整前后轮的角度差和速度差以实现最佳转向效果（图 4-4）。四轮转向广泛应用于需要高精度转向控制的作业场景中，在精准播种、喷药、施肥和灌溉等作业中，四轮转向能够确保农机按照预设轨迹精准行驶并减少误差。四轮转向通过先进的电子控制技术和精密的机械传动装置实现前后轮的独立控制和协同工作。在转向过程中，前后轮能够迅速响应驾驶员的指令或自动驾驶系统的控制信号，并调整角度差和速度差以实现最佳转向效果。四轮转向还具备高度的自适应性和稳定性，能在不同作业负载和路况条件下保持转向性能稳定和行驶稳定。

（a）转向原理　　（b）实物图

图 4-4　四轮转向原理及实物图

4.2.4 折腰转向

折腰转向是一种专门设计的特殊转向方式，即通过车头与主体部分之间的铰接装置实现折腰动作，结合前轮偏转实现紧凑的转弯。具有极高的机动性和灵活性，特别适用于狭窄空间内的作业。

折腰转向的转弯半径主要取决于铰接装置的折腰角度（一般为±30°~±45°）和车身长度。在极端情况下，折腰转向系统甚至可以实现车身长度以内的转弯半径，极大地提高了农机的空间利用率。折腰转向广泛应用于果园管理机、温室作业车等需要在狭窄空间内进行精细作业的农机。在果园中，折腰转向能够使农机轻松应对树木之间的狭窄通道；在温室中，能够使农机灵活穿梭于作物行间进行灌溉和施肥等作业。折腰转向通过精密的铰接装置和液压控制系统实现车头的折腰动作和前轮的偏转控制。在转向过程中，车头能够迅速响应驾驶员的指令并调整角度和位置，实现紧凑且稳定的转弯。同时，折腰转向还具备良好的载荷平衡能力，能够在不同作业负载下保持转向性能稳定和行驶稳定。折腰转向是采用铰接式机架的四轮驱动车辆的基本转向方式。

铰接式四轮驱动车辆的机架由互相铰接的前、后两部分（以下分别简称前桥、后桥）组成，转向时每一桥上两侧车轮的转动平面始终保持平行，当前、后机架在水平面内相对偏转时，形成转向轴线 O（图 4-5），即可在没有转向梯形的情况下，满足转向行驶时无侧滑的条件。前、后桥的转向半径 R_1、R_2 分别：

$$R_1 = \frac{L - l(1 - \cos\theta)}{\sin\theta} \tag{4-7}$$

$$R_2 = \frac{l + (L - l)\cos\theta}{\sin\theta} \tag{4-8}$$

式中：l 为铰接点至前桥中心点的距离，θ 为前、后机架相对偏转角。

（a）转向原理　　（b）实物图

图 4-5　折腰转向原理及实物图

公式(4-7)、公式(4-8)表明，铰接式四轮驱动车辆的转向半径随铰接点位置的改变而变化。铰接点位置接近前桥时，前桥转向半径增大；铰接点位置远离前桥时，前桥转向半径减小。当铰接点位于轴距中点时，前、后桥的转向半径相等，都等于：

$$R = \frac{L}{2} ctg\ \frac{\theta}{2} \tag{4-9}$$

若铰接点不在轴距中点，则根据公式(4-7)、公式(4-8)可求得前、后桥转向半径的比例关系如下：

$$\frac{R_1}{R_2} = \frac{L - l(1 - \cos\theta)}{l + (L - l)\cos\theta} = \frac{K + (1 - K)\cos\theta}{1 - K + K\cos\theta} \tag{4-10}$$

式中：K 为铰接点至后桥中心的距离与轴距之比，即 $K = \frac{L - l}{L}$。

当铰接式四轮驱动车辆稳定转向时，若前、后驱动桥中心点处的转向半径不相等，则两桥之间就会产生速度差，从而引起前、后驱动桥之间驱动力的重新分配。假定发动机传给前、后桥车轮的角速度相等，则前、后桥车轮的速度比可以看成是车轮滚动半径之比，因此公式(4-10)又可写成如下形式：

$$\frac{V_1}{V_2}=\frac{K+(1-K)\cos\theta}{1-K+K\cos\theta}=\frac{r_1}{r_2}=\frac{r_2+r}{r_2} \tag{4-11}$$

由公式(4-11)可以看出，铰接点位置在轴距中点($K=0.5$)的四轮驱动车辆转向时，前、后轮迹重合($R_1=R_2$)，两桥之间不会出现速度差($\Delta r=0$)，因而车辆不会产生功率循环。其他情况都有可能出现功率循环。铰接式四轮驱动车辆的前、后桥的速度差比采用前轮转向的四轮驱动车辆小很多，这是由于前轮转向的四轮驱动车辆在转向时，其前、后桥中心不可能具有相同的转向半径，因而两驱动桥之间的速度差使驱动力重新分配，并在两桥之间出现功率循环。转向时，若将前驱动桥或后驱动桥的动力切断，则可避免引起速度差，从而避免产生功率循环。

4.2.5 差速转向

差速转向即利用车轮或履带之间的速度差实现转向，在轮式农机中通过调节两侧车轮的转速差来实现转向，在履带式农机中则通过调整两侧履带的转速差来实现转向(图4-6)。差速转向具有极高的灵活性和适应性，能实现复杂地形和环境中的高效移动。差速转向的转弯半径受车轮或履带尺寸、转速差大小以及地面摩擦系数等因素共同影响。在极端情况下，通过调节转速差的大小可以实现几乎为零的转弯半径(如原地转向)。

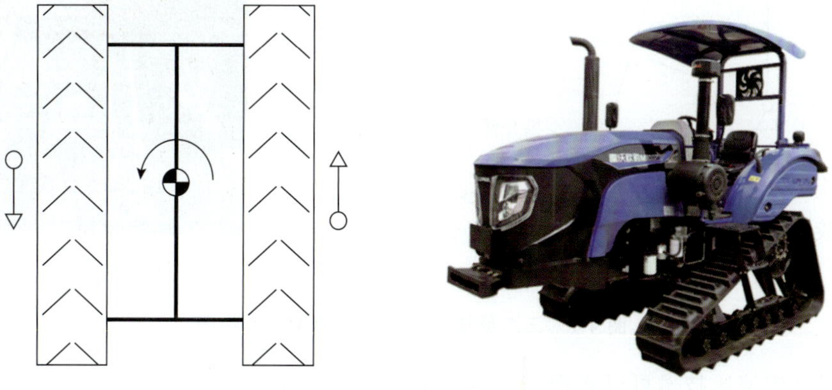

(a) 差速转向原理　　(b) 实物图

图 4-6　差速转向原理及实物图

差速转向广泛应用于山地、湿地和沼泽等复杂地形中的作业场景中，如在山地果园管理和湿地水稻种植等场景中，差速转向的农机能够凭借其卓越的灵活性和适应性轻松应对。差速转向系统通过精密的液压或电动驱动装置实现车轮或履带之间的速度差控制。

在转向过程中,车轮或履带能够迅速响应驾驶员的指令或控制系统的控制信号,并调整转速差以实现稳定的转向动作。同时,差速转向还具备良好的载荷分配能力和地面适应能力,能够在不同作业负载和地面条件下保持转向性能稳定和行驶稳定。随着技术的不断发展,差速转向还逐渐融入了智能化元素,如自动调整转速差、智能识别地面条件等功能,其性能和可靠性进一步提升。

4.3 农机动力与机具连接

4.3.1 电控液压三点悬挂系统

三点悬挂系统是拖拉机与旋耕机、犁和播种机等作业机具连接的装置,农业拖拉机三点悬挂装置应符合国家推荐标准 GB/T 1593—2015,以保证作业机具与拖拉机的连接通用性,如图 4-7 所示。悬挂机构杆件以三个铰接点与拖拉机体连接,上拉杆前端的铰接点 A 称为上铰链点,下拉杆前端的铰接点 B 和 C 称为下铰链点。传统的三点悬挂是非独立悬挂,两侧车轮通过硬轴连接,下铰接点中的一点提升或下降时,另一侧会跟随提升或下降,当一侧的车轮遇到不平路面时,会导致另一侧车轮也受干扰。因此,农机具在作业过程中相比拖拉机不可能有太大的偏摆,在作业中矫正拖拉机机组的行驶方向比较困难。

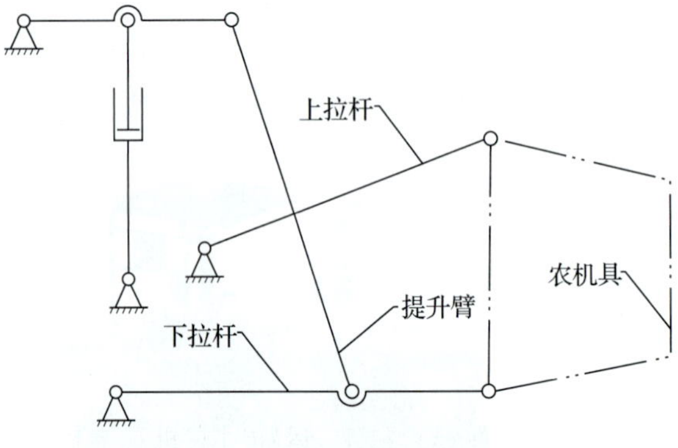

(a) 机构简图

(b) 实物图

图 4-7 三点悬挂装置的机构简图及实物图

采用电控液压技术可以实现三点悬挂系统的位置调节、牵引力调节和力位综合调节。拖拉机电液悬挂系统对各传感器的数据进行分析,驱动液压执行元件,实现阻力调节、位置调节和压力调节。为了与拖拉机上的其他电子控制系统进行数据交换,德国博世(BOSCH)公司开发了 CAN 总线结构,对悬挂系统的所有控制操作均可通过安装于驾驶室内的控制面板来完成。目前,电液悬挂在大中功率拖拉机上的应用非常普遍,带动力换向、动力换挡以及无级变速(continuously variable transmission, CVT)的机型几乎全部采用电液悬挂,机械换挡机型则被部分采用。就电液悬挂的功能而言,绝大多数系统可实现位置调节、牵引力调节以及力位综合调节，部分电液悬挂系统在提升力位调节的基础上，可在整机控制系统的管理下与其他系统联合动作，实现复合功能。例如，为避免拖拉机在重载作业时，驱动轮过度滑转导致的土体破坏、轮胎磨损以及驱动能量浪费等，可通过对电液悬挂系统的耕深进行主动控制，改善驱动轮的滑转情况，使拖拉机在田间作业时保持最佳状态。

二维码 4-1
三点悬挂

农机具与拖拉机三点悬挂的挂接主要有三种方式：牵引式、悬挂式和半悬挂式（图 4-7）。

4.3.1.1 牵引式

牵引式挂接的农机具铰接在拖拉机后端牵引杆的挂构上，农机具本身具有行走装置（图 4-8）。运输状态时，其质量全部由自身的行走装置支撑。牵引式的田间作业机具还有起落机构，工作时农机具的升降和耕作深度由专门的农机手控制。

二维码 4-2
三角式快速挂接

图 4-8 牵引式挂接

4.3.1.2 悬挂式

悬挂式挂接的农机具通过液压悬挂装置挂结在拖拉机上，运输时农机具被提起，农机具的全部质量由拖拉机支撑，驾驶员可在拖拉机上直接操纵农机具的升降来控制耕作深度（图 4-9）。农机具的部分质量可以通过液压悬挂装置转移到拖拉机的后驱动轮上，从而增加后驱动轮的附着质量，改变拖拉机的牵引附着性能；由于机组的牵引阻力小，机动性高，作业时辅助时间少，拖拉机牵引性能好，可以有效地提高机组的生产效率，所以悬挂式挂接农机具得到了广泛的应用。

二维码 4-3
球式快速挂接

4.3.1.3 半悬挂式

半悬挂式挂接的农机具通过液压悬挂装置或铰链方式与拖拉机连接，农机具具有行

（a）机构简图　　　　（b）实物图

图 4-9　悬挂式挂接装置的机构简图和实物图

走装置，在运输状态时，农机具的质量由拖拉机和农机具的行走装置共同支撑（图 4-10）。由于大型拖拉机采用重型或宽幅农机具作业，如果采用悬挂式挂接，机组的稳定性会严重降低，采用牵引式挂接也不合适，所以常用半悬挂式挂接。半悬挂式机组的液压悬挂装置除了实现部分农机具质量向拖拉机驱动轮转移外，还可用于升降农机具的工作部件。

二维码 4-4
半悬挂式作业

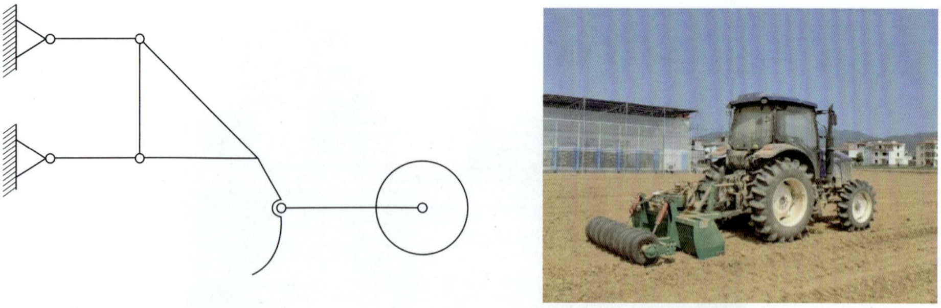

（a）机构简图　　　　（b）实物图

图 4-10　半悬挂式挂接装置的机构简图和实物图

4.3.2　快速挂接结构

传统的三点悬挂在更换挂接农机具时，由于作业机具移动难且精准对准困难，拖拉机更换作业机具的安装和拆卸也较困难，通常需要车外人员观察并将农机具与拖拉机三点悬挂机构的相对位置信息反馈给驾驶员，驾驶员控制悬挂装置升降和前后位置，反复尝试才能实现挂接，耗时较长。为了满足现代农机具快速、高效、自动化挂接的需求，研究人员研发了多种先进的挂接方式，如机械接口和快速挂接装置，可以提高挂接效率，降低劳动强度，提高作业效率，并且使结构更为简单，重量轻，有利于远程控制和自动操作。其中快速三点挂接系统是一种用于农业机械的挂接装置，可实现拖拉机与农机具快速、方便地连接和断开，通常包括一个或多个挂接点，使拖拉机能够快速挂接或分离拖车或农具。

如图 4-11 所示，门式可调节三点快速挂接装置悬挂点采用刚性连接，挂接时驾驶员调节好液压装置高度，然后倒车，当农机具上的销轴与 1 号凸轮板接触并将其推开时，启动自动锁定装置将其锁定。1 号凸轮板锁定后，液压装置提起农机具，在农机具重力的作用下，农机具的下销轴靠近并进入装有自动锁定装置的 2 号和 3 号凸轮板中并锁定，继续提升液压装置完成农机具的挂接。拆卸农机具时先打开 2 号和 3 号锁定销，液压装置下降；直到农机具与地面接触，打开 1 号锁定销，继续下降便可使悬挂点完全脱开。这种框架式快速挂接器的优点是可以一次性完成农机具的挂接。

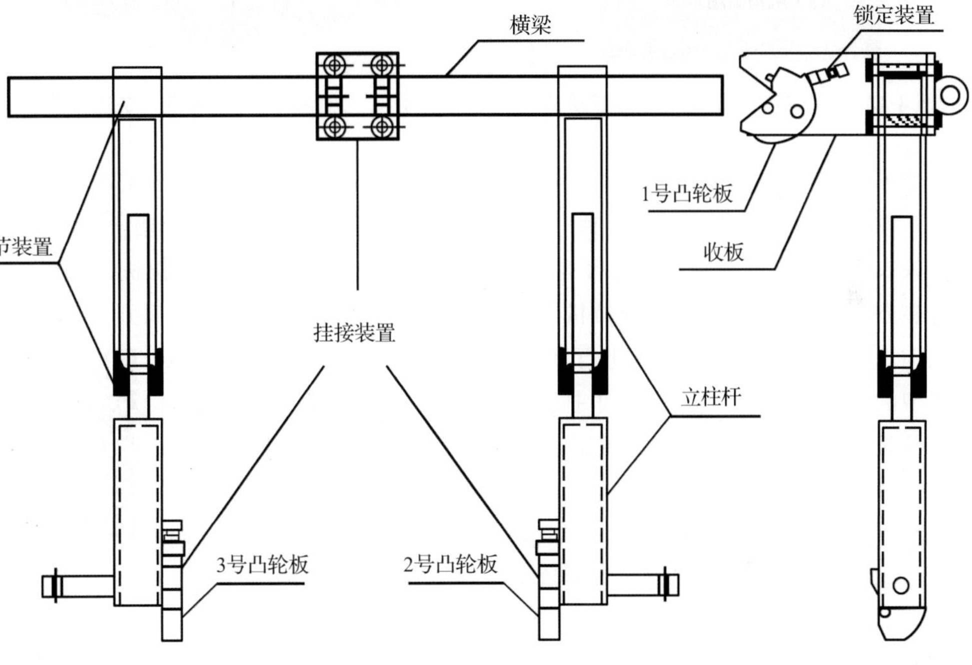

图 4-11　门式可调节三点快速挂接装置的机构简图

德国道依茨(DEUTZ AG)公司设计了一种快速挂接器(图 4-12)。挂接时将固定在拖拉机升降机构上的三角形插入装在犁架上的三角形框内，由锁定销锁定；拆卸农机具时，拉绳松开锁定销，即可将三脚架从框中退出。这种三角形挂接器结构简单，操作也很方便，但是对生产厂家的要求比较高，对生产出来的三脚架和三角框的精度要求较高。

二维码 4-5
牵引式作业

美国约翰迪尔公司设计的快速挂接器(图 4-13)的主体是一个“Π”字形架，安装在拖拉机悬挂机构上下拉杆的后端。挂接时，农机具悬挂轴将锁定销压入挂钩内，锁定销靠弹簧的弹力复位，从而卡住悬挂轴，完成挂接工作。拆卸农机具时，把操作杆提起，锁定销则缩入槽中，之后降下悬挂机构，悬挂轴即可脱出。

二维码 4-6
约翰迪尔快速挂接器

图 4-12　道依茨公司制造的快速挂接器

图 4-13　约翰迪尔公司制造的快速挂接器

德国夏伯穆勒(Scharmuller)公司和爱尔兰 Dromone 公司均研发出了球形快速挂接装置。球形快速挂接装置通常包括一个球形接头和一个与之匹配的凹槽,用于快速锁定和释放农机具。其工作原理是基于球关节的灵活性,允许农机具与拖拉机之间的连接点进行多方向的旋转和移动,在拖拉机驾驶室即可进行全自动挂接,无需离开驾驶进行挂接或脱钩。这种设计允许悬挂点进行多向旋转,使拖拉机可以与多种不同类型的农机具快速挂接,减少了挂接和分离农机具所需的时间。转向球的设计通常包括安全锁定机制,以防止农机具在作业过程中意外脱落,从而提高作业的安全性。与传统的牵引环相比,球形快速挂接装置可减少 90%的磨损和挂接损伤,从而降低了运营成本(图 4-14)。同时具有明确的润滑点,可以使润滑油均匀地在分布耦合处,进一步减少系统的磨损。

二维码 4-7
悬挂式作业

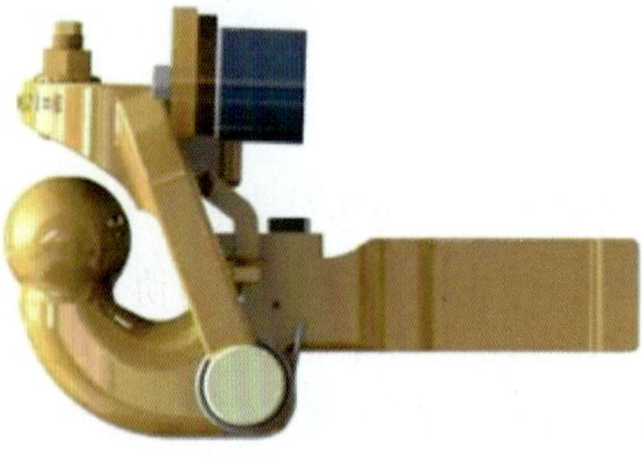

图 4-14　球形快速挂接装置

4.3.3　PTO 动力输出

PTO 动力输出轴均为花键型式,参考农用拖拉机 PTO 标准《农业拖拉机 后置动力输出轴 1、2、3 和 4 型 第 3 部分》(GB/T 1592.3—2016)。动力输出装置 PTO 将发动机功率以旋转机械能的方式传递给需要动力的农机具,通常在拖拉机后部设有花键轴,通过可伸缩万向传动轴前后两端分别与拖拉机花键轴和作业农机具动力输入花键轴套接，实现转速同步传输。动力连接装置的传统安装方式是先用人工将前后花键轴套接，然后用销轴锁定。国外已研发出拖拉机挂接装置和动力输出装置一体化系统，分别将动力输出母头和动力输入公头置于前后挂接架中部腔体内，动力输出母头和动力输入公头随着挂接架的套接配合，同步配置至同心位置并自动套接，实现了挂接与传动一体化。

4.3.4 液压输出阀组

由于作业农机具输入功率及驱动方式不同，50 马力及以下的拖拉机基本不配置液压输出阀，60 马力及以上的拖拉机配置的液压阀组不等，马力越大的拖拉机配置的液压输出阀组数越多，在动力允许的情况下也可选配或扩展液压输出阀组数（图 4-15）。对采用液压驱动的农机具，通常人工用液压软管将农机具与拖拉机输出阀对接。国外在快速挂接与传动一体化的基础上，通过在挂接装置顶端设计多路液压油路对接座，实现在农机具与拖拉机对接过程中的液压油路同步对接，实现挂接-动力输出-液压输出一体化。

图 4-15　液压输出阀组

4.4 总线技术

4.4.1 SAE J1939

SAEJ 1939 标准是美国汽车工程师协会（society of automotive engineers，SAE）发布的以 CAN 总线为基础的车辆网络串行通信和控制协议，主要用于商用车辆，也用于舰船、轨道机车、农业机械和大型发动机。SAEJ 1939 利用多路复用技术为车辆上各传感器、执行器和控制器提供高速的标准化网络连接，共享和传输各电子设备之间的数据，以减少车辆中电子线束的数量，并且提高车辆电子控制系统的可靠性、灵活性、可维修性及标准化程度。

SAE J1939 协议是目前在卡车和客车中应用最广泛的高层协议。德国的 IXXAT 公司和 Vector 公司都开发出了相应的 J1939 商业协议栈。协议栈为用户提供了软件接口，用户使用协议栈时，可将主要精力放在自身应用程序的编写上，而不必花费大量时间去了解 SAE J1939 的协议细节，从而极大地方便了基于 J1939 协议的产品的开发。SAE J1939 协议因其简单易用而广受欢迎，但是商业协议栈的价格较高，对 SAE J1939 规范的推广不利。Open SAE J1939 是一个开源项目，通过提供免费的 SAE J1939 协议栈，为各种车辆如拖拉机、机械、卡车等提供一个基于 CAN 总线的通信协议，并支持多种嵌入式系统（如 STM32、Arduino、AVR、PIC 等）甚至 PC，受到了开发者的欢迎。

4.4.2 ISO 11783

农业机械的信息化和自动化是农机的发展方向，欧洲的农机总线标准 DIN9684 的成功应用体现了农机数字化和网络化的大趋势。1988 年德国农业机械和拖拉机协会（LAV）成立了一个委员会，选择 CAN 总线（CAN1.0）作为基础，制定新的农机总线标准（agricultural bus）——LBS，即 DIN9684 标准。1991 年，ISO 开始着手农机总线的标准化工作，由 TC23/SC19（第 23 技术委员会第 19 子技术委员会，负责农业机械电子化工作）以 DIN9684 中 5 个部分的标准为基础制定新的国际标准。SC19 第一工作组（WG1）专门负责农机总线国际标准的制定。1992 年，TC23/SC19W/G1 决定采用 CAN2.0B 作为标准的基础，将该标准命名为 ISO11783。

4.4.3 ISOBUS

以 ISO 11783 为基础，每个农机制造商都可以研制自己的 ISO 11783 产品。然而，不同厂商的 ISO 11783 产品在电气接口、终端应用和操作逻辑等方面仍存在很多差异，因此，制造商和用户并没有享受到预期的便利。2008 年 10 月 28 日，7 家国际著名农机制造商（CLAAS、John Deere、KUHN、CNH、AGCO、SDF 和 POTTINGER）和 2 家行业协会（Association of Equipment and Manufacturers，AEM 和 Verband Deutscher Maschinen，VDMA）共同组建了农业行业电子基金会（Agricultural Industry Electronics Foundation，AEF）。至今，已经发展成为由 11 家核心成员（8 家头部农机制造商和 3 家行业协会）和 290 余家普通成员组成的行业大型非盈利性组织。AEF 的建立旨在“提升不同品牌间农机产品的兼容性，推行国际标准和鼓励推广新技术实施”，通过提高产品易用性，降低用户操作门槛。在此愿景下，AEF 在 ISO 11783 的基础上提出了新的农用数据总线商标——ISOBUS，以期通过简单热拔插（plug and play）实现不同“终端-拖拉机-机具”间的切换和组合（图 4-16）。AEF 的主要工作内容包括：①认证 ISOBUS 产品并将通过认证的产品纳入公开访问的 AEF ISOBUS 数据库（AEF ISOBUS Database）；②提供 AEF ISOBUS 一致性测试工具，加速 ISOBUS 产品开发；③为 ISOBUS 产品制造商提供技术支持。

AEF 还定义了 ISOBUS 应用（ISOBUS Functionalities）。基本的 ISOBUS 应用仅支持拖拉机的共用常用性功能，如 UT（universal terminal）、AUX-N（auxiliary control）、TC-BAS[（task controller basic（totals）]、TC-GEO[（task controller geo-based（variables）]、TC-SC（task controller-section control）、TECU（basic tractor ECU）、TIM（tractor implement management）、LOG（logging of device values independent）和 ISB（ISOBUS shortcut button）。机具制造商也可以开发服务于自研机具功能的专用 ISOBUS 应用，并

与机具绑定销售(图 4-17)。

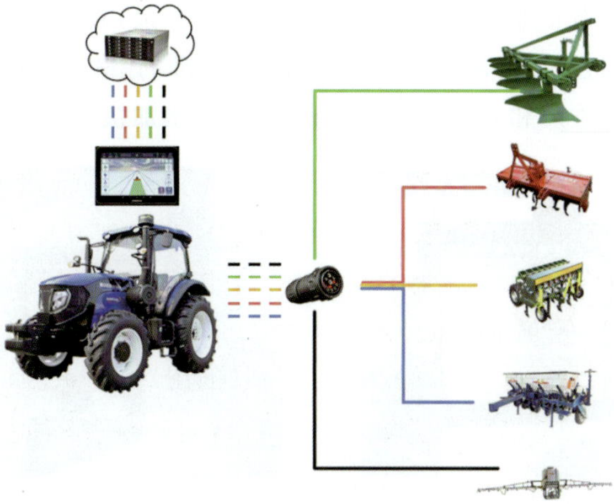

图 4-16　ISOBUS 的基本思想

图 4-17　ISOBUS 应用

在 AEF 的带领和支持下,ISOBUS 产业发展迅速,国际上越来越多的制造商加入了 ISOBUS 产品和服务的研发并通过了 AEF 认证。2009 年,GRIMME、KRONE、KUHN、LEMKEN 和 RAUCH 五家厂商联手成立 CCI 能力中心协会(competence center ISOBUS e. V.)共同开发 ISOBUS 技术(图 4-18),推出了系列终端和外设(图 4-19a)和(图 4-19b);美国天宝的 GFX-750 和 TMX2050 终端,约翰迪尔的 Greenstar 3 终端,德国 Anedo 的 M50i ECU 和 L10i 终端(图 4-19c),以及日本 TOPCON 的 Apollo CM-20 ECU(图 4-19d)等,均通过了 AEF ISOBUS 认证。同时,还有一些产品支持部分 ISOBUS 应用,如日本 TOPCON X35 终端支持 section control(图 4-19e),中国深圳从平技术有限公司的 spring Ⅱ pro 终端支持 virtual terminal

图 4-18　CCI 能力中心协会

（图 4-19f）。目前，我国智能农机装备的标准化水平与欧洲还存在一定差距，对此，监管部门应鼓励、敦促农机制造企业开发 ISOBUS 协议兼容产品，积极参与 AEF 认证；或借鉴欧洲经验，成立行业联盟，负责制定基于 ISO11783 标准的“终端-拖拉机-机具”互换互通协议规范，并承担技术推广和兼容性认定职责，以进一步加快智能农机装备的迭代升级。

（a）CCI-1200 终端

（b）CCIA3操纵杆

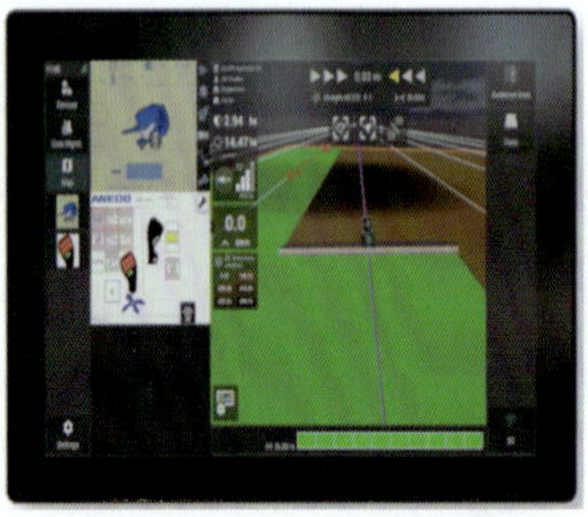

（c）Anedo L10i

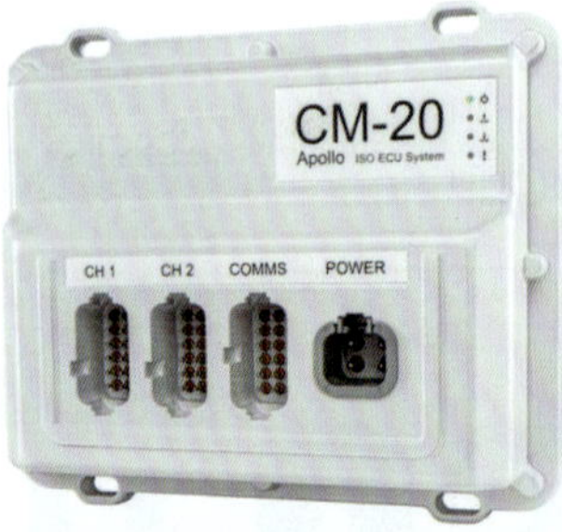

（d）TOPCON Apollo CM-20

（e）Topcon X35

（f）从平科技Spring II pro

图 4-19　ISOBUS 的各类产品

4.5　底盘线控技术

4.5.1　概念

线控技术（by-wire）是指用“电线”或者电信号传递各种控制信息，而不用通过机械连接装置的“硬”连接来实现操作的一种技术。其工作原理十分直观：通过传感器捕捉驾驶员的操作动作，这些动作随即被转换为电信号，经过电子控制单元（ECU）的精确处理，最终传递至执行机构,实现对底盘的精准控制。

线控技术也被称为电控技术,其核心在于利用精确的电子传感器和执行元件,通过电子信号代替传统的机械或液压系统来实现对底盘的精确控制。该技术不仅大大提升了车辆的操控性能,更为全面实现智能化和自动化驾驶铺平了道路。

在农业机械领域,线控技术最早起源于拖拉机底盘的电气化改造,通过将拖拉机中传统的机械结构逐步替换成高效、高精度、响应速度更快的先进电机及其电力驱动系统,并将这些先进的农机智能化改造的技术经验拓展到插秧机、喷雾机以及收获机等农业机械的底盘之中。但电气化改造的底盘在面对复杂的田间环境时,往往会遇到电机浸水损坏、电机被淤泥堵塞以及电机异常负载所致响应时间过长等不利于作业的问题。因此,农业机械需要效率更高、更能适应环境的底盘技术。

随着如扭矩传感器、角度传感器以及压力传感器等高精度传感器的发展,农机驾驶员的操作能够通过各个传感器转换为相应的电信号,并通过导线高速地传输至控制单元,从而控制农机的各个执行单元做出相应的动作。如对喷雾机作业装置进行线控改造,可实现油门、作业离合器和转向的精准控制;针对花生收获机变速机构和作业机构设计的具有CAN总线接口的手自一体化线控系统,采用PID控制算法和Bang-Bang控制算法,可实现行走和作业系统的自动控制。

与电气化底盘相比,线控底盘减少了对电机的使用,进一步提高了农机的作业精度和效率,减少了不必要的行驶路程与电力消耗,降低了成本。

4.5.2 线控底盘中的典型技术

4.5.2.1 发动机ECU线控技术

满足国三及以上减排标准的柴油发动机都配有燃油喷射控制系统,该系统由传感器、发动机控制器(EECU)、执行器和线束4个部分组成。传感器负责采集发动机进气温度、进气压力、燃油温度和喷射压力等参数;控制器根据传感器采集的信息以及发动机的目标运行状态,判定最佳喷油量和喷油角度;执行器根据控制器发出的喷油量和喷油正时,产生合适的脉冲信号以控制喷油器的喷油量,使柴油机运行状态达到最佳水平。控制器CAN网络的数据链路层遵循SAEJ1939/21标准,采用29位CAN2.0B的ID定义以及250 kbit/s的通信速率(图4-20)。

4.5.2.2 动力换档技术

动力换挡拖拉机采用电子控制系统,可实现拖拉机不间断换挡和换向,将复杂的操作过程转化为简单的电控操作。动力换挡系统由齿轮式变速箱,液压控制的湿式离合器和传感器,以及自动换挡控制器(TECU)组成。其基本工作原理如图4-21所示,TECU事先储存换挡规律曲线和湿式离合器结合规律曲线,由驾驶员通过控制油门踏板、制动踏板和换挡手柄向TECU表达意图,各传感器读取车辆状态运行参数(包括发动机转速、车速、油温、油压和离合器位置等),并将相应的电信号输入TECU,TECU按存储在其中的

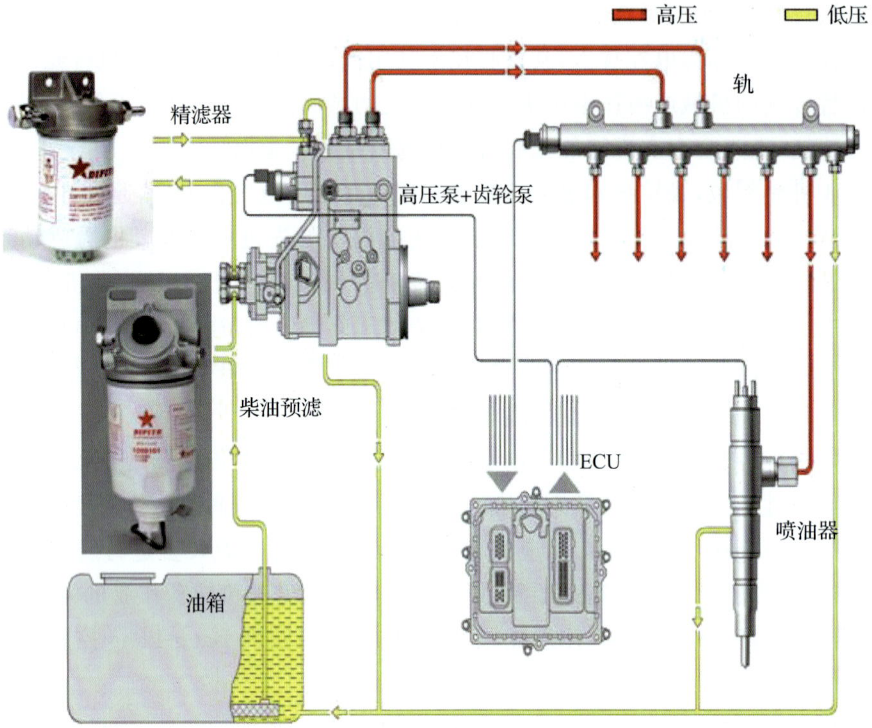

图 4-20　发动机线控技术示意图

（图片来源：王辉，2019）

设定程序模拟熟练驾驶员的驾驶规律（最佳换挡规律、发动机油门的自适应调节规律等），通过换挡液压执行机构对换挡离合器的结合及分离进行控制，以实现发动机和变速器的最佳匹配，从而获得优良作业性能和迅速换挡能力。

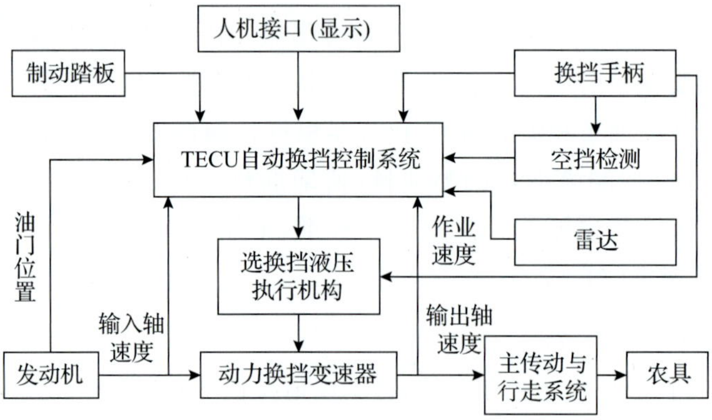

图 4-21　动力换档线控技术的工作原理

（图片来源：王辉，2019）

4.5.2.3　动力换向技术

如图 4-22 所示，动力换向系统包括前进和后退两个湿式离合器。前进离合器结合，后退离合器断开，车辆向前运动；后退离合器结合，前进离合器断开，车辆向后运动。起步时，通过控制系统控制前进比例电磁阀的开度，进而控制前进离合器以控制油路，随之控制作用在前进离合器上的压力，最终实现拖拉机的平稳起步。换向时，同时控制前进和后退比例电磁阀的开度，进而对前进和后退离合器压力进行精确控制，实现拖拉机前进至后退或者后退至前进的平稳换向。

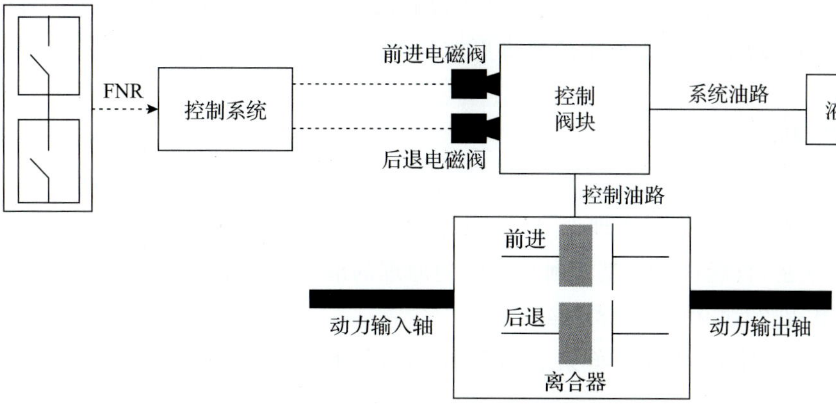

图 4-22　动力换向自动变速器的工作原理

4.5.2.4　电控提升 HECU 技术

如图 4-23 所示，电控液压悬挂系统与传统的液压悬挂系统的主要区别在于前者用控制面板替代操纵机构，由电液比例换向阀替代液压分配器。电控液压悬挂系统主要由悬挂机构、液压系统、控制器、控制面板和传感器组成（图 4-23）。采用传感器实时采集农业

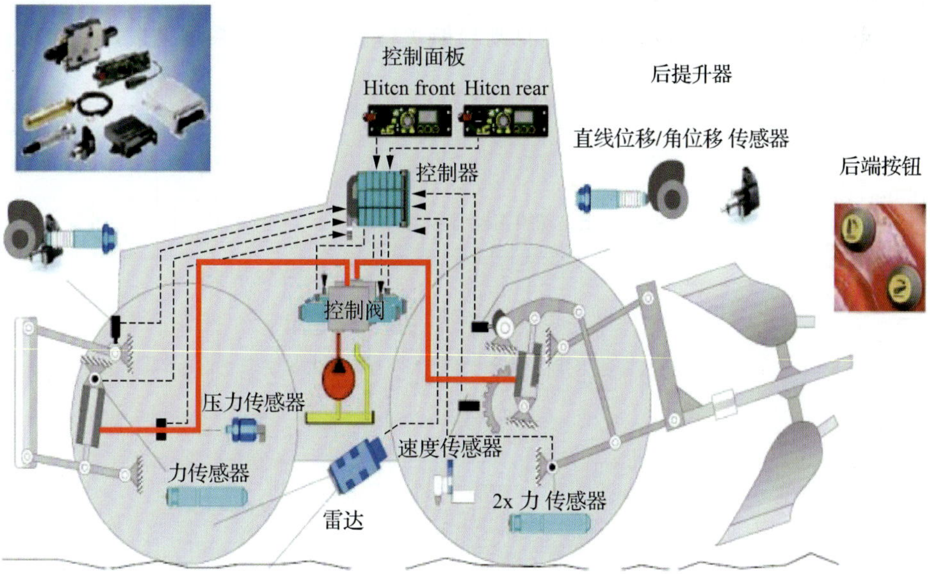

图 4-23　电控液压悬挂系统

（图片来源：王辉，2019）

机械的状态信息，由控制器(HECU)接收驾驶员经由控制面板发出的指令信息和传感器参数，并根据预先设计的程序控制比例换向阀，通过液压系统控制悬挂系统，从而控制农机具提升。电控液压悬挂系统都配有 CAN 总线接口。

目前，国内外知名的农业机械企业和高校都将重心放在农业机械电气化改造、线控底盘的研发和优化方面，具有线控底盘的智能农机已陆续投入农业生产活动中，并取得了良好的生产效益。未来的线控底盘技术将更加智能化和集成化，与自动驾驶、物联网和大数据等先进技术深度融合，为农业生产提供更加强大、高效和智能的装备支持。

参考文献

[1] 周一鸣，阚春. 汽车拖拉机理论[M]. 北京：中国农业大学出版社，2000.

[2] 魏传省，丛岳，肖跃进，等. 基于阿克曼转向原理的滑转率测量方法与试验[J]. 中国农机化学报，2022，43(12)：118-124.

[3] 刘军. 基于后轮转向的汽车紧急避障控制方法研究[D]. 哈尔滨：哈尔滨工业大学，2022.

[4] 周志艳，余鑫，梁乐彬，等. 四轮转向喷杆喷雾机平移换行导航控制系统设计与试验[J]. 农业机械学报，2023，54(7)：68-78，143.

[5] 郭平. 折腰转向方向盘拖拉机转向液压缸布置点优化[D]. 秦皇岛：燕山大学，2015.

[6] 王梦祥. 履带车辆液压机械差速转向控制策略研究[D]. 郑州：河南科技大学，2023.

[7] 王永，王建华，付田志，等. 基于自动控制的拖拉机起步和换向方法研究[J]. 拖拉机与农用运输车，2023，50(5)：66-69，72.

[8] 王辉. 基于双天线 GNSS 的拖拉机自动导航关键技术研究及系统集成应用[D]. 华南农业大学，2019.

第 5 章

数字化感知关键技术

数字化感知技术包括对大田无人化智慧农场的作业环境、作业对象和作业机械信息的精准感知，“星、机、地”是数字化感知的主要技术。其中，“星”指采用卫星影像获取较大范围内的农情信息，“机”指采用农用飞机获取农田区域中的农情，“地”指采用地面机载仪器直接获取农田中的农情。

5.1 作业环境信息感知

5.1.1 高精度地图

高精度地图(high definition map)又称自动驾驶地图，是面向智能汽车控制系统的地图。相较于传统导航电子地图，高精度地图的精度更高，道路语义信息更丰富、更准确。通常情况下，传统导航电子地图的绝对精度在 5 m 左右，仅描绘道路位置和几何形态。高精度地图的绝对精度可达 5～20 cm，以云边协同和车路协同等方式实现信息加载，辅助车辆感知、定位和规划等，满足智能时代多种高层次的应用需求。

在汽车领域，高精度地图是自动驾驶车辆最核心的技术之一，可让汽车在自动驾驶中时刻“有数据可依”。高精度地图的图层架构主要分为地图图层、定位图层和动态图层。地图图层记录道路的结构化信息，如道路边缘、车道边缘和中线等道路属性要素，并以厘米级的高精度数据呈现；定位图层记录具备独特性的目标或特征，如交通标志、地面标志和灯杆等，记录的内容包括绝对坐标、属性和几何轮廓等，用来与其他车辆传感器感知结果匹配，推算车辆位置；动态图层通过云服务平台，将各种动态事件实时传达给智能车辆搭载的处理器，让车辆提前预知前方可能出现的影响驾驶策略的情况。

大田无人化智慧农场建设中无人驾驶农机是关键支撑之一，无人驾驶农机作业需要通过地图和传感器等感知作业环境。传感器相当于人的感知系统，而高精地图相当于人的经验和知识。仅依赖传感器的无人驾驶车辆，犹如驾驶员在陌生环境驾驶，引入高精地图后，相当于驾驶员在熟悉的已知环境中驾驶。自动驾驶系统可依托高精度地图将复杂环境进行解构，将人的行为规则转换为车辆能够理解的方式进行传递，从而优化自动驾驶系统，如在远视距环境感知时可减少对车身传感器的依赖，进而降低传感器成本。无人驾驶农机在高精度地图提供先验信息的情况下，可做到“心中有图”和“有数据可依”，自动优化路径规划，提高作业效率及作业安全性能。

高精度农田地图是农机自动驾驶中路径规划的重要内容，无人驾驶农机高精度地图构建程序架构至关重要，农田高精度地图包括地块地形层、土壤信息层、地块信息层、道路图层、固定障碍物层、动态感知层和作物信息层等(图 5-1)。其中，①地块地形层主要包括三维地形和水田硬底层三维地形，了解水田硬底层状况及其对农机运动和姿态的影响规律，有利于实现水田作业机械智能精准与高质高效作业；②土壤信息层主要包括土壤状态和养分等信息，如根据土壤墒情和作物需水规律制定灌溉计划，实现精准灌溉和精准管理；③地块信息层包括地块边界和地块出入口等信息，用于农田管理、路网生成和路径规划，当前农机作业主要采用该图层；④道路图层指农场机耕道路，用于农机行驶，便于农机从机库至地块、地块至地块等田间转移路径规划；⑤固定障碍物层主要用于描述地块内静态障碍物的位置和地形，如田中的池塘、大树和电线杆等，作业前用于路径规划，以使作业路径避开地块内的静态障碍物，作业中采用辅助感知系统探测远处场景和被遮挡的障碍物；⑥动态感知层包含农机感知和车路协同等信息，该图层包括来自传感器、路侧设施或同一机群中的其他农机观察到的动态障碍物，以满足高精度地图对实时性的需求，并生成安全可靠的动态作业路径；⑦作物信息层包括作物类型、长势和耕种管收时间窗口等信息，支持农机生产调度，避免将不断生长变化的作物错误地识别为障碍物。多层数据结构可支持不同程度的无人驾驶农机。地块地形层与土壤信息层提供地块基本信息。常用的农机自动驾驶系统主要采用地块信息层、道路图层和固定障碍物层，可实现在封闭场景作业中无人驾驶农机的循迹作业。在机库、机耕道和多机协同等开放场景，则需增加动态感知层和作物信息层。

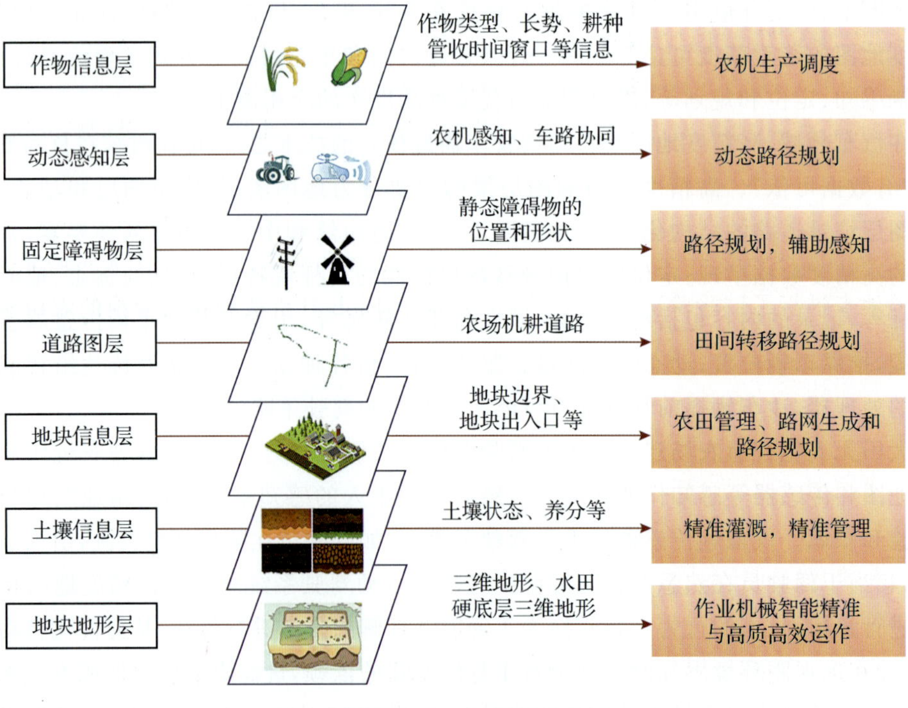

图 5-1　农田高精度地图的图层架构

按照展示的数据空间划分，农田地图主要分为二维地图与三维地图。二维地图包括平面上展现的信息，而三维地图是指通过采集、解析周围环境三维信息获取目标的三维属性和状态。在农业领域，三维环境感知的对象主要为农作物、障碍物、道路及建筑设施等静态目标，少数情况下也包括作业人员等动态目标，感知内容主要是静态和动态目标对象的三维空间位置、三维尺寸和形状范围等物理信息。

5.1.1.1 二维图像识别技术

在农场中，田块、田埂等关键对象的识别是高精度农田地图构建的基础。大田环境复杂，尤其是杂草、树木和田埂等的存在严重影响识别效果。关键对象识别方法主要有多光谱技术和可见光技术，或两者相融合的方法。

1. 多光谱技术

多光谱技术利用遥感影像数据，通过分析不同波段的反射情况，计算归一化植被指数(NDVI)，从而实现对农田植被覆盖情况和生长状态等信息的获取。利用多光谱技术构建农田地图具有监测精度高、实时性强、覆盖面积大和数据准确性高等优点，但缺点是成本和技术门槛较高且操作难度较大。利用NDVI对绿色植物敏感的特性，可根据不同区域输出的NDVI值的差异实现对农田的分割，农田的识别准确率可达95%以上。

2. 可见光技术

深度学习在视觉识别任务中的成功推动了多个研究领域的进步，在农业上的应用也越来越受到关注。但缺乏合适的农业图像数据集，阻碍了计算机视觉在作物科学方面的研究。为收集农田的语义分割数据集，可采用无人机获取大田无人化智慧农场的图像信息，通过大疆智图软件对采集的数据进行处理，得到农场遥感影像。再利用Labelme标注软件对数据图像进行像素级标注并生成标签文件，建成大田无人化智慧农场语义分割数据集。针对DeepLabV3+网络在农田和机耕道边界提取上存在的不足，提出了改进型DeepLabV3+语义分割网络。相较于DeepLabV3+网络，改进型DeepLabV3+网络在上述数据集中的平均交并比(mean Intersection over Union，mIoU)提高了3.15%，MPA提高了3.8%，如图5-2所示。以广州增城水稻无人农场和河源万绿水稻无人农场部分区域为试验地点进行了试验验证，试验结果表明，基于Blob分析法和霍夫变换的农田和机耕道边界线提取算法，其水泥边界提取的平均绝对误差约为5.15 cm，泥土边界提取的平均绝对误差约为5.37 cm，道路边界提取的平均绝对误差约为5.04 cm。综上，该算法可为大田无人化智慧农场高精度地图的构建提供支持。

3. 多光谱与可见光技术融合

通过将不同波段的图像信息融合可以提供更丰富的信息，从而提高目标识别的准确性和效率。如采用多模态多时序的高精度农业地图可分割农田区域与背景区域，通过采集不同时期水稻田的多模态图片数据可构建多模态时序水稻分割模型，融合彩色图像和NDVI等不同模态的数据可提供更多的特征和背景信息。试验结果表明，采用上述方法，农田区域识别结果的mIoU达到了90.54，平均精度(mean Accuracy，mAcc)达到了

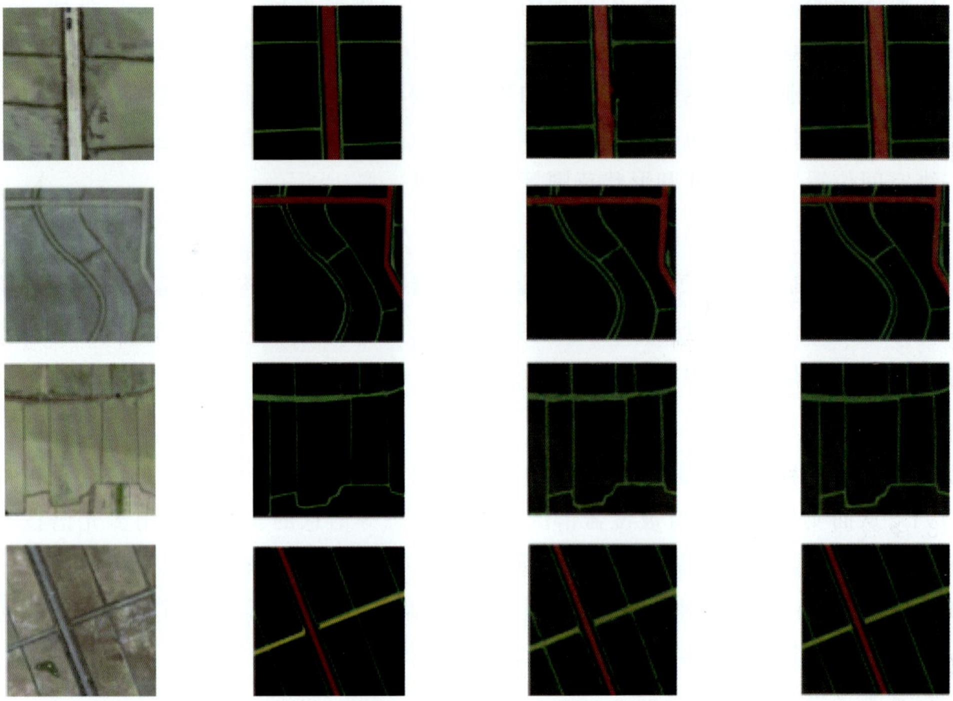

(a) 原始图像　(b) 标签图像　(c) DeepLabV3+　(d) 本文算法

图 5-2　不同方法改进模型前后的预测效果图

94.95。

种植区域与田埂区域的识别是大田无人化智慧农场地图构建的关键，但是随着作物生长，作物会遮挡田埂，且田埂上会长出杂草，增加了田埂识别的难度。可采用人工智能、深度学习和地理信息系统等技术，结合水稻生长周期及天气，通过无人机低空遥感自动采集水稻的多时相多模态航空影像，包括种植前、幼苗、分蘖、拔节、孕穗、抽穗、扬花、乳熟、蜡熟、完熟及收获阶段。对影像中田埂区域和种植区域进行标注，构建水稻无人化智慧农场种植区域与田埂区域航空影像数据集，并对种植区域与田埂区域进行识别，以便研究水稻生长过程中种植区域与田埂区域的变化规律，并获取最佳航空影像采集时间，为后续农场高精度地图的构建提供参考。目前大田中关键对象识别主要集中在田块、田埂和机耕道等，缺少对机库、出入田口和电线杆等的识别研究。

5.1.1.2　三维图像识别技术

利用三维地图直观生动的三维图像可以全面、深入地了解土地的状况，从而制定出更科学和更合理的农业生产策略。三维地图构建分为基于激光雷达的三维环境感知技术、基于视觉传感器的三维环境感知技术和基于多传感器融合的三维环境感知技术。在其他领域（如汽车领域），毫米波雷达等传感器也被用来感知三维环境信息，但这些传感器目前在农业中的应用较少。

1. 激光雷达

激光雷达通过发射激光并接收返回的激光来实现感知周围环境的功能，根据扫描结构的类型可以分为固态式、机械旋转式和混合式 3 种；根据载荷平台的不同，可以分为机载激光雷达、地面激光雷达和车载（移动）激光雷达 3 种。

2. 视觉传感器

机器视觉技术是智能机器人实时感知并理解周围环境的重要途径之一，机器视觉系统利用视觉传感器获得被测物体的特征图像，通过对特征图像分析处理提取所需信息。根据所获得的图像信息类型，视觉传感器可以分为普通 RGB 相机（彩色相机）和深度相机 2 种。后者将距离信息加入到前者所获取的二维图像中，即可得到三维图像。目前，国内外在采用 RGB 相机进行环境感知方面进行了很多研究，已将其应用于农作物和杂草识别及农产品品质检测等领域。

3. 多传感器融合

仅依靠单目相机无法满足某些场景对深度（距离）信息的需求，还需要与其他能够获取距离信息的传感器（如超声波位置传感器等）进行组合。近年来，对农业环境下的三维环境感知技术的研究不断取得突破，按照数据采集手段划分，主要分为无人机搭载传感器、地面机械搭载传感器以及无人机与地面机械搭载传感器进行融合、配准等方式。①通过无人机搭载传感器获取地图信息，如通过大疆无人机等获取航片，通过大疆智图、Find Pixel 航测云等软件进行建图。图 5-3a 所示为 DJI Phtom4pro RTK 获取的航片，通过 Find Pixel 航测云依次进行空三处理和空三解算，获取点云数以进行三维建模，并对密集点云进行标注建图。②通过地面机械搭载传感器获取地图信息，是指将安装在地面移动设备平台上的立体摄像机、定位传感器和惯性测量单元捕获的信息结合起来，捕捉现场场景并生成 3D 点云，将点云转换至大地坐标并组装在全球现场地图中的一种农田三维地形图的构建方法，为精准农业和田间机器人提供了构建农田三维地图所需的细节和精度水平，如图 5-3b 所示。③基于②，可将无人驾驶飞行器（UAV）的空中勘测能力与农业无人驾驶地面车辆（UGV）的目标干预能力相结合，建立和更新农田通用地图。UGV 和 UAV 都采用从机载摄像机收集的数据生成耕地的彩色点云，通过仿射变换将 UGV 子地图（红色矩形区域）配准到无人机航空地图（蓝色矩形区域），如图 5-3c 所示。

5.1.1.3 高精度地图的应用

高精度地图是大田无人化智慧农场云管控平台的重要基础，以平台为载体，将大田地图展示并传输给农机以指导农机作业。高精度地图构建包括原始地图、各类图层、地图要素、设备数据和农机数据，在原始地图上对农场多元化信息进行集成，集成方式如图 5-4 所示。农机作业管控流程如图 5-5 所示，其中非主从作业包括耕种管收的单机作业，任务状态细分为未开始、待机、作业中、暂停、中断和已完成。

（a）无人机农田三维建模效果

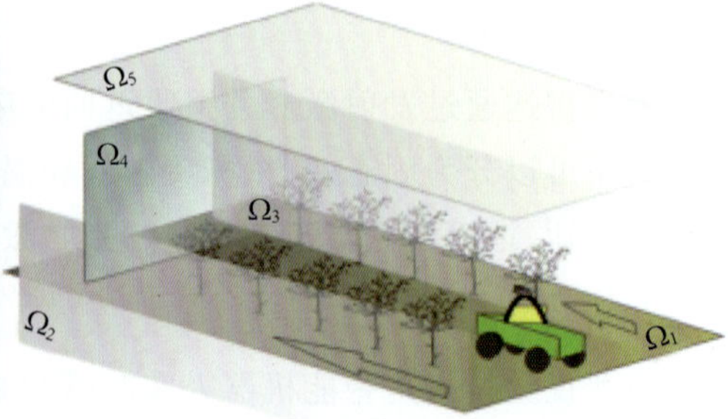

（b）地面机械农田三维地图构建

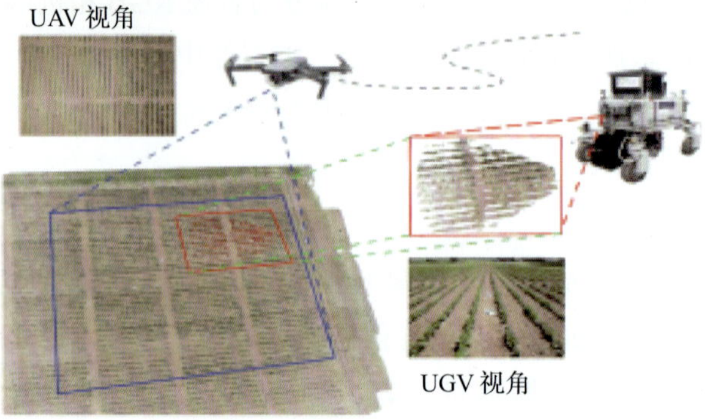

（c）UGV和UAV地图配准

图 5-3　三维地图构建

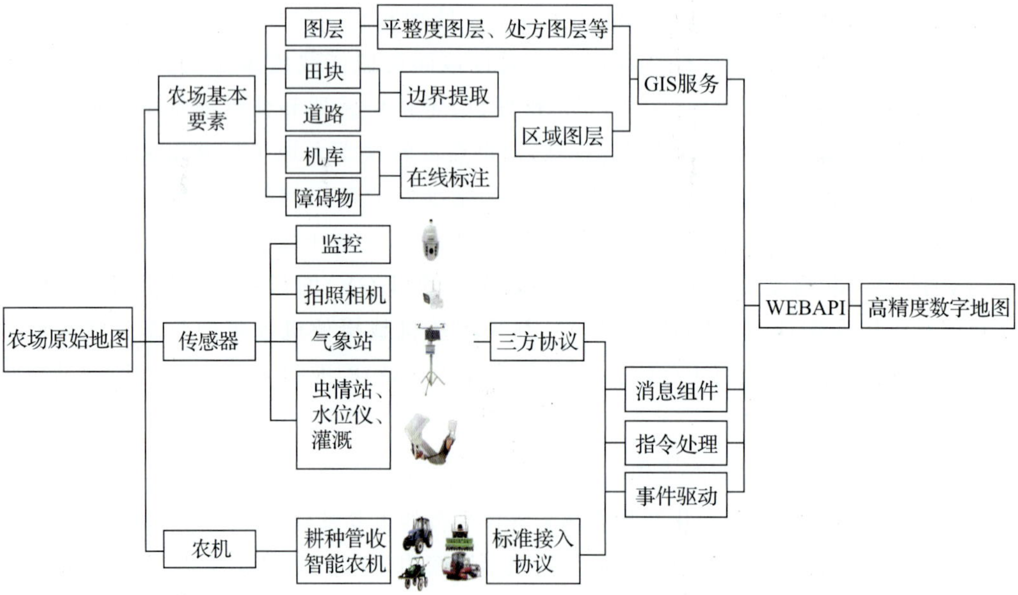

图 5-4　农场多元化信息地图集成

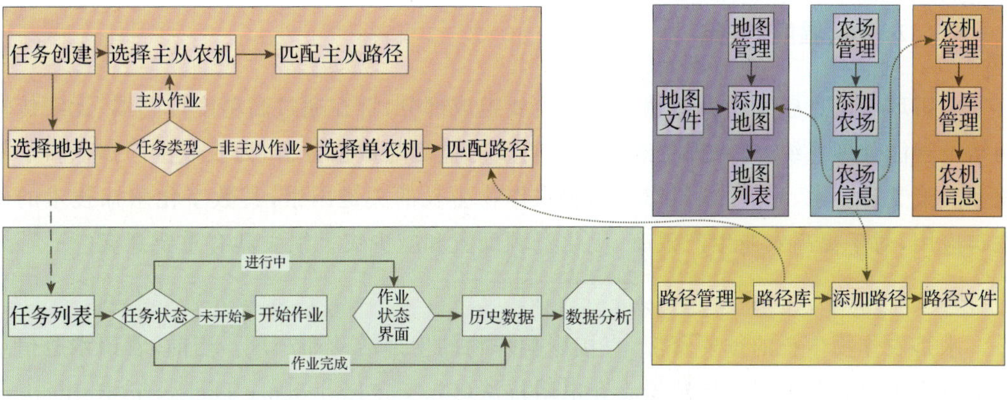

图 5-5　农机作业管控流程

对采集的地图建立在线地图服务的流程包括：①将地图图像文件添加至 ArcMap 软件中，选择重采样方式为最邻近像元法，并构建栅格“金字塔”；②将构建完成的地图图像文件共享为一个在线服务，选择服务器地址文件夹并命名图像文件；③选择 WMS（Web Map Service）服务并上传图像文件，生成 WMS 服务地图图像链接地址；④利用 WEBAPI 调用地图图像链接贴合天地图并显示，生成农场地图并在线放大获取农场定位、距离和区域等信息。最后，实现多元化信息集成。为构建更加清晰直观的农场信息，将农场的多元化信息集成到一张地图上，并将农场地图信息划分为农场基本要素、设备和农机。利用在线标注的方法获取农场田块、道路、机库和障碍物等农场基本要素的边界信息。当农场规模较大时，采用机器学习算法对田块与道路进行识别并提取边界信息，将整个农场的边界信息批量导入并与高精地图集成（图 5-6）。试验结果表明，构建的高精度地图误差小于 3 cm，平台与终端的数据交互和远程控制的实时性高。

图 5-6　大田无人化智慧农场云管控平台

5.1.2 水、温度、气象

农田环境信息感知作为智慧农业的重要组成部分，旨在通过高精度传感器、无线传输网络及智能处理系统，对农田生态环境进行实时监测与数据分析，为农业生产提供科学依据和决策支持。水、温度、气象作为影响农作物生长的关键因素，其数字化感知技术的研发与应用，对于提高农业生产效率、优化资源配置和减少灾害损失具有重要意义。

5.1.2.1 水

水是农作物生长的重要资源，直接影响作物的生理活动和产量。当前，农田水分信息感知技术主要有各类湿度传感器。介电阻抗法(Coaxial Impedance Dielectric Reflectometry，CIDR) 是一种基于电磁信号反射比的土壤水分测量方法(图 5-7a)，通过金属波导(具有三个外部针脚和一个中心针脚)发射和接收 50 MHz 的无线电频率。这种方法先计算土壤的复杂阻抗，然后解析出实部和虚部的介电常数，整个过程在传感器内的微处理器中完成。CIDR 的优势在于能够将能量存储(真实介电常数)与能量损失(虚数介电常数)分开，减小土壤湿度的校准受土壤盐分、温度、土壤变异性和传感器间变异性的影响。CIDR 通过一个振荡器产生电磁信号，该信号通过传感器的金属针传入土壤。先计算 50 MHz 频率下反射无线电波的幅度比率，再利用 Maxwell 方程的数值解来计算土壤的复杂阻抗，进而分解出实部和虚部的介电常数。这一计算过程由传感器内部的微处理器完成。CIDR 的精度取决于数学模型的精确度和计算的复杂程度。其主要优点如下：①精度高。CIDR 通过计算土壤的复杂阻抗，并解析出实部和虚部的介电常数，可提供高精度的土壤水分测量。②受盐分影响较小。与其他土壤水分测量技术相比，CIDR 在分离实部和虚部介电常数的基础上进行校准，使测量结果受土壤盐分的影响较小。③无需对土壤进行校准。采用 CIDR 时，传感器通常无需对土壤类型进行校准，简化了使用过程。CIDR 的主要缺点如下：①成本高。高精度的测量设备和复杂的计算导致 CIDR 的成本较高。②复杂。CIDR 所依赖的复杂的数学模型和计算，需要在传感器内部的微处理器中完成，增加了设备的复杂性和对专业知识人才的要求。③适用范围有限。虽然 CIDR 对多数土壤适用，但在极端条件下(如极度干燥或湿润的土壤)的性能和准确性可能会受到影响。

在实际应用中，将这些传感器部署在农田的不同位置，通过无线传输技术将采集到的湿度数据实时发送至中央控制系统或云端平台。农民和农学专家可以通过手机、电脑等终端设备远程查看农田水分状况，并根据作物需水规律制定灌溉计划，实现精准灌溉，减少水资源浪费。尽管目前土壤水分信息感知技术取得了重要进展，但仍面临一些挑战。例如，传感器易受潮湿环境影响，场效应管(metal-oxide-semiconductor field-effect transistor，MOS)易被击穿；传感器特性变化大，稳定性较差；灵敏度过高，可能对结果产生误判等。为解决这些问题，研究人员正致力于开发更加耐用、稳定、精准的土壤水分传感器，并优化数据处理算法，提高系统的抗干扰能力和智能化水平。

5.1.2.2 温度

温度是影响农作物生长的重要因素之一。温度信息感知技术主要有热电耦式和电阻式传感器，通过测量物体温度变化产生的电信号来反映温度水平。随着集成电路技术的发展，利用集成温度传感器进行温度测量已成为主流趋势。这些传感器具有体积小、功耗低和精度高等优点，适用于大范围农作物生长环境的温度测量和控制，如图 5-7b 所示。室外温度传感器能提供实时的温度数据。例如，在温室种植中，通过对室内温度的精准控制，可以为作物提供最适宜的生长环境，促进作物的生长，提高农田的产量。此外，通过温度传感器还可以及时发现并处理温度异常的情况，减少由温度波动引起的作物减产和质量下降等问题。

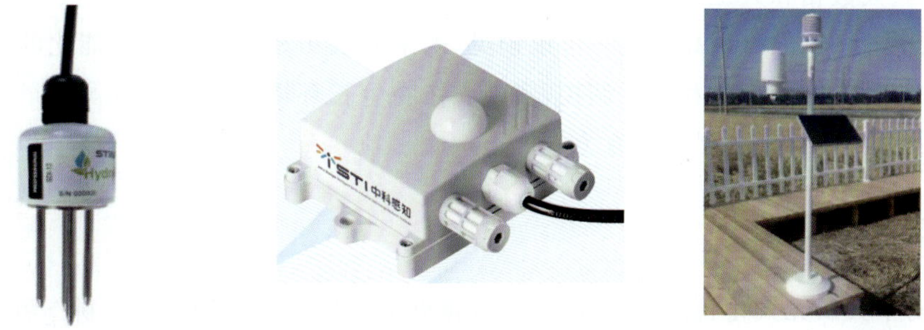

（a）土壤水分、温度、盐分传感器　（b）中科感知温度传感器　（c）托普云农气象传感设备

图 5-7　传感器

新疆生产建设兵团通过在农田中大规模布置包括温度传感器在内的各种监测设备，实现了对农业生产过程的精准控制。借助室外温度传感器，可以实时掌握棉田的土壤湿度和空气温度，从而精准地进行灌溉和施肥，大幅提高了棉花的产量和质量。北大荒农垦集团有限公司建三江分公司国家农业科技园将温度传感器等智能设备应用于水稻种植，通过对温度数据的精准采集和分析，科学地决定水稻的播种期、施肥量和灌溉方案，取得了显著的增产效果，同时也减少了生产成本，提升了农产品的市场竞争力。但温度传感器也存在一些缺点：一是高精度的传感器通常价格较高，对于一些中小农户是一笔不小的投资。二是传感器的安装、维护和数据分析都需要一定的技术和知识，可能会给普通农民带来一定的学习和操作障碍。

5.1.2.3 气象

气象信息感知技术在农业生产中非常重要，通过集成多种传感器（如温度、湿度、风速、风向和降水量等）和数据处理系统，对农田环境进行全方位、多参数的实时监测，如图 5-7c 所示。这些传感器将采集到的气象数据通过无线传输技术发送至中央控制系统或云端平台进行分析和处理。通过气象数据，可以预测天气变化趋势和灾害风险，为农场制定相应的应对措施。

气象信息感知技术广泛应用于大田的气候科学研究、农业气象预报服务、农业灾害预警服务以及农田小气候监测系统等领域。例如，搭载温度检测模块、三杯式风速采集仪与雨量传感器的低功耗农田气象数据监测器，可以实时监测气象参数，如监测值超标时立即发出报警信号。发展气象信息感知技术的关键在于提高信息的准确性和实时性，以及实现多源数据的融合与智能分析。为此，研究人员积极探索更加精准和稳定的传感器技术和数据处理算法，并加强物联网、大数据和人工智能等技术的融合应用。同时，加强气象监测站点的布局和优化也是提高气象信息感知能力的重要途径。面向大田作业环境的数字化感知关键技术是智慧农业的重要组成部分，通过应用这些技术，可以实现对农田环境中水、光、温度和气象等关键因素的精准监测和智能调控，为农业生产提供科学依据和决策支持。目前这些技术在实际应用中仍面临一些问题，需要不断研发和改进。未来，随着物联网、大数据和人工智能等技术的不断发展和应用，农田环境信息的数字化感知技术将更加智能化、精准化和高效化。可以预见，未来的农田是一个高度智能化的生态系统，通过实时监测、智能分析和精准调控，实现农作物生长环境的优化和资源的最大化利用，为现代农业的可持续发展提供有力支撑。

5.1.3 土壤

对于大田无人化智慧农场而言，有效地获取土壤中肥力、坚实度、耕作阻力、含水量以及 pH 等信息，对于科学制定农场土地利用方案、合理设计肥料配方、调控环境质量以及促进可持续发展等具有十分重要的意义。这些信息的获取需要借助先进的土壤信息采集技术。现阶段，土壤信息采集技术主要有无线传感技术、遥感技术以及自动化土壤采集技术，这些技术主要集成了各种传感器、卫星、无人机以及物联网等方面的先进技术。

土壤综合采样系统主要由拖拉机(底盘)、土壤取样器、GNSS 定位天线、计算机以及打印机组成，如图 5-8 所示。该系统的车载终端内置高精度定位板卡，可实现厘米级高精度定位，能够精准记录采样点的位置并生成采样轨迹。系统实时获取采样点的位置后能可视化显示。显示终端可以实时展示采样点编号、采样时间和经纬度等信息。采样位置数据可永久保存，并可实时上传至后台，实现远程监管，一键采集、一键打印，操作简单方便。工作人员可以在精准农业平台查看和管理采样点数据。

随着技术的不断进步，土壤信息采集技术将不断与大田无人化智慧农场技术深度融合，向着智能化、精准化和高效化方向发展。未来可以期待更多创新技术的应用，如激光诱导技术、生物传感技术和太赫兹光谱技术等，以及多源数据融合技术在大田无人化智慧农场土壤信息采集中的应用。这些技术将进一步提升土壤信息采集的精度和效率，为农业生产提供强有力的支持。

5.1.4 水田硬底层感知

水田土壤剖面包括水层、耕作层、硬底层和心土层，如图 5-9a 所示。其中，耕作层土质疏松，是作物根系的生长层；硬底层是农机装备在长期作业过程中对土壤反复碾压形成

图 5-8　联适土壤综合采样系统

的，具有孔隙度小和质地坚硬等特点。硬底层作为农机行驶的承载层，通过车轮对水田拖拉机产生反作用。大多数情况下，硬底层表面坑洼沟坎深浅不一，导致拖拉机行驶精度和通过性差，严重时甚至会陷车(图 5-9b)。因此，探明硬底层表面形态及其与农机行驶的相互作用机理，有助于提高水田机械精准与高效作业质量。然而，由于硬底层位于水层和耕作层下方，常用的接触/非接触式传感器难以直接测量其物理信息，一定程度上制约了水田农机与土壤的互作机理研究。因此，水田硬底层表面轮廓感知、评价、数字化建模及可视化研究意义重大。

(a) 水田土壤剖面图　　　　(b) 硬底层不平导致农机倾斜

图 5-9　硬底层对智能农机作业的影响

5.1.4.1　硬底层轮廓感知与评价

尽管水田硬底层无法直接测量，但硬底层对拖拉机施加的激励可采用车载加速度计或振动传感器获得。因此,借助国际标准 ISO 8608:2016 *Mechanical vibration-Road surface profiles-Reporting of measured data* 和国家标准 GB/T 7031—2005《机械振动 道路路面谱 测量数据报告》中提供的方法,可以感知并将硬底层不平度进行统一描述和评价分级(A～H)。具体步骤:①在插秧机上安装加速度度计(图 5-10a),通过数据差分去均值和周期性趋势(图 5-10b);②采用周期图法,即公式(5-1),或 Welch 法,即公式(5-2)估计加速度信号的功率谱密度(Power spectral density,PSD)(图 5-10c)。

$$PSD_P(f)=\frac{1}{L}\left|\sum_{i=0}^{L-1}x_i e^{-j2\pi ft}\right|^2 \tag{5-1}$$

式中:$PSD_P(f)$ 是采用周期图法估计得到的功率谱密度;L 是信号长度;j 是虚数单位;x_i是加速度信号;f 是时间频率,Hz。

$$PSD_W(f)=\frac{1}{ML}\sum_{i=1}^{1}\left|\sum_{i=0}^{M}x_m^i(i)d(i)e^{-j2\pi ft}\right|^2 \tag{5-2}$$

式中:$PSD_W(f)$ 是 Welch 法估计得到的功率谱密度;M 是每段信号的长度;$d(i)$ 是数据窗。

③根据公式(5-3)和公式(5-4)将时间频域内的加速度功率谱密度(APSD)转化至空间频域内的位移功率谱密度(DPSD)(图 5-10d);

$$G_a(f)=(2\pi f)^4\cdot G_d(f) \tag{5-3}$$

式中:$G_a(f)$ 是时间频域内的加速度功率谱密度,$m^2\cdot s^{-3}$;$G_d(f)$ 是时间频域内的位移功率谱密度,$m^2\cdot s$。

$$G_d(n)=v\cdot G_d(f) \tag{5-4}$$

式中:n 是空间频率,m^{-1};$G_d(n)$ 是空间频域内的位移功率谱密度,m^3;v 是拖拉机驾驶速度,$m\cdot s^{-1}$。

④根据公式(5-5)至公式(5-7)滤除 DPSD 高频段的噪声(图 5-10c);

$$G_s(i)=\frac{[(n_L+0.5)\cdot B_e-n_l(i)]\cdot G_d(n_L)+\sum_{j=n_L+1}^{n_H-1}G_d(j)\cdot B_e+[n_h(i)-(n_H-0.5)\cdot B_e]\cdot G_d(n_H)}{n_h(i)-n_l(i)} \tag{5-5}$$

式中:$G_s(i)$ 是带宽 i 内的 DPSD 值,m^3;B_e是空间频域分辨率,m^{-1};n_l是下截止频率,m^{-1};n_h是上截止频率,m^{-1}.

$$n_H=\mathrm{INT}\left[\frac{n_h(i)}{B_e}+0.5\right] \tag{5-6}$$

$$n_L=\mathrm{INT}\left(\frac{n_l(i)}{B_e}+0.5\right) \tag{5-7}$$

式中:INT 是取整函数。

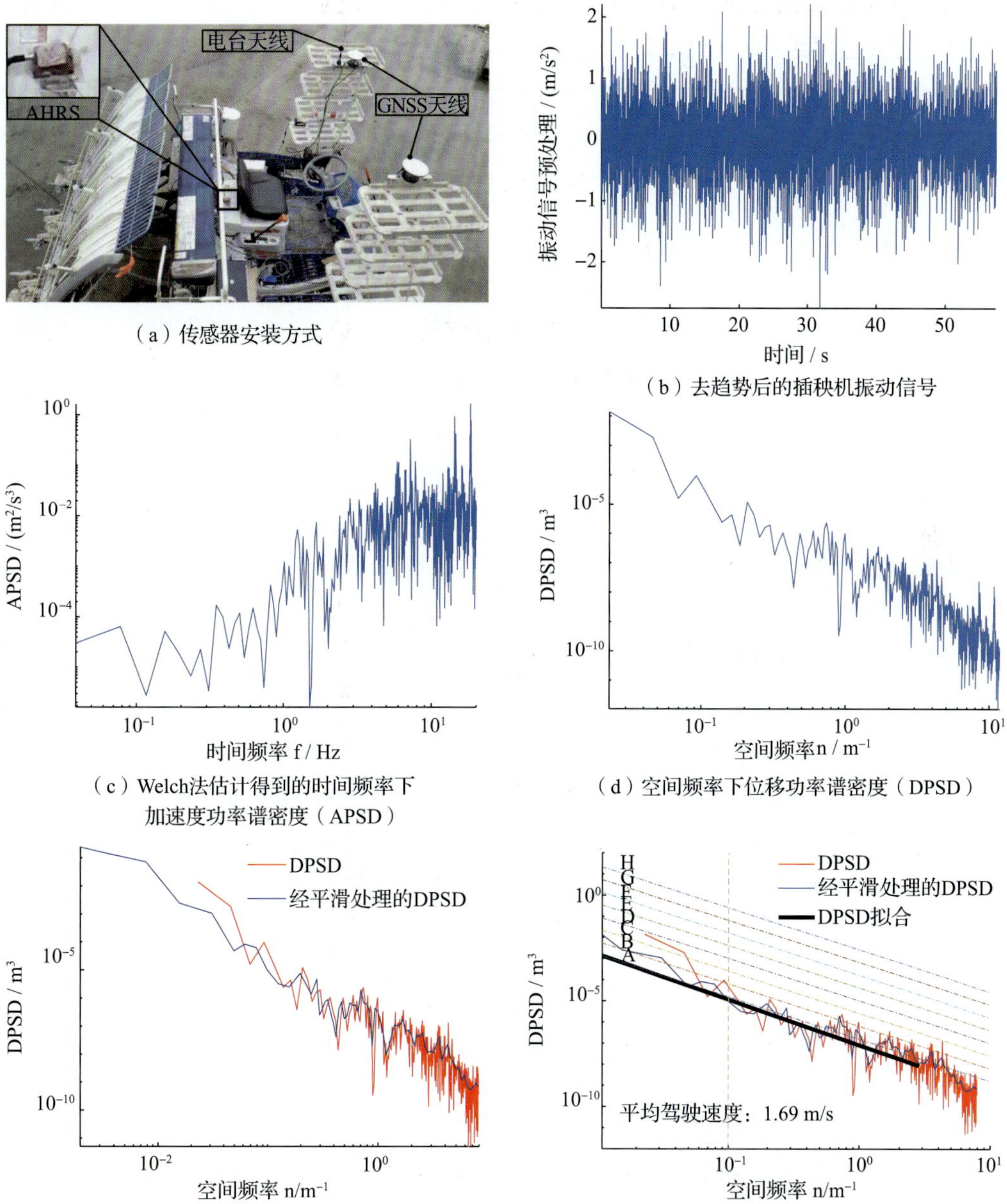

(a) 传感器安装方式

(b) 去趋势后的插秧机振动信号

(c) Welch法估计得到的时间频率下加速度功率谱密度(APSD)

(d) 空间频率下位移功率谱密度(DPSD)

(e) 平滑处理后的DPSD

(f) 硬底层不平度分级结果

图 5-10　硬底层不平度获取方法

⑤采用公式(5-8)求 $n=0.1\ m^{-1}$ 处的标准 DPSD 值,根据计算结果对照表求得不平度等级(表 5-1)(图 5-10f)。

$$G_d(n)=G_d(n_0)\cdot\left(\frac{n}{n_0}\right)^{-\omega} \tag{5-8}$$

式中：$G_d(n_0)$ 是不平度指数，体现不平度值的方差，m^3；n_0 是参考空间频率，m^{-1}；ω 表示特定空间频带之间波长分布。

表 5-1　不平度等级及不平度指数区间

不平度等级	$G_d(n_0)(10^{-6}\ m^3)$		
	下限	几何平均	上限
A	—	16	32
B	32	64	128
C	128	256	512
D	512	1 024	2 048
E	2 048	4 049	8 192
F	8 192	16 384	32 768
G	32 768	65 536	131 072
H	131 072	262 144	—

根据文献研究，国内旱地农田不平度处于 D 级和 E 级范围内，水田硬底层介于 C 级和 E 级之间。

5.1.4.2　硬底层轮廓数字化建模

基于 5.1.4.1 获取的硬底层轮廓密集点云信息，可采用数字化技术进行硬底层轮廓数字化模型构建，将硬底层的地形数据转换成数字化形式。数字化模型可用于制作大田无人化智慧农场地图的高程图和三维地图，用于硬底层地形分析和实现地形数据可视化，为监测硬底层变化和系统评估提供依据。同时对未被直接采集的区域进行高程估计，从而获得硬底层全域任意点的高程信息。

1. Delaunay 三角剖分原理

采样系统根据行走底盘的轮底采集到硬底层点集，采用 Delaunay 三角剖分方法，利用其最大化最小角及唯一性的特性，构建的硬底层轮廓是“最接近于规则化”的三角网，构建轮廓最外层的田块边界形成的凸多边形的外围，可以覆盖全部采集区域。不论从采样区域何处开始构建，硬底层轮廓都是一致不变的结果，故行走底盘从田块任意点启动采样均可得到一致的硬底层轮廓。实现 Delaunay 三角剖的算法有 Lawson 和 Bowyer-Watson 等，其中 Lawson 算法包含局部优化过程 LOP(Local Optimization Procedure)，经过 LOP 处理可确保轮底采集的点集经三角剖分形成标准的 Delaunay 三角网。步骤如下：

①创建一个包含采集硬底层点集的超大三角形，将该三角形放入三角链中；

②将采集的硬底层点集中的散点 P 逐一插入，从三角链中寻找外接圆包含 P 点的影响三角形，删除影响三角形外接圆相交点的连线(影响三角形公共边)，再将影响三角形的其他顶点分别与 P 点相连，即完成了 P 点在 Delaunay 三角形链表中的插入，如图 5-11 所示；

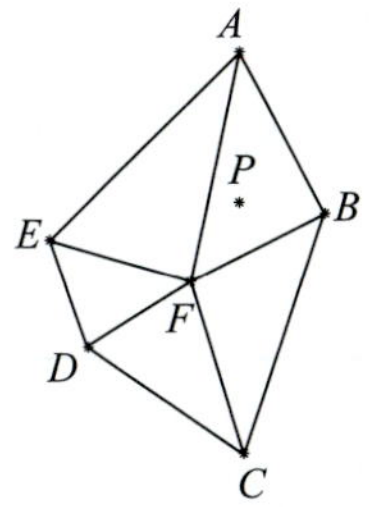

（a）插入新的硬底层散点P

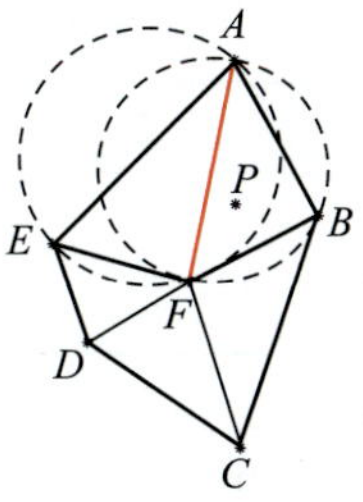

（b）寻找外接圆包含P点的影响三角形

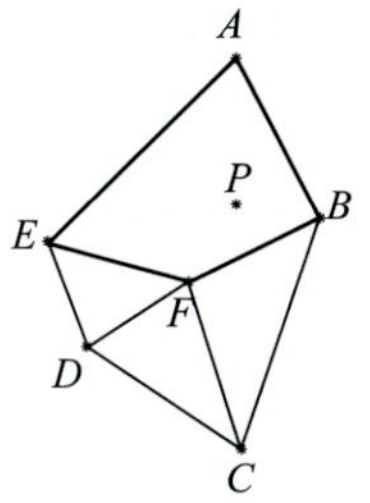

（c）删除影响三角形公共边

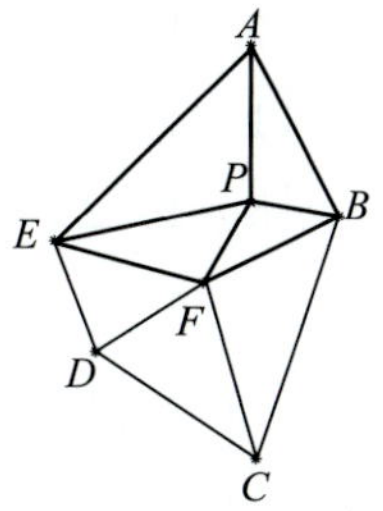

（d）将P点与其所在凸多边形顶点相连

图 5-11　逐一插入 P 点 Delaunay 三角形构建过程

③根据最大空圆优化准则，对硬底层散点新形成的三角形进行局部优化（LOP），如图 5-12 所示，将优化后的三角形放入 Delaunay 三角形链表；

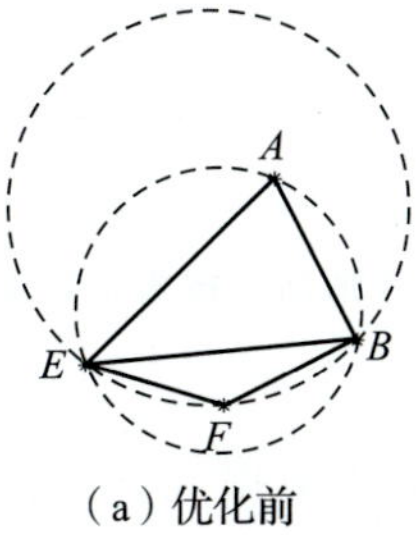

（a）优化前

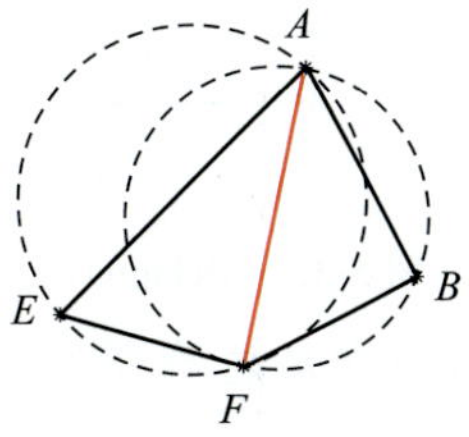

（b）优化后

图 5-12　硬底层构建三角形进行局部优化过程（LOP）

④继续逐一插入散点，循环执行上述第二步，直到所有散点均构建成 Delaunay 三角形顶点。

为了预估硬底层表面任意点高程，还需获取构建硬底层轮廓的所有三角形顶点坐标，可采用 MATLAB 计算软件对硬底层点集进行 Delaunay 三角剖分。以随机提取的 7 个硬底层轮廓采集点的平面坐标为例，如表 5-2 所示，以随机点剖分后的回值作为三角形顶点序号，构建“m 行×3 列”矩阵 $\boldsymbol{T}$，如公式（5-9）所示，$\boldsymbol{T}$ 矩阵的行数表示该轮廓点集 Delaunay 三角剖分后由 m 个三角形网格构成，每行的 3 个元素分别表示构建单一三角形的三个顶点在轮廓点集中的序号，至此即完成硬底层平面轮廓点集的 Delaunay 三角剖分，如图 5-13 所示。根据构建的硬底层轮廓三角网格所有节点序号，可在采集的点集中获取对应节点的高程。

表 5-2　平面散点序号及坐标值

	1	2	3	4	5	6	7
X 轴	x_1	x_2	x_3	x_4	x_5	x_6	x_7
Y 轴	y_1	y_2	y_3	y_4	y_5	y_6	y_7

$$\boldsymbol{T}=\begin{bmatrix}6 & 7 & 3\\7 & 5 & 3\\7 & 1 & 5\\1 & 4 & 2\\5 & 1 & 2\\7 & 4 & 1\end{bmatrix}\Leftrightarrow\begin{bmatrix}(x_6,y_6) & (x_7,y_7) & (x_3,y_3)\\(x_7,y_7) & (x_5,y_5) & (x_3,y_3)\\(x_7,y_7) & (x_1,y_1) & (x_5,y_5)\\(x_1,y_1) & (x_4,y_4) & (x_2,y_2)\\(x_5,y_5) & (x_1,y_1) & (x_2,y_2)\\(x_7,y_7) & (x_4,y_4) & (x_1,y_1)\end{bmatrix} \tag{5-9}$$

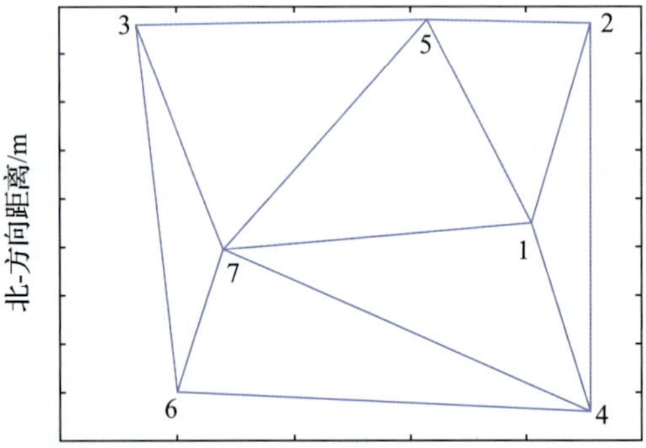

图 5-13　Delaunay 三角剖分构三角形顶点搜索示意图

2. 采集点稀释与硬底层轮廓模型

底盘上的位姿传感器始终以 10 Hz 频率同步采集数据，而机具实际作业行驶速度是变化的，因此以每秒采 10 个点的速率记录，后轮底与硬底层表面的接触点沿轮底轨迹较密集，同时在车体速度变化的情况下，采集点疏密程度不均匀。在这种情况下构建 Delaunay 三角剖分时，容易产生三等边中其中一条边相对另外两边短很多，从而使构建出来的网格面不均匀。因此，还需对轮底采集的点集进行均匀稀释，为使在作业速度 0～1 m/s 间的任意速度下均能获得均匀间距点集，对密集点集进行相邻点距离 1 m 间距的等距离稀释。

设稀释前密集点云坐标矩阵为 $[\boldsymbol{X}_q,\boldsymbol{Y}_q]$，矩阵 $[\boldsymbol{X}_q,\boldsymbol{Y}_q]$ 长度为 n_q，单点坐标矩阵为 $[\boldsymbol{X}_{qi},\boldsymbol{Y}_{qi}]$，$i\in[1,n_q]$；设稀释后稀疏点云坐标矩阵为 $[\boldsymbol{X}_h,\boldsymbol{Y}_h]$，矩阵 $[\boldsymbol{X}_h,\boldsymbol{Y}_h]$ 的长度为 n_h，单点坐标矩阵为 $[\boldsymbol{X}_{h\ j},\boldsymbol{Y}_{h\ j}]$，$j\in[1,n_h]$；等间距稀释间距为 S_d，1 m；则点云稀释流程图如图 5-14 所示，稀释结果如图 5-15 所示。

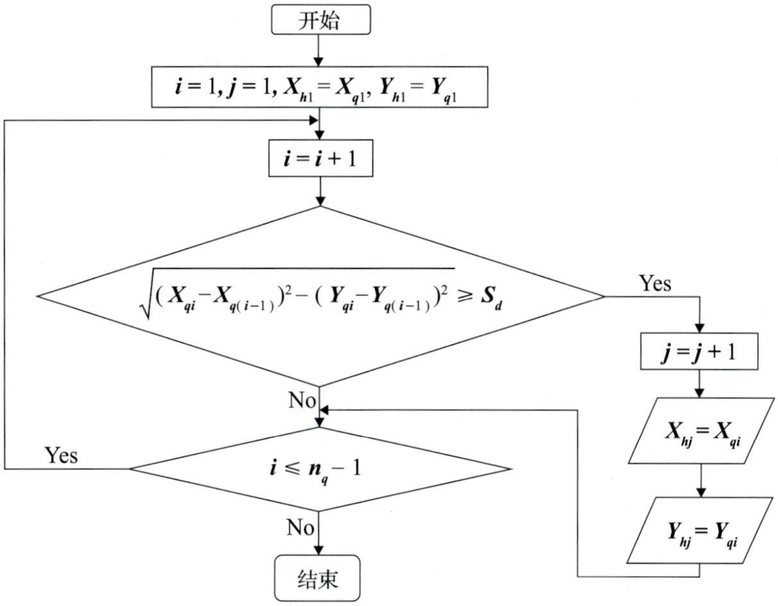

图 5-14　点云稀释流程图

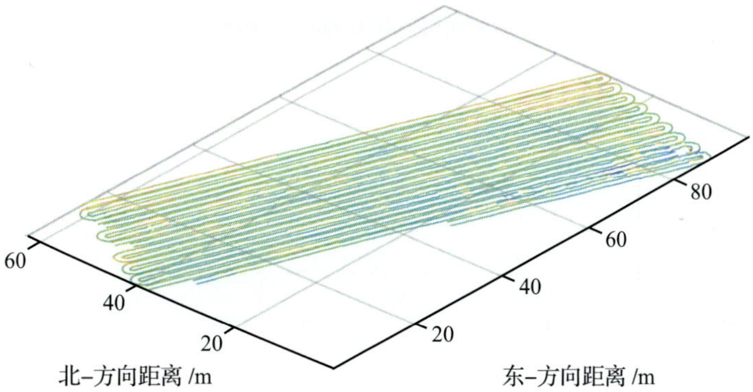

（a）后轮底10 Hz采集频率的点集

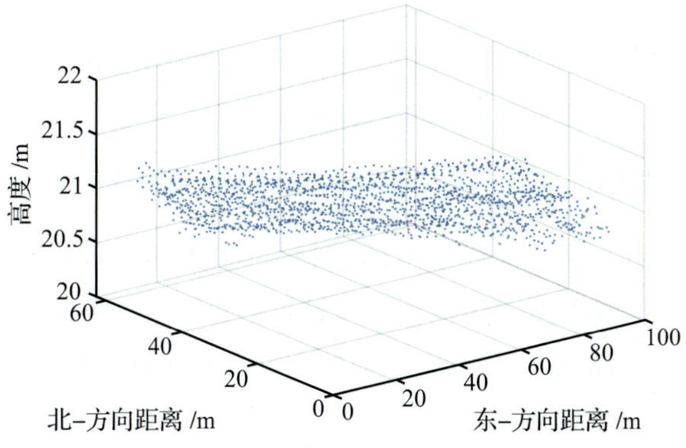

（b）1 m等间距均匀稀释点集

图 5-15　硬底层密集点采集与均匀稀释处理

从稀释后的点集里依次提取它们的 X 轴和 Y 轴坐标进行 Delaunay 三角剖分，形成基于 Delaunay 三角剖分硬底层轮廓在 XOY 平面上的投影图，如图 5-16a 所示，返回由每个 Delaunay 三角形顶点序号构成的 $\boldsymbol{T}$ 矩阵，根据对应序号在采集硬底层点集中搜索点的高程并输入，从而构建出硬底层的三维轮廓，即完成了水田硬底层轮廓模型构建，如图 5-16b 所示。

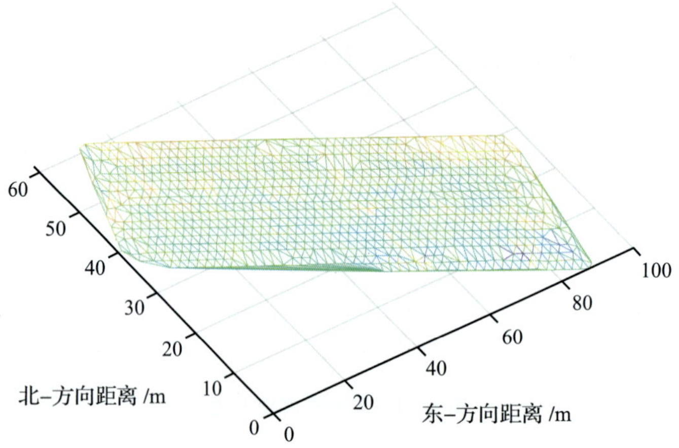

(a) 硬底层平面Delaunay三角剖分

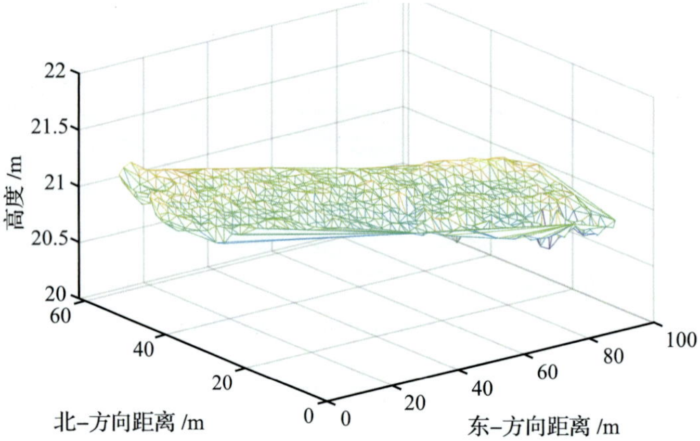

(b) 水田硬底层轮廓模型

图 5-16 基于三角剖分的水田硬底层轮廓模型构建

为解算任意点在硬底层数字化轮廓上的高程，可采用解算点投影在空间平面上高程的原理，如图 5-17 所示。根据搜索到包含待估计点的第 i 个三角形，根据第 i 个三角形顶点坐标，求得与第 i 个三角形重合的空间平面的空间几何平面方程，将待估计点的平面坐标代入方程式即可求得该点的高程。

已知第 j 个待估计点位置 $P_{j0}(x_{j0}, y_{j0})$，构建硬底层的第 i 个三角形投影至 XOY 平面上的轮廓包含点 $P_{j0}(x_{j0}, y_{j0})$，第 i 个三角形的顶点分别为 $P_{i1}(x_{i1}, y_{i1}, z_{i1})$ 、$P_{i2}(x_{i2},$

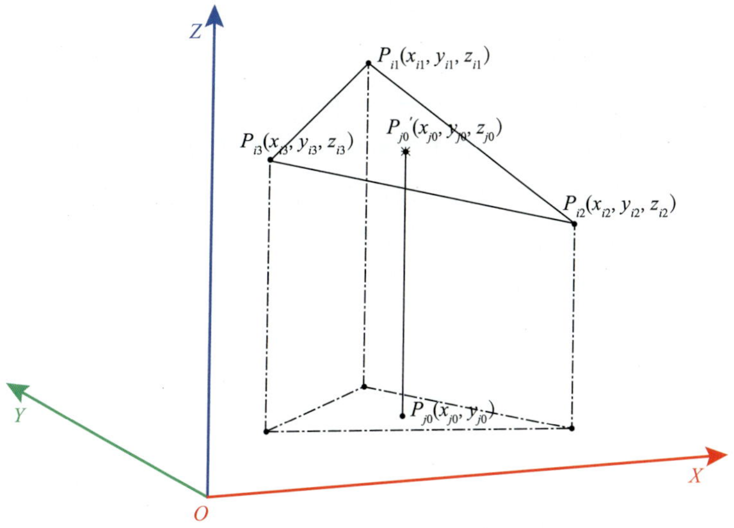

图 5-17　待估计点位置与第 i 个三角形位置关系

y_{i2}, z_{i2}) 和 $P_{i3}(x_{i3}, y_{i3}, z_{i3})$；设与第 i 个三角形重合的空间平面的空间几何平面方程为：

$$ax + by + cz + d = 0 \tag{5-10}$$

将 $P_{i1}(x_{i1}, y_{i1}, z_{i1})$、$P_{i2}(x_{i2}, y_{i2}, z_{i2})$ 和 $P_{i3}(x_{i3}, y_{i3}, z_{i3})$ 代入公式(5-12)，求平面方程系数 a、b、c、d，则有：

$$\mathbf{A} = \begin{bmatrix} x_{i1} & y_{i1} & 1 \\ x_{i2} & y_{i2} & 1 \\ x_{i3} & y_{i3} & 1 \end{bmatrix} \tag{5-11}$$

$$\mathbf{B} = \begin{bmatrix} z_{i1} \\ z_{i2} \\ z_{i3} \end{bmatrix} \tag{5-12}$$

$$\mathbf{C} = \mathbf{A} \backslash \mathbf{B} \tag{5-13}$$

$$\begin{bmatrix} a \\ b \\ c \\ d \end{bmatrix} = \begin{bmatrix} C(1) \\ C(2) \\ 1 \\ C(3) \end{bmatrix} \tag{5-14}$$

式中：**A**、**B**、**C** 为过渡矩阵。

设待估计点在 $P_{j0}(x_{j0}, y_{j0})$ 位置处的高程为 z_{j0}，则有：

$$z_{j0} = -\frac{(a \cdot x_{j0} + b \cdot y_{j0} + d)}{c} \tag{5-15}$$

采用硬底层全域任意点高程估计方法可估算不被轮底直接接触的区域任意点

$P_{j0}(x_{j0}, y_{j0}) z_{j0}$，即可完整表达水田全域硬底层轮廓信息。

3. 硬底层轮廓模型精度验证

分别在硬质斜坡及水田中进行验证试验，采用 GNSS 和 AHRS 采集系统以 10 Hz 的频率同步采集右天线位置信息、主从天线的航向信息、车体的横滚和俯仰角信息，采用 RTK 在标记的轨迹上记录点的坐标值，以此作为验证点。经过传感器初始位置校正后，轮底采集轮廓点与 RTK 验证点位置对比结果如图 5-18 和图 5-19 所示。

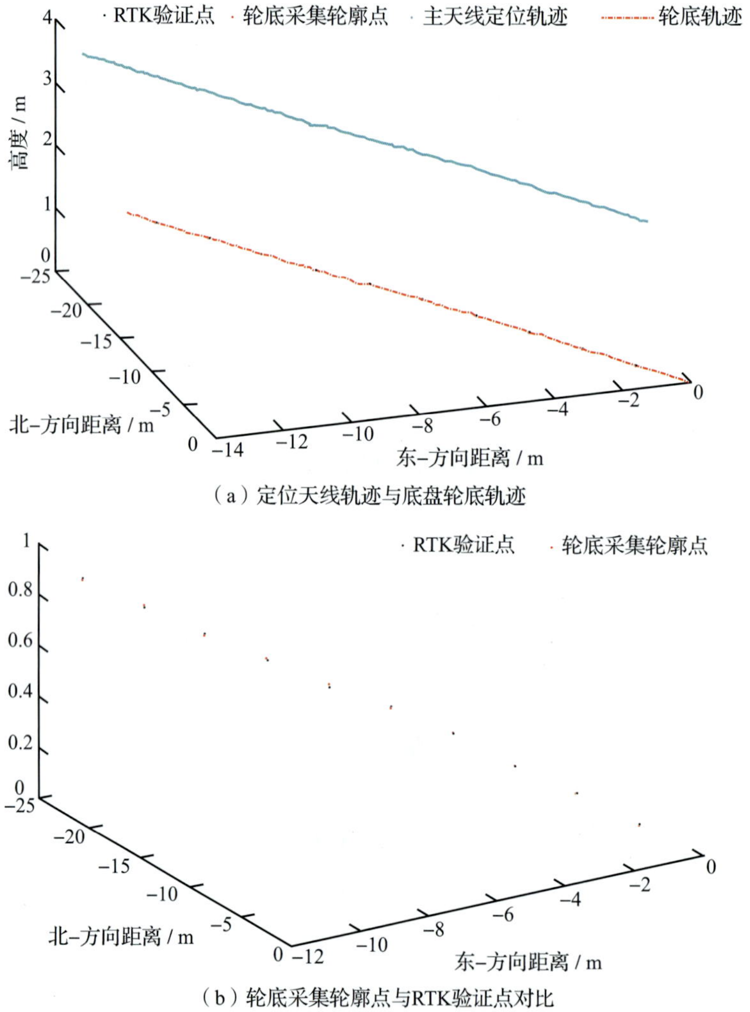

（a）定位天线轨迹与底盘轮底轨迹

（b）轮底采集轮廓点与RTK验证点对比

图 5-18　校正后轮底采集轮廓点与 RTK 验证点位置对比

硬质斜坡直线上采集的结果表明在 X、Y、Z 轴上的平均误差分别为 0.86 cm、0.68 cm、0.55 cm，标准误差分别为 0.99 cm、0.78 cm、0.67 cm。

水田硬底层采集的结果表明在 X、Y、Z 轴上的平均误差分别为 1.57 cm、0.91 cm、1.25 cm，标准误差分别为 1.87 cm、1.01 cm、1.55 cm。

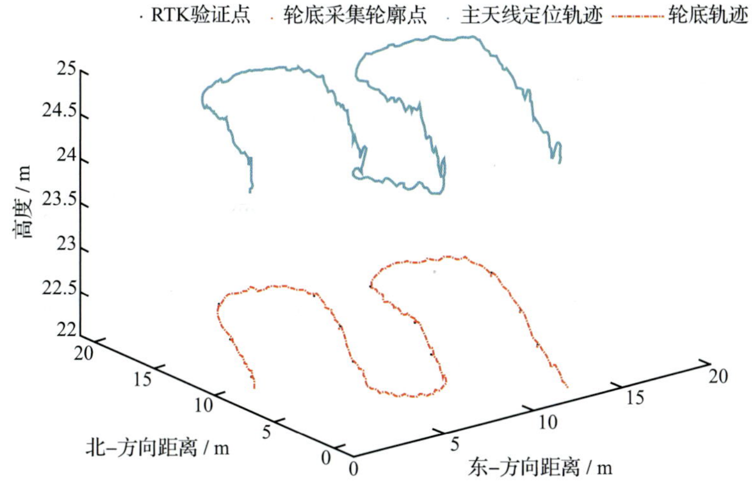

（a）定位天线轨迹与底盘轮底轨迹

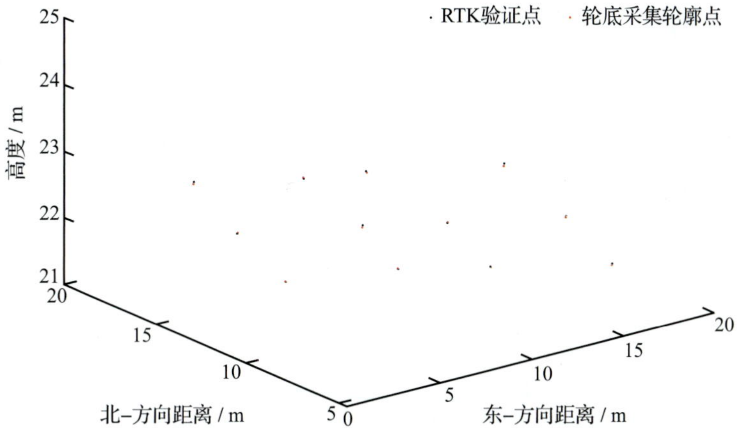

（b）轮底采集轮廓点与RTK验证点对比

图 5-19　轮底采集轮廓点与 RTK 验证点位置对比

大田硬底层任意点高程估算与精度验证试验的数据采集及处理如图 5-20a 所示，验证结果如图 5-20b 所示。

大田硬底层任意点高程估算精度验证结果表明在 Z 轴上的平均误差为 1.25 cm，标准误差为 1.49 cm。

4. 硬底层复现与台架试验

Shore Western 研制的 SC6000 农田四通道模拟测试系统集成疲劳加载作动器和高精度伺服阀，可逐点再现时域输入波形；通过对多路输入信号相位和振幅的同步，能实现四通道（四轮）并行模拟。将采集或建模生成的硬底层信息输入系统，可为智能农机的控制性能评价和对比提供可重复的硬底激励信号，如图 5-21 所示。

二维码 5-1
犁地底层四通道并行模拟

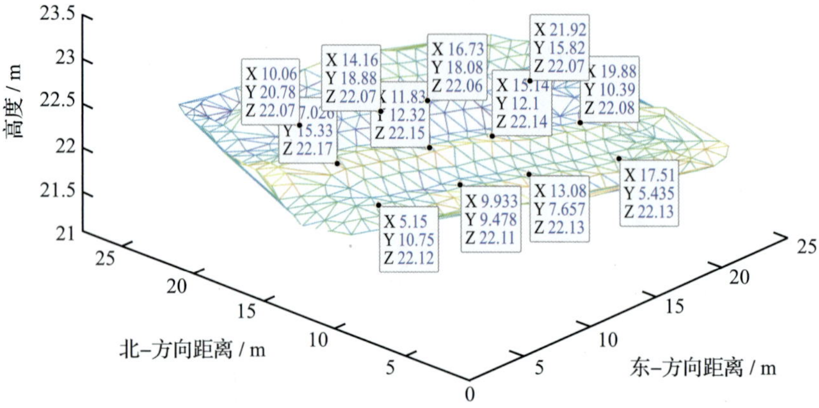

（a）预估点在硬底层轮廓表面位置

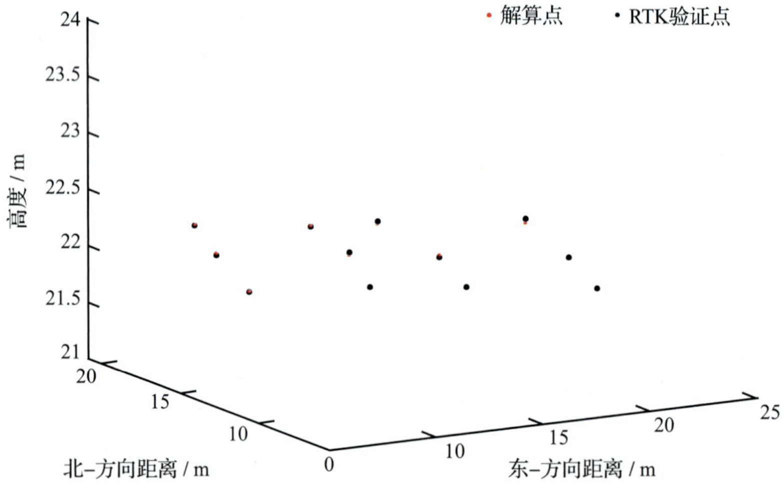

（b）解算点与RTK验证点位置

图 5-20　预估点高程解算与精度验证

（a）高精度液压伺服阀

（b）硬底层四通道并行模拟

图 5-21　硬底层复现方法与试验

5.1.4.3 水田硬底层轮廓局部特征量化

1. 硬底层轮廓采集平台

硬底层轮廓采集平台以后桥无减震悬架的无人驾驶水稻直播机作为动力底盘，如图5-22所示。

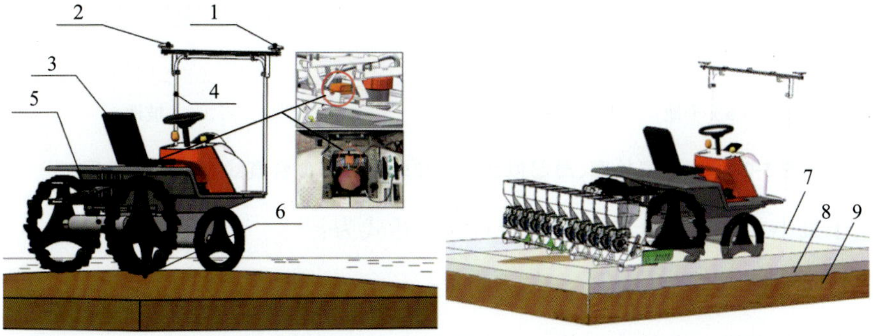

注：1. 主定位天线；2. 从定位天线；3. AHRS；4. 支撑架；5. 无人驾驶直播机底盘；
6. 右后轮底采集点；7. 水层；8. 耕作层；9. 硬底层。

图5-22 基于无人驾驶直播机底盘的采集平台

2. 硬底层表面粗糙度估计方法

为快速连续测量智能农机行驶时的硬底层粗糙度，以设定长度范围内的硬底层轮廓作为局部粗糙度测量范围，即农机每一时刻测量的硬底层粗糙度为前某时刻到该时刻行驶设定长度所测得的粗糙度值，取样方式如图5-23所示。

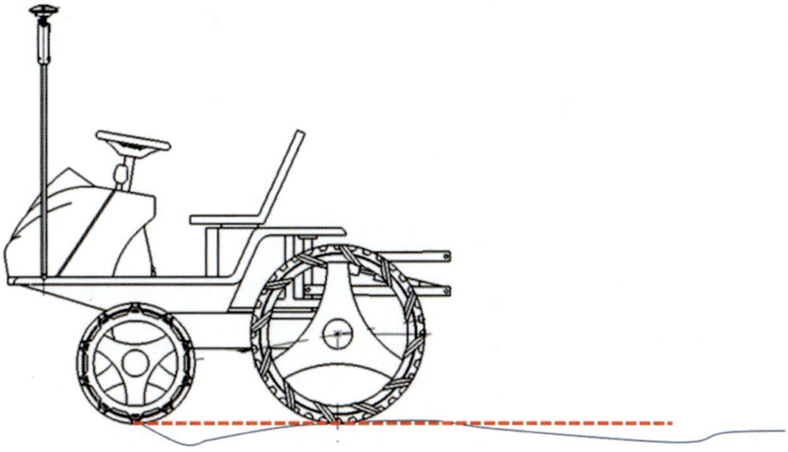

图5-23 取样示意图

根据智能农机底盘采集的硬底层轮廓信息，在局部设定长度范围内，基于最小二乘法指标方法拟合直线，并计算各点距离的拟合直线的高度，为计算表面粗糙度提供输入。该方法适用于平地和坡地，在平地和坡地中硬底层轮廓、局部拟合线段和轮廓点到拟合直线高度的关系如图 5-24 所示。

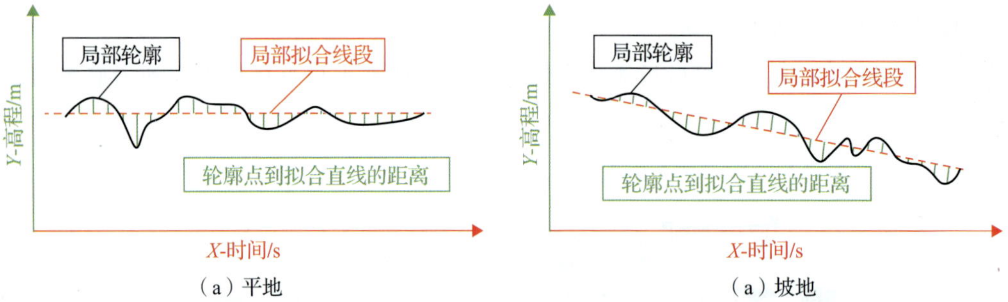

图 5-24　硬底层轮廓、局部拟合线段和轮廓点到拟合直线高度的关系图

设基于最小二乘法拟合的局部拟合直线表达式为：

$$y_1 = Ax_1 + B \tag{5-16}$$

式中：y_1 为拟合直线上点的高度值，x_1 为轮廓点点序号值，A 为拟合直线的斜率，B 为拟合直线的截距。

设局部范围内的第 i 个轮廓点到拟合直线的距离为 S_i，则有：

$$S_i = \frac{|A * n_i - z_i + B|}{\sqrt{A^2 + B^2}} \tag{5-17}$$

式中：S_i 为第 i 个轮廓点到拟合直线的距离，n_i 第 i 个轮廓点序号，z_i 为第 i 个轮廓点高度。

设硬底层第 j 点处的局部表面粗糙度为 R_{d_j}，计算公式如下：

$$R_{d_j} = \frac{1}{n_z}\int_0^{n_z} |S|dx \tag{5-18}$$

由于采集的硬底层为离散点，故可近似写成：

$$R_{d_j} = \frac{1}{n_z}\sum_{i=1}^{n_z} |S_i| \tag{5-19}$$

根据公式(5-19)对全区域作业采集的硬底层进行遍历计算，即可获得农机行驶全域的硬底层轮廓局部表面粗糙度特征值。

3. 水田硬底层轮廓局部特征量化试验

将水田硬底层轮廓感知模块集成至农机无人驾驶系统中，在采用无人驾驶水稻直播机作业时可采集水田硬底层的轮廓，规划作业路径与现场如图 5-25 所示。

采用硬底层表面粗糙度估计方法对全田块进行估计，并将估计得到的硬底层轮廓表面粗糙度特征值与定位信息进行关联，构建的全田局部粗糙度数字化特征模型如图 5-26 所示。

（a）规划的作业路径　　（b）作业现场

图 5-25　无人驾驶直播机规划作业路径与现场

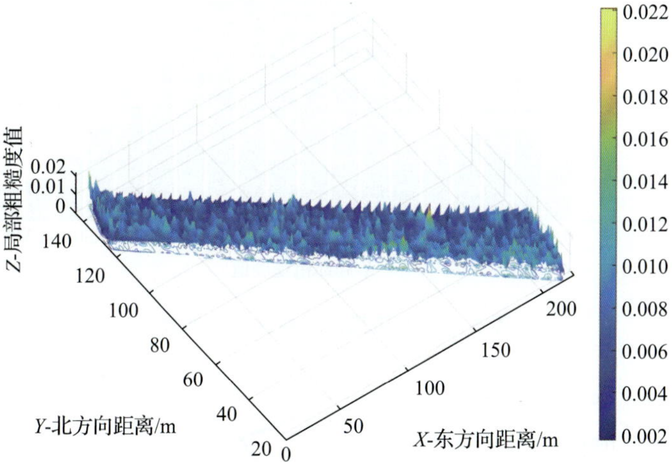

图 5-26　全田局部粗糙度数字化特征模型

根据全田局部粗糙度数字化特征模型对局部粗糙度数值分布情况进行分析，结果如图 5-27 所示，试验水田全田局部粗糙度均值为 0.006 5，局部粗糙度值 68.27%分布在[0.004 2，0.008 7]的区间，99.73%分布在[0，0.013 3]的区间。

根据无人驾驶直播机航向变化特征和对应的行驶轨迹，选择具有代表性的、包含机库到田间的多种路况的行驶路线，对农机行驶在不同硬底层轮廓的粗糙度特征进行分析，其中“①”是水泥路面直线下坡行驶段，“②”是怠速停车段，“③”是平坦水泥路面直线行驶段，“④”是入田口行驶段，“⑤”是水田正常直线行驶作业段，“⑥”是陷车段，该路线农机轨迹如图 5-28 所示。

基于硬底层滑动表面粗糙度估计方法，分别计算各行驶段的硬底层局部表面粗糙度 R_d，农机在全程 6 种情况下行驶硬底层局部表面粗糙度特征如图 5-29 所示。

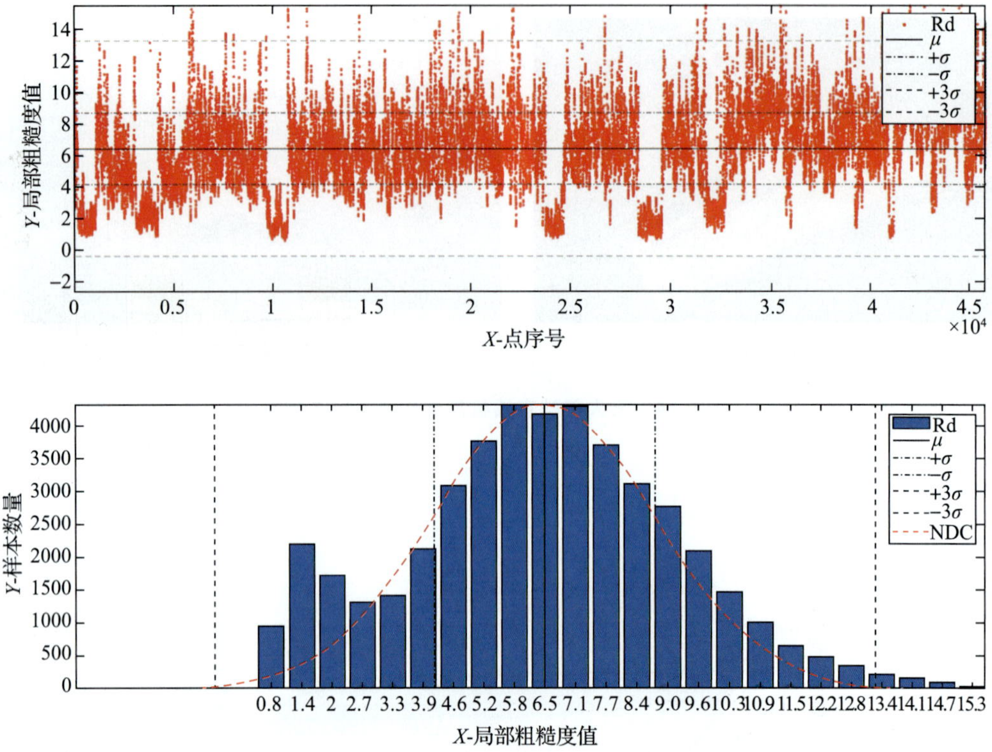

图 5-27　全田局部粗糙度分布情况

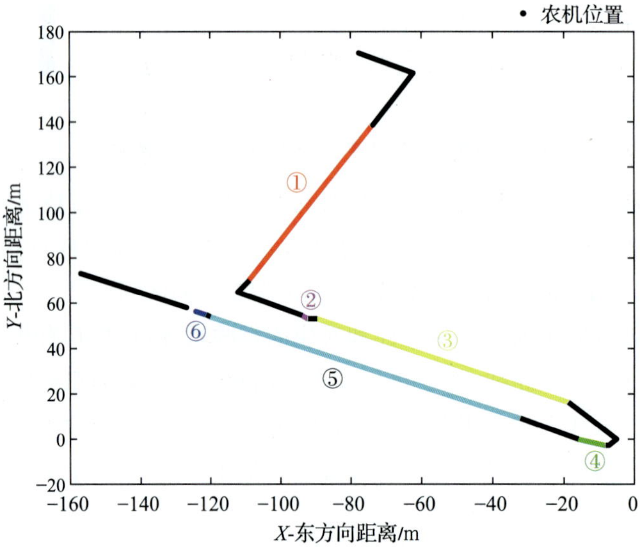

图 5-28　无人驾驶直播机轨迹

根据测得的各行驶段的粗糙度结果可知，智能农机在怠速状态下，由于轮底测量高程出现了测量误差，没有高程变化，测得的表面粗糙度值最低为 0.001 1；在平直水泥路上采集的路面粗糙度为 0.002 3，小于直线下坡水泥路面采集的 0.003 7；水田作业段的表面粗糙度为 0.007，大于水泥路面；在入田口段，由于是从干旱水田到湿润水田过渡，轮廓高差较大，因此此段测得的表面粗糙度为 0.095 1，大于水田正常作业的粗糙度；而在陷车段，由于局部出现硬底层轮廓高程急剧下降，测得的粗糙度最大值为 0.123 6。采用智能农机行驶在不同路段采集硬底层轮廓，可根据局部表面粗糙度对不同境况的路况进行无级分类，为无人驾驶系统车体的运动控制提供参考。

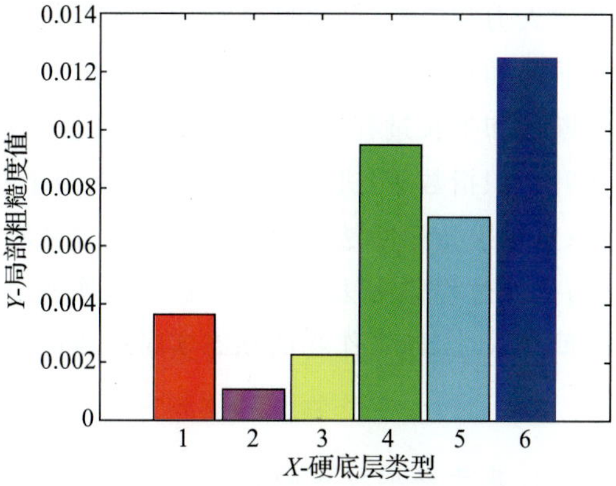

图 5-29　代表性行驶段表面粗糙度

5.2　作业对象信息感知

5.2.1　作物长势

5.2.1.1　基本概念

农作物长势监测与农业遥感技术的发展密切相关。我国对农业遥感技术的研究源于 20 世纪 70 年代末，经过 40 多年的探索，卫星遥感技术日渐成熟，初步形成了较为完备的农作物长势监测体系。从 1999 年我国发射第一颗陆地资源卫星中巴地球资源卫星 01 星(CBERS-01)以来，我国已成功发射了 4 颗资源一号卫星，为农作物估产、长势遥感监测和种植结构调查等提供了丰富的科学数据。高分系列卫星被称为“中国人自己的全球观测系统”。2019 年，高分十二号微波遥感卫星发射成功，地面像元分辨率最高可达亚米级，为农作物估产和防灾减灾等领域提供了信息支持，全过程作物遥感监测图像为作物的科学管理提供了重要科技支撑。目前，我国的陆地资源卫星和高分卫星等系列卫星可初步满足农业温感监测、作物估产及农业灾害预警等方面的需求。2020 年 1 月，农业农村部、中央网络安全和信息化委员会办公室联合印发了《数字农业村发展规划(2019—2025 年)》，对数字农业农村建设作出了具体部署，指出了农业遥感技术是推进数字农业发展的重要力量。

农作物长势作为科学管理与开展农业生产活动、评估粮食产量的重要参考因素之一，长期以来都受到社会各界的密切关注。对作物长势即田间作物的生长健康状态与变化趋势，在传统的小农业种植方式下，主要依靠人力查看农作物水肥情况及病害情况，并根据经验进行诊断。随着农业技术的发展，以及遥感卫星影像、无人机实时监测和物联网传感器的推广应用，可实时有效地对农作物长势进行监测，为田间管理和产量预测提供准确的信息。按照数据采集方式，农作物长势监测可以分为遥感实时监测和地面巡逻监测。地面巡逻监测具有直观和样本采集准确度高的特点，遥感实时监测的特点是监测范围广且节省人力和资源，两者共同构成了作物长势监测体系。作物长势监测又可以分为重点技术研究和长势变化分析两方面，常用的长势监测技术可归纳为同期对比监测法、生长模型诊断法和生长过程监测法。同期对比监测法主要采用年际遥感数据（如归一化植被指数和叶面积指数等）进行对比分析，根据当年农情参数与往年参数的差异判断当年的作物长势；生长模型诊断法主要依靠获取的大量农学参数建立数学模型，但该方法存在区域局限性；生长过程监测法以天为单位采集作物生长过程中的特征值，弥补了同期对比监测法的时间局限性，使农作物的动态实时监测成为可能。

5.2.1.2 农作物长势监测方法

1. 基于遥感技术的监测方法

遥感监测是指用仪器对一定距离以外的目标物或现象进行观测，是一种不直接接触目标物或现象而能收集信息，并对其进行识别、分析和判断的自动化监测手段。例如，太空卫星可以探测气候是否会出现干旱；高空无人机可以观察大规模种植区域的病害情况。遥感技术具有快速、宏观及客观的优点，可以实时准确地提供各种信息，如土壤覆盖的空间信息、作物长势、地面生物量和作物营养状况，并且可以进行连续观测，构成时间和空间的一体化多维信息集合。作物长势受光照、温度、土壤、肥力、水分、病害和天气等多方面因素的影响，是综合性结果。遥感技术获取的大面积、实时、准确的多维时空信息对作物生产发展具有不可替代的作用。然而，遥感不能直接感知作物产量。对作物进行遥感监测的原理是以作物光谱特征为基础，即任何物体都具有吸收和反射不同波长电磁波的特性，不同作物在遥感图像中会呈现不同的颜色纹理特征。作物在可见光的红光波段有较强的吸收峰，在近红外波段有很强的反射特性而形成突峰，通过这些敏感波段组合计算可得到不同的植被指数。遥感技术利用搭载在卫星或无人机上的传感器接收电磁波，根据地面作物的反射光谱反演作物的生长信息来识别作物的类别和状态。无人机遥感系统如图 5-30 所示。

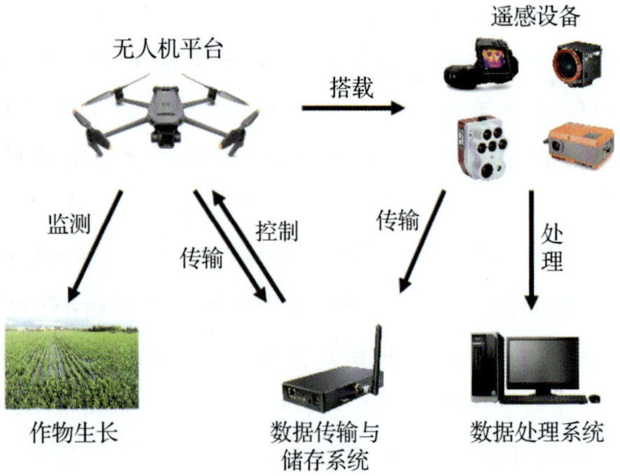

图 5-30　无人机遥感系统

常用的作物生长特性信息有叶面积指数、归一化植被指数和比值植被指数等。叶面积指数是单位土地面积上植物叶片总面积占土地面积的倍数，是一个表征作物长势的综合指标。叶面积指数可以通过测量作物的光谱反射率来感知。不同作物的叶面积指数可能与其经济产量没有直接关系。因此，遥感技术必须与高光谱技术和计算机视觉技术等其他工具相结合，才能更好地估产。归一化植被指数(NDVI)用于反映作物长势，对合理施用氮肥具有重要意义，并且该参数与叶面积指数有很好的相关性。比值植被指数(ratio vegetation index，RVI)用于反映绿色植物覆盖度，可以用来监测及估算植物生物量，健康的绿色植物的比值植被指数远大于1。作物的长势监测主要采用生长过程监测法，即通过时序监测数据绘制NDVI图像进行年际对比，根据年际的作物生长过程来反映当年的作物生长过程。再通过卫星数据随时间的变化动态监测作物的长势，建立生长信息与产量的关系模型，为用户构建一个智能化处理农情数据的平台。

2.基于物联网传感器的监测方法

随着物联网技术的不断发展，基于物联网的传感器感知技术可实现农作物种植的科学决策，为农业生产安全保驾护航。农业中的物联网设备，如田间的摄像头、传感器可以记录作物生长的各种环境数据(光照、温度、土壤和肥力等)，监测气候条件，帮助改善植物的生长环境。无线传感器网络是物联网的重要组成部分，是由大量的静止或移动的传感器以自组织和多跳的方式构成的无线网络，能感知、采集、处理和传输网络覆盖区域内被感知对象的信息，并把这些信息发送给网络的所有者。无线传感器网络技术是研究作物生长环境监测领域的热点。无线传感器为作物成长环境监控和数据收集创建了更加轻松便捷的方式，改变了传统的作物数据收集和监测手段。如基于无线传感器网络的自动灌溉系统，由传感器感应土壤水分含量进而控制灌溉系统的启停，从而达到自动灌溉的目的。采用无线传感器和无人飞行器开发的作物长势监测系统，可通过动态聚类方法使无人机在恶劣环境中也可以收集田间数据。

3.基于人工智能的监测方法

由于大面积的农作物长势遥感监测精度较低，为了实现农作物生长实时监测，计算机视觉技术被应用至农作物的长势监测和病虫害诊断中，以高效、精准和快速的特点为农作物的自动化监测提供了一种崭新的方法。农作物长势数字化监测的原理是利用计算机视觉技术，结合现代传感技术或遥感数据，采用计算机对图像进行采集，得到特征数据后建立决策模型，从而构建农作物长势监测和预测的图像视频库、模型库和知识库等数据库。据此开发相应的系统软件，将复杂的农业生产和管理变得简单化、智能化、覆盖范围广且适合大面积作业。计算机视觉技术对于推动现代农作物近地遥感监测技术的发展、实现农作物长势的自动监测具有重要意义。

5.2.1.3 农作物长势监测的应用

环境是影响农作物产量和品质的关键因素，农作物长势是否良好取决于环境条件的适宜性。因此，加强对作物生长环境的监测和系统研究是分析农作物长势的重要途径。

为此,需要完整的田间数据以便进行科学的决策。将现代科学技术与农作物长势监测相结合,采用无线传感器网络和遥感等技术采集农作物生长环境参数,是实时掌握农作物生长动态的重要途径。

按照传统的做法，遥感监测 66.67 hm^2 拼接前的影像采集量达 5 000 幅,普通图形工作站完成校正和拼接及解析等处理工作需要 5 h 以上。但作物的田间管理要求处理时间短,需要立即生成作业处方图,这就要求遥感信息的获取和解析处理有较高的实时性。为此,华南农业大学研制了 5 通道(494 nm、532 nm、653 nm、745 nm 和 843 nm)并行获取信息的"感-存-算"一体化机载作物长势遥感传感器,配合自适应光照校正和数据自动分片同步处理算法,实现了水稻长势信息的精准获取。无人机落地后几分钟内即可生成作物长势专题图,如图 5-31 所示。与国外机载遥感监测系统相比,反射率和辐照度的测量精度与专业级高光谱仪或多光谱相机近似,但成本降低了 50%,作物长势信息解析速度为 37 hm^2/min,效率提高了 30 倍以上。应用示范结果表明,采用机载遥感处方施用氮肥,单位面积内的氮肥用量比传统施肥方式最大可减少 30%,且水稻生长整齐一致,青枝腊秆,籽粒饱满,产量比传统施肥处理增加 6%~10%,每亩增收 100 元,达到了稳产、节本和绿色环保的效果。

二维码 5-2 无人飞机低空遥感数据快速解析与处方决策

(a) "感-存-算"一体化的线阵遥感系统挂载于无人机作业　(b) 变量施肥处方图与作物长势专题图

图 5-31　无人飞机低空遥感数据快速解析与处方决策

5.2.2　病虫害

5.2.2.1　基本概念

农作物受到病虫害侵害后,其生理生化信息会发生变化,进而影响产量。病虫害监测技术通过分析农作物生理生化信息变化来判断病虫害是否发生及危害程度。病虫害精准防控技术根据农作物病虫害的实际发生情况进行变量喷施和精准管理,是减少病虫害造成的损失、提高作物产量和农产品质量、减少农药污染和浪费、保障农产品安全、保护生态环境和增加农民收入的有效措施,病虫害精准监测是实施病虫害精准防治的前提和基础。目前,我国农作物病虫害防治主要以人工对病虫害是否发生以及危害程度的判断结果作为依据进行农药喷施。人工监测方式耗时费力、时效性差、主观性强，易造成病虫害漏防成灾和防控效率低等问题。传统病虫害防治方式一般会忽视不同区域病虫害程度的差异，采取农药均匀喷洒的方式，易造成资源浪费、农药残留、农产品药害以及环境污染等。

遥感监测是将传感器搭载在各类监测平台上对农作物病虫害进行全面监测的技术，为传统的作物调查方法提供了一种重要的补充手段，提高了大范围病虫害监测的能力。田间遥感监测平台可分为近地遥感监测、航空遥感监测和卫星遥感监测，这些监测平台在作物病虫害监测中发挥着不同的作用。

1. 地面监测平台

地面监测是基于手持仪器和塔基平台等平台搭载光谱仪获取作物光谱反射率的遥感监测方式，利用非成像光谱仪测量作物受病虫害胁迫后的冠层及叶片的光谱反射率，或者利用成像光谱获取作物光谱图像。与卫星和航空监测的不可控性相比，地面监测有效避免了大气中各种因素的干扰，具有灵活方便、受外界因素影响较小及监测精度高等特点。作物叶片的光谱特征不受土壤和形态等因素的影响，适用于开展农作物病害内部特征的深入研究。

2. 航空监测平台

航空遥感监测以航空飞行器作为运载工具，在空中对地面作物进行病虫害监测。近年来，轻小型无人机遥感技术的快速发展为实现高精度定量化的作物病虫害监测提供了契机。低空遥感系统的重要组成部分主要为轻小型的无人机遥感系统，具有时空分辨率高、成本低、灵活机动和操作简单等优势。与传统田间定位监测相比，无人机遥感监测技术的优势在于信息采集速度快和范围广等。基于无人机遥感的作物病虫害监测是目前农作物病虫害监测的先进技术，能够有效解决传统病虫害监测过程中的不足，是未来大面积病虫害监测的重要手段之一。但是采用无人机遥感监测时，由于不同种类的无人机平台的数据参数存在一定差异，因此应重点关注空间分辨率、监测精度和飞行高度等诸多与无人机相关的数据信息的标准化，应研发续航时间长、稳定性高且可操作性强的无人机平台。

3. 卫星监测平台

卫星遥感监测以人造卫星为传感器载体平台，远程接收目标物体反射或辐射的电磁波，探测光谱特征信息，同时获取地面作物图像和光谱数据。与传统的监测方法相比，卫星监测平台具有测量效率高和覆盖区域广等特点，也是农作物病虫害监测的重要发展方向之一。现阶段，高光谱卫星遥感影像监测主要用于监测作物病虫害的危害程度，属于事后处理，无法预防病虫害的发生。因此，应加大预测作物病虫害的高光谱卫星遥感技术的研究，减少病虫害造成的损失，为有关部门防治病虫害提供参考。

5.2.2.2 病虫害监测实际应用

地面监测平台的优点是采样精度高，受环境和载荷限制相对较小，但获取的数据覆盖范围小、采样效率低。因此，基于地面高光谱技术的作物病虫害监测识别研究主要应用于室内或小范围田间区域。航空或卫星图像遥感技术主要应用于大田区域或更大尺度的病虫害识别，受田间的复杂地形和植被环境的影响，采样精度相对较低，很难实现对不同病虫害的识别。发展“星-机-地”联合应用平台，实现大尺度病虫害信息的高效和精准获取，以满足大田病虫害高精度监测识别的需求，是未来的发展趋势。

华南农业大学推出的一种基于无人机的自主巡田方案如图 5-32a 所示，采用无人机遥感、计算机视觉和航空摄影测量等技术，模拟人工巡田“先远观后近看”的方式，先在高空高效地扫描全田并识别目标区域，然后在低空针对目标区域进行精确识别，从而兼顾巡田效率和精度，如图 5-32b 所示。由于多光谱无人机“远观”获取的影像空间分辨率较低、细节信息不足，再加上“同谱异物”和“同物异谱”等现象，难以从影像中提取有效的图像特征对田间异常进行具体的识别判断。因此通过作物长势初步判断是否存在异常，然后基于低空获取的高清可见光影像，如图 5-32c 所示，采用计算机视觉技术对水稻白叶枯病、细菌性条斑病和稻纵卷叶螟 3 种病虫害的目标区域，采用 VGG19、ResNet34 和 MobileNet_V3_Small 算法进行分类识别，最后基于分类识别结果和目标区域位置生成异常分布图，将田间异常情况可视化。试验结果表明，ResNet34 的识别准确率最高达 90.7%，为实际生产提供了有效的参考和指导。

二维码 5-3
基于无人机的“先远观后近看”自主巡田——远观

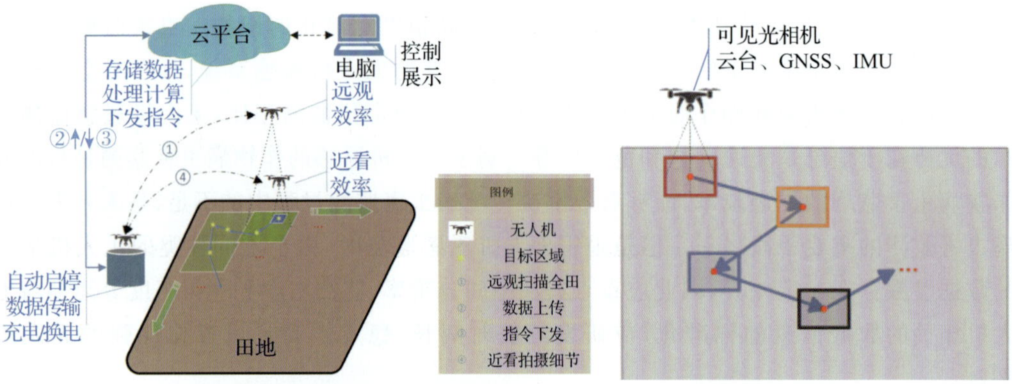

（a）基于无人机的自主巡田方案　（b）田块

（c）可见光图像

图 5-32　无人机的自主巡田方案

为解决人工识别水稻病害效率低、识别精度不高、深度学习样本不平衡导致识别准确率不高等问题，通过数码相机与手机获取不同时间和不同拍摄角度的自然光照下水稻病害照片，如图 5-33 所示，采用基于权重的迁移学习方法可识别出 7 种水稻病害。这种办法不仅可以提高智慧农业水平，而且在实际生产中有助于农业人员及时采取针对性的防治措施。

二维码 5-4
基于无人机的“先远观后近看”自主巡田——近看

以上研究为基于无人机遥感影像的叶片尺度病虫害识别提供了解决方案，为实现大田无人化智慧农场的无人机自主巡田提供了技术支撑，也为其他作物的自主巡田提供了技术参考。在未来的研究工作中，可以采集更多水稻品种、更多异常类型和不同环境条件下的异常数据，结合通用性更强、性能更好的识别模型对农作物病虫害实现更好更快的识别。

（a）白叶枯病　（b）稻曲病　（c）胡麻斑病　（d）穗颈瘟　（e）纹枯病　（f）细菌性条斑病　（g）叶瘟

图 5-33　7 种病虫害

5.2.3　处方图

处方农业是指在施用化肥或农药之前，先分析农作物长势和病虫害情况，然后根据农作物的长势和病虫害的程度开出施用化肥或农药的处方，再按处方施用。处方施药和施肥在很大程度上减少了农药和化肥的不合理施用，促进了农业生产与生态环境的可持续发展。以大疆智图 Terra 变量施肥机为例，施肥处方图制作过程如图 5-34 所示。

5.2.3.1　土壤采样

1. 采样路线

采样时应沿着一定的线路，按随机、等量和多点混合的原则进行采样。一般采用“S”形布点采样。在地形变化小、地力较均匀、采样单元面积较小的情况下，也可采用梅花形布点采样，如图 5-35 所示，注意避开路边、田埂、沟边和肥堆等特殊位置。

2. 采样深度

取 0～20 cm 土层（0～20 cm 范围内的土全取）。

3. 采样方法

每个采样分点的取土深度及采样量应保持一致，土样上层与下层的比例相同。取样器应垂直于地面入土。用取土铲取样时应先铲出一个耕层断面，再平行于断面取土。所

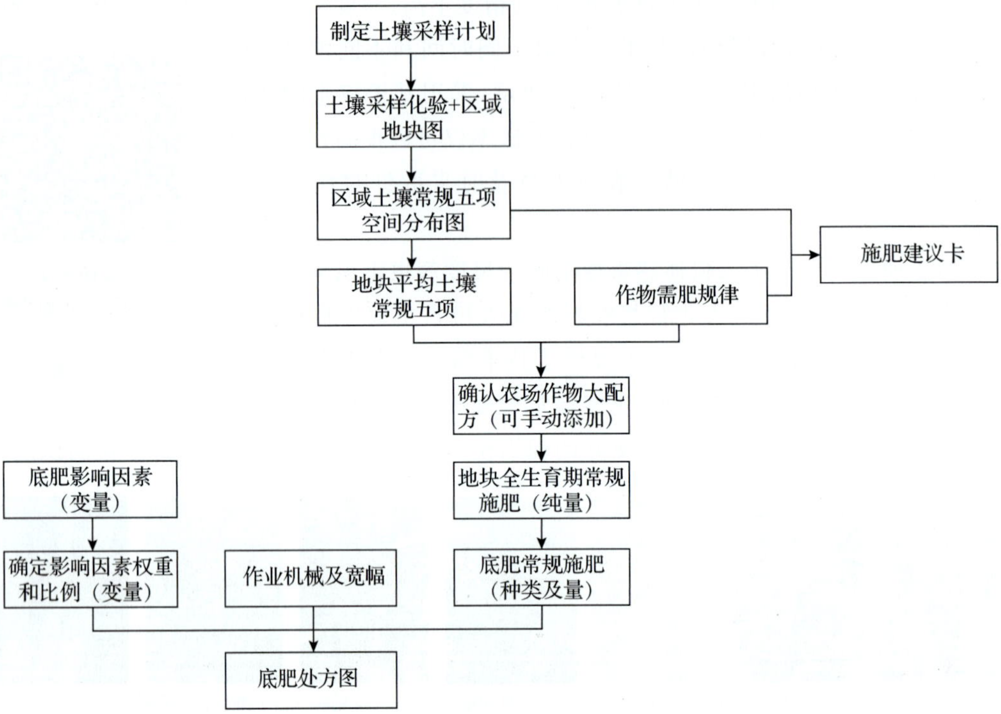

图 5-34　施肥处方图制作过程

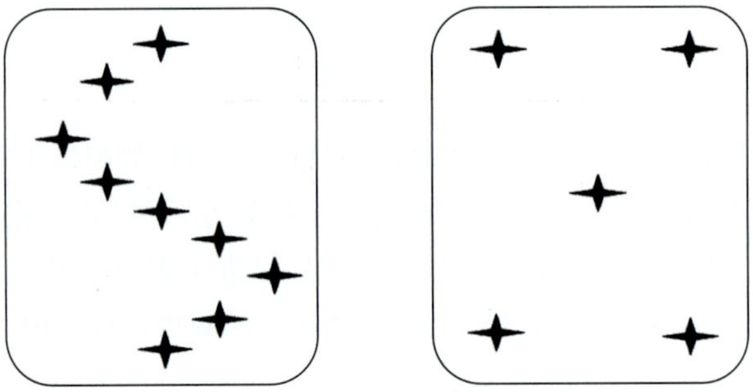

（a）“S”形布点　　（b）梅花形布点

图 5-35　采样路线

有样品在采集过程中应避免各种污染。一个混合样需要 15～20 个点位的土。

4. 采样时间

最早采样时间为收割前几天(微生物不再活动,养分基本不会发生变化)。最晚采样时间不能晚于翻地之前,翻地后的采样不具有代表性。

5.2.3.2　土样化验

碱解氮、有效磷、速效钾的化验值分别对应不同的等级(不同地区的范围可能不同),如表 5-3 所示。

表 5-3　肥力分级　　mg/kg

土壤肥力	碱解氮	有效磷	速效钾
极低	<150	<15	<60
低	150～200	<25	60～130
中	200～250	25～40	130～200
高	250～300	40～45	200～230
极高	>300	>45	>230

5.2.3.3　查阅施肥建议卡

1. 氮肥推荐施肥指标及基追比例（表 5-4，表 5-5）

表 5-4　氮肥推荐施肥指标

土壤肥力	碱解氮/(mg/kg)	推荐施肥总量/(kg/亩)
极低	<150	7.5
低	150～200	6.5
中	200～250	5.5
高	250～300	5
极高	>300	4.5

表 5-5　氮肥基追比例

施肥方式	基肥	蘖肥	调节肥	穗肥
施肥时间	在两遍搅浆整地中间采用施肥器施入	返青后立即施入	在水稻倒 4 叶前后	在倒 2 叶露尖到长出一半时追施
氮肥	30%	30%	10%	30%

注：a. 如调节肥时期不好把握，可将调节肥量转换为硫酸铵放至分蘖肥时期施用。b. 穗肥时期采用“三看”施肥法，或采用 SPAD(soil and plant analyzer development)叶绿素计、遥感诊断施肥。

2. 磷肥施肥指标（表 5-6）

表 5-6　磷肥施肥指标

土壤肥力	有效磷/(mg/kg)	推荐施(P_2O_5)肥量/(kg/亩)
极低	<15	4.5
低	<25	3.5
中	25～40	2.5
高	40～45	1.5
极高	>45	0.5

3. 钾肥施肥指标及基追比例(表 5-7,表 5-8)

表 5-7 钾肥施肥指标

土壤肥力	速效钾/(mg/kg)	推荐施(K_2O)肥量/(kg/亩)
极低	<60	5.5
低	60～130	4.5
中	130～200	3.5
高	200～230	2.5
极高	>230	1.5

表 5-8 钾肥基追比例

施肥方式	基肥	穗肥
施肥时间	在两遍搅浆整地中间使用施肥器施入	在倒 2 叶露尖到长出一半时追施
钾肥	60%	40%

注:施用穗肥时,采用“三看”施肥或 SPAD 叶绿素计诊断施肥。

5.2.3.4 制作处方图

根据氮、磷、钾的施肥推荐,可得到不同区域不同施肥推荐的空间分布图,即处方图,如图 5-36 所示。N-P-K 为配合式,分别代表应施氮、磷、钾纯量占应施肥量的百分比。

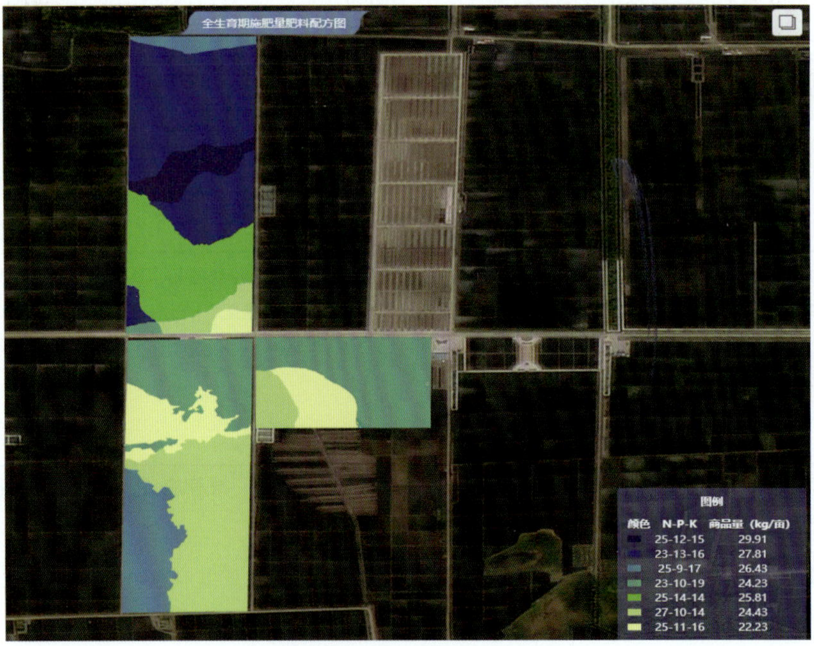

图 5-36 施肥处方图

5.2.3.5 制作穗肥处方图

①新建任务。打开 DJI terra 大疆智图专业版，登录后点击“新建任务”，弹出任务类型，选择“二维多光谱”任务类型。给任务命名后，点击“确定”。②上传照片及重建。点击按钮，添加照片或文件夹。点击“确定”，开始上传。上传完成后进行重建。重建清晰度选择“高”，然后点击“开始重建”(需要显存 4G 及以上的 NVDIA 显卡)。③生成处方图。点击“编辑”按钮，进入应用，确定任务名称后，点击“确定”。按提示方法进行打点，打 4 个点。点击右侧的“标定点”，在地块内部打标定点，用于标定纠偏。输入设置的参数，点击“应用”。点击“选中地块”后，即生成处方图信息。

二维码 5-5
大疆智图高光谱重建及生成处方图

5.3 作业机械信息感知

在现代农业中，农机机械的性能参数对于提高生产效率、优化作业质量和保障农机安全至关重要。这些性能参数不仅包括功率、前进速度、转弯半径和动力输出轴(PTO)转速等基本信息，还包括农机的胎压和发动机转速等关键数据。

5.3.1 农机机械的性能参数

①功率：衡量农机动力性能的重要指标，直接影响农机的作业效率和负载能力。

②前进速度：决定农机在单位时间内完成的作业面积，对作业效率有直接影响。

③转弯半径：反映农机的机动性和灵活性，较小的转弯半径特别是在狭小地块作业时尤为重要。

④PTO 转速：决定农机挂载的农机具(如旋耕机、收割机等)的运转速度，对作业质量有重要影响。

⑤胎压：影响农机轮胎磨损、行驶稳定性、土壤压实度和作业效率的关键因素。

⑥发动机转速：反映发动机工作状态和功率输出的重要指标，对农机的整体性能有直接影响。

5.3.2 传感器选用与测量方法

为了在农机上实时获取这些性能参数，需要加装相应的传感器和采集相关数据。

①功率测量：在农机的发动机输出端加装扭矩传感器和转速传感器。扭矩传感器测量发动机输出的扭矩，转速传感器测量发动机的转速。计算扭矩和转速的乘积，即可得到发动机的实时功率。

②前进速度测量：在农机的驱动轮或传动轴上加装速度传感器，或结合 GNSS 和惯性测量单元(IMU)融合测量。速度传感器测量驱动轮或传动轴的转速，结合轮胎直径或

传动比计算出农机的实时前进速度。GNSS 和 IMU 的融合测量可以提高农机转向时速度测量的准确性。

③转弯半径测量：在农机的转向系统上加装角度传感器，同时在农机的前后两端加装 GNSS。角度传感器测量农机转向角度，GNSS 测量农机在转弯过程中的位置变化。通过计算转向角度和位置变化，得出农机的转弯半径。

④PTO 转速测量：在 PTO 轴上加装转速传感器。转速传感器直接测量 PTO 轴的转速，即挂接农机具的运转速度。

⑤胎压测量：在每个轮胎的气门嘴处或轮胎内部安装胎压传感器。胎压传感器能够实时监测轮胎内部的压力变化，并将数据传输至数据采集模块。

⑥发动机转速测量：在发动机的曲轴、凸轮轴或点火线上加装转速传感器。转速传感器能够实时监测发动机的转速，并将数据传输至数据采集模块。

5.3.3 数据处理方法

测得的数据可以通过云平台进行存储和分析，为智能农机自动驾驶技术的改进或作业质量的评估提供参考。

①数据分析：通过云平台对采集到的实时航向、位置偏差、GNSS 定位信息、胎压、时速和发动机转速等数据进行分析，可以评估自动驾驶系统的准确性和稳定性。

②技术改进：根据分析结果，对自动驾驶算法进行优化，提高自动驾驶的精度和鲁棒性。例如，利用 GNSS 和 IMU 融合测量技术提高农机转向时速度测量的准确性。

③作业效率评估：通过分析农机的实时前进速度和作业面积，可以计算出农机的作业效率。

④作业质量评估：结合 PTO 转速、胎压和发动机转速等数据，可以评估挂接农机具的作业质量。例如，通过分析胎压数据，可以及时发现轮胎磨损或气压不足的问题，避免影响作业效率和安全性。

5.3.4 三种典型农机的性能参数监测与数据处理

5.3.4.1 拖拉机

①性能参数监测：加装扭矩传感器、转速传感器、速度传感器、角度传感器、GNSS、胎压传感器和发动机转速传感器，实时监测拖拉机的功率、前进速度、转弯半径、胎压和发动机转速等性能参数。

②数据处理：通过云平台对采集到的数据进行分析，可以评估拖拉机的作业效率、自动驾驶系统的稳定性和作业质量。例如，通过分析前进速度和作业面积，可以计算出拖拉机的作业效率；通过分析胎压数据，可以及时发现轮胎磨损或气压不足的问题，并进行维护保养。

5.3.4.2 插秧机

①性能参数监测:加装速度传感器、PTO 转速传感器和发动机转速传感器,实时监测插秧机的前进速度、插秧频率(与 PTO 转速相关)和发动机转速等性能参数。

②数据处理:通过云平台对采集到的数据进行分析,可以评估插秧机的作业效率、插秧质量和发动机工作状态。例如,通过分析插秧频率和作业时间,可以评估插秧的均匀性和密度。

5.3.4.3 收获机

①性能参数监测:加装速度传感器、PTO 转速传感器、胎压传感器和发动机转速传感器,实时监测收获机的前进速度、收获效率(与 PTO 转速和收获部件的运转情况相关)、胎压和发动机转速等性能参数。

②数据处理:通过云平台对采集到的数据进行分析,可以评估收获机的作业效率、收获质量和发动机工作状态。例如,通过分析前进速度和收获面积,可以计算出收获机的作业效率;通过分析胎压数据,可以确保收获机在作业过程中保持稳定的胎压,提高其行驶稳定性和作业效率;通过分析发动机转速数据,可以及时发现发动机故障或异常磨损问题,并进行维护保养。

通过加装相应的传感器并进行数据采集,可以实时获取农机的性能参数和作业数据。这些数据通过云平台进行存储和分析后,可为智能农机自动驾驶技术的改进或作业质量的评估提供参考。

参考文献

[1] 顾颖虹. 浅析高精度地图在自动驾驶系统中的应用[J]. 北京测绘,2022,36(6):703-708.

[2] 丁毓. 自动驾驶时代,高精度地图等"风"来[J]. 上海信息化,2022,(7):40-43.

[3] 刘东,欧阳安,陈聪,等. 基于归一化植被指数的农田边界识别方法[J]. 江苏农业科学,2022,50(11):196-201.

[4] 姬旭升. 基于高分辨率卫星影像的农田边界提取及水稻生物量估算研究[D]. 南京:南京农业大学,2019.

[5] 杨滢婷. 基于深度学习的无人机低空遥感图像水田分割方法研究[D]. 南昌:江西农业大学,2022.

[6] 杨鲁宁. 基于深度学习的水稻无人农场水田和道路边界提取[D]. 广州:华南农业大学,2023.

[7] 黄河,屈方,孙友强,等. 一种多模态多时序的高精度农业地图分割方法[P]. 安徽省:CN202310778823.6,2023-10-20.

[8] 陈睿韵,田文斌,鲍海波,等. 农业轮式机器人三维环境感知技术研究进展[J]. 智

慧农业，2023，5(4)：16-32.
[9] 赵欣，王万里，董靓，等. 面向无人驾驶农机的高精度农田地图构建[J]. 农业工程学报，2022，38：1-7.
[10] 岳学军，蔡雨霖，王林惠，等. 农情信息智能感知及解析的研究进展[J]. 华南农业大学学报，2020，41(6)：14-28.
[11] 李鸿基，张哲，瞿济伟，等. 农田信息采集机器人物联感知技术应用研究进展[J]. 江苏农业科学，2023，51(12)：20-34.
[12] 庞春霖. 智能农机技术路线图：1.0 版[M]. 成都：电子科技大学出版社，2022.
[13] 张富康. 智能土壤信息采集车设计及试验[D]. 淄博：山东理工大学，2023.
[14] 罗锡文，胡炼，何杰，等. 中国大田无人农场关键技术研究与建设实践[J]. 农业工程学报，2024，40(1)：1-16.
[15] 熊航，李道亮. 智慧农业概论[M]. 北京：中国农业出版社，2021.
[16] 周志艳，姜锐，欧媛珍，等. 一种感存算一体化的线阵遥感系统及其数据处理方法[P]. 广东省：CN202211584407.4，2023-04-21.
[17] 罗锡文，胡炼，何杰，等. 中国大田无人农场关键技术研究与建设实践[J]. 农业工程学报，2024，40(1)：1-16.
[18] 廖娟，陶婉琰，臧英，等. 农作物病虫害遥感监测关键技术研究进展与展望[J]. 农业机械学报，2023，54(11)：1-19.
[19] 张强志. 基于无人机的自主巡田技术与水稻冠层异常识别研究[D]. 广州：华南农业大学，2024.
[20] 杨非凡，徐伟诚，陈盛德，等. 融合 Focal Loss 与典型卷积神经网络结构的水稻病害图像分类[J]. 江苏农业科学，2023，51(14)：198-204.
[21] 胡斌. 基于视觉临场感的拖拉机远程驾驶技术研究[D]. 南京：南京农业大学，2022.
[22] 李玲玲，孟长伊，张磊，等. 拖拉机悬挂系统田间作业信息感知技术应用研究[J]. 价值工程，2019，38(8)：167-169.
[23] 翟长远，杨硕，王秀，等. 农机装备智能测控技术研究现状与展望[J]. 农业机械学报，2022，53(4)：1-20.
[24] 王熙，庄卫东，李爱传. 水田精准作业与信息化技术研究[M]. 北京：科学出版社，2016.
[25] 涂团鹏. 水田硬底层轮廓表达及其对农机位姿影响[D]. 广州：华南农业大学，2023.
[26] 黄健，王忠山，马文星，等. 拖拉机工作路面谱测量与分析[J]. 拖拉机与农用运输车，2018，45(4)：20-24.
[27] 王利娟，闫建国，侯占峰，等. 农田地面不平度测试装置的设计与试验[J]. 沈阳农业大学学报，2018，49(4)：425-432.
[28] 徐竹凤，薛新宇，崔龙飞，等. 农田地面振动谱的研究综述[J]. 中国农机化学报，2016，37(7)：251-255.

[29] 朱思洪，马佳富，袁加奇，等. 水田作业工况的拖拉机振动特性[J]. 农业工程学报，2016，32(11)：31-38.

[30] Potena C，Khanna. AgriColMap：Aerial-Ground Collaborative 3D Mapping for Precision Farming[J]. Eee Robotics and Automation letters，2009，1-8.

[31]Francisco Rovira-Mas，Qin Zhang，John F. Reidc. Stereo vision three-dimensional terrain maps for precision agriculture[J]. Computers and Electronics in Agriculture，2008 (60) 133-143.

[32] Zhao R，Hu L，Luo X，et al. A novel approach for describing and classifying the unevenness of the bottom layer of paddy fields[J]. Computers and Electronics in Agriculture，2019，162：552-560.

第6章

农机无人驾驶路径规划关键技术

路径规划是实现农业机械无人化作业的关键技术之一，其任务是为农机行驶和作业规划一条最优的路径以及作业顺序。路径规划直接影响农机作业精度、效率、能耗、成本、作物受损程度及其在作业过程中的安全性和准确性。

通过精准的路径规划，无人驾驶农机能够精准执行农机的各种作业，以最少的能耗和最短的时间完成既定任务，同时减少对作物的碾压，确保农业生产的高效性和可持续性。因此，路径规划技术对于提高无人驾驶农机的作业性能具有重要意义。

在大田无人化智慧农场中，无人驾驶农机的路径规划主要包括运移路径规划、作业路径规划、避障路径规划以及智能算法路径规划。运移路径规划制定无人驾驶农机在田间、机库间转移的行驶路径；作业路径规划制定农机在田块内的无人驾驶作业路径，其中地形的复杂程度决定了作业路径规划的复杂程度；避障路径规划制定农机在转移和作业过程中遇到障碍物时的停车与绕行路径；智能算法路径规划通过对农机复杂的作业情况进行建模并通过智能算法进行路径搜索得到的最优或较优的路径。

6.1 运移路径规划

大田无人化智慧农场运移路径包括农机从机库到田块、田块到田块和田块到机库的运移路径。在传统运移路径点位的采集中，通过实时动态载波相位差分技术(real-time Kinematic,RTK)打点器获取运移道路中心的运移点。如按序排列生成无人驾驶农机运移路径较为繁琐，为提高运移路径生成效率，采用道路图层对无人驾驶农机运移路径进行规划，通过选择开始点与结束点，可以快速、精准地生成较优的运移路径。

6.1.1 基于路网的双向 Dijkstra 运移路径规划算法

利用无人机采集农场的图像信息，并标注出农场道路图层，对勾绘完成的道路设置具有识别性的道路名称并保存，最后提取出农机的转移道路。

道路图层可通过 ArcGIS［由 ESRI(environmental systems research institute)开发的地理信息系统(GIS)软件平台］中的网络数据集实现节点、路网的存储和处理。网络数据集应用的核心在于高效的路径搜索、规划及仿真。在构建农场道路网络数据集之前，需

（a）增城水稻无人化智慧农场道路

（b）井冈山大田无人化智慧农场道路

图 6-1　农场道路图层获取

确保拥有构成网络数据集所必需的地理要素数据，最主要的是道路路段，包含进行网络分析所需的关键属性信息，这些信息涵盖道路类型、长度和方向，以及针对农机转移而定义的速度和所需时间等参数。道路网络数据集主要包括道路中心线、道路节点、道路路段和道路网模型。

以井冈山大田无人化智慧农场为例，大田无人化智慧农场的道路图层制作以及路网分析如下。路网中每条路段起点和终点的经纬度坐标(lon,lat)、路段的长度 l、农机的转移速度 v 和每条路段所花的时间 t 路网模型如公式(6-1)所示。

$$\begin{cases} G=(p(r),l(r),\phi_{lr} \\ p(r)=\{p,x_i,y_i \mid i=1,2,..,n\} \\ l(r)=\{(p_i,p_j),p_i,p_j\in p(r)\} \\ \phi_{lr}=\{l_{ij}\mid (p_i,p_j)\in l(r)\} \end{cases} \tag{6-1}$$

式中：$p(r)$为路网的道路节点；n 为道路节点总数；x_i、y_i分别为道路节点 i 的横纵坐标；$l(r)$为路网的道路路段；ϕ_{lr} 为道路长度邻接矩阵；l_{ij} 为起讫节点 p_i、p_j之间路段长度；在路网中选取具有一定特殊性的道路部分构成局部的道路节点图，其中 l_{12}、l_{15}、l_{23}、l_{24}、l_{34}、l_{45} 分别为道路节点 1 和 2，1 和 5，2 和 3，2 和 4，3 和 4，4 和 5 的路段长度，局部路网中有 5 个道路节点，6 个道路路段，如图 6-2 所示。

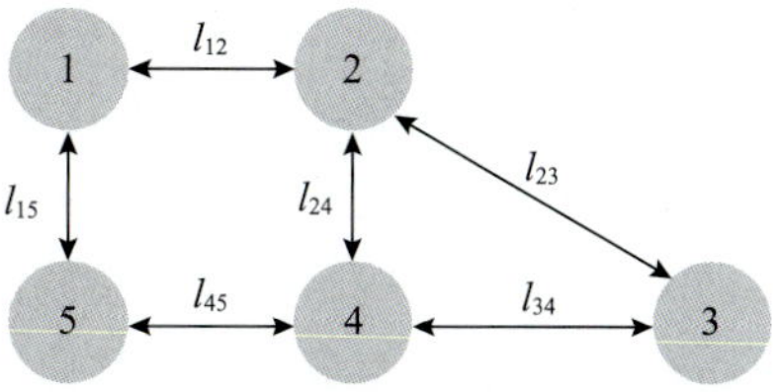

图 6-2　井冈山大田无人化智慧农场局部路网模型

井冈山大田无人化智慧农场局部路网模型的邻接矩阵如公式(6-2)所示。

$$\phi_{lr}=\begin{bmatrix}0 & l_{12} & \infty & \infty & l_{15}\\ l_{21} & 0 & l_{23} & l_{24} & \infty\\ \infty & l_{32} & 0 & l_{34} & \infty\\ \infty & l_{42} & l_{43} & 0 & l_{45}\\ l_{51} & \infty & \infty & l_{54} & 0\end{bmatrix} \tag{6-2}$$

式中：ϕ 为邻接矩阵的表达；l_{12} 为道路节点 1,2 之间的路段长度，由长度 l 属性获得；∞ 表示两个道路节点之间距离无穷大，即个两道路节点之间不连通。

对道路网络模型，采用基于路网的双向 Dijkstra 路径规划算法对增城和井冈山两个大田无人化智慧农场的路网进行仿真，双向 Dijkstra 算法同时从起点 s 和终点 t 开始执行 Dijkstra 算法，直至两者在某个节点处找到交汇的最短路径（图 6-3）。

（a）增城水稻无人化智慧农场的路网模型　　（b）井冈山大田无人化智慧农场的路网模型

图 6-3　增城水稻无人化智慧农场和井冈山大田无人化智慧农场的路网模型

增城水稻无人化智慧农场路网中经典 Dijkstra 算法耗时 0.632 s，双向 Dijkstra 算法耗时0.216 s，井冈山大田无人化智慧农场路网中经典 Dijkstra 算法耗时，0.764 s，双向 Dijkstra 算法耗时 0.415 s，在计算效率上双向 Dijkstra 算法分别提升了 34%和 54%。

将该算法集成至大田无人化智慧农场云管控平台，结合高斯投影，完成经纬度坐标和大地坐标的转换，完善 MySQL 关系型数据库、MQTT 通信协议和 Shapefile 数据集等各层的关系，即可完成路径规划系统的搭建。反复对不同的大田无人化智慧农场两点间最短路径进行测试，生成农机转移路径文件。选取增城和井冈山两个大田无人化智慧农场的道路区域进行试验，结果验证了所制作的道路图层和路网的准确性以及路径规划系统的实用性。

6.1.2　运移路径实例

6.1.2.1　机库到田块的道路转移试验

在平台上传路网节点和路网路段的压缩包，选择两个大田无人化智慧农场的机库点作为农机的起点，田块的下田口点作为农机的终点，设置文件的名称，如增城水稻无人化智慧农场机库至田块 5 的转移路径；关系地块中的起始地块选择机库点，到达地块选择田块所在的地块，将数据保存，生成路径文件，之后云管控平台下发路径，农机按照指示进行道路转移。机库到田块的转移试验如图 6-4 所示。

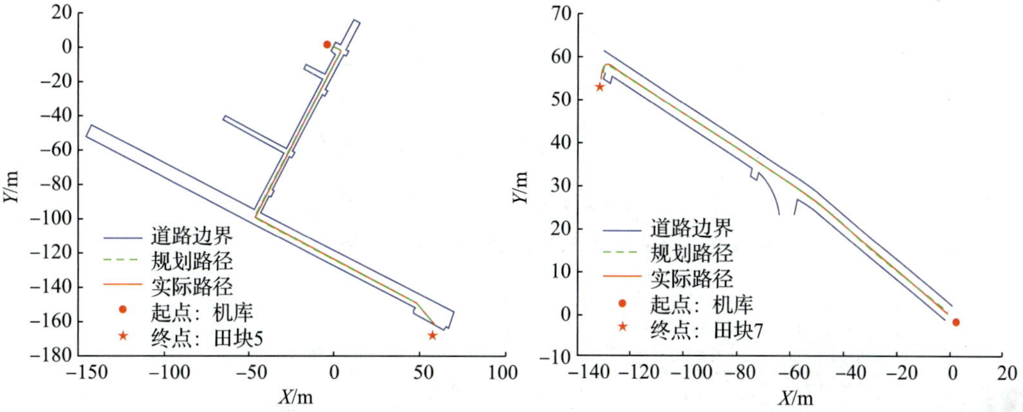

（a）增城水稻无人化智慧农场机库到田块5的路径　（b）井冈山大田无人化智慧农场机库到田块7的路径

图 6-4　增城水稻无人化智慧农场和井冈山大田无人化智慧农场农机从机库到田块的转移试验

6.1.2.2　田块间的道路转移试验

在平台中上传路网节点和路网路段的压缩包，选择两个大田无人化智慧农场的田块点中的任意一个作为农机的起点或终点，设置文件的名称，如增城水稻无人化智慧农场田块 4 至田块 2 的转移路径；关系地块中的起始地块和到达地块选择田块点所在的地块，保存数据，生成路径文件，之后云管控平台下发路径，农机进行道路转移。田块到田块的转移如图 6-5 所示。

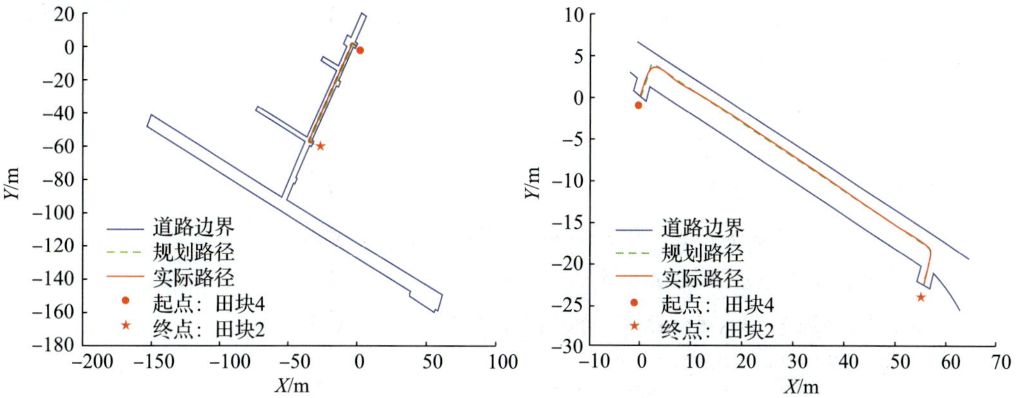

（a）增城无人化农场的农机从田块4到田块2的路径　（b）井冈山无人化农场的农机从田块7到田块6的路径

图 6-5　增城水稻无人化智慧农场和井冈山大田无人化智慧农场的农机在田块间的转移试验

6.1.2.3 田块到机库的道路转移试验

在平台中上传路网节点和路网路段的压缩包，选择两个大田无人化智慧农场的田块点作为农机的起点，机库点作为农机的终点，设置文件的名称，如增城水稻无人化智慧农场田块 3 至机库的转移路径；关系地块中的起始地块选择田块点所在的地块，到达地块选择机库点，保存数据，生成路径文件，之后云管控平台下发路径，农机进行道路转移。田块到机库的转移如图 6-6 所示。

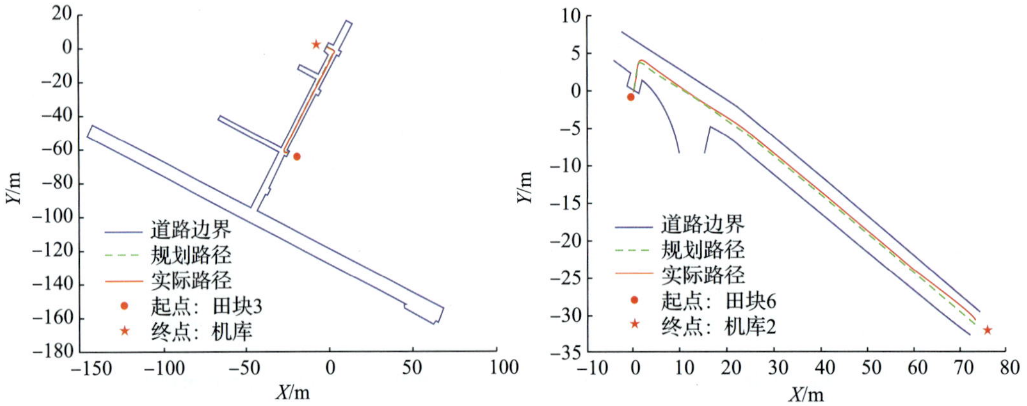

（a）增城水稻无人化智慧农场农机田块3到机库的路径

（b）井冈山大田无人化智慧农场农机田块6到机库的路径

图 6-6 增城水稻无人化智慧农场和井冈山大田无人化智慧农场农机田块到机库的转移试验

在增城水稻无人化智慧农场 18 个道路节点及 20 个道路路段和井冈山大田无人化智慧农场 85 个道路节点及 92 个道路路段的路网中进行道路试验，结果表明在单车道的钝角、弧形转弯和双车道的直角转弯，农机都能够在车道中心线上的一定范围内进行最短路径的转移，所研究的路网能够满足农机的转移要求。该结果验证了路径规划系统的实用性，为大田无人化智慧农场中的农机转移提供了可行方案。

二维码 6-1 田块到田块等三种形式转移路径

6.2 不同形状地块的作业路径规划

无人驾驶农机作业路径规划算法对农田地形要求较高，对不同地形的农田应分别进行地块形状的路径规划算法研究，才能保证作业的农田覆盖率。形状分析属于计算几何领域，主要用到图像分析学和计算机图形学。对农田形状进行合理分类，可选用基于农田形状特征值为索引的图形识别算法。

6.2.1 轮廓形状的描述指标

为了较容易地从农田田块地图中检测出直线、矩形、梯形和多边形等几何形状，需从农田地图中提取关键的轮廓信息进行形状判别。轮廓形状的描述指标包括凸度、紧凑度、矩形度、主矩比和椭圆度。

6.2.1.1 凸度

若多边形为凸多边形，则其内部或边缘上所有点对都可用一条直线连接，而不与多边形的边缘相交（图 6-7）。凸包是包含一组点的最小凸多边形。为了衡量区域的凸度，可以根据该区域的外部多边形计算凸包，用区域面积 S 与凸包 T 的比率描述该形状的凸度 R，如公式（6-3）所示：

$$R = T/S \tag{6-3}$$

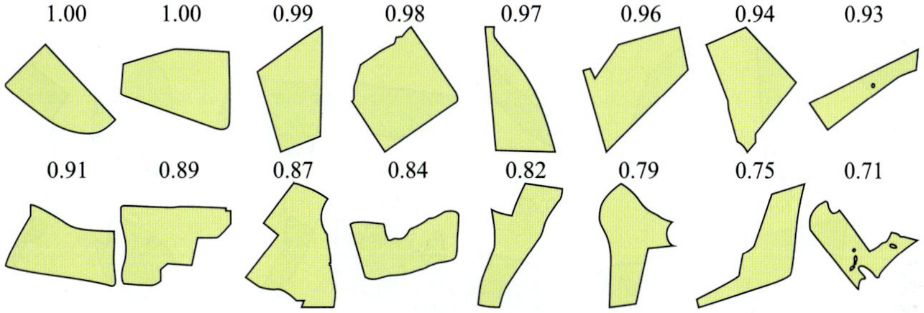

图 6-7　轮廓形状的凸度

（图片来源：Oksanen，2007）

6.2.1.2 紧凑度

图像的紧凑度通常是指图像的内容与信息在视觉上的紧凑度，即在给定的图像区域内，图像所包含的信息量与内容的密集程度。图像的紧凑度越高，其所包含的信息量与内容就越集中，图像看起来就越密集。可采用面积-体积比法来计算紧凑度的值，该方法通过测量表面积和体积之间的比率来计算紧凑度。一般来说，具有更高面积和更低体积的物体比具有相同体积但更低面积的物体更紧凑（图 6-8）。

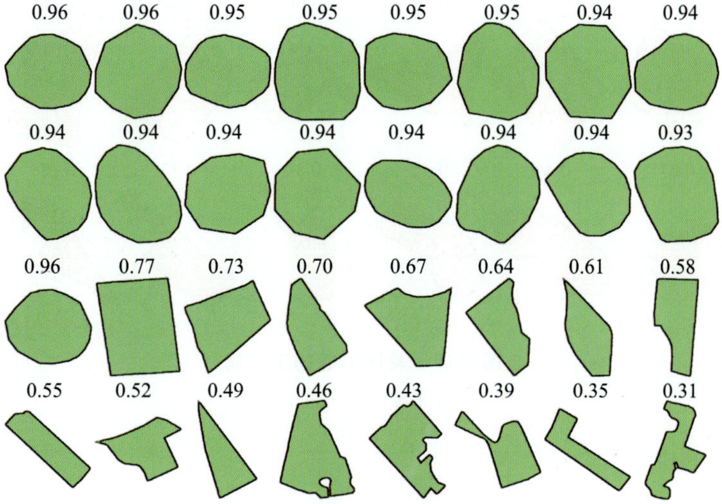

图 6-8　轮廓形状的紧凑度

（图片来源：Oksanen，2007）

6.2.1.3 矩形度

矩形度是描述农田的重要形状指标，用于度量图形的矩形程度，采用旋转卡尺法查找最小边界矩形值，为原始区域和外接矩形的面积之比(图 6-9)。用物体的面积与其最小外接矩形的面积之比描述，如公式(6-4)所示：

$$R_{矩} = \frac{Ao}{A_{mbr}} \tag{6-4}$$

式中：Ao 为物体的面积，A_{mbr} 为其外接矩形的面积。

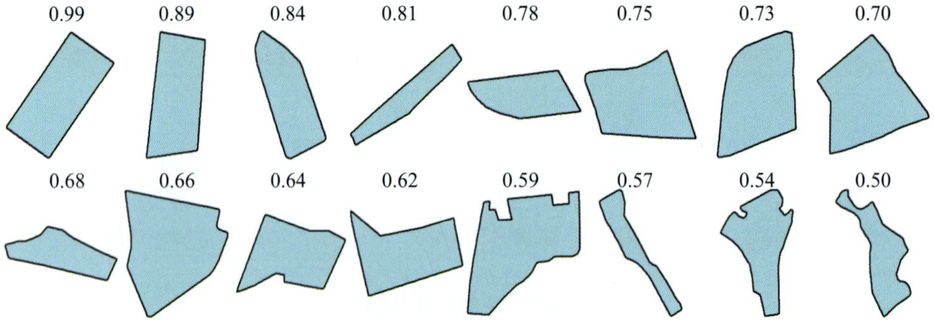

图 6-9 轮廓形状的矩形度

(图片来源：Oksanen，2007)

6.1.2.4 主矩比

非圆形绕通过质心的不同直线的转动惯量是不同的。力矩最大的线称为第一主轴，第二主轴垂直于第一主轴。绕主轴的转动惯量称为主力矩。主矩比是表示农田紧凑度的另一个形状指标(图 6-10)。

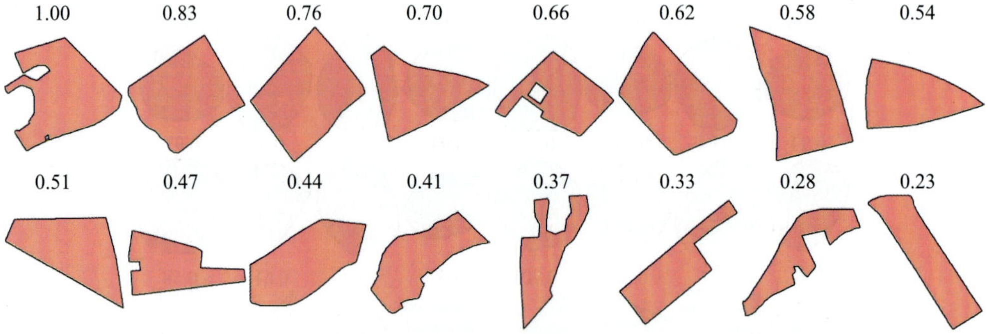

图 6-10 轮廓形状的主矩比

(图片来源：Oksanen，2007)

6.2.1.5 椭圆度

在比较椭圆度指标的基础上，选用矩不变量法：任何椭圆都可以通过仿射变换从圆中获得。椭圆度的范围是[0,1](图 6-11)。

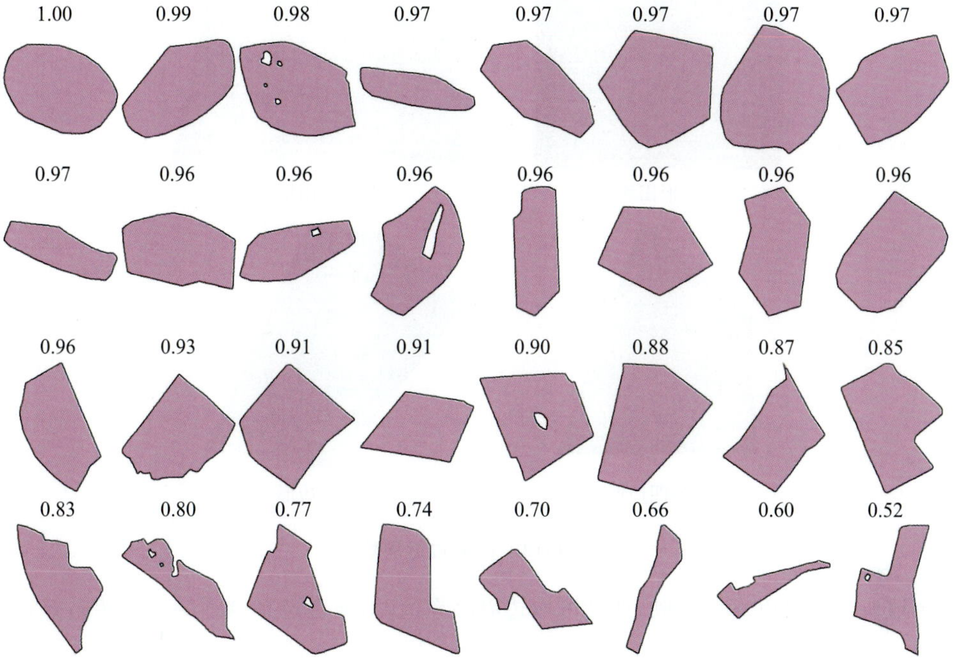

图 6-11　轮廓形状的椭圆度

(图片来源:Oksanen,2007)

6.2.2　作业路径规划

常用的形状特征表示方法分为基于轮廓特征方法和基于区域特征描述方法。以图像为基础的轮廓特征主要针对对象的外边界,抽象出形状信息,选择轮廓长度和面积等作为轮廓特征值;并根据图像对区域特征描述,选择整体形状区域特征描述,就是描述目标对象全部像素点集特征参数。

对提取出的形状特征进行归一化处理,以消除尺寸和比例等因素造成的影响,使不同形状之间具有可比性。常用的归一化处理方法包括线性变换和均值方差归一化等。根据提取到的特征信息对农田形状进行分类,先将提取到的形状特征信息进行聚类分析,根据形状特征的相似性将农田图像分为不同的形状类型。建立标准农田形状模板库,根据农田地块形状及作业需求的约束,大致将田块分为三大类:凸多边形、凹多边形、曲边多边形。

凸多边形,又包括矩形、梯形、普通四边形和多边形等形状,其中矩形、梯形农田占比较大(图 6-12)。

对凸多边形田块直线作业路径规划采用基准线平移法进行"S"形往复式全覆盖路径规划(图 6-13)。先根据农机的最小转弯半径以及车长等参数预留地头转弯区域,并规划出农机实际作业区域。根据地块较长边界两顶点坐标,确定两基点位置坐标,从而生成平行于地块最长边界的基准线,并按农机幅宽"W"等间距进行平移,以获得多条直线路径来覆

图 6-12　凸多边形田块

盖整个地块。农机以直线行驶,遇到区域边界临界值时,便会选择合适的地头转向方式进行转弯。

例如,规划插秧机的最佳作业方向时,只需确定一个点的位置坐标,即可得到整个矩形地块内直线路径轨迹点的坐标。主要有图 6-13 所示的四种情况,其中,作业行向角为直线作业路径与 X 轴正方向之间的夹角 θ。

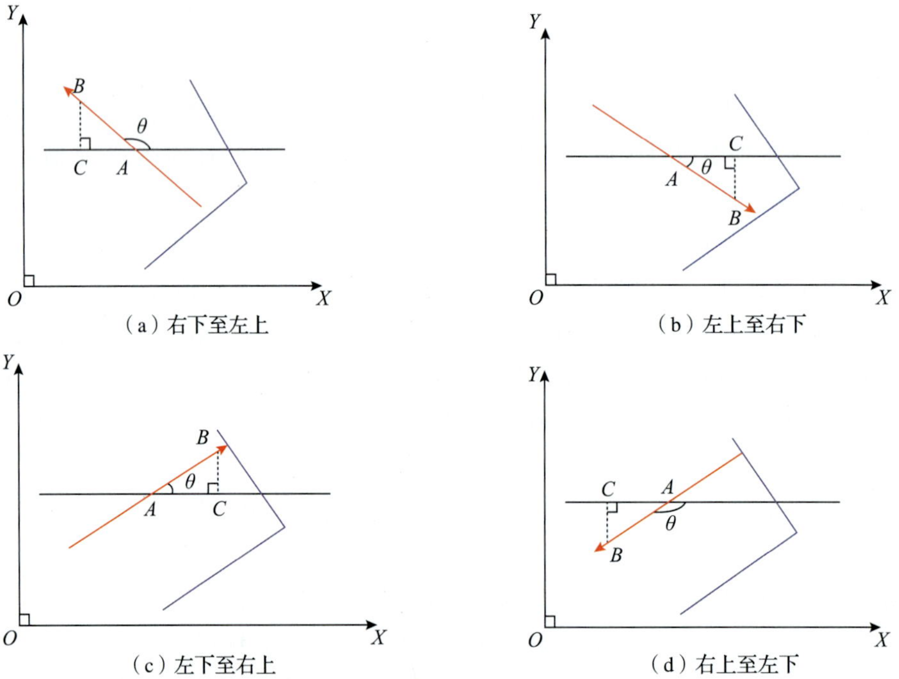

图 6-13　插秧机不同作业方向示意图

$$\begin{cases} |AB| = v_1 t \\ |BC| = |AB| \cdot |\sin\theta| = v_1 t |\sin\theta| \\ |AC| = |AB| \cdot |\cos\theta| = v_1 t |\cos\theta| \end{cases} \tag{6-5}$$

当插秧机作业，直线作业轨迹为 AB 时，如图 6-13 所示（箭头所示为作业方向），若已知点 $A(X_a,Y_a)$ 和作业方向角 θ（作业方向与 x 轴正向的夹角），则以速度 v_1 作业一定时间 t 后行驶到点 B，点 B 的坐标为：

作业方向与 X 轴正向夹角 θ 为钝角且作业方向为右下至左上：

$$\begin{cases} X_b = X_a + |AC| = X_a + v_1 t\cos\theta \\ Y_b = Y_a + |BC| = Y_a + v_1 t\sin\theta \end{cases} \tag{6-6}$$

作业方向与 X 轴正向夹角 θ 为锐角且作业方向为左上至右下：

$$\begin{cases} X_b = X_a + |AC| = X_a + v_1 t\cos\theta \\ Y_b = Y_a - |BC| = Y_a - v_1 t\sin\theta \end{cases} \tag{6-7}$$

作业方向与 X 轴正向夹角 θ 为锐角且作业方向为左下至右上：

$$\begin{cases} X_b = X_a - |AC| = X_a + v_1 t\cos\theta \\ Y_b = Y_a + |BC| = Y_a + v_1 t\sin\theta \end{cases} \tag{6-8}$$

作业方向与 X 轴正向夹角 θ 为钝角且作业方向为右上至左下：

$$\begin{cases} X_b = X_a - |AC| = X_a + v_1 t\cos\theta \\ Y_b = Y_a - |BC| = Y_a - v_1 t\sin\theta \end{cases} \tag{6-9}$$

综上所述，对于任意作业方向角 θ，下一轨迹点坐标可用公式(6-10)计算：当农机作业，沿纵坐标 y 增加时，$k=1$；沿纵坐标 y 减少时，$k=-1$。

$$\begin{cases} X_b = X_a + v_1 t\cos\theta \\ Y_b = Y_a \pm k v_1 t\sin\theta \end{cases}, \quad k = \pm 1 \tag{6-10}$$

根据上述法规划，结果如图 6-14 所示。

凹多边形分为简单凹多边形和复杂凹多边形等，简单凹多边形又分为简单凹四边形、简单凹五多边形和凹六边形等，实际田块如图 6-15 所示。

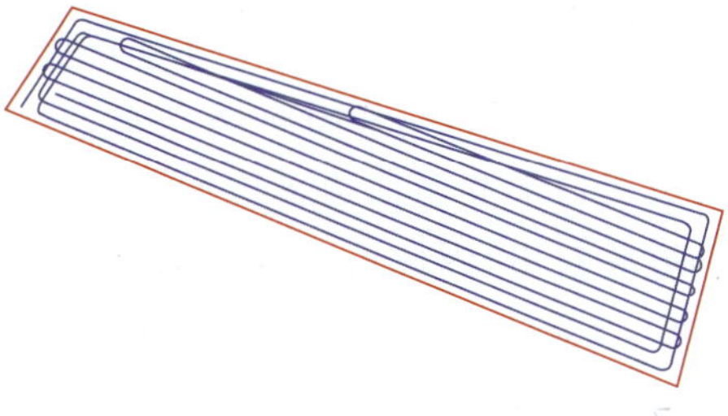

图 6-14　凸多边形路径规划

图 6-15　凹多边形田块

为保证农机在不规则田块中作业时实现路径全覆盖，需构造内田路径规划算法（图 6-16）。根据农机最小转弯半径等机器参数内缩田块外边界，建立内田边界区域。通过旋转卡尺法生成最小边界矩形（MBR），即内田工作区。为了覆盖整个田块且没有任何遗漏区域，采用由用户定义的最优航向角，在内田边界内生成填直线平行线。直线和内田边界的交点即直线区域所求路径点。农机必须在沿第一条直线方向的 $-90°\sim+90°$ 方向范围内的起点开始运行，然后根据农机具宽度、驱动角度和特定的农机具幅宽，沿直线平行路径创建内田的路径规划点位置信息。

可采用一种自上而下的方法构建直线路径，适用于不规则田块。该方法通过求解所有过农田作业区域边界顶点的直线方程来确定最上端和最下端的直线，并通过连接这两条线段来定义农田的左右边界。接着，最上端直线向下平移，每次平移产生一条直线，并计算每条直线与左右两侧边界的交点，只保留位于边界线段内的交点，连接这些交点形成相应的线段，并且每个线段将被均分成等间隔的点。最后，按照农机的运动方向对这些点进行排序，形成完整的直线平移路径，如图 6-16 所示。

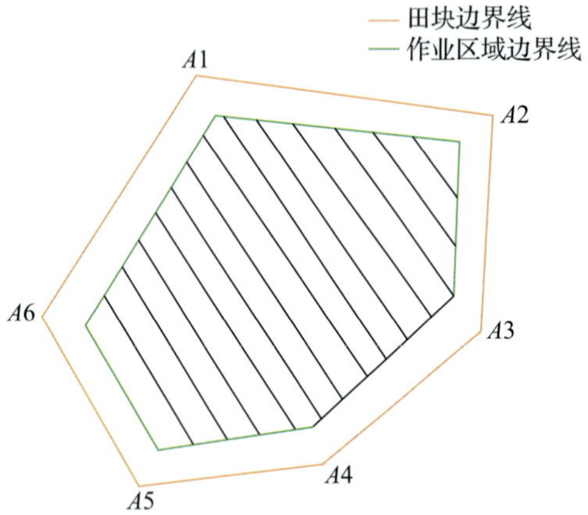

图 6-16　内田路径规划算法

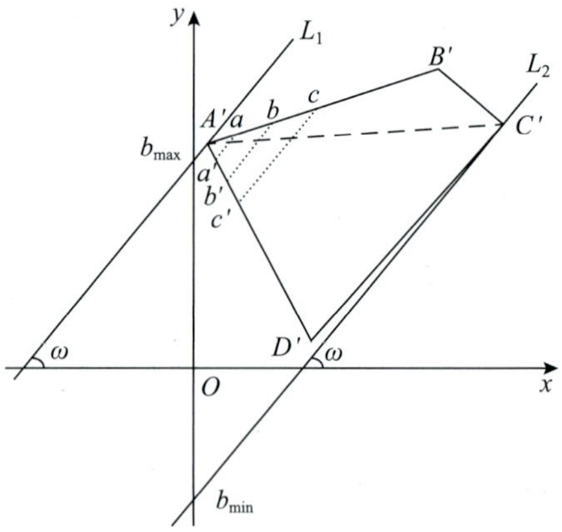

图 6-17　直线平移路径

以多边形地块内缩区域 $A'B'C'D'$ 为例，如图 6-17 所示。以 ω 为倾角，过 A' 点所对应的直线 L_1 的截距为最大截距 $b_{\max}$，过 C' 点所对应的直线 L_2 的截距为最小截距 $b_{\min}$，则 A' 为上方端点，C' 为下方端点，连接线段 $A'C'$，$A'C'$ 将作业区域 $A'B'C'D'$ 分为左右两侧。$A'C'$ 的下方为地块的左侧，上方为地块的右侧，边界 $C'D'$、$D'E'$ 和 $E'A'$ 为内缩区域的左侧边界，边界 $A'B'$、$B'C'$ 为地作业区域的右侧边界。L_1 以不同作业宽度在 y 轴上的投影为平移量，依次向下平移但不超过 L_2，依次连接左右两点并均分形成完整的直线路径。将凹多边形划分为多个凸多边形，并连接各交点，如图 6-18 所示。

曲边多边形分为单曲边多边形、双曲边多边形和多曲边多边形等形状。很多地方的农田地形较为复杂，有较多不规则曲形边界农田，因此可直接模拟地形情况，建立具体的农机作业环境以有助于后续农田管理。实际曲形边界农田如图 6-19 所示。

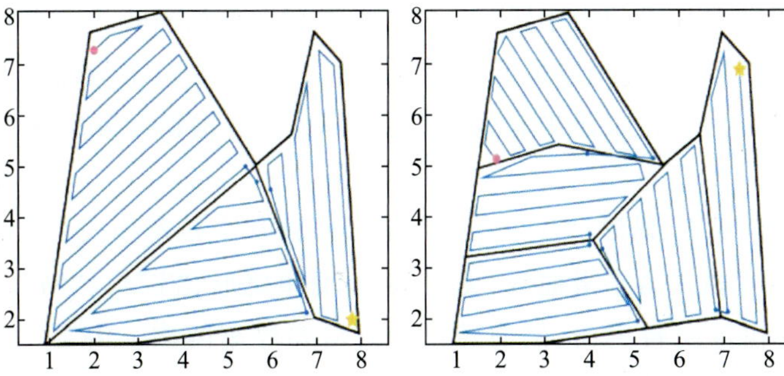

图 6-18　凹多边形路径规划示意图

提取曲形边界点集，对该边界点集进行平移后，进行插值化处理，形成稠密路径，此稠密路径作为初始路径线；之后每次路径线都采用曲率逐渐降低的方法进行平移，直至曲线边界趋于直线时，求出拟合直线方程；以该直线为基准线，采用基准线平移法对剩余规则田块进行路径规划(图 6-20)。

图 6-19　曲形边界农田

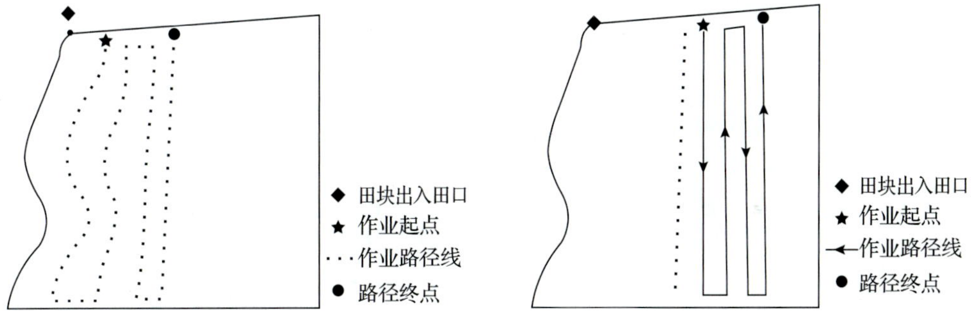

(a) 曲形边界规划　　(b) 剩余规则部分规划

图 6-20　曲形边界田块作业区域路径

获取曲形边界散点集{ $M_1,M_2,\cdots,M_s$ }，对边界坐标点集{ $M_1,M_2,\cdots M_n$ }进行平移后，形成新的局部路径{ $m_1,m_2,\cdots m_n$ }，进行插值化处理，形成稠密且详细的路径，并将处理后的路径作为初始路径规划线。初始路径规划线的散点集为 $(a_1,a_2,\cdots,a_n)$，$a_n=(x_{a_n},y_{a_n},\theta_{a_n},\delta_{a_n})$，$x_{a_n}$ 为点 a_n 在目标坐标系中的横坐标，y_{a_n} 为点 a_n 在目标坐标系中的纵坐标，θ_{a_n} 为点 a_n 在目标坐标系中的目标航向角，δ_{a_n} 为点 a_n 在目标路径曲线上的曲率，n 为初始路径规划线散点的个数。

6.3　农机转弯路径规划方式

无人驾驶农机进行智能化自主作业时，可选择多种转弯方式在地头转向，对应的转向距离和时间消耗也各不相同。可通过农机的最小转弯半径来选取转弯路径模式。农机的最小转弯半径是指在转向盘转到极限位置，仍以最低速进行匀速转向时，农机中间轴线在支承平面上滚过的轨迹圆的半径。为了在农田中有效地进行作业，需要根据实际情况选择最合适的转向方式。

地头转弯方式主要有弓形、半圆形、梨形（“Ω”形）和鱼尾形四种基本转弯模式（图 6-21）。弓形、半圆形和梨形地头转弯模式为平滑曲线，无需倒车；而鱼尾形、“T”形、“M”形地头转弯模式需要倒一次车，且在正向转倒向、倒向转正向时需要停车两次。由于“T”形、“M”形需要倒车转弯，效率比鱼尾形转弯较低，所以，农机路径规划地头转弯模式常用弓形、半圆形和梨形，若需要倒车则采用鱼尾形。

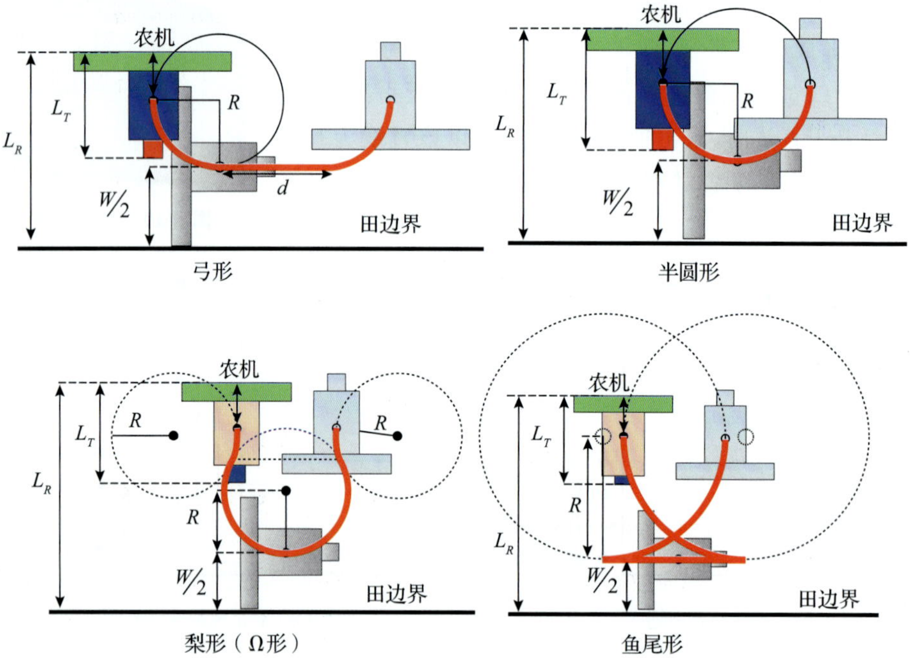

注：L_T为农机长，L_R为地头预留宽，R 为农机最小转弯半径，

W 为农机作业幅宽，d 为横向直线行驶长。

图 6-21　地头转弯模式

一般根据无人驾驶农机的最小转弯半径 R 与两作业行之间宽度 d（d 为作业幅宽的正整数倍）作为约束条件来确定地头转向模式，如表 6-1 所示。

表 6-1　转向模式选择

约束条件	转向模式
$d>2R$	弓形
$d=2R$	半圆形
$2R>d>R$	“Ω”形，“M”形
$d<R$	“T”形（鱼尾形）

6.3.1　弓形、半圆形、鱼尾形转弯算法

记转弯起始点为 $point\_start$，其坐标为($p\_s.x$，$p\_s.y$)；转弯终止点为 $point\_end$，其坐标为(p_ex，$p\_e.y$)。

判断转弯起始点转向和转弯终止点的方向，可借助向量叉乘的方法判断两条直线的相对位置，即一条线段是否在另一条线段的左边、右边或重叠。如图 6-22 所示，已知点 $point\_start\_before$、$point_$start、$point\_end$ 的位置信息，则可构建向量：

$$\begin{cases} Vector\_start = Vectort2D(point\_start\_before, point\_start) \\ Vector\_middle = Vectort2D(point\_start\_before, point\_end) \end{cases} \tag{6-11}$$

公式(6-11)中 $Vector2D$ 的函数功能为通过线段两端点坐标表达出该向量，具体关系为：

$$\begin{cases} Vector1 = Vector2D(p1, p2) \\ Vector1.x = p2.x - p1.x \\ Vector1.y = p2.y - p1.y \end{cases} \tag{6-12}$$

计算两向量之间的叉积 $cross\_product$：

$$cross\_product = \overrightarrow{Vector\_start} \times \overrightarrow{Vector\_middle} \tag{6-13}$$

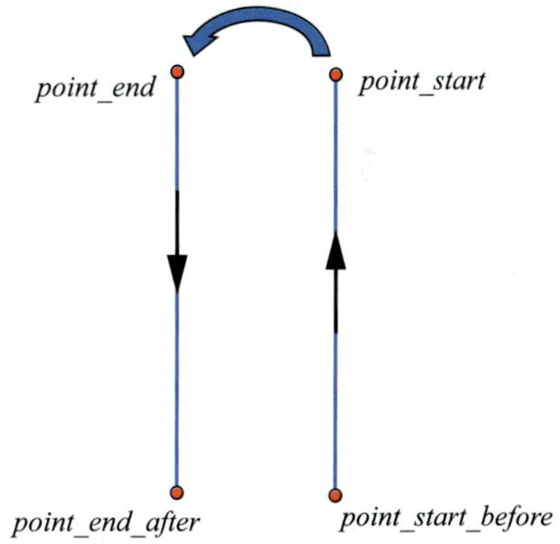

图 6-22　两条直线的相对位置

根据叉积的值判断 $point\_end$ 相对于 $point\_start$ 的方向 $direction$：

$$\begin{cases} direction = left & cross\_prduct > 0 \\ direction = right & cross\_prduct < 0 \end{cases} \tag{6-14}$$

根据转弯起始点坐标($p\_s.x$，$p\_s.y$)、转弯终止点坐标($p\_e.x$，$p\_e.y$)、方向 $direction$ 和机器最小转弯半径 t_r，找到符合最短路径轨迹圆的圆心坐标，利用两直线交点找出圆心坐标，构成起始位置圆心的两直线，直线 $L1$ 向 $direction$ 方向移动 t_r 距离，过点($p\_s.x$，$p\_s.y$)作垂直于 $L1$ 的直线

直线 $L1$ 表达式为：

$$\begin{cases} y = k_{L2} \times x + b_{L2} \\ k_{L2} = \dfrac{point\_start\_befor.y - point\_start.y}{point\_start\_befor.x - point\_start.x} \\ b_{L1} = point\_start.y - k_{L1} \times point\_start.x \end{cases} \tag{6-15}$$

直线 $L2$ 表达式为：

$$\begin{cases} y = k_{L2} \times x + b_{L2} \\ k_{L2} = \dfrac{point\_start\_befor.y - point\_start.y}{point\_start\_befor.x - point\_start.x} \\ b_{L2} = point\_start.y - k_{L2} \times point\_start.y + \lambda \times t\_r \times Ve\_y \end{cases} \tag{6-16}$$

式中：Ve_y 为向量$\overrightarrow{Vecort_start}$的单位向量在 y 轴上的分量，λ 值的 $direction$ 确定：

$$\begin{cases} \lambda = 1 & direction = left \\ \lambda = -1 & direction = right \end{cases} \tag{6-17}$$

则圆心 o_start 的坐标为：

$$\begin{cases} o\_start.x = \dfrac{b_{L2} - b_{L1}}{k_{L1} - k_{L2}} \\ o\_start.y = k_{L1} \times o\_start.x + b_{L1} \end{cases} \tag{6-18}$$

同理，由转弯终止点坐标（$p\_e.x$，$p\_e.y$）、方向 $direction$、机器最小转弯半径 t_r 可得出圆心 o_end 坐标，如图 6-23 所示。

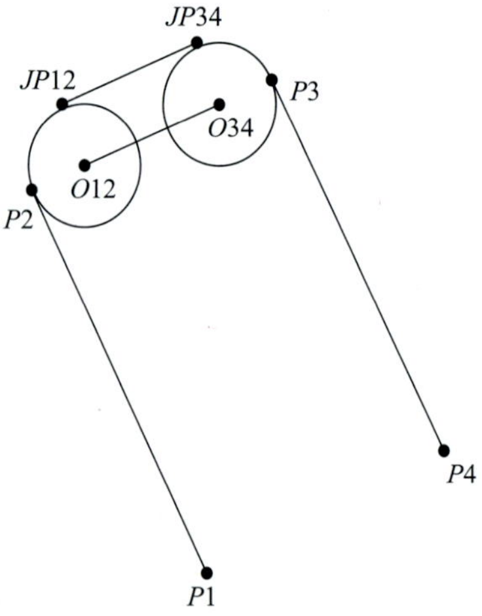

图 6-23　关键点位置示意图

建立向量$\overrightarrow{o1o2}$：

$$\overrightarrow{o1o2} = (o\_end.x - o\_start.x, o\_end.y - o\_start.y) \tag{6-19}$$

计算向量$\overrightarrow{o1o2}$的单位向量$\overrightarrow{o1o2_{unit}}$：

$$\overrightarrow{o1o2_{unit}} = \frac{\overrightarrow{o1o2}}{\|\overrightarrow{o1o2}\|} \tag{6-20}$$

切点 $contact\_point\_start$ 的坐标为：

$$\begin{cases} contart\_point\_start.x = o\_start.x \pm (-\overrightarrow{o1o2_{unit}}.y) \times t\_r \\ contart\_point\_start.y = o\_start.y \pm \overrightarrow{o1o2_{unit}}.x \times t\_r \end{cases} \tag{6-21}$$

同理，切点 $contact\_point\_end$ 的坐标为：

$$\begin{cases} contart\_point\_end.x = o\_end.x \pm (-\overrightarrow{o1o2_{unit}}.y) \times t\_r \\ contart\_point\_end.y = o\_end.y \pm \overrightarrow{o1o2_{unit}}.x \times t\_r \end{cases} \tag{6-22}$$

所得切点坐标有两个，符合要求的只有一个，可借助向量之间的夹角判断是否为满足要求的切点，建立向量$\overrightarrow{start_contact}$：

$$\begin{cases} \overrightarrow{start\_contact}.x = contart\_point\_start.x - start\_point.x \\ \overrightarrow{start\_contact}.y = contart\_point\_start.y - start\_point.y \end{cases} \tag{6-23}$$

求向量$\overrightarrow{start_contact}$与$\overrightarrow{Vector_start}$的夹角 $\theta 1$：

$$\begin{cases} dotProduct = \overrightarrow{start\_contact} \cdot \overrightarrow{Vector\_start} \\ \theta 1 = \cos^{-1}\left(\dfrac{dotProduct}{\|\overrightarrow{start\_contact}\| \times \|\overrightarrow{Vector\_start}\|}\right) \end{cases} \tag{6-24}$$

公式(6-24)中,若 $\theta 1 < \frac{\pi}{2}$,则该坐标符合要求。

同理,建立向量$\overrightarrow{end_contact}$:

$$\begin{cases} \overrightarrow{end\_contact}.x = contact\_point\_end.x - end\_point.x \\ \overrightarrow{end\_contact}.y = contact\_point\_end.y - end\_point.y \end{cases} \tag{6-25}$$

建立向量$\overrightarrow{Vector_end}$:

$$\begin{cases} \overrightarrow{Vector\_end}.x = end\_point\_after.x - end\_point.x \\ \{\overrightarrow{Vector\_end}.y = end\_point\_after.y - end\_point.y \end{cases} \tag{6-26}$$

求向量$\overrightarrow{end_contact}$与$\overrightarrow{Vector_end}$的夹角 $\theta 2$:

$$\begin{cases} dotProduct = \overrightarrow{end\_contact} \cdot \overrightarrow{Vector\_end} \\ \theta 2 = \cos^{-1}\left(\dfrac{dotProduct}{\|\overrightarrow{end\_contact}\| \times \|\overrightarrow{Vector\_end}\|}\right) \end{cases} \tag{6-27}$$

公式(6-27)中,若 $\theta 2 > \frac{\pi}{2}$,则该坐标符合要求。

经以上计算找出了一系列关键点的坐标:转弯起始点 $point\_start$、转弯终止点 $point\_end$、起始圆圆心 o_start、终止圆圆心 o_end、起始圆切点 $contact\_point\_start$ 和终止圆切点 $contact\_point\_end$。现需要用半径为 t_r 的圆弧连接转弯起始点 $point\_start$ 与起始圆切点 $contact\_point\_start$、终止圆切点 $contact\_point\_end$ 与转弯终止点 $point\_end$,用直线连接起始圆切点 $contact\_point\_start$ 与终止圆切点 $contact\_point\_end$。生成圆弧的方法如下。

构建圆心 o_start 指向转弯起始点 $point\_start$ 的向量$\overrightarrow{arc_start}$:

$$\begin{cases} \overrightarrow{arc\_start}.x = point\_start.x - o\_start.x \\ \overrightarrow{arc\_start}.y = point\_start.y - o\_start.y \end{cases} \tag{6-28}$$

构建圆心 o_start 指向起始圆切点 $contact\_point\_start$ 的向量$\overrightarrow{arc_end}$:

$$\begin{cases} \overrightarrow{arc\_end}.x = contact\_point\_start.x - o\_start.x \\ \overrightarrow{arc\_end}.y = contact\_point\_start.y - o\_start.y \end{cases} \tag{6-29}$$

计算两向量之间的夹角 $\theta 3$:

$$\begin{cases} dotProduct = \overrightarrow{arc\_end} \cdot \overrightarrow{arc\_start} \\ \theta 3 = \cos^{-1}\left(\dfrac{dotProduct}{\|\overrightarrow{arc\_end}\| \times \|\overrightarrow{arc\_start}\|}\right) \end{cases} \tag{6-30}$$

记该圆弧上点的个数为 n，则相邻两点与圆心连线的角度差 $unit\_arc$ 为：

$$unit\_arc=\frac{\theta 3}{n} \tag{6-31}$$

则该圆弧上每一个点的坐标($p\_i.x$，$p\_i.y$)为：

$$\begin{cases} p\_i.x=o\_start.x+t\_r\times\cos(P\_SX\_angle+d\times unit\_arc\times i) \\ p\_i.y=o\_start.y+t\_r\times\sin(P\_SX\_angle+d\times unit\_arc\times i) \end{cases} \tag{6-32}$$

式中：i 的取值为 $0<i<n$，P_SX_angle 为向量$\overrightarrow{arc_start}$与坐标系中 X 轴正半轴的夹角，d 为方向变量，其取值与公式(6-33)中的 $direction$ 有关，关系为：

$$\begin{cases} d=1 & direction=left \\ d=-1 & direction=right \end{cases} \tag{6-33}$$

终止圆切点 $contact\_point\_end$ 与转弯终止点 $point\_end$ 之间的圆弧生成方法同上。

6.3.2 “Ω”形和“M”形转弯算法

“Ω”形和“M”形两种转弯形式的路径由三个外切的圆弧组成，其半径均为农机最小转弯半径 t_r，其具体实现过程如下。

如图 6-24 所示，已知转弯起始点为 $point\_start$，其坐标为($p\_s.x$，$p\_s.y$)；转弯终止点为 $point\_end$，其坐标为($p\_e.x$，$p\_e.y$)；点 $point\_start\_befor$ 坐标为($p\_sb.x$，$p\_sb.y$)；点 $point\_end\_after$ 坐标为($p\_ea.x$，$p\_ea.y$)。

由公式(6-14)可知上述转弯起始点 $point\_start$ 与转弯终止点 $point\_end$ 的相对位置，即转弯终止点位于转弯起始点的 $direction$ 方向。

由公式(6-15)～公式(6-18)可得出起始圆圆心坐标和终止圆圆心坐标，即 o_start、o_end。

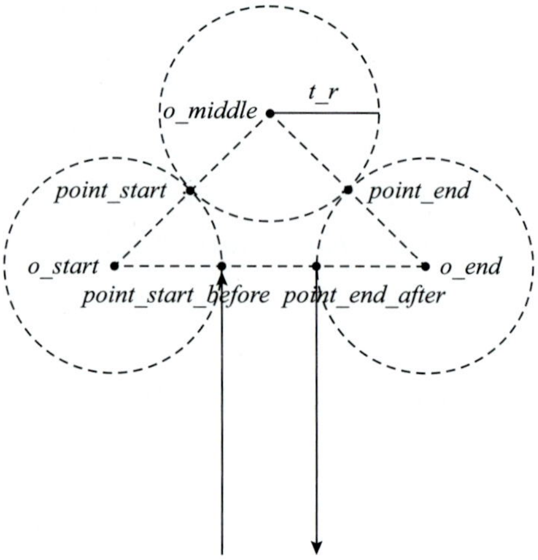

图 6-24 “Ω”形和“M”形转弯规划示意图

如图 6-24 所示，圆 o_start 与圆 o_middle 外切，圆 o_end 与圆 o_middle 外切，而三个圆的半径均为 t_r，由以上关系可计算出圆心 o_middle 的坐标。由圆心 o_start、圆心o_end、圆心 o_middle 三点可构成以等腰三角形，三角形两条腰的长度为：

$$l\_sm=l\_em=2\times t\_r \tag{6-34}$$

构建向量$\overrightarrow{o_se}$：

$$\begin{cases}\overrightarrow{o\_se}.x = o\_end.x - o\_star.x \\ \overrightarrow{o\_se}.y = o\_end.y - o\_star.y\end{cases} \tag{6-35}$$

计算 o_start 与 o_end 连线的中点坐标 o_m：

$$\begin{cases}o\_m.x = \dfrac{o\_start.x + o\_end.x}{2} \\ o\_m.y = \dfrac{o\_start.y + o\_end.y}{2}\end{cases} \tag{6-36}$$

记点 o_m 指向 o_middle 的单位向量为 $\overrightarrow{o\_2m\_unit}$，因 o_middle 与 o_m 所连线与 o_start 与 o_end 连线垂直，所以：

$$\begin{cases}\overrightarrow{o\_2m\_unit}.x = -\dfrac{\overrightarrow{o\_se}.y}{\|\overrightarrow{o\_se}\|} \\ \overrightarrow{o\_2m\_unit}.y = \dfrac{\overrightarrow{o\_se}.x}{\|\overrightarrow{o\_se}\|}\end{cases}$$

或

$$\begin{cases}\overrightarrow{o\_2m\_unit}.x = \dfrac{\overrightarrow{o\_se}.y}{\|\overrightarrow{o\_se}\|} \\ \overrightarrow{o\_2m\_unit}.y = -\dfrac{\overrightarrow{o\_se}.x}{\|\overrightarrow{o\_se}\|}\end{cases} \tag{6-37}$$

利用余弦定理和等腰三角形三边关系可求出角 θ：

$$\theta = \cos^{-1}\left(\frac{\|\overrightarrow{o\_se}\|^2}{4 \times t\_r}\right) \tag{6-38}$$

则连接点 o_m 与点 o_middle 线段的长度 l_2m 为：

$$l\_2m = 2 \times t\_r \times \sin\theta \tag{6-39}$$

则 o_middle 坐标为：

$$\begin{cases}o\_middle.x = o\_m.x + l\_2m \times \overrightarrow{o\_2m\_unit}.x \\ o\_middle.y = o\_m.y + l\_2m \times \overrightarrow{o\_2m\_unit}.y\end{cases} \tag{6-40}$$

由于 $\overrightarrow{o\_2m\_unit}$ 有两个取值，通过公式(6-23)和公式(6-24)可确定其中一个符合要求的值。

接下来需要找到圆 o_start 与圆 o_middle 外切的点 $contact\_sm$ 的坐标，圆 o_end 与圆 o_middle 外切的点 $contact\_em$ 的坐标。

建立点 o_start 指向点 o_middle 的向量 $\overrightarrow{o\_sm}$ 与其单位向量 $\overrightarrow{o\_sm\_unit}$：

$$\begin{cases}\begin{cases}\overrightarrow{o\_sm}.x = o\_middle.x - o\_start.x \\ \overrightarrow{o\_sm}.y = o\_middle.y - o\_start.y\end{cases} \\ \overrightarrow{o\_sm\_unit} = \dfrac{\overrightarrow{o\_sm}}{\|\overrightarrow{o\_sm}\|}\end{cases} \tag{6-41}$$

则点 $contact\_sm$ 的坐标为：

$$\begin{cases} contact\_sm.x = o\_start.x + t\_r \times \overrightarrow{o\_sm\_unit}.x \\ contact\_sm.y = o\_start.y + t\_r \times \overrightarrow{o\_sm\_unit}.y \end{cases} \tag{6-42}$$

同理，可得出点 $contact\_em$ 的坐标。

经以上计算找出了一系列关键点的坐标：转弯起始点 $point\_start$、转弯终止点 $point\_end$、起始圆圆心 o_start、终止圆圆心 o_end、中间圆圆心 o_middle、起始圆与中间圆切点 $contact\_sm$、终止圆与中间圆切点 $contact\_em$。现需要用半径为 t_r 的圆弧连接转弯起始点 $point\_start$ 与切点 $contact\_sm$、切点 $contact\_sm$ 与切点 $contact\_em$、切点 $contact\_em$ 与转弯终止点 $point\_end$。当顺时针连接切点 $contact\_sm$ 与切点 $contact\_em$ 为"Ω"形转弯，则逆时针连接为"M"形转弯；反之，当顺时针连接切点 $contact\_sm$ 与切点 $contact\_em$ 为"M"形转弯，则逆时针连接为"Ω"形转弯。

用圆弧连接方法同公式(6-28)～公式(6-33)，结果如图 6-25 所示。

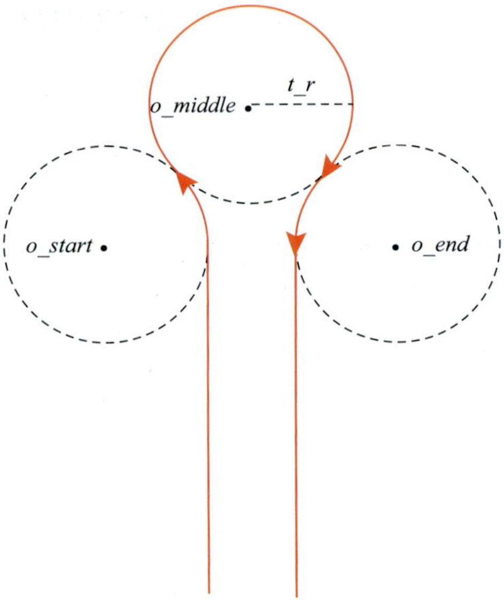

(a) 顺时针连接 "Ω" 形转弯

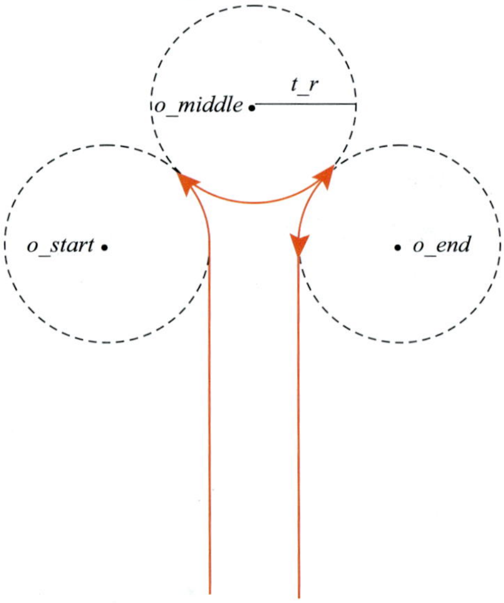

(b) 逆时针连接 "M" 形转弯

图 6-25 "Ω"形和"M"形转弯规划结果示意图

6.3.3 螺旋式转弯算法

螺旋式转弯由两条相交不大于 180°的作业直线和连接这两直线的光滑曲线构成，如图 6-26 所示。

已知特征点 $p1$、$p2$、$p3$ 坐标和机器转弯半径 t_r，建立向量 $\overrightarrow{p1p2}$ 及其单位向量 $\overrightarrow{p1p2\_unit}$：

$$\begin{cases} \begin{cases} \overrightarrow{p1p2}.x = p2.x - p1.x \\ \overrightarrow{p1p2}.y = p2.y - p1.y \end{cases} \\ \overrightarrow{p1p2\_unit} = \dfrac{\overrightarrow{p1p2}}{\|\overrightarrow{p1p2}\|} \end{cases} \tag{6-43}$$

计算出由 $p2$ 点沿着向量$\overrightarrow{p1p2}$正方向移动一个转弯半径 t_r 的距离得到点 $p4$：

$$\begin{cases} p4.x = p2.x + \overrightarrow{p1p2\_unit}.x \\ p4.y = p2.y + \overrightarrow{p1p2\_unit}.y \end{cases} \tag{6-44}$$

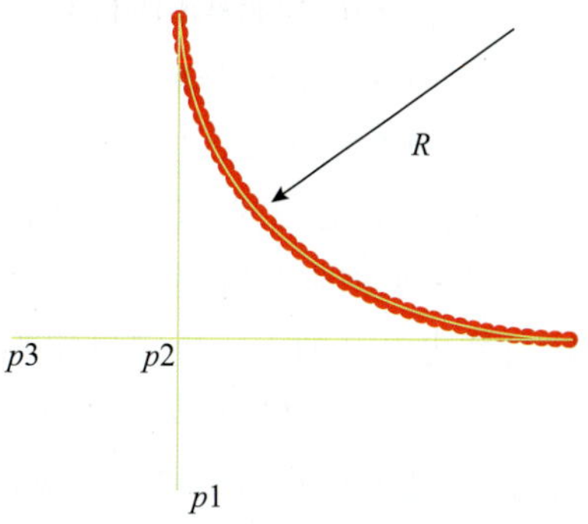

图 6-26　螺旋式转弯

同理，可计算出由 $p2$ 点沿着向量$\overrightarrow{p3p2}$正方向移动一个转弯半径 t_r 的距离得到点 $p5$。由公式(6-15)～公式(6-18)可计算出圆心 O 点坐标。

经以上计算找出了一系列关键点的坐标：当前作业行起点 $p1$、当前作业行终点 $p4$、下一作业行起点 $p5$、下一作业行终点 $p3$ 和圆心点 O。用半径为 t_r 的圆弧连接当前作业行终点 $p4$ 与下一作业行起点 $p5$。

弓形、半圆形和梨形地头转向模式为平滑曲线，且无需倒车，鱼尾形地头转向模式需倒车 2 次。弓形、半圆形和梨形地头转向模式和直线行驶路径组合形成作业路径较常见，如“S”形(梭式)、口字形(套行)、向心、离心等作业路径。鱼尾形地头转向模式结合直线行驶路径多用于农机转向半径大而农艺要求“一行挨一行”的作业场景，如花生起垄播种。常见的无人驾驶农机作业路径规划如图 6-27 所示。

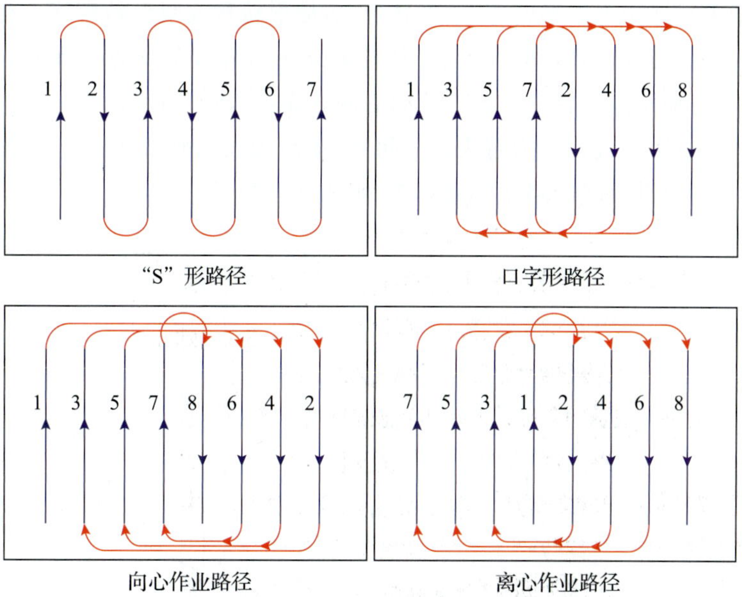

图 6-27　常见路径规划

"S"形路径是农机田间作业中最常用到的田间作业路径。"S"形路线是平行于作物行的来回往复的作业路线，转向可采用半圆形和梨形地头转向模式，特点是转向次数较少、没有重叠的作业区域。但是农机转向调头受限于作业幅宽和最小转弯半径，对较大型农机而言，实现"S"形路径难度较大。口字形(套行)路径常用于转弯半径较大的农机，如拖拉机和水稻收获机等，一般采用弓形地头转向模式结合直线行驶路径规划。其中弓形转向模式中 d 的大小决定口字形路径跨的行数。向心和离心作业路径在地头"空行程"多，要行驶较长的距离才能进入至下一作业行，不仅增加了非有效作业时间，降低了工作效率，导致农机在地头反复行驶碾压压实了土地，也在一定程度上破坏了土地种植条件。

在大田无人化智慧农场作业中，农田边界规则的地块全覆盖路径规划一般采用：①基准线平移法。以田块较长边为基准线按作业幅宽等间距生成平行线，平行线端点为农田边界，在平行线两段根据作业情况设计相应地头转向路径或策略。②局部坐标系法。预先离线测量农田的 4 个边界顶点坐标，结合农艺、农机作业方式和地头转向方式计算所有导航路径特征点，再根据作业顺序生成完整作业路径。作业过程中无需人工干预。

不规则四边形是指地块边界由四条互不平行的线段组成(图 6-28)。其中，地块边界四条边互不平行，AB 为最长边，长度为 L_b，地头 BC 边在 AB 垂直方向的投影长度为 L_{a1}，另一边地头 DA 边在 AB 垂直方向的投影长度为 L_{a2}，其中 $L_{a1} \neq L_{a2}$，这是不规则四边形地块边界与规则四边形地块边界的根本区别。

对图 6-28 所示地块形状采用往复式作业路径，以 AB 边为作业方向，即以 AB 边为基准做平行线覆盖满整块区域，平行线与边界线的交点即停止作业转弯点或转弯完成作业点。如图 6-29 所示，图中蓝色路径线之间的连接可按照无人驾驶农机的转弯半径与机具幅宽之间的关系选用半圆形转弯、弓形转弯、鱼尾形转弯或梨形转弯等。若在不规则四边形地块中采用往复式路径，则平行路径线与非地头边界线的交点之间(图 6-29 中红色部分)的转弯不可使用以上转弯模式。原因有两方面：①转弯角度过小，如图 6-29 中角 θ；②要连接的两个点距离过远。为解决这一问题，提高无人驾驶农机的作业覆盖率和作业效率，可采用一种改进模式的路径规划算法，实现过程如下。

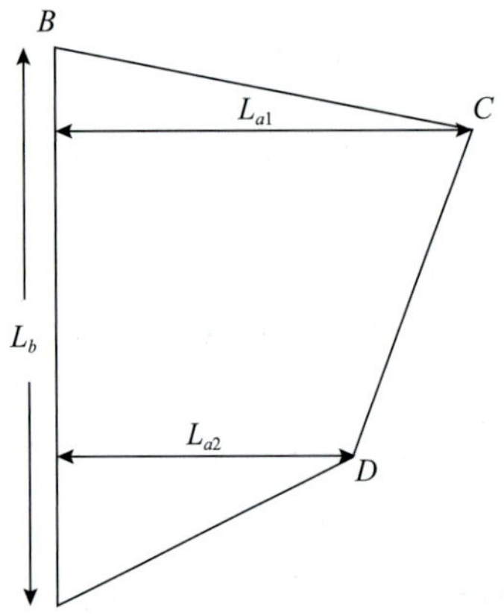

图 6-28 不规则四边形地块

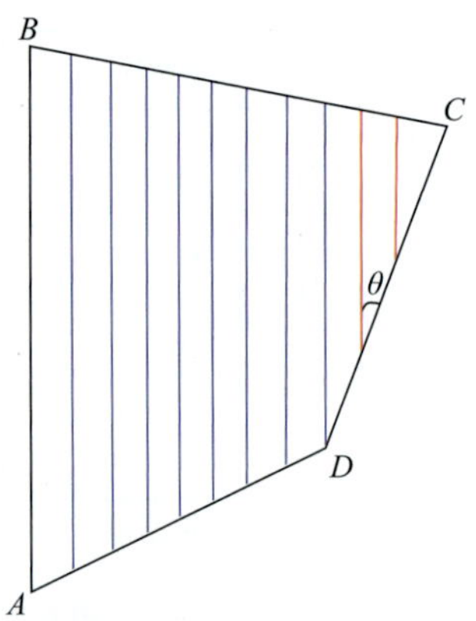

图 6-29 不规则四边形地块往复式路径

已知当前作业行的起点坐标 $p1$，当前作业行终点坐标 $p2$，下一作业行起点坐标 $p3$，下一作业行终点坐标 $p4$。由 $p1$、$p2$、$p3$ 建立向量 $\overrightarrow{p2p1}$、$\overrightarrow{p2p3}$，可根据公式由两向量(6-24)计算出平行路径线与地块边界线的夹角 θ，若 $\theta \geqslant \frac{2}{3}\pi$ 或 $\theta \leqslant \frac{\pi}{3}$，则进入下一判定条件，根据四点坐标信息，可由公式(6-24)判断其相对位置信息，即 $p3$ 在 $p2$ 的 $direction$ 方向。在当前作业行 $direction$ 方向做半径为无人驾驶农机最小转弯半径且相切于 $p2$ 的圆，记圆心坐标为 $o1$。在下一作业行 $direction$ 方向做半径为无人驾驶农机最小转弯半径且相切于 $p3$ 的圆，记圆心坐标为 O_2。建立向量 $\overrightarrow{o1o2}$，并判断两圆关系：

$$\begin{cases} |\overrightarrow{o1o2}| > 2 \times t\_r & \text{两圆相离} \\ |\overrightarrow{o1o2}| = 2 \times t\_r & \text{两圆相切} \\ |\overrightarrow{o1o2}| < 2 \times t\_r & \text{两圆相交} \end{cases} \tag{6-45}$$

两圆相切时为普通的半灯泡形转弯，此时找到两圆的切点即可规划出倒钩形转弯路径点，计算切点方法如下。

计算向量 $\overrightarrow{o1o2}$ 的单位向量 $\overrightarrow{o1o2\_unit}$：

$$\overrightarrow{o1o2\_unit} = \frac{\overrightarrow{o1o2}}{\|\overrightarrow{o1o2}\|} \tag{6-46}$$

切点的坐标为：

$$\begin{cases} pc.x = \overrightarrow{o1}.x + t\_r \times \overrightarrow{o1o2\_unit}.x \\ pc.y = \overrightarrow{o1}.y + t\_r \times \overrightarrow{o1o2\_unit}.y \end{cases} \tag{6-47}$$

式中：pc 为两圆的切点，t_r 为无人驾驶农业机械的最小转弯半径。

若已知转弯起点坐标 $p2$，转弯终点坐标 $p3$，两圆切点坐标 pc，无人驾驶农机转弯半径 t_r，即可根据公式(6-28)～公式(6-33)计算出农机转弯时连续的路径点，如图 6-30a 所示。

两圆相切是比较特殊的情况，在实际作业中两圆关系更多的是相离或相交。

当两圆相离时，根据无人驾驶农机的最小转弯半径和机具幅宽的关系可分为两种情况。记无人驾驶农机的最小转弯半径为 t_r、机具幅宽为 w_i。当 $w\_i < 2 \times t\_r$ 时，转弯路径由两段不同曲率的圆弧组成，具体操作如下。

当角 $\theta < \frac{\pi}{3}$，先计算两圆心之间的距离 d：

$$d = |o1o2| \tag{6-48}$$

记 $p2$ 处切圆的半径为 t_r1，$p3$ 处切圆的半径为 t_r2。判断 d 与 $t\_r1 + t\_r2$ 之间的关系，若两者不相等，则令 t_r2 自加 0.1，如公式(6-49)。根据公式(6-15)～公式(6-18)构建新的切圆。计算新的圆心 $o2$，更新向量 $\overrightarrow{o1o2}$，更新两圆心距离 d，若 $d \neq t\_r1 + t\_r2$，则继续执行公式(6-48)～公式(6-49)，直到 $d = t\_r1 + t\_r2$ 后执行公式(6-46)～公式(6-47)，

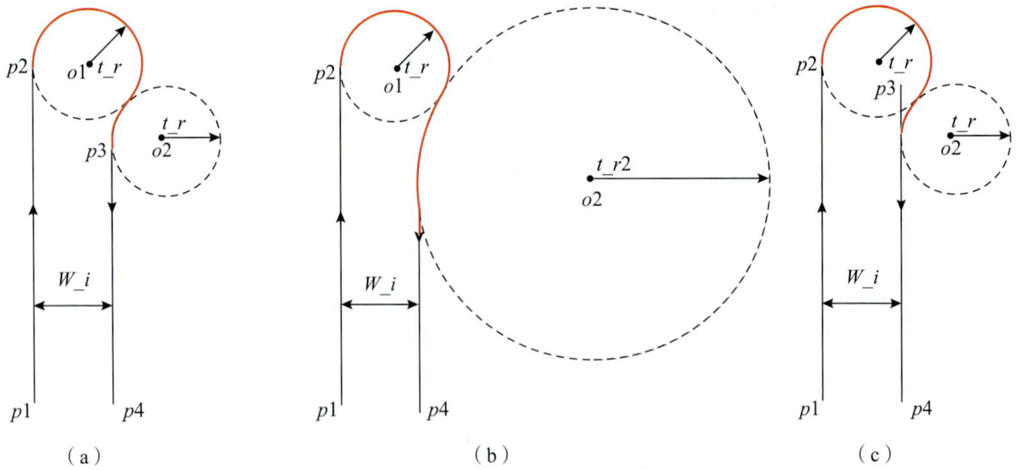

图 6-30 改进倒钩形转弯

即可计算出农机拐弯时里连续的路径点。

$$t\_r2 = t\_r2 + 0.1 \tag{6-49}$$

当角 $\theta \geqslant \frac{2\pi}{3}$ 时，先判断当前作业行与下一作业行的位置关系，即当前作业行在下一作业行的 $direction$ 方向。如在当前作业行 $direction$ 方向的反方向则做一半径为无人驾驶农机最小转弯半径且相切于 $p2$ 的圆，记圆心坐标为 $o1$。在下一作业行 $direction$ 方向的反方向做半径为无人驾驶农机最小转弯半径且相切于 $p3$ 的圆，记圆心坐标为 $o2$。

记 $p2$ 处切圆的半径为 t_r1，$p3$ 处的切圆为 t_r2。判断 d 与 t_r1+t_r2 之间的关系，若两者不相等，则令 t_r1 自加 0.1，如公式(6-50)。根据公式(6-15)～公式(6-18)构建新的切圆。计算新的圆心 $o1$，更新向量 $\overrightarrow{o1o2}$，更新两圆心距离 d，若 $d \neq t\_r1+t\_r2$ 则继续执行公式(6-48)、公式(6-50)，直到 $d = t\_r1+t\_r2$ 后执行公式(6-46)和公式(6-47)，即可计算出农机转弯时里连续的路径点。如图 6-30b 所示。

$$t\_r1 = t\_r1 + 0.1 \tag{6-50}$$

当 $w\_i \geqslant 2 \times t\_r$，即可采用弓形转弯的方法计算出农机转弯时连续的路径点。

当两圆相交时，先构造向量并计算出角 θ，当 $\theta \geqslant \frac{2\pi}{3}$ 时采用公式(6-51) 将 $p2$ 向 $p1$ 方向收缩 0.1 m，判断 d 与 $2 \times t\_r$ 之间的关系，若两者不相等，则将 $p2$ 向 $p1$ 方向继续收缩 0.1 m，直到 $d = t\_r1+t\_r2$。计算新的 $o1$ 坐标值。根据公式(6-46)和公式(6-47)即可计算出两圆切点和农机转弯时连续的路径点。为提高作业覆盖率，应先让无人驾驶农机作业至初始 $p2$ 点，然后倒退至更新后的 $p2_{new}$ 点后执行转弯操作。

$$\begin{cases} p2_{new}.x = p2.x + 0.1 \times \overrightarrow{p2p1\_unit}.x \\ p2_{new}.y = p2.y + 0.1 \times \overrightarrow{p2p1\_unit}.y \end{cases} \tag{6-51}$$

当 $\theta \leqslant \frac{\pi}{3}$ 时，采用公式(6-52)将 $p3$ 向 $p4$ 方向收缩 0.1 m，判断 d 与 $2\times t\_r$ 之间的关系。若两者不相等，则将 $p3$ 向 $p4$ 方向继续收缩 0.1 m，直到 $d=t\_r1+t\_r2$。

计算新的 $o2$ 坐标值，根据公式(6-46)和公式(6-47)即可计算出两圆切点和农机转弯时连续的路径点。为提高作业覆盖率，应先让无人驾驶农机转弯至 $p3_{new}$，然后倒退至原来的 $p3$ 点后开始作业，如图 6-30c 所示。改进倒钩形转弯路径规划与轨迹见图 6-31。

$$\begin{cases} p3_{new}.x = p3.x + 0.1 \times \overrightarrow{p3p4\_unit}.x \\ p3_{new}.y = p3.y + 0.1 \times \overrightarrow{p3p4\_unit}.y \end{cases} \tag{6-52}$$

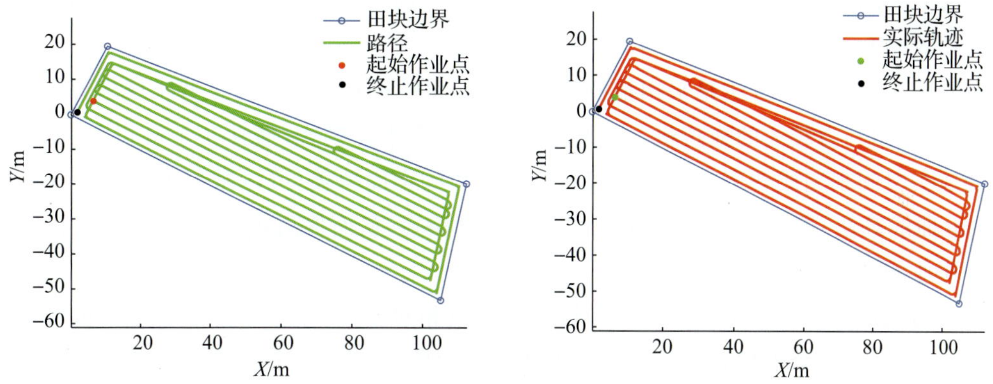

(a) 加入改进倒钩形转弯路径规划　　(b) 直播作业实际轨迹图

图 6-31　改进倒钩形转弯路径规划与轨迹

二维码 6-2	二维码 6-3	二维码 6-4	二维码 6-5
弓形地头转弯	半圆形地头转弯	梨形地头转弯	鱼尾形地头转弯

6.4　全覆盖作业路径规划

农机精准作业主要包括大田生产中耕种管收环节的智能农机的精准化作业。路径规划要为各环节提供高效合理的路径。不同农业活动的目标、要求和操作条件不同，这些因素直接决定了路径规划的策略和效率。作业类型对农业路径规划的影响体现在作业目标的差异、作业机械的物理限制、田间操作的精确性需求以及作业效率和资源利用的优化等方面。

6.4.1 耕作环节路径规划

耕作时利用农业机械对土壤进行翻动和松散，目的是准备种床、控制杂草以及促进水分和养分的均匀分布。为了确保土壤得到均匀处理，耕作时应覆盖田块的每一寸土地，避免漏耕和过度重复耕作。良好的耕作不仅可使土壤松软，还可保持良好的土壤结构，避免对已耕作区域的不必要压实。

在路径规划方面，应采取“先中心后边缘”的策略，以避免重复碾压已耕作的土地。具体方法是先在田块的中心区域进行往复式耕作，然后向外围移动并进行封圈作业，或者采用由内向外的螺旋形路径进行耕作。这样的规划有助于实现土壤处理的均匀性，同时提高耕作效率和土地利用率。

我国常见的耕作方法是采用拖拉机挂接耕作机械进行作业。对某些土壤阻力较大的地块，需采用马力较大的拖拉机。这些拖拉机的转弯半径较大，通常在 4 m 以上，需要较大的地头空间来完成转弯。为了实现对整个田块的全面覆盖，可以采用 RS 算法（Reeds-Shepp 曲线算法）进行路径规划，有助于优化包圈路径，从而提高耕作的覆盖率，可以确保耕作作业的全面性和高效率。

因为拖拉机的转弯半径大而耕作机械的幅宽相对较小（约 2 m），加之拖拉机倒车耗时较长，所以弓形套圈模式是较为适宜的耕整作业模式，该模式能有效提高作业效率和田块覆盖率。

6.4.2 种植环节路径规划

以水稻种植为例，其种植环节包括水直播、水插秧和旱直播等。种植环节要求将种子均匀播到土壤中或将秧苗均匀插在水田中，目的是确保提高作物发芽率和最终产量。为了确保种子、秧苗均匀分布，种植作业应覆盖田块的每一寸土地，同时避免遗漏和重复。良好的种植作业不仅应确保种子与土壤的良好接触，而且应保持播种深度和间距的一致性，以利于作物的健康生长。

在路径规划方面，应采取“先中心后边缘”的策略，以确保种植的均匀性和减少作业重复性。与旋耕环节路径规划不同的是，在旋耕环节，特殊情况下可以碾压已作业的区域或对某一区域重复作业，但在种植环节不可碾压已作业区域或重复作业，这就提高了对播种环节路径规划的要求。具体方法可以先在田块的中心区域进行往复式种植，然后向外围移动，完成边缘区域的种植，或者采用由内向外的螺旋形路径进行种植，有助于种子均匀分布，同时提高作物种植效率和土地利用率。

我国南方多采用小型机头挂载的直播或插秧机具进行水稻种植，其特点是转弯半径小（1.1～1.4 m），适合精细操作，机具幅宽通常为 1.8～2.5 m。基于这些特性，直播机、插秧机作业多采取“先中心后边缘”的策略，先在田块的中心区域采用往复式路径执行灯泡形转弯作业，再在边缘区域采用 RS 算法实施 90°转弯倒车作业。

除水稻之外，一些经济作物采用旱直播的方式，如花生和小麦等。常见的旱直播方法是利用拖拉机挂接种植机械进行作业，通常采用具有精确控制功能的拖拉机。这些拖拉机能够精确控制种植深度和行距，适合在各种土壤条件下进行作业。由于拖拉机的转弯半径相对较大，通常需要在田块边缘留出足够的空间来完成转弯。为了实现对整个田块的全面种植，可以采用RS算法进行路径规划，优化种植路径，从而提高覆盖率，确保种植作业的全面性和高效率。

6.4.3 管理环节路径规划

管理环节包括灌溉、施肥和喷洒农药等活动，旨在优化作物生长环境、控制病虫害并提高产量。为确保作物得到良好管理，管理活动应全面覆盖田块，同时避免遗漏和不必要的重复操作。良好的管理活动不仅可以提高作物生长的质量，还可以维护田间环境的稳定性。

在路径规划方面，应采取有效的方法以实现均匀覆盖以及最少化作业时间。具体方法可以采用网格形路径进行灌溉和施肥，确保每一地块都得到足够的水分和养分。对于喷洒农药，可以采用顺行或斜行的路径，以实现全面覆盖并减少药剂的重叠使用。

常见的管理方法除采用无人机之外，还可采用自走式的喷雾机和施肥机进行作业。针对不同的地块特征，可能需要调整机械的工作参数和行走路径。例如，采用具有较小转弯半径的喷雾机或施肥机，可以更有效地处理狭窄或不规则的田块。

6.4.4 收获环节路径规划

收获环节的路径规划既要考虑高效收获成熟作物，又要减少对未收获作物的碾压，还要避免漏收。

在路径规划方面，应采取“先边缘后中心”的策略，有助于提高作物收获效率并减少作物损失。具体方法可以是先在田块的四周区域开始收获，然后向内逐渐收缩，收缩到一定区域后以往复式或螺旋形路径完成整个田块的收获，确保每一行作物都被有效收获，同时防止农机重复驶过已收获的区域。

水稻收获机的转弯半径通常较大，需要在田块边缘留出足够的空间进行转弯。采用RS算法进行路径规划能够优化转弯路径，提高收获作业的覆盖率。

6.4.5 开边/封圈路径规划

为了实现对作业区域的全覆盖，应特别关注田间作业中的开边与封圈区域。开边作业指的是在田块边缘区域进行的作业，通常用于田块收获作业中的初次处理，而封圈作业则是指在田块内部完成的封闭回路作业，目的是确保作业的完整性和连续性。这两种作业方式都需要精确的路径规划，以确保农机能够高效、安全地完成任务。特别是在进行90°转向的操作时，正确的转向路径规划对于防止农机在狭窄的转向区域内发生碰撞或损害作物至关重要。以下详细探讨农机 90°转向路径的求解方法，旨在为农机的高效作业提供理论指导和计算基础。

以最常用的 R^+L^- 类型转向曲线为例，求解农机 90°转向路径。给定农机最小转向半径 t_r、起始点位姿 $P_s(x,y,\theta)$ 和目标终止点位姿 $P_e(x_e,y_e,\theta_e)$。

对起始向量 $\overrightarrow{P_sP_e}$ 进行平移和旋转，将起始点平移到坐标原点：

$$\overrightarrow{P_sP_e}=\begin{bmatrix}x_e-x\\ y_e-y\end{bmatrix}=\begin{bmatrix}d_x\\ d_y\end{bmatrix} \tag{6-53}$$

将农机起点转动至 x 轴正方向：

$$\begin{bmatrix}\cos\theta & \sin\theta\\ -\sin\theta & \cos\theta\end{bmatrix}\begin{bmatrix}d_x\\ d_y\end{bmatrix}=\begin{bmatrix}d_x\cos\theta+d_y\sin\theta\\ -d_x\sin\theta+d_y\cos\theta\end{bmatrix} \tag{6-54}$$

旋转后，农机目标点航向变为：

$$\phi=\theta_e-\theta \tag{6-55}$$

经过旋转处理后，农机起始点姿态变为：

$$I_s=[0,0,0] \tag{6-56}$$

为了便于计算，令农机转向半径为 1。实际农机转向半径为 t_r，可将终点坐标除以 t_r 进行处理，计算得到农机目标路径曲线后再将曲线半径乘以 t_r。

目标点姿态更新为：

$$G_e=\begin{bmatrix}x\\ y\\ \phi\end{bmatrix}=\begin{bmatrix}(d_x\cos\theta+d_y\sin\theta)/t\_r\\ (-d_x\sin\theta+d_y\cos\theta)/t\_r\\ \theta_e-\theta\end{bmatrix} \tag{6-57}$$

旋转处理后农机曲线路径之间的几何关系如图 6-32 所示。

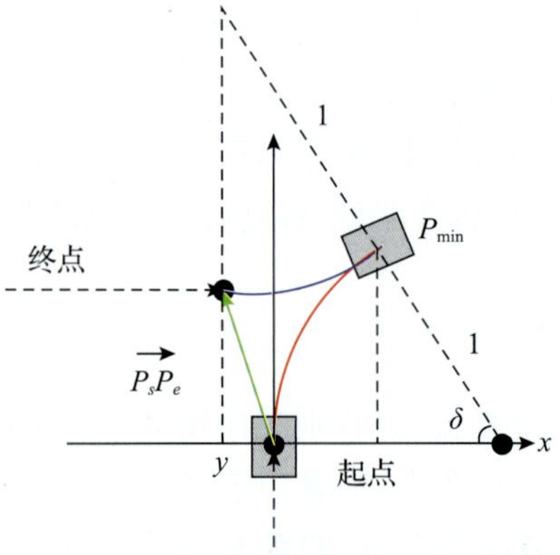

图 6-32　农机曲线路径之间的几何关系

由图 6-31 可得：

$$2\sin\delta - 1 = (-d_x\sin\theta + d_y\cos\theta)/t\_r$$
$$\delta = \arcsin\left(\frac{(-d_x\sin\theta + d_y\cos\theta)/t\_r + 1}{2}\right) \tag{6-58}$$

进而可得农机前进方向和倒车方向的转折点 $P_{\min}$ 的坐标为：

$$P_{\min}(x) = (1 - \cos\delta)$$
$$P_{\min}(y) = (\sin\delta) \tag{6-59}$$

由此，可获得农机 90°转向及倒车路径。

6.4.6 多约束全覆盖路径规划

多约束条件下的无人驾驶农机的全覆盖路径规划，对于精准农业和自动化作业至关重要。全覆盖路径规划需考虑地块形状、农机尺寸和转弯半径、农机作业类型等多种约束条件，并需适应从规则到极不规则的地形变化。随着无人驾驶技术和智能农业设备的发展，全覆盖路径规划是提升作业效率、减少能耗和成本的关键(表 6-2)。表 6-2 是在某一地块作业改进路径方法与传统路径方法的指标对比，表 6-3 是在某一地块作业，临行梭型法、弓字型套行法和改进方法三种路径方法的指标对比。

表 6-2 改进和传统路径方法评价指标对比

路径种类	地块面积/m^2	作业面积/m^2	覆盖率	作业路径长度/m	行驶路径长度/m	有效路径占比/%	转弯数/个
改进方法	3 560.24	3 504.82	98.44%	1 742.41	1 905.09	91.99	26
传统方法	3 560.24	3 062.33	86.01%	1 531.16	1 760.08	86.99	15

在研究这一问题时，常常会涉及一些重要的图示与表格分析。图 6-33a 所示的传统路径规划方法基于较为简单的几何模型或早期的算法构建，如采用简单的直线连接或固定模式的路径生成方式。这种传统方法在面对复杂的多约束条件和多样化地形时，往往会暴露诸多局限性，如路径冗余、农机无法充分适应不规则地形等问题。与之相对的是图 6-33b 所示的改进路径规划方法，该方法通过引入更先进的智能算法，如基于人工智能的优化算法、结合地理信息系统(GIS)数据的精准规划算法等，可以更好地处理多种约束条件，优化路径选择，提高作业效率。图 6-33c 呈现的实际作业场景图直观地反映了农业作业现场的实际情况，包括地块的实际形状、周边环境以及可能存在的障碍物等信息，为路径规划提供了真实的场景依据。而图 6-33d 的实际作业路径轨迹图清晰地展示了在不同规划方法下农机实际行驶的路径轨迹，通过对比可以直观地看出路径的优劣。表 6-3 不同路径方法评价指标对比则从量化的角度对各种路径规划方法进行了全面评估，评价指标涵盖路径长度、作业时间、能耗、覆盖率等多个方面，通过精确的数据对比，能够准确地判断不同方法在多约束全覆盖路径规划中的表现，从而为选择最优的路径规划方案提供科学依据(图 6-34)。

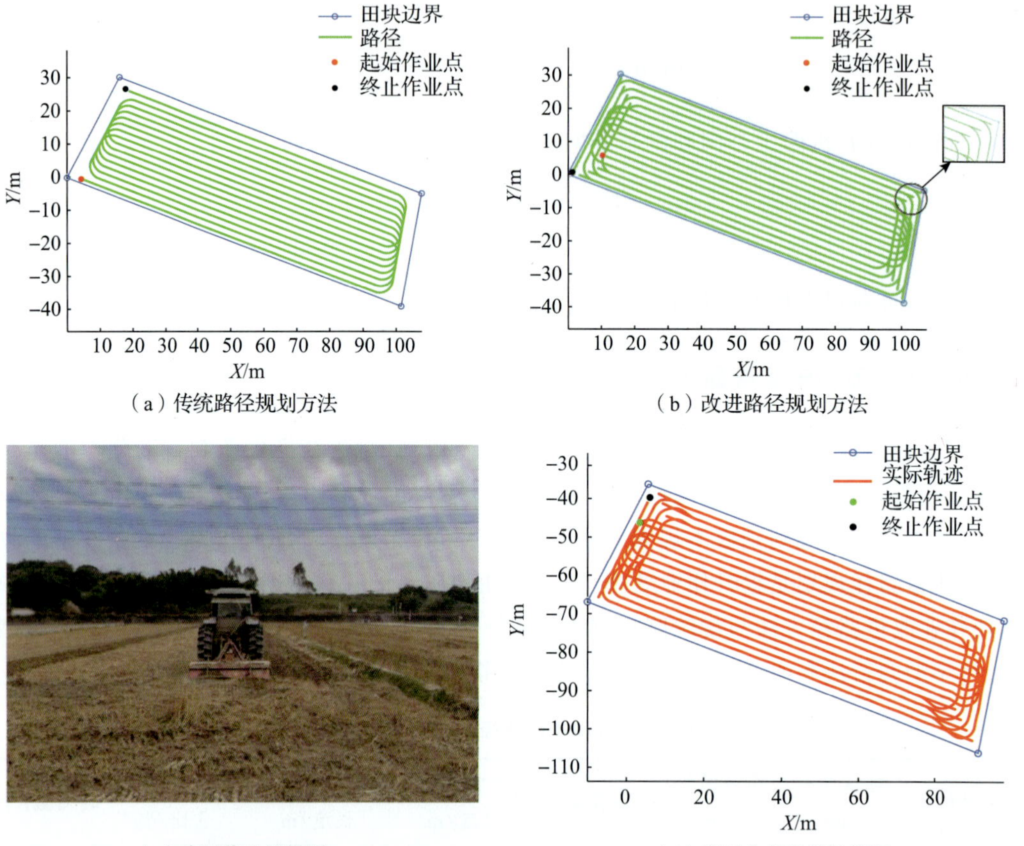

(a) 传统路径规划方法　(b) 改进路径规划方法

(c) 实际作业场景图　(d) 实际作业路径轨迹图

图 6-33　改进路径试验结果

表 6-3　不同路径方法评价指标对比

路径种类	地块面积/m²	作业面积/m²	覆盖率/%	作业路径长度/m	行驶路径长度/m	有效路径占比/%	转弯数/个
临行梭型法	6 838.96	6 772.6	98.9	3 384.60	4 004.49	84.52	50
弓形套行法	6 838.96	6 772.6	98.9	3 384.60	4 383.28	77.21	46
改进方法	6 838.96	6 772.6	98.9	3 384.60	3 831.13	88.34	46

二维码 6-6
全覆盖封圈

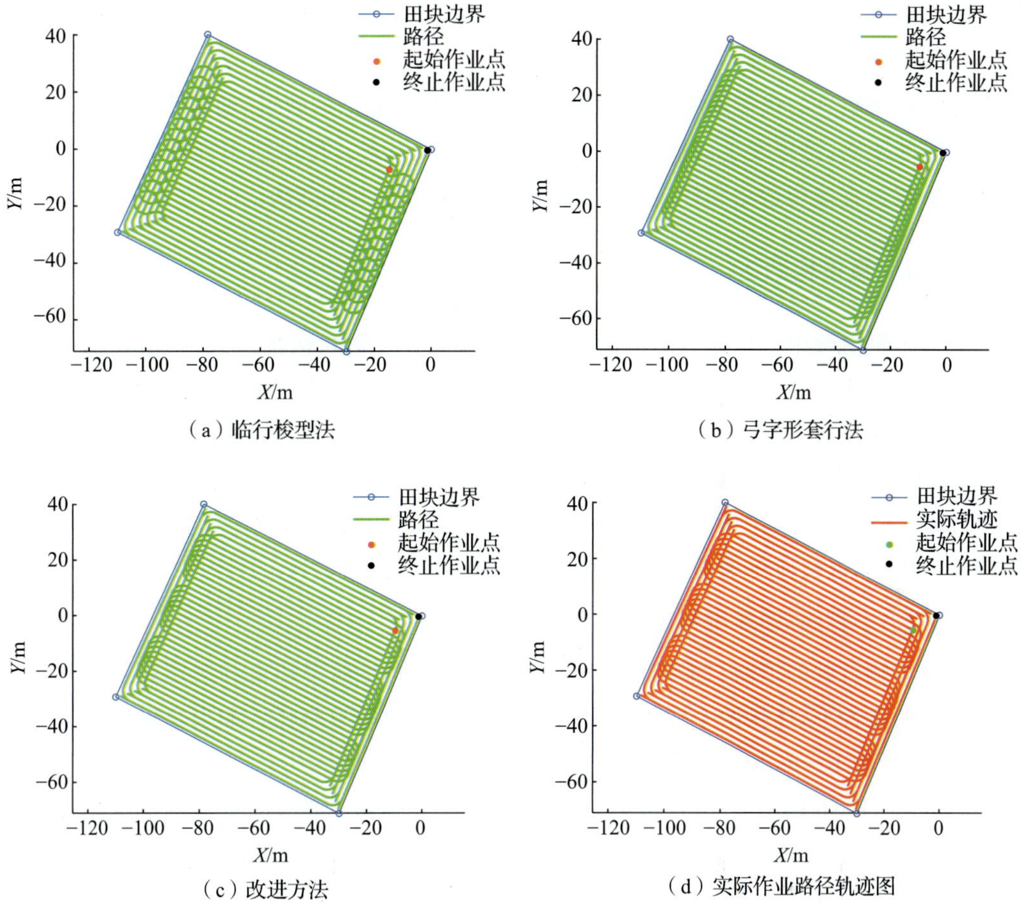

（a）临行梭型法　（b）弓字形套行法

（c）改进方法　（d）实际作业路径轨迹图

图 6-34　不同类型路径规划实现

6.5　避障路径规划

避障路径规划一般是指在有障碍物的环境中，利用传感器感知周边环境，寻找一条从当前点到目标点的局部行驶轨迹，使自动驾驶车辆能避开障碍物，安全、快速地到达目标位置。通常自动驾驶运动规划器在将轨迹发送到车辆控制模块之前需对环境进行理解，理解环境的步骤通常为提取本车辆状态、与障碍物交互、交通管制约束等。这些特征一起形成本车的状态，然后运动规划器建立从当前环境的状态空间到车辆移动轨迹空间的映射。

避障路径规划的方法主要包括以下两个关键部分：①建立环境模型，即把自动驾驶车辆所处现实世界抽象后，建立计算机可认知的环境模型。②搜索无碰路径，即在某个模型的空间中，在多种约束条件下，选择符合条件的路径搜索算法。

避障路径的目的是规划由一系列轨迹点所定义的轨迹。每个轨迹点都分配了一个时间戳和速度，让一条曲线与这些轨迹点拟合，生成轨迹的几何表征，移动的障碍物可能会暂时阻挡部分路段,路段的每个轨迹点都有一个时间戳,将时间戳与预测模块的输出结合起来,以确保车辆在通过时轨迹上的每个点都未被占用。这些时间戳创建了一个三维轨迹。评估一条轨迹的优劣通常采用代价函数,选择代价最低的轨迹,通常需要考虑车辆偏离中心线的距离、是否发生碰撞、速度限制、舒适度等因素。可以在不同环境中采用不同的代价函数。直接构造法和样条曲线是常见的局部轨迹生成方法。

6.5.1 直接构造法

构造车辆后轴中心坐标对时间的函数。该函数可采用5次多项式,构造出的路径应拟合初始和终止位置、速度和加速度,适应非结构化的环境。基于5次多项式构造路径有利于保证车辆行驶平稳性,原因是这种路径加速度变化率最小,然而,为了确保路径在速度、加速度、曲率及曲率变化率上的有界性约束,该方法还需不断调整轨迹时间区间。

此外,还需对结构化环境中的局部轨迹生成方法进行改进,计算道路中线的Frenet坐标下的坐标,以适应各种道路环境下的局部轨迹生成问题。

6.5.1.1 直线/圆弧段构造

假设车辆行驶的道路只能向前,Dubins曲线是在满足曲率约束和规定始端和末端的切线方向的条件下,连接两个二维平面(即 X-Y 平面)的最短路径。如果车辆也可以反向行驶,则路径为Reeds-Shepp曲线。

1957年,Lester Eli Dubins证明,任何路径都可以由最大曲率的圆弧段与直线段组成(前提是连接两点的路径必须存在)。换句话说,连接两点的最短路径将由最大曲率的圆弧段和直线段构成。

车辆系统的简单运动学模型为:

$$\begin{aligned}\dot{x} &= v\cos\theta \\ \dot{y} &= v\sin\theta \\ \dot{\theta} &= u\end{aligned} \tag{6-60}$$

其中(x,y)是车辆的位置,θ是航向,车辆以恒定速度v移动,转弯速度控制u是有界的。在这种情况下,最大转弯速率对应于某个最小转弯半径(等效于最大曲率)。规定的初始和终端切线方向对应于初始和终端坐标。Dubins路径给出了两个定向点间的最短路径,这一路径是可实际运行的路线。

最佳路径类型可以用与车辆驾驶行为相似的“右转(R),左转(L)或直行(S)”描述来表达。最佳路径总是以下六种类型之一:RSR、RSL、LSR、ISL、RLR、LRL。图6-35分别表示RSL Dubins曲线、RSR Dubins曲线、LSL,Dubing曲线。例如,考虑某些给定的初始位置、最终位置及切线的最佳路径显示为RSR类型,表明车辆行进序为右转弧(R)、直线段(S)、另一个右转弧(R)。该序列形成最短的曲线,将起始点A连接到终点B,并在每个端点处曲线满足切线条件,并且该处曲率不超过给定值。

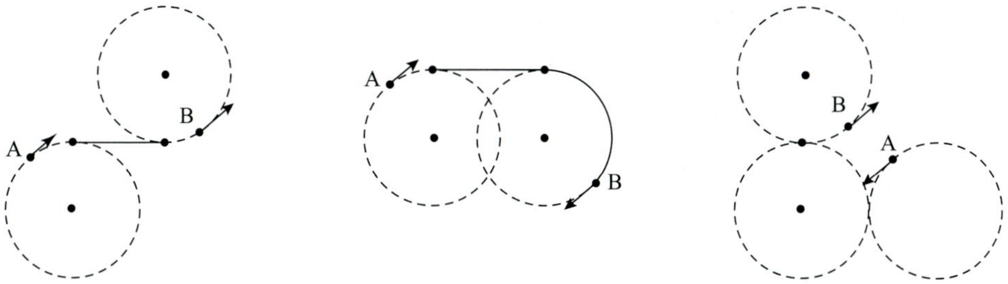

（a）RSL Dubins曲线　（b）RSR Dubins曲线　（a）LSL Dubins曲线

图 6-35　最佳路径类型

（图片来源：杨世春等，2020）

6.5.1.2　多项式螺旋线构造

多项式螺旋线如图 6-36 所示，代表一类曲率可以用弧长（对应轨迹中的 s 方向）的多项式函数来表示的曲线簇。

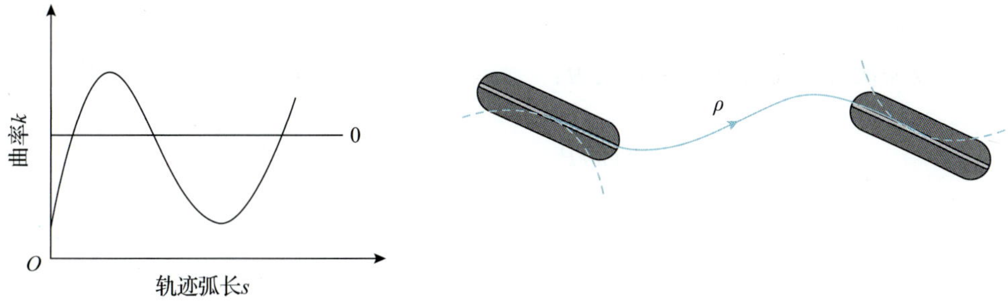

（a）多项式函数　（b）多项式螺旋线

图 6-36　多项式函数及螺旋线

（图片来源：杨世春等，2020）

采用三阶（Cubie）或者五阶（Quintie）多项式螺线，其曲率 k 和轨迹弧长 s 的关系 $g(s)$ 如下。

三阶：$g(s)=k_0+k_1s+k_2s^2+k_3s^3$　(6-61)

五阶：$g(s)=k_0+k_1s+k_2s^2+k_3s^3+k_4s^4+k_5s^5$　(6-62)

基于这种采用三阶（五阶）螺旋线连接的轨迹，可以通过梯度下降（GradicntDescent）的方法快速有效地搜索其参数。以三阶多项式为例，考虑从车辆初始姿态 $q_{init}=(x_i,y_i,\theta_i,k_i)$ 到目标姿态 $q_{goal}=(x_G,y_G,\theta_G,k_G)$，为具有连续曲率的三阶螺旋线。在初始状态时，考虑曲率的一阶导数和二阶导数均满足初始状态的限制，可以得到：

$$
\begin{aligned}
k_0 &= k_1 \\
k_1 &= dk(0)/ds \\
k_2 &= d^2k(0)/ds^2
\end{aligned}
\tag{6-63}
$$

这样可使实际未知参数减少到 2 个：k_3、s。利用梯度向量可以快速找到接近初始状态限制的三阶螺旋线的参数。在上述的所有候选曲线中，可以根据需要来设置代价函数，选择出在任何时间点代价最小且满足边界条件限制的曲线。

6.5.2 样条曲线

曲线插值是经过所有给定的点的方法，而曲线拟合则是生成曲线逼近这些给定的点。对于车辆运动规划和控制系统，需要基于样条插值使得车辆运动轨迹能经过控制点，增加拟合曲线与目标轨迹的匹配程度。

样条曲线可通过数值计算，即利用参数调整曲线使之逼近多边形而得到，是一种基于多边形的边和点构造而成的光滑曲线。样条曲线的形状受多边形顶点数目和位置的影响，其中用以确定样条曲线的多边形被称为样条曲线的特征多边形或控制多边形，多边形的顶点被称为样条曲线的控制点，样条曲线在数据拟合中需要穿过的给定的点称为型值点。

6.5.2.1 Bezier 曲线构造

一段 n 次 Bezier 曲线的表达式为：

$$
\begin{aligned}
P(u) &= \sum_{i=0}^{n} B_i^n(u) P_i, \quad u \in [0,1] \\
B_i^n(u) &= \frac{n!}{i!(n-i)!} n^i (1-n)^{n-i}, \quad i \in \{0,1,\cdots,n\}
\end{aligned}
\tag{6-64}
$$

式中：n 是位置参数，P_i 是 Bezier 曲线的控制点。Bezier 曲线的控制点描述了曲线的大体走向。通过控制曲线的控制点就可以控制曲线的形状。所有控制点组成的多边形称为曲线的特征多边形。

6.5.2.2 路径-速度分解法

在有移动障碍物的环境下，可以将运动规划拆分成避开静态障碍物与避开移动障碍物的过程。在构造避开静态障碍物的基础上，进行速度规划以避开移动障碍物。

直接构造法规划得到的运动轨迹，需满足速度、加速度、曲率和曲率导数的有界性，更为复杂。路径-速度分解法将构造曲率连续有界的路径与在此路径上生成连续有界的速度，且保证加速度、曲率导数有界性的过程分开，运动轨迹规划难度降低。

路径-速度分解法将路径规划与速度规划分开进行，如图 6-37 所示。

以百度 Apollo 中的 EM(expectation maximization)规划算法为例，其分别应用了动态规划算法进行路径规划和二次规划算法进行速度规划，算法架构如图 6-38 所示。

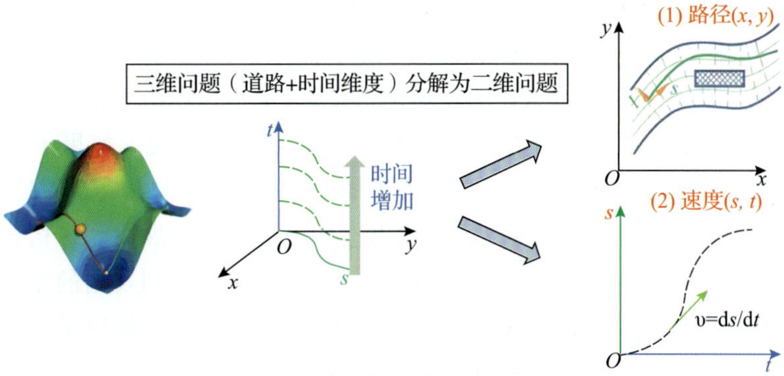

图 6-37　路径-速度分解法示意图

（图片来源：杨世春等，2020）

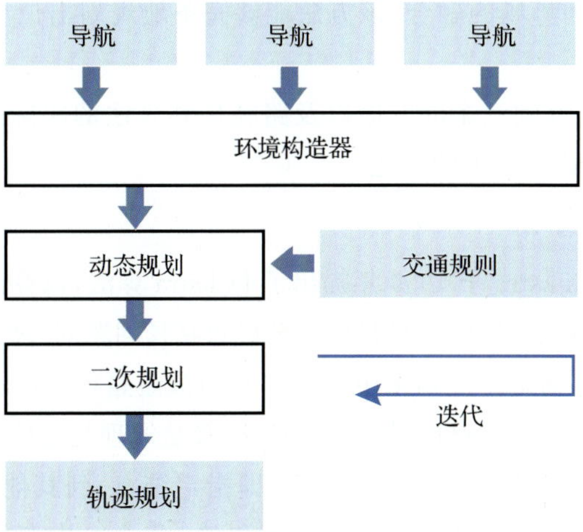

图 6-38　百度 Apollo 规划算法中的路径-速度分解思路

（图片来源：杨世春等，2020）

6.6　智能路径规划算法

6.6.1　智能全局路径规划

自动驾驶汽车领域在求解全局路径规划问题上已经有许多成熟的算法，常见的算法包括 Dijkstra 算法、Floyd 算法以及启发式搜索算法（如 A^* 算法）等。Dijkstra 算法是求解最优路径问题的最经典算法，但是一种盲目的搜索算法，在多年的研究中，各国学者都对其进行了不断改进，该算法的求解速度也大大提高。A^* 算法是启发式搜索算法的代表，在搜索过程中减小了网络图的搜索空间，从而节省了搜索的时间，计算效率较高。另外，对于高维度的路径规划，LaValle 于 1998 年第一次提出了快速扩展随机树（rapidly exploring random tree,RRT)算法,该算法是一种具有采样概率完备性的路径规划算法。作为一个采用树形结构的规划算法,RRT 算法可以用来解决高维度空间的路径规划问题,其核心思想是以给定的起始点作为该树的根结点,从根结点出发依次向状态空间中扩展子结点,子结点都是通过在状态空间中随机采样的形式得到的。如果子结点不与障碍物发生碰撞,则把子结点加入到树中,更新原来的扩展树的状态,生成新的随机扩展树,如此循环往复,直至扩展到终点,就可以得到状态空间中的一棵扩展树。该树包含了路径给定的起始点和终止点,最后从终点反向溯源到起始点,就可以得到规划的路径。该算法比其他算法更快速,主要是其以随机采样的形式探索整个状态空间,能以最快的速度完成对整个空间的遍历。除此之外,还有间接的规划算法——基于经验的规划算法,是一种存储之前规划路径,建立知识库,依赖之前经验进行规划的方法,以一定的空间代价达到了速度与完备兼得的优势。此外还有基于广义 Voronoi 图的方法进行的 Fast-Marching 规划,类似 Dijkstra 规划和势场的融合,该方法能够完备地规划出位于道路中央和远离障碍物的路径。

本文结合当下自动驾驶汽车的发展以及路径规划算法的实际应用情况,对 Dijkstra、Floyd、A * 、RRT 算法做进一步的阐述。

6.6.1.1 Dijkstra 算法

荷兰数学家 E. w. Dijkstra 于 1959 年提出了 Dijkstra 算法,该算法是一种适用于非负权值网络的单源最短路径算法,同时也是目前求解最短路径问题的、理论上最完备和应用最广的经典算法,可以给出从指定结点到图中其他结点的最短路径,以及任意两点的最短路径。Dijkstra 算法是一种基于贪心策略的最短路径算法,算法原理是按照路径长度逐点增长的方法构造一棵路径树,从而得出从该树的根结点(即指定结点)到其他所有结点的最短路径。Dijkstra 算法的核心思想为设置两个点的集合 **S** 和 **T**。集合 **S** 中存放已找到最短路径的结点,**T** 集合中存放当前还未找到最短路径的结点。在初始状态时,集合 **S** 中只包含起始点,然后不断从集合 **T** 中选择到起始结点路径长度最短的结点加入集合 **S** 中。集合 **S** 中每加入一个新的结点,都要修改从起始点到集合 T 中剩余结点的当前最短路径长度值,集合 **S** 中各结点新的当前最短路径长度值为原来最短路径长度值与从起始点过新加入结点到达该结点的路径长度中的较小者。不断重复此过程,直到集合 **T** 中所有结点全部加入集合 **S** 中为止。

针对图 6-39 所示的有向图,表 6-4 中给出了用 Dijkstra 算法求解最短路径的过程。

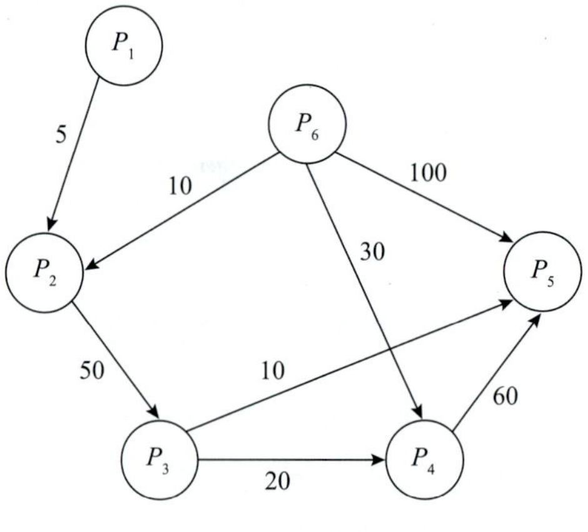

图 6-39　有向图

(图片来源:杨世春等,2020)

表 6-4　用 Dijkstra 算法求解最短路径的过程

序号	集合 S_N	集合 T_n	所选顶点	最短距离
1	P_0	P_1,P_2,P_3,P_4,P_5	P_2	∞,10, ∞,30,100
2	P_0,P_2	P_1,P_3,P_4,P_5	P_4	∞,0,60,30,100
3	P_0,P_2,P_4	P_1,P_3,P_5	P_3	∞,0,50,0,90
4	P_0,P_2,P_4,P_3	P_1,P_3	P_5	∞,0,0,0,90
5	P_0,P_2,P_4,P_3,P_5	P_1	P_1	∞,0,0,0,0
6	P_0,P_2,P_4,P_3,P_5,P_1			0,0,0,0,0

Dijkstra 算法过程包括了三个循环，第一个循环的时间复杂度为 $O(n)$，第二和第三个循环为循环嵌套，因此总的时间复杂度为 $O(n^2)$。可以看出，Dijkstra 最短路径算法的执行时间和占用空间与图（或网）中结点数目有关，当结点数目较大时，Dijkstra 算法的时间复杂度急剧增加。当图（或网）规模较大时，直接应用该算法会存在速度慢或空间不够的问题。所以，在大的城市交通网络图中很难直接应用 Dijkstra 最短路径算法。路径规划作为无人驾驶汽车导航系统的重要功能模块，其算法的优劣是非常重要的，评价该算法的主要性能指标是实时性和准确性。Dijkstra 算法作为经典的路径规划算法，在试验地图数据量较小情况下可得到很好的规划结果，但在试验地图数据量较大情况下很难满足路径规划的实时性要求。

6.6.1.2　Floyd 算法

1962 年，美国计算机科学家 Floyd 研究并提出一种用于求解带权图中所有结点对之间的最短路径算法，被命名为 Floyd 算法，又称插点法。该算法在求解过程中，以每个结点轮流作为原点，重复执行 N 次 Dijkstra 算法。其基本思想是通过一个图的权值矩阵求出它的每面点间的最短路径矩阵，如图 6-40 所示。一是从任意一条单边路径开始，所有两点之间的距离是边的权，如果两点之间没有边相连，那么权为无穷大。二是对于每一对顶点 u 和 v，查看是否存在一个顶点 w 使得从 u 到 w 再到 vu 比已知的路径短，如果是，

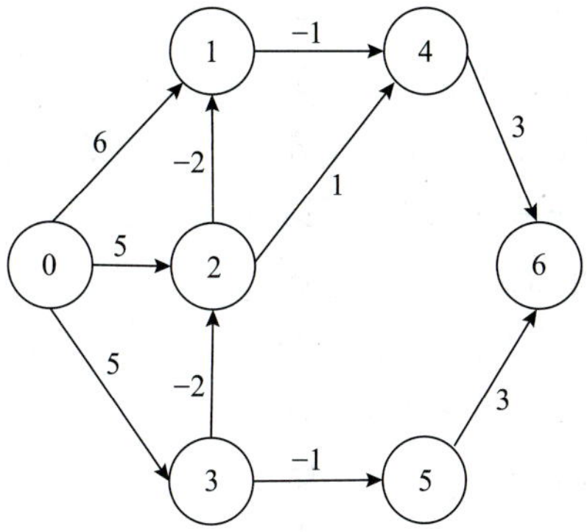

$$
\begin{array}{c|ccccccc|c}
 & 0 & 1 & 2 & 3 & 4 & 5 & 6 & \\
\hline
 & 0 & 6 & 5 & 5 & \infty & \infty & \infty & 0 \\
 & \infty & 0 & \infty & \infty & -1 & \infty & \infty & 1 \\
 & \infty & -2 & 0 & \infty & 1 & \infty & \infty & 2 \\
 & \infty & \infty & -2 & 0 & \infty & -1 & \infty & 3 \\
 & \infty & \infty & \infty & \infty & 0 & \infty & 3 & 4 \\
 & \infty & \infty & \infty & \infty & \infty & 0 & 3 & 5 \\
 & \infty & \infty & \infty & \infty & \infty & \infty & 0 & 6
\end{array}
$$

图 6-40　带权有向图及邻接矩阵

（图片来源：杨世春等，2020）

则进行更新。

该算法的核心思路是通过一个图的权值矩阵求出该图中任意两个结点之间的最短。若图的带权邻接矩阵为 $\boldsymbol{A}=[a(i,j)]x_n$，由此开始，进行 n 次递归并更新，定义矩阵 $\boldsymbol{D}(0)=\boldsymbol{A}$，按照一个公式，建立矩阵 $\boldsymbol{D}(1)$；相同地，由 $\boldsymbol{D}(1)$ 构造出 $\boldsymbol{D}(2)$，最后由 $\boldsymbol{D}(n-1)$ 构造出矩阵 $\boldsymbol{D}(n)$。矩阵 $\boldsymbol{D}(n)$ 的第 i 行第 j 列元素，是从 i 号结点到 j 号结点的最短路径长度，$\boldsymbol{D}(n)$ 称为图的距离矩阵，同时还可以引入一个包含后继结点的矩阵，用来记录任意两点间的最短路径。

算法的基本过程是：用邻接矩阵 $\boldsymbol{A}$ 来表示一个图，若从 v 到 U 有路可达，则 $A[i,j]=d$，d 表示该路段的长度；否则 $A[i,j]$ 为空。定义矩阵 $\boldsymbol{D}$，记录所插入的点的信息，$D=[i,j]$ 表示从 V_i 到 V_j 需要经过的点，初始化 $D[i,j]=j$。把各个顶点插入图中，比较插点后的距离与原来的距离，$A[i,j]=\min(A[i,j],A[i,k]+A[k,j])$，若 $A[i,j]$ 的值变小，则 $D[i,j]=k$。在矩阵 $\boldsymbol{A}$ 中包含有两点之间最短道路的信息，矩阵 $\boldsymbol{D}$ 中则包含了最短路径的信息。

Floyd 算法是动态规划算法的一种，适用于 APSP(all pairs shortest paths)，若用在稠密图中计算最优路径，效果更好，而且对边的权重是正是负没有特殊的要求。该算法简单有效，结构紧凑，由于含有三重循环，作用于稠密图的效率比执行 n 次的 Dijkstra 算法高得多。算法的基本原理易于理解，算法的执行过程也相对简单，而且能够计算出任意两个结点之间的最短距离。但是由于其时间复杂度比较高，不适用于计算大量数据。

6.6.1.3 A* 算法

以 Dijkstra 算法、Floyd 算法为代表的最短路径算法虽然能够求得最短路径，但是计算量非常大。因此，这些算法只适合解决结点数较少的有向图。而实际中，电子地图的结点数量是非常庞大的，采用这些算法会增加计算的工作量，因而不是最佳选择。

A* 算法是建立在 Dijksra 算法基础上的启发式搜索算法，多应用于实现道路网的最佳优先搜索。该算法的主要特点是在选择下一个搜索结点时，通过引入多种有用的路网信息，计算所有的候选结点与目标点之间的某种目标函数，如最短行车距离、最短行车时间和最少行车费用等，以此目标函数值为标准来评价该候选结点是否为最优路径应该选择的结点，符合所选择的最优目标函数的候选结点将优先选择为进行下次搜索的起点。

A* 算法是一种智能搜索算法，通过引入与目标点有关的启发式信息，指引算法沿着最有希望的方向进行搜索。选择带有合理、准确的启发式信息的估价函数，有助于减小搜索空间并提高效率。采用启发信息的目的是估计当前结点与目标结点之间的距离，在进行结点的选择时，优先选择具有最小估价值的结点。

A* 算法的关键是确立如下形式的启发式估价函数：

$$f'(n)=g(n)+h'(n) \tag{6-65}$$

式中：$g(n)$ 是从起点 s 到候选结点 n 的实际代价，$h'(n)$ 是从候选结点 n 到目标点 D 的估计代价。必须保证 $h'(n)\leqslant h''(n)$，其中 $h''(n)$ 表示从结点 n 到目的地结点的实际最小代价。该算法在搜索的过程中,优先搜索 $f'(n)$ 值最小的结点。

A^* 算法在搜索过程中会建立两个表:OPEN 表和 CLOSE 表。OPEN 表中存储的是已经被扩展的结点,每次扩展一个已经生成但是还没有被扩展的结点,CLOSE 表中存储的是已经被扩展的结点,每扩展一个结点,都要计算其估价值。若新扩展的结点已存在于 OPEN 表中,则比较这两个结点的估价值的大小,用估价值小的点替换代价值大的点。每次扩展一个新的结点,都会根据所采用的启发式信息进行排序。

设初始结点为 s,目标结点为 t,则搜索 s 到 t 的最优路径的具体步骤如下。

第一步:建立空的 OPEN 表和 CLOSE 表。把起点 s 放入 OPEN 表中,CLOSE 表为空,此时其他结点与起点 s 的距离为∞。

第二步:如果 OPEN 表为空,则搜索失败,算法结束。否则扩展 s 结点,选取 OPEN 表中 f'值(估价值)最小的结点,并将该结点从 OPEN 表移至 CLOSE 表中,同时判断该结点是否为目标结点。若是目标结点,则从该结点回溯,即从该结点的后向指针一直到初始结点遍历结点获得最优路径,算法结束;若该结点不是目标结点,则继续扩展下一结点。

第三步:依次扩展 s 结点后,将扩展 s 结点的所有后继结点组成集合 **A**,遍历 **A** 中的结点。如果存在某一结点既不在 OPEN 表中也不在 CLOSE 表中,那么将该结点放入 OPEN 表中,同时计算该结点的估价值,并将该结点的估价值与已经存在于 OPEN 表或 CLOSE 表中的结点估价值进行比较。若该结点的估价值小于其他两个估价值,则更新 OPEN 表中的估价值及其父结点。

第四步:根据所选取的估价函数计算各点的估价值,并按照估价值递增的顺序,对 CLOSE 表中的所有结点进行排序,这些结点的扩展过程就是通过算法计算得到最优路径。至此,算法结束。

A^* 算法的流程如图 6-41 所示。

6.6.1.4 RRT 算法

RRT 算法既是一种算法,同时也是一种数据结构,被设计用来在高维空间中进行高效搜索,特别适用于非完整约束场合下的路径规划问题。RRT 算法是一种递增式的构造方式,在构造过程中,算法不断搜索空间中随机生成的状态点,如果该点处于无碰撞位置,则寻找搜索树中离该结点最近的结点为基准结点。由基准结点出发,以一定步长朝着该随机结点进行延伸,延长线的终点所在位置被当作有效结点加入搜索树中。该搜索树的生长过程一直持续,直到目标结点与搜索树的距离在一定范围内终止,随后搜索算法在搜索树中寻找一条连接起点和终点的最短路径。

在介绍 RRT 算法之前,先说明路径的表示方法。常用一个有向图来表示路径 $G \leftarrow (V,E)$,那么一条可行的路径就是一个顶点的序列 $(V_1 \cdots V_n)$,$V_1 = q_{\text{init}}$,$V_n = q_{\text{gal}}$。同时,各顶点属于集合 E。这样问题就变成了使用采集点来扩展图 G,使之能找到一条从初始结点到达目标结点的路径。RRT 算法的伪代码如表 6-5 所示。

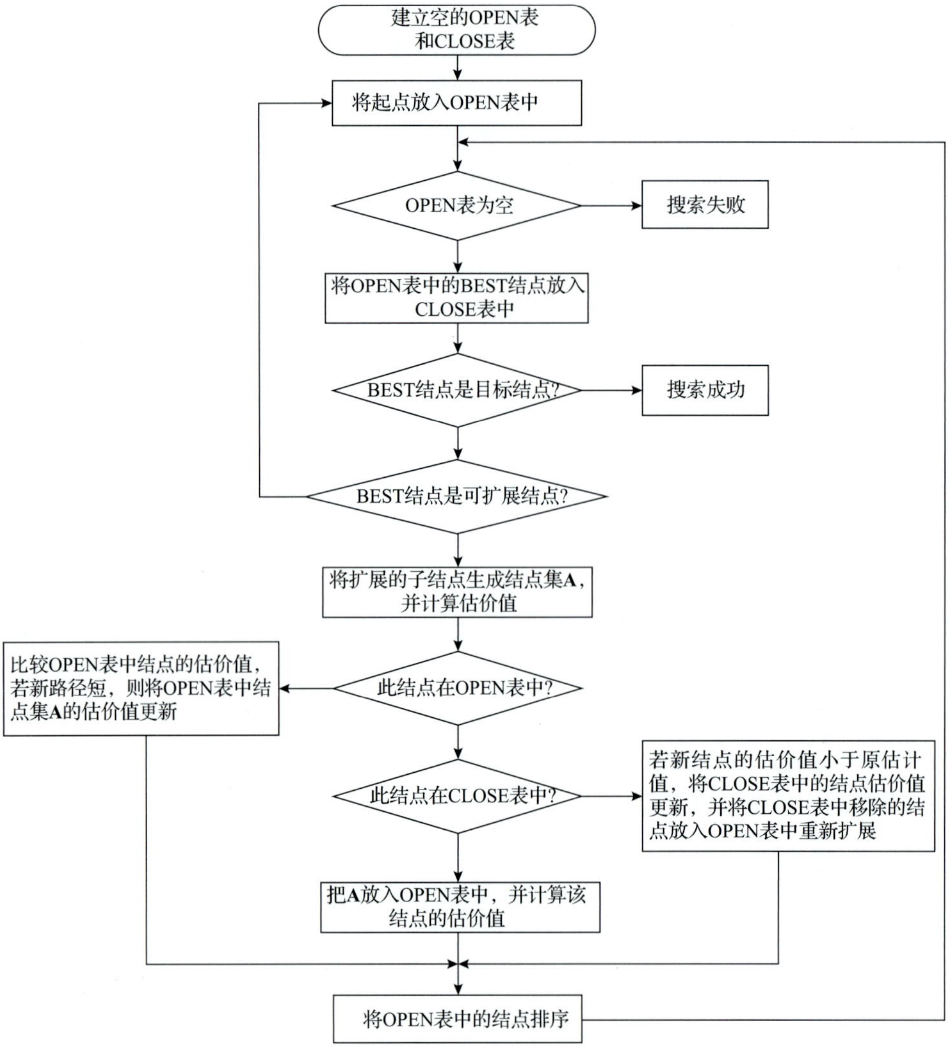

图 6-41　A* 算法流程图

(图片来源:杨世春等,2020)

这里有两个算法:一个是算法的主体部分;另一个是 RRT 算法的 Extend()函数,关键是如何利用采样到扩展图 G。以下为详细步骤。

第一步:初始化顶点为 q_{init},边集 **E**;

第二步:进入 while 循环,迭代 N 次停止;

第三步:Sample(i)采样一个新的点 q_{new};

第四步:利用新的点扩展图 G。

RRT 算法 Extend()函数的步骤如下。

第一步:把 V、E 暂存;

第二步:$Nearest(G,q)$函数表示求扩展图 G 中离 q 欧氏距离最近的点 q_{nearest},一般情况下采用 kd-tree 存储图中的结点,可节约搜索的时间;

表 6-5 RRT 算法伪代码

RRT 算法伪代码
RRT 算法主体部分：
$V \leftarrow \{q_{\text{init}}\}; E \leftarrow \varphi; I \leftarrow 0$；
While $i < N$ do
$G \leftarrow (V, E)$；
$(V, E) \leftarrow$ Extend (G, q_{rand})；
RRT 算法的 Extend()函数：
$V' \leftarrow V; E' \leftarrow E$
$q_{\text{nearest}} \leftarrow Nearest(G, q)$
$q_{\text{new}} \leftarrow Steer(q_{\text{nearest}}, q)$；
If ObstacleFree $(q_{\text{nearest}}, q_{\text{new}})$ then
$V' \leftarrow V \cup \{q_{\text{new}}\}$；
$E' \leftarrow E \cup \{(q_{\text{nearest}}, q_{\text{new}})\}$；
return $G' = (V', E')$

第三步：Steer $(q_{\text{nearest}}, I_{\text{new}})$ 表示存在一个 q_{new} 点，它将最小化 $\|q_{\text{new}} - q\|$，但是 $\|q_{\text{new}} - q\| < \eta$，$\eta$ 为人为设定的一个值，其实就是向 q 方向步进了一段距离；

第四步：ObstacleFree$(q_{\text{nearest}}, q_{\text{new}})$进行碰撞检测，然后判断这一段$(q_{\text{nearest}}, q_{\text{new}})$路径是否与障碍物发生碰撞，即判断路径是否属于 C_{free} 中；

第五步：把 q_{new}加到顶点集中；返回扩展后的图 G'。

6.6.2 智能局部路径规划

局部路径规划是在智能农机实时运动过程中进行的路径规划。在局部路径规划中，智能农机只能获取部分环境信息，无法预知障碍物的准确位置等先验信息。因此，智能农机需具备实时导航和避障能力。局部路径规划算法通过识别环境的动态变化和建立各要素之间的位置关系来处理移动过程中的避障问题。

①启发式搜索算法。包括 A* 算法(详见智能全局路径算法中的 A* 算法)和 Dijkstra 算法(详见智能全局路径算法中 Dijkstra 算法)。

②随机采样算法。基于随机采样的运动规划算法的基本思路是通过对状态空间均匀随机采样构建一个连通图，当初始状态、目标状态都在图中或者都可以连接到图中时，则可解决问题。基于随机采样的算法不需要对状态空间自由区域进行显式建模，由碰撞检测来验证轨迹的可行性即可。典型的基于随机采样的算法有概率路图法(probabilistic road map，PRM)和快速随机扩展树法(rapidly random tree，RRT)。

PRM 是一种图搜索的方法，将连续空间转换成离散空间，再利用 A* 等搜索算法在路线图上寻找路径，以提高搜索效率。这种方法能用相对少的随机采样点来找到一个解，对多数问题而言，较少的样本可以覆盖大部分空间，并且找到路径的概率为 1[随着采样数增加，P(找到一条路径)指数趋向于1]。显然，当采样点太少，或者分布不合理时，PRM是不完备的，但是随着采样点的增加，算法也可以达到完备，所以PRM是概率完备但不最优的搜索方法。

将运动规划环境抽象为一个二维封闭平面空间，记为C。基本PRM算法的思路是在自由空间区域随机采样路标点，以一种规则连接各路标点，形成一个随机的网络，这一随机网络即概率地图。概率地图是一种无向图，用$G=(V,E)$表示，V表示结点集，即自由空间的随机采样点，E表示边集。然后利用搜索算法在路径图中搜索一条可行的路径。算法总体上分为两个阶段：构图阶段(construction phase)和查询阶段(query phase)。

RRT算法详见智能全局路径算法中的内容(图6-42)。DP(dynamic programming)算法又称动态规划算法，是一种强大的优化手段，允许人们在多项式级别时间内解决许多不同类型的问题(图6-43)。对于这些问题，其他方法一般都需要指数级别的时间。

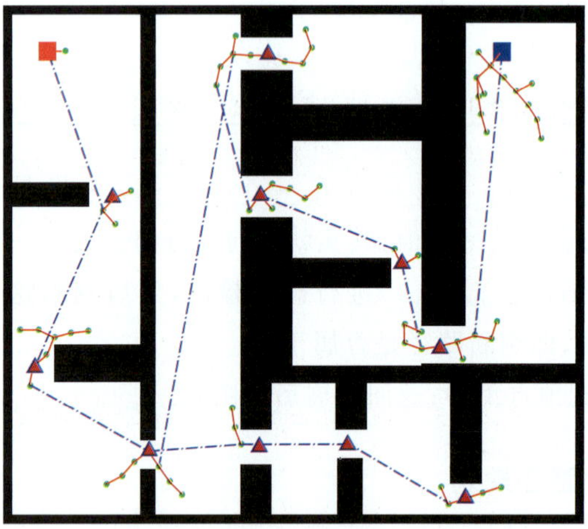

图6-42 RRT算法示意图

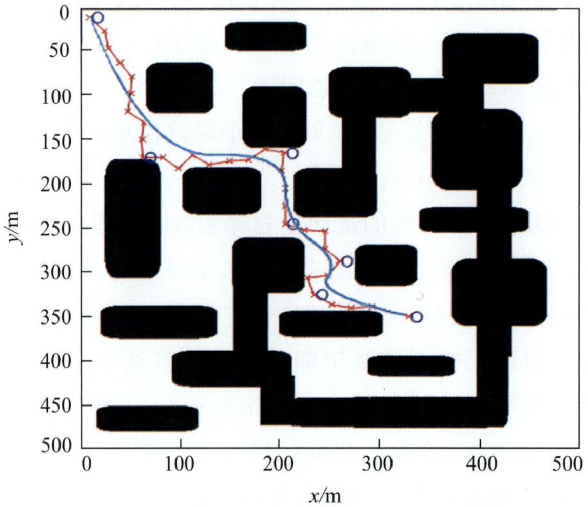

图6-43 DP算法示意图

DP 路径算法的基本思路是基于给定的一条中心路径（Referenceline，称为参考线）和车道边界条件，每隔一定间隔的纵向距离（称为不同级上的 S 值）对道路截面进行均匀采样（与中心点的横向偏移值称为工值），即可得到采样点（Waypoint，这些采样点称为航迹点）数组。通常，道路中心线用于建造 *S-L* 坐标系，如图 6-44 所示，*S* 代表沿中心线方向，*L* 代表与中心线正交的方向。由于道路曲率的存在，路径规划过程中的 *S-L* 坐标系通常优先于 *x-y* 坐标系的使用，二者可根据实际需要通过坐标转换关系进行相互转换（图 6-44）。

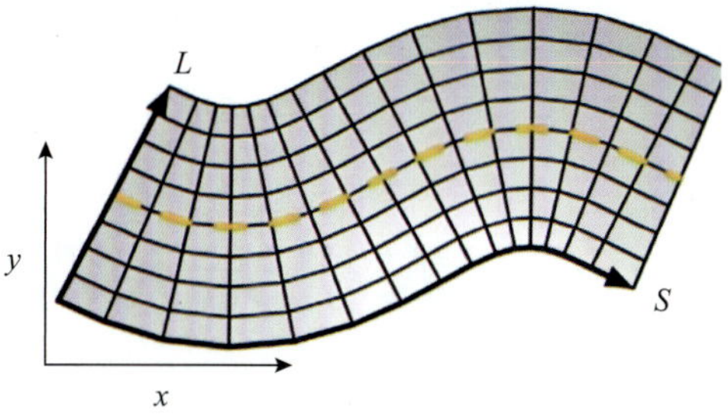

图 6-44　*S-L* 坐标系与 *x-y* 坐标系

（图片来源：杨世春等，2020）

基于一定的规则，可以给出各航迹点迁移的代价值。航迹点迁移不一定需要逐级进行，可以从第一级跳到第三级甚至终点。DP 算法是一种聚合重复的计算过程，分解得到的子问题是相互重叠的（Overlap），子问题依赖于子子问题（Subsubproblem），子子问题又进一步依赖于下一级的子问题，如此不断循环直至达到不需再分解的初始条件。

参考文献

[1] 侯康. 水稻无人农场农机作业路径规划方法与试验[D]. 广州：华南农业大学，2020.
[2] 资乐. 基于道路图层的无人农场农机转移的路径规划方法与试验[D]. 广州：华南农业大学，2020.
[3] 李家齐，自动泊车路径规划与运动控制研究[D]. 西安：长安大学，2020.
[4] 姜媛媛，陶德俊，时美乐，等. DP—B 样条移动机器人路径光滑算法[J]. 机械科学与技术，2020，39(04)：554-560.
[5] 杨世春、曹耀光、陶吉. 自动驾驶汽车决策与控制[M]. 北京：清华大学出版社，2020.
[6] Hu L，Hou K，He J. Multi-constraint improved RS path planning method for unmanned rice direct seeding machine[J]. Computers and Electronics in Agriculture，2024，224：109236.
[7] Haiyan T，Yizhao D，Qiyang L，et al. Improved RRT global path planning algorithm based on Bridge Test[J]. Robotics and Autonomous Systems，2024，171.
[8] Oksanen，Timo. Path planning algorithms for agricultural field machines. Helsinki University of Technology[M]，2007.

第7章 农机无人驾驶控制关键技术

7.1 定位技术

7.1.1 全球卫星导航系统

全球卫星导航系统(global navigation satellite system,GNSS)是一种可以为地球上任何位置提供定位和授时等信息的空基无线电导航定位系统。全球有四大卫星导航系统,包括美国的全球定位系统(global positioning system,GPS)、俄罗斯的格洛纳斯卫星导航系统(global navigation satellite system 的俄语缩写,GLONASS)、欧盟的伽利略卫星导航系统(Galileo satellite navigation system,Galileo)以及我国的北斗卫星导航系统(Beidou navigation satellite,BDS)。GNSS 不仅是国家安全和社会经济发展的基础设施,更是综合国力以及大国地位的重要体现。由于 GNSS 在经济、社会和军事等各个领域的重要地位,世界上主要国家和经济体都争相研发独立自主的卫星导航系统。在农业上,GNSS 是智慧农业的重要基础以及关键技术。在农机导航、精准作业和农场精准管理等方面,GNSS 都有重要和广泛的应用。

7.1.1.1 GPS

GPS 由美国国防部于 20 世纪 70 年代开始研制。它可以为地球上绝大部分地区(98%)提供准确的定位、测速和高精度的标准时间。该系统于 1978 年 2 月首次发射,至今已有三代 GPS 卫星,分别为 Block Ⅰ,Block Ⅱ和 Block Ⅲ。第一代(Block Ⅰ)为 GPS 试验卫星,现已停用;第二代(Block Ⅱ,Ⅱ A)为 GPS 工作卫星,于 1989 年开始发射,至 1994 年“21+3”GPS 星座全部建成并投入使用,即现在的 GPS 网。GPS 系统的组成可分为空间卫星星座部分、地面监控部分和用户设备部分,其中前两部分是 GPS 进行定位的基础,用户只需拥有搭载 GPS 接收芯片的设备即可使用该服务。

2000 年前后,美国宣布开启 GPS 现代化的进程,以满足迅速增长的军用需求和民用需求,即 GPS Block Ⅲ项目。GPS Ⅲ共由 10 颗卫星组成,目前已部分发射,其他仍在设计开发中。与先前的 GPS 卫星系列相比,GPS Ⅲ增设了 L1C 码,该码可作为第四民用测距码，其导航信号的精度提高了3倍，抗干扰能力提高了8倍，可靠性和完备性也均有所提升。GPS Ⅲ卫星的使用寿命为15年，比之前的GPS卫星提升了约25%。此外，GPS Ⅲ使用的L1C导航信号还能与伽利略卫星导航系统的E1信号及北斗卫星导航系统的B1C导航信号相兼容，这使GPS Ⅲ成为首批能与其他全球卫星导航系统的信号相兼容的GPS卫星导航。

7.1.1.2 GLONASS

GLONASS是世界上第二个全球卫星导航系统，由苏联国防部独立研发，属于第二代全球导航定位系统。该系统于1976年开始建设，于1995年全面建成，2000年，GLONASS只剩8颗卫星可以工作。从2001年8月开始，俄罗斯开始对GLONASS进行修复并进行现代化升级，至2012年年初，GLONASS恢复全面运行，结束了长达十年的瘫痪状态。俄罗斯在恢复GLONASS运行的基础上又相继发射了6颗卫星，将整个GLONASS系统星座的运行卫星数目增至30颗，并于2015年将定位精度提升至3 m以内。当前GLONASS的定位精度与GPS的定位精度基本一致，可以在L1频点上实现兼容。

7.1.1.3 Galileo

Galileo由欧盟研发并建设，中文全称为伽利略卫星导航系统。该系统由欧洲委员会与欧洲航天局共同建设，是世界上首个基于民用的全球卫星导航系统。伽利略卫星导航系统由30颗卫星构成，其中3颗为备份卫星，其他卫星均为工作卫星。至2012年第二批Galileo卫星发射升空。在该系统中，共有4颗正式的工作卫星可以组成网络结构，基本实现了对地面的精确定位。在该系统投入工作后，全球用户可以接收多种导航定位信号，这也是对定位精度的一次大的提升。至2024年9月，伽利略卫星导航系统在轨运行的卫星共有25颗。Galileo与GPS在L1频点以及L5频点上实现兼容。

7.1.1.4 BDS

BDS即北斗卫星导航系统，是由我国独立研发和运行的全球导航定位系统，是继GPS、GLONASS之后第三个成熟的卫星导航系统。该系统由三代系统构成，分别为北斗一号系统、北斗二号系统和北斗三号系统。我国于20世纪80年代开始建设自己的全球导航定位系统，1994年启动北斗一号系统工程建设，至2003年年末北斗卫星导航验证系统初步运行。北斗一号系统星座由4颗地球同步轨道卫星构成，具有双星定位功能，可实现我国及周边区域的源定位。2004年启动北斗二号系统工程建设，2012年年底完成了14颗卫星发射组网，北斗二号系统在兼容北斗一号系统技术基础上，增加了无源定位体制；可为亚太地区用户提供定位、测速、授时和短报文通信服务。2009年启动北斗三号系统建设，2018年年底完成了19颗卫星发射组网，完成基本系统建设，向全球提供服务。北斗三号系统继承北斗有源服务和无源服务两种技术体制，能够为全球用户提供基本导航（定位、测速、授时）、全球短报文通信和国际搜救服务，我国及周边地区用户还可享有区域短报文通信、星基增强、精密单点定位等服务。

随着四大全球导航定位系统的建立以及逐步完善,GNSS 已进入百余颗导航卫星共存的新阶段,目前兼容北斗的支持多星系统、多频段的接收机可观测到 30 颗卫星以上。与以前相比,GNSS 大大提升了导航信息的可靠性、精确性以及实用性,为基于 GNSS 的农机自动驾驶系统提供了技术保障。图 7-1 为 GNSS 定位天线。

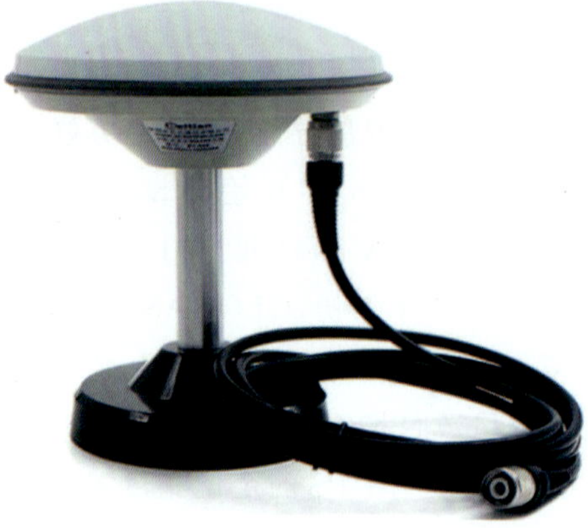

图 7-1　GNSS 定位天线

7.1.1.5　GNSS 动态定位方法

GNSS 动态定位方法包括伪距单点定位法和双差载波相位定位法。伪距单点定位法又称绝对定位法,是指利用单台接收机接收的卫星星历来确定接收机的位置。伪距单点定位观测方程式为:

$$\rho_j = \sqrt{(x_{sj}-x)^2+(y_{sj}-y)^2+(z_{sj}-z)^2} + ct_r - ct_{sj} + ct_{iong} + ct_{itoj} + ct_{mpj} + \xi \tag{7-1}$$

式中:ρ_j 为伪距;j 为卫星编号;x_{sj},y_{sj},z_{sj} 为卫星坐标;x,y,z 为接收机坐标;t_r 为接收机钟差;t_{sj} 为卫星钟差;t_{iong} 为电离层延时;t_{itoj} 为对流层延时;t_{mpj} 为多路径效应引起的误差;ξ 为伪距观测噪声。其中 t_{sj} 、t_{iong} 、t_{itoj} 和 t_{mpj} 可由卫星导航电文数据修正。

令 $l = c(t_{sj}+t_{iong}+t_{itoj}+t_{mpj})$,$\rho'_j = \rho_j - l$,则修正后伪距单点定位观测方程式为:

$$\Delta\rho_j = \sqrt{(x_{sj}-x)^2+(y_{sj}-y)^2+(z_{sj}-z)^2} + ct_r \tag{7-2}$$

当接收机同步接收到 4 颗及 4 颗以上卫星时,对公式(7-2)进行计算可得到接收机坐标 (x,y,z)。采用伪距单点定位法时,由于上述误差的存在,采用该方法计算得到的接收机坐标定位精度低,不能满足智慧农业对导航定位厘米级的需求。

双差载波相位定位法的工作原理是将一台接收机作为基准站,一台接收机或多台接收机装在载体上作为移动站,基准站与移动站同时接收同一时刻由同一卫星发射的导航电文,基准站通过将伪距单点定位观测方程计算的坐标观测值与已知位置坐标信息进行比较,得到 GNSS 差分修正值,将该差分修正值通过数据传输系统实时传递给移动站,经差分修正后得到实时精确位置。双差载波相位消除了接收机钟差、卫星钟差、电离层延时和对流层延时等误差的影响，定位精度高，满足了各种机自动导航系统定位精度厘米级的需求。图 7-2 为 GNSS 定位原理。

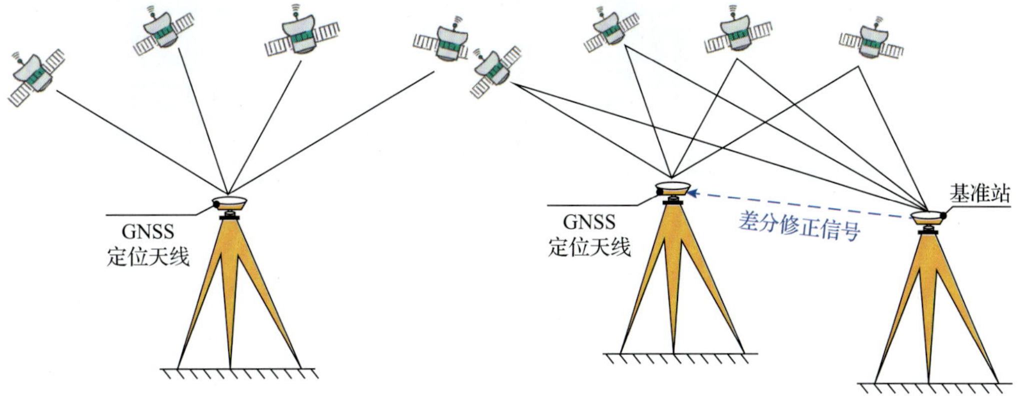

（a）伪距动态定位法　　（b）双差载波相位定位法

图 7-2　GNSS 定位原理

7.1.1.6　主要部件与支撑技术

1. 定位板卡

定位板卡是一种用于提供高精度定位和定向信息的设备，广泛应用于测量测绘、无人驾驶、无人机、驾考驾培、数字化施工、精准农业、变形监测和工业控制等领域。为了实现精确的路径规划，无人驾驶车辆需要与高精度地图相结合。定位板卡提供的精确位置信息能够与地图数据相匹配，为车辆提供车道级别的定位精度。它们通常集成了多种先进的算法和硬件，能够在多种环境下提供可靠的定位服务。

天宝定位板卡在农业领域的应用非常广泛，为精准农业提供了强大的技术支持。天宝定位板卡能够提供厘米级的定位精度，支持多种全球卫星导航系统，包括 GPS、GLONASS、BDS 和 Galileo 等，能确保在全球范围内都可以提供高精度的服务，集成了惯性导航系统后，能够在 GPS 信号不佳或不可用的情况下，如隧道或城市峡谷，继续提供精确的位置信息。天宝定位板卡在设计上注重可靠性和稳定性，适合在各种环境下使用，包括极端温度和恶劣天气。天宝的 RTX(Reat-Time exended)服务是一种全球精密定位服务，它可以通过卫星或蜂窝网络提供厘米级的定位精度，无需用户自己建立和维护基站。和芯星通高精度系列产品 UM982/UM981，如图 7-3 所示。

(1)UM982　UM982 是和芯星通自主研发的新一代 BDS，GPS，GLONASS，Galileo，QZSS，SBAS 全系统全频高精度定位定向模块，基于和芯星通自主研发的新一代射频基带及高精度算法一体化 GNSS SoC 芯片——NebulasIV 设计。UM982 可同时跟踪 BDS B11、B21、B31，GPS L1、GPS L2、GPS L5，GLONASSG1、GLONASSG2，GalileoE1、GalileoE5a、GalileoE5b，QZSSL1、QZSSL2 和 QZSSL5 等多频点信号，支持多系统联合定位和单系统独立定位模式，用户可灵活配置。由于 UM982 内置先进的抗干扰单元，即使

(a) UM982　　(b) UM981

图 7-3　和芯星通系列板卡

在复杂电磁环境下，其仍可保证具有可靠准确的定位精度。UM982 主要面向无人机、农业机械、精准农业及智能驾考等领域，支持全系统全频点 RTK 定位及双天线定向解算，可作为移动站或基站使用。

（2）UM981　UM981 是和芯星通自主研发的新一代 BDS，GPS，GLONASS，Galileo，QZSS 全系统全频 RTK/INS 组合导航模块，基于和芯星通自主研发的新一代射频基带及高精度算法一体化 GNSS SoC 芯片—NebulasIV 设计。UM981 可同时跟踪 BDS，GPS，GLONASS，Galileo，QZSS，NavIC，SBAS 等全系统全频点。UM981 集成了高速浮点处理器及 RTK 专用协处理器，以 100 Hz 的定位结果输出。此外，还集成了板载 MEMS 芯片和 U-Fusion 组合导航算法，有效解决了由卫星信号失锁导致的定位结果中断等问题。在楼群、隧道、高架桥和树荫等复杂环境下，UM981 可提供连续的高质量的定位结果。UM981 面向测量测绘、智慧农业等高精度导航定位领域。

2. CORS 基站差分定位

在数字化时代，人们对高速和便捷数据传输的需求日益增长。作为一种可增强 GNSS 精度、提高数据收集和处理速度的技术手段，CORS 基站在这个领域中扮演着至关重要的角色。CORS 基站差分定位的全称为连续运行卫星定位服务系统（continuously operating reference station，CORS），是一种基于卫星定位系统的技术，通过建立一个或多个固定且连续运行的参考站，提供实时的差分改正信息，以提高卫星定位的精度。

CORS 基站差分定位的工作原理是通过连续监测和记录 GNSS 卫星的信号，计算并生成差分数据，这些数据可用来修正其他接收器的测量结果，从而实现更高的定位精度。

差分定位技术基于卫星轨道误差、卫星钟差、电离层延迟和对流层延迟等误差对相距不远的 GNSS 用户影响接近的特性，通过解算基准站观测误差方式，消除观测站误差，达到提升定位精度的目的。其代表技术包括：差分全球卫星导航系统（DGNSS）技术、实时动态定位（real-time kinematic positioning，RTK）技术以及网络实时动态定位（network real-time kinematic positioning，network PTK NRTK）技术，其中 RTK 技术通过对载波相位的差分达到动态厘米级至分米级的定位精度。NRTK 技术得益于网络与无线通信技术的发展，通过组建连续运行参考站网系统，结合基线处理与观测值（改正数）内插技术,实现移动站实时动态高精度相对定位;结合虚拟参考站(virtual reference station,VRS)等方法,在技术上可实现高精度定位服务的广域连续覆盖。

从20世纪90年代国家测绘局建站开始,我国多次开展了区域CORS网络的建设,并先后在30多个省份建成覆盖全省的CORS服务系统。截至2022年年底,已有多家企业完成覆盖全国的CORS网络建设并实现了商用服务。在我国三大网络运营商入场的CORS服务的情况下,(中国移动完成CORS网络已建成并已投入商用;中国电信通过参股六分科技方式参与;中国联通已完成武汉、广州、天津、长沙、深圳5个地区网络试点建设)有效降低了基准站所需的网络专线租用成本;部分企业在已有网络基站、办公楼和写字楼等建筑物上进行了基准站建设。虽然这种方式限制了基准站位置的选择,进而影响了基准站组网的几何构型,导致站点数量增多,但在可有效简化站点、稳固基础建设的同时解决了电力和网络的供应问题,并为后期基准站巡检提供了便利。

大田无人化智慧农场接入CORS站需要先将CORS站与控制设备(如无人驾驶农机终端、无人机、RTK手簿等)进行连接,确保设备能够接收由CORS站发送的差分数据;在控制设备上设置移动站参数,包括选择数据链(如手机网络、WiFi和无线电台)、数据链设置(包括IP地址、端口、账户和密码等),并确保移动站工作模式正确设置;CORS站通过互联网进行RTCM网络传输协议(networked transport of RTCM via internet protocol, NTRIP)提供差分数据服务,移动站通过连接CORS站的NTRIP服务来获取差分数据,从而实现高精度定位;在数据链设置中,选择NTRIP模式,并输入CORS账号的IP、端口、账户和密码等信息。确保无人机连接的网络CORS接入点、端口与RTK接收机连接的一致;在进行无人机数据采集前,需要先采集控制点和检查点的数据,以确保无人机获取的坐标数据准确可靠;在无人机飞行前,需要对像控点进行采集,将图像与地面坐标系关联,并确保无人机获取的坐标数据与像控点坐标数据在同一坐标系内;在无人机飞行过程中,CORS站提供的差分数据将帮助无人机实现厘米级的定位精度,从而进行高精度的数据采集。

7.1.2 多传感器融合定位技术

7.1.2.1 惯性导航系统

惯性导航系统(inertial navigation system,INS),简称惯导,是一种基于陀螺仪和加速度计的信号组合的自主式导航系统,它可以运行在水、陆、空等多种环境中。惯导的基本工作原理是以牛顿力学定律为基础,测量载体在惯性参考系的加速度和角速度,再将这些测量值对时间进行积分,将它变换到导航坐标系中,最后得到载体在导航坐标系中的速度、位置和姿态等信息。由于定位测姿信息是经过积分运算产生的,定位误差将随时间增加而增大,长期精度差,容易产生温漂(温度漂移)、零漂(零点漂移,也称零偏)等问题。

7.1.2.2 多传感器融合

多传感器融合(multi-sensor fusion,MSF)是指将来自不同传感器的信息融合到一个一致的坐标系中，以获得更全面、准确和鲁棒性强的感知结果。GNSS和INS都具有各自的优缺点。INS不依赖外部信息，频率高，载体具有初始位置和角度参量，可以获取姿态信息，短时间内精度高。但其因内部采用积分，定位测姿信息的误差会随着时间不断增大，不适于长时间导航。GNSS具有长时间精度高的特点，但输出信息频率低，且信号质量易受外界因素干扰，在农业环境里表现为树木、输电线塔和天气等。由此可见，两者具有很好的互补性，采用合适的方法进行融合，可以长时间获得高精度、高频率的位置以及姿态、速度等信息。

7.1.2.3 扩展卡尔曼滤波器

卡尔曼滤波算法是GNSS与惯性传感器数据融合的常用方法。标准卡尔曼滤波算法是一种经典的线性动态系统状态估计算法，通过预测和更新两个步骤来估计该系统的状态。对于非线性系统，工程上一般采用扩展卡尔曼滤波器(extended kalman filter，EKF)，即采用泰勒展开去除状态方程中的高次项只留一次项的方式得到近似线性模型。下面进行具体的原理分析。

设时间线性系统的系统状态方程和观测方程为：

$$\dot{\boldsymbol{x}}(t) = \boldsymbol{F}(t)\boldsymbol{x}(t) + \boldsymbol{G}(t)\boldsymbol{w}(t)$$
$$\boldsymbol{z}(t) = \boldsymbol{H}(t)\boldsymbol{x}(t) + \boldsymbol{v}(t) \tag{7-3}$$

式中：$\dot{\boldsymbol{x}}(t)$ 为待估计的状态量向量；$\boldsymbol{F}(t)$ 为系统转移矩阵，定义了状态向量随时间的变化；$\boldsymbol{G}(t)$ 为系统噪声驱动阵；$\boldsymbol{w}(t)$ [方差强度为 $\boldsymbol{Q}(t)$]，$\boldsymbol{v}(t)$ (方差强度为 $\boldsymbol{R}(t)$)为互不相关的系统噪声和量测噪声，都为零均值的高斯白噪声过程；$\boldsymbol{z}(t)$ 为量测向量；$\boldsymbol{H}(t)$ 为量测矩阵。

对上述系统进行系统积分和离散化可以得到：

$$\boldsymbol{X}_k = \boldsymbol{F}\boldsymbol{X}_{k-1} + \boldsymbol{w}_{k-1} \tag{7-4}$$

$$Z_k = \boldsymbol{H}\boldsymbol{X}_k + \boldsymbol{v}_k \tag{7-5}$$

式中：$\boldsymbol{X}_k$，$\boldsymbol{X}_{k-1}$ 为系统的 k 时和 $k-1$ 时的状态量；$\boldsymbol{F}$ 为状态转移矩阵；$\boldsymbol{F}_k$ 为状态转换方程；$\boldsymbol{H}_k$ 为量测矩阵；w_k，v_k 为均零值的高斯白噪声，其统计学特性满足：

$$E[w_k w_k^{\mathrm{T}}] = Q_k, E[v_k v_k^{\mathrm{T}}] = R_k \tag{7-6}$$

在一个滤波周期中，卡尔曼滤波器由时间更新和量测更新两个大的步骤组成，其中时间更新是利用系统在现有状态进行的下一步预测，具体而言，就是得到下一步的状态估计值 $\hat{x}_{k+1/k}$ 和协方差 $P_{k+1/k}$。

$$\hat{x}_{k+1/k} = F_k \hat{x}_k \tag{7-7}$$

$$P_{k+1/k} = F_k P_k F_k^{\mathrm{T}} + \Gamma_k Q_k \Gamma_k^{\mathrm{T}} \tag{7-8}$$

量测更新是利用外部信息和上述的预测值进行加权处理，通过更新卡尔曼增益 K 来控制权重，得到系统状态的最优估计值和协方差的最优估值。

$$\boldsymbol{K}_{k+1} = P_{k+1/k}H_k^{\mathrm{T}}(H_kP_{k+1/k}H_k^{\mathrm{T}} + R_{k+1})^{-1} \tag{7-9}$$

$$\gamma_{k+1} = z_{k+1} - H_k\hat{x}_{k+1/k+1} \tag{7-10}$$

$$\hat{x}_{k+1/k+1} = \hat{x}_{k+1/k} + K_{k+1}\gamma_{k+1} \tag{7-11}$$

$$P_{k+1} = (\boldsymbol{I} - \boldsymbol{K}_{k+1}H_{k+1})P_{k+1/k} \tag{7-12}$$

式中：γ_{k+1} 为对量测的估计误差，部分论文里称之为新息；$\boldsymbol{K}_{k+1}$ 为加权矩阵，一般也被称为卡尔曼增益；$\boldsymbol{I}$ 为单位矩阵。整个离散型卡尔曼滤波器的周期从给定 $\hat{x}_0$ 和 P_0 开始，直至 P_k 更新。其流程如图 7-4 所示。

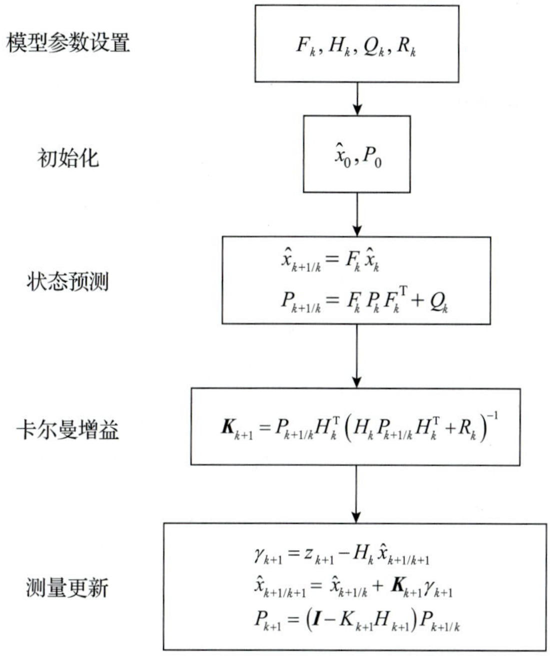

图 7-4　离散型卡尔曼滤波器的周期流程

7.1.3　单天线 GNSS/INS 组合导航

传统农机导航采用两个 GNSS 天线来获取农机运动的航向，在此基础上引入双天 GNSS/INS 组合导航，以提高导航系统的鲁棒性和稳定性。但是双天线 GNSS/INS 组合导航受两个定位天线间最小安装距离（基线长度）的限制，这就不利于小型农机导航的发展。在这个背景下，单天线 GNSS/INS 组合导航技术被提出。

7.1.3.1　GNSS/INS 组合导航结构

按照融合对象信息，GNSS/INS 组合导航结构可以分为松耦合导航和紧耦合导航。

1. 松耦合导航

典型的松耦合导航结构如图 7-5 所示，在松耦合导航结构中，采用的是 GNSS 设备输出的速度和位置信息。卫星系统和惯导系统是两个独立的个体，两个系统都提供了位置和速度信息，然后利用长时间高精度的 GNSS 信息在卡尔曼滤波器里对 INS 进行校正。松耦合导航结构的优点是导航结构简单、状态稳定。对于失星而言，当 GNSS 无法观测到 4 颗卫星时，整个系统就只能依靠 INS。

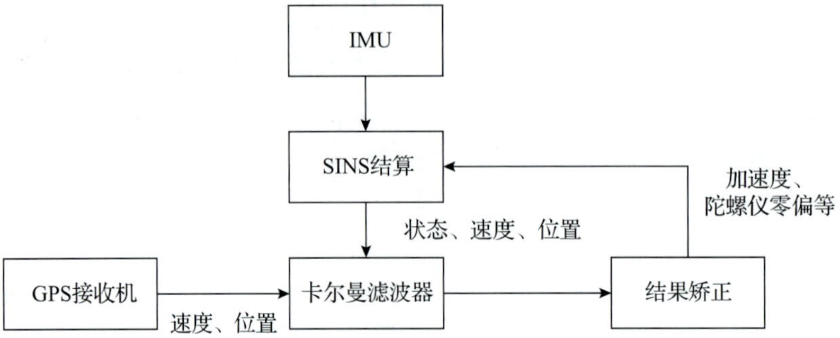

图 7-5　松耦合导航原理

2. 紧耦合导航

典型的紧耦合导航原理如图 7-6 所示。相对于松耦合而言，GNSS 提供的信息是更原始的伪距和多普勒值和伪距率等，与 INS 输出的惯性数据作差，并将差值输出给滤波器，以此用来进行 INS 误差的估计，并将误差通过反馈的方式补偿给 INS，将经过校正的惯性数据输入组合导航滤波器，结合 RTK 最终获取组合导航的解。其优点是在卫星数量少时，紧耦合导航结构依然可以提供 GNSS 信号（卫星数目不小于 1 颗），但在结构上比松耦合复杂得多。其难点是 RTK 算法需要厂家自行研究，非 RTK 专业的开发者很难获得导航结构组合的良好效果。

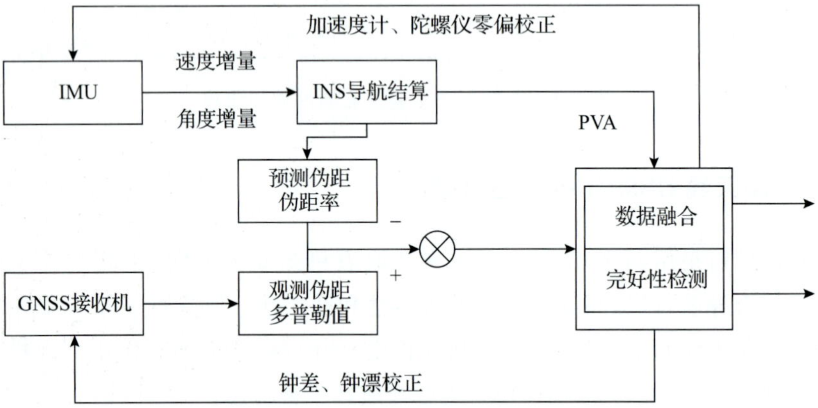

图 7-6　紧耦合导航原理

7.1.3.2　传感器数据处理

1. 杆臂效应

由于 INS（右前上，右手坐标系）和 GNSS 天线的两个硬件无法安装在坐标系原点的同一个点，IMU 测量中心和 GNSS 天线相位中心必定不重合，两者之间存在杆臂值（双天线中指主天线）。在组合导航中，杆臂值的处理非常重要，不正确的杆臂值会严重影响数据处理的精度。如图 7-7 所示，在右前上坐标系下 GNSS 相对于 IMU 的坐标，其中 Δx，Δy，Δz 为两者之间的位置差值。GNSS 天线杆臂是指由 IMU 测量中心指向 GNSS 天线相位中心。

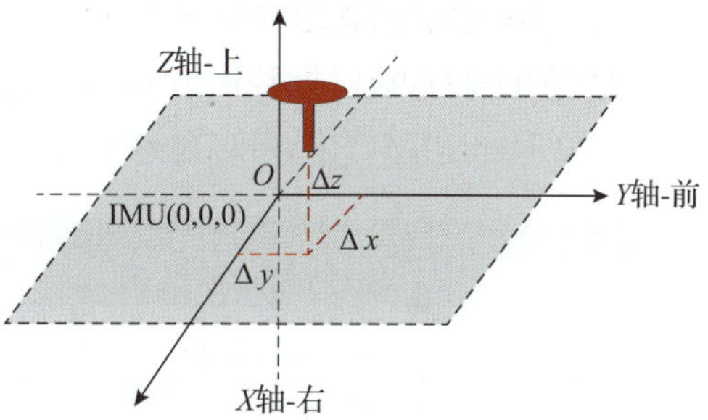

图 7-7　IMU 测量中心和 GNSS 天线杆臂

2. 时间同步

在数据融合阶段，如果融合的数据是来自两个不同的时间点，就会对组合导航数据造成较大的影响。主流的时间对准方式包括硬件对准和软件对准，软对准同步的延迟较为严重，不建议使用；可采用高实时性系统做数据同步（STM32F407），然后把同步后的信息发给算力大一些的主控。以 GNSS 的 PPS 脉冲为基准，如图 7-8 所示，1PPS 信号对应其在 GNSS 整秒的 GNSS 信号采样时刻，IMU 含时间同步输出引脚，如图 7-9 所示。

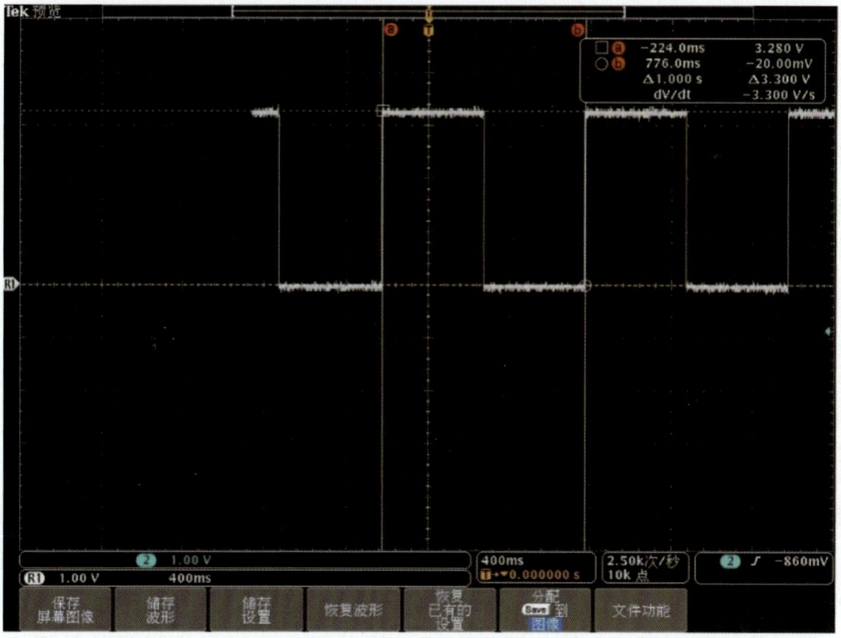

图 7-8　GPS 的 PPS 脉冲波形图

嵌入式单片机同时接收 IMU 的“采样完成”脉冲信号和 GNSS 接收机的 1PPS 信号，各自触发中断并记录当前的本地晶振时间，利用 1PPS 对应的本地晶振时间（如间隔 10 ms 的计数器）和 GNSS 整秒时间，即可计算出本地晶振时间相对于 GNSS 绝对时间的偏移值；再将这个偏移值补偿给每个 IMU“采样完成”脉冲信号所对应的本地晶振时间，即可将 IMU 的本地时标转化为 GNSS 绝对时标，1PPS 信号的误差一般为几十纳秒，在只有 100 Hz 的 IMU 中，可以忽略不计。图 7-10 为 IMU 硬件时间同步原理。

功能	线缆颜色 CA-MP2	线规	Fischer 引脚编号	Molex 引脚编号	10 引脚连接头 (OEM)
GND	黑色	AWG28	1	2	4,8
RS232 TX/RS422_Z(TX-)/ RS485_B(TxD/RxD-)	黄色	AWG28	2	4	5
RS232 RX/RS422_Y(TX+)/ RS485_A(TxD/RxD+)	灰色	AWG28	3	5	3
Vin (4.5-30V)	红光	AWG28	4	1	1
同步输入[18]	蓝色	AWG28	5	7	2
同步输出	粉色	AWG28	6	9	6
时钟同步	棕色	AWG28	7	8	10
USB DP (D+) / RS422_A (RX+)	绿色	AWG28	8	3	9
USB DM (D-) / RS422_B (RX-)	白色	AWG28	9	6	7
屏蔽	SH	N/A	SH	N/A	

图 7-9　IMU 时钟同步引脚说明

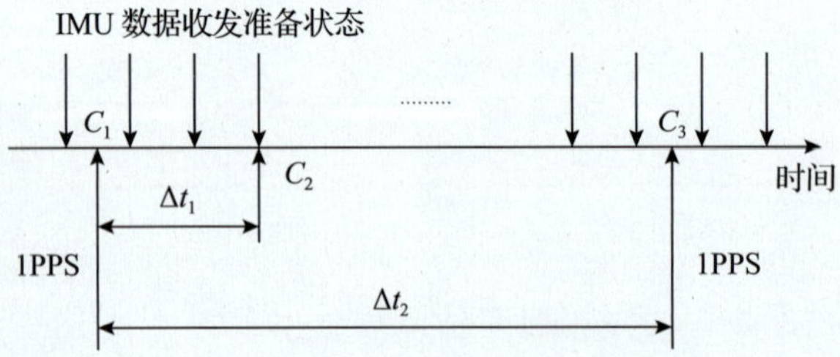

图 7-10　IMU 硬件时间同步原理

（图片来源：唐海亮等，2019）

3. 传感器标定

标定的本质是参数辨识。参数主要是系统误差（通过补偿直接消除）：陀螺仪和加速度计的零偏、标度因数、安装误差和磁强计的误差。磁强计的误差主要来源于环境中的磁场干扰，而传感器本身的误差基本可以忽略不计。随机误差在卡尔曼滤波器中主要包括陀螺仪的角度随机行走误差（random walk，deg/h^0.5）和零偏不稳定性（deg/h）以及加速度计的角度随机游走误差和零偏不稳定性。前者可以通过厂家提供的数据直接获取，本文使用的 IMU 型号为 MTI300，陀螺仪标度因子为 $2\ 000\times10^{-6}$，加速度计比例因子为 0.2%；加速度计零偏为 150 mg。对采集 2 h 的 IMU 数据进行 Allen 分析，获取的 Allen 分析结果如图 7-11 和表 7-1 所示。

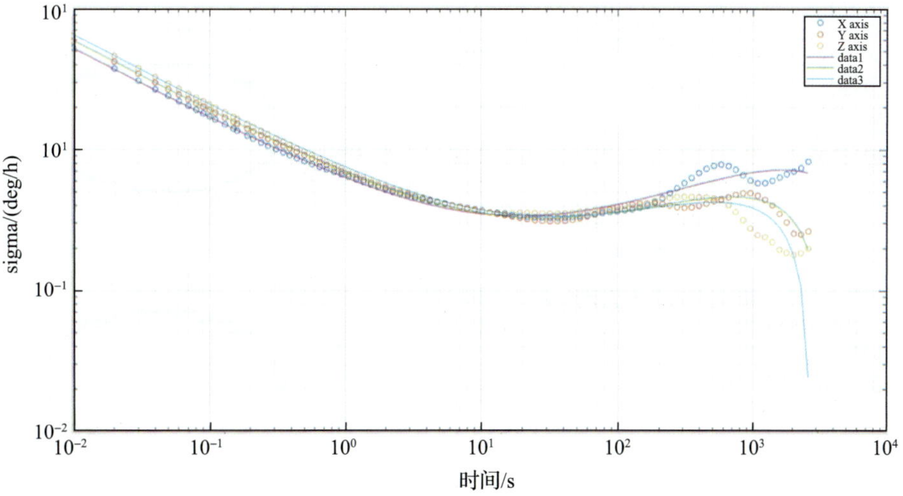

图 7-11　陀螺仪 Allen 分析

表 7-1　陀螺仪 Allen 分析结果

参数名	X 轴	Y 轴	Z 轴
量化噪声(aecsec)	0.000 617	0.000 624	0.001 076
角度随机游走/(deg/h^0.5)	0.008 410	0.009 564	0.010 386
零偏不稳定性/(deg/h)	0.155 727	0.150 760	0.153 377
角度率游走/[deg/(h・h^0.5)]	3.031 687	2.578 029	2.543 370
速度斜坡/[(deg/(h・h)]	1.790 015	2.304 933	2.608 602

磁力计标定采用椭球拟合法，在车载上的具体方式为：把 IMU 按照右前上坐标系安装在车辆中轴线上，旋转车辆，采集一圈数据，将数据导入 matlab 中采用公式(7-13)进行标定，拟合效果如图 7-12 所示。

$$\begin{cases} D = [x(:), y(:), z(:)] \\ [A, b, \text{expmfs}] = \text{magcal}(D) \\ C = (D - b) \times A \end{cases} \tag{7-13}$$

加速度计采用 12 位置法进行标定，具体为在立方体六位置法的基础上，每个轴在正六面体上正反测两次，取平均值，去除底部倾角误差。

$$\begin{bmatrix} \tilde{f}_x \\ \tilde{f}_y \\ \tilde{f}_z \end{bmatrix} = \begin{bmatrix} s_x & \gamma_{yx} & \gamma_{zx} \\ \gamma_{xy} & s_y & \gamma_{zy} \\ \gamma_{xz} & \gamma_{yz} & s_z \end{bmatrix} \begin{bmatrix} f_x \\ f_y \\ f_z \end{bmatrix} + \begin{bmatrix} b_{ax} \\ b_{ay} \\ b_{az} \end{bmatrix} \tag{7-14}$$

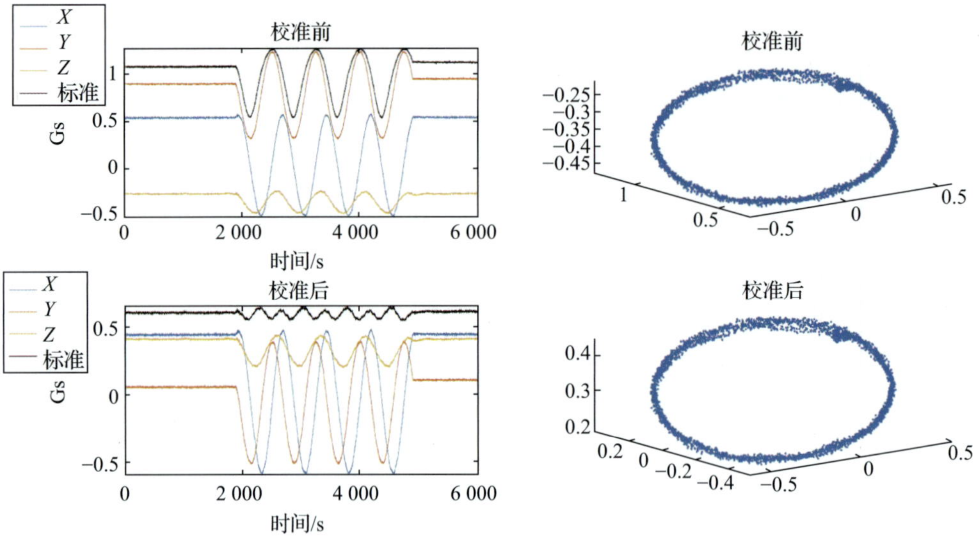

图 7-12　磁力计椭球拟合效果

$$\begin{bmatrix}\tilde{f}_x\\ \tilde{f}_y\\ \tilde{f}_z\end{bmatrix}=\begin{bmatrix}s_x & \gamma_{yx} & \gamma_{zx} & b_{ax}\\ \gamma_{xy} & s_y & \gamma_{zy} & b_{ay}\\ \gamma_{xz} & \gamma_{yz} & s_z & b_{az}\end{bmatrix}\begin{bmatrix}f_x\\ f_y\\ f_z\\ 1\end{bmatrix} \tag{7-15}$$

$$\tilde{\boldsymbol{f}}=M\begin{bmatrix}f\\ 1\end{bmatrix} \tag{7-16}$$

式中：$\tilde{\boldsymbol{f}}$ 为加速度计的实际输出；s 为比例因子；f 为理想加速度输出；γ 为交轴耦合误差分量。具体试验过程为依次让 x，y，z 三轴加速度计敏感轴分别竖直向上和竖直向下静置一段时间，采集 6 次加速度计的原始输出，取均值。各位置的理想加速度输出为

$$\boldsymbol{f}_1=\begin{bmatrix}g\\ 0\\ 0\end{bmatrix}\quad \boldsymbol{f}_2=\begin{bmatrix}-g\\ 0\\ 0\end{bmatrix}\quad \boldsymbol{f}_3=\begin{bmatrix}0\\ g\\ 0\end{bmatrix}\quad \boldsymbol{f}_4=\begin{bmatrix}0\\ -g\\ 0\end{bmatrix}\quad \boldsymbol{f}_5=\begin{bmatrix}0\\ 0\\ g\end{bmatrix}\quad \boldsymbol{f}_6=\begin{bmatrix}0\\ 0\\ -g\end{bmatrix} \tag{7-17}$$

简化上述过程

$$[\tilde{\boldsymbol{f}}_1\quad \tilde{\boldsymbol{f}}_2\quad \tilde{\boldsymbol{f}}_3\quad \tilde{\boldsymbol{f}}_4\quad \tilde{\boldsymbol{f}}_5\quad \tilde{\boldsymbol{f}}_6]=\boldsymbol{M}\begin{bmatrix}f_1 & f_2 & f_3 & f_4 & f_5 & f_6\\ 1 & 1 & 1 & 1 & 1 & 1\end{bmatrix} \tag{7-18}$$

$$\boldsymbol{L}=\boldsymbol{MA} \tag{7-19}$$

式中：L 为 $[\tilde{\boldsymbol{f}}_1\quad \tilde{\boldsymbol{f}}_2\quad \tilde{\boldsymbol{f}}_3\quad \tilde{\boldsymbol{f}}_4\quad \tilde{\boldsymbol{f}}_5\quad \tilde{\boldsymbol{f}}_6]$；$M$ 为 $\begin{bmatrix}s_x & \gamma_{yx} & \gamma_{zx} & b_{ax}\\ \gamma_{xy} & s_y & \gamma_{zy} & b_{ay}\\ \gamma_{xz} & \gamma_{yz} & s_z & b_{az}\end{bmatrix}$；

A 为$\begin{bmatrix} f_1 & f_2 & f_3 & f_4 & f_5 & f_6 \\ 1 & 1 & 1 & 1 & 1 & 1 \end{bmatrix}$。

M 矩阵包含 12 个待估参数，共计 18 个方程，采用最小二乘法即可求出

$$\hat{\boldsymbol{M}}=\boldsymbol{LA}^{\mathrm{T}}(\boldsymbol{AA}^{\mathrm{T}})^{-1} \tag{7-20}$$

式中：$\hat{\boldsymbol{M}}$ 为 M 的估计值。

采集频率为 100 Hz，先静止 5 min，再不断转动和静止，共采集约 2 000 s，仅使用手动方式进行翻转，即可达到系统级标定。

针对姿态、速度和位置信息，采用不同的精度统计和评价方式，其中水平定位精度采用圆概率误差（circular error probable，CEP），如公式(7-21)所示。

$$\begin{cases} \delta_x = \sqrt{\dfrac{1}{N}\sum\limits_{i=1}^{N}(\Delta X_i)^2} \\ \delta_y = \sqrt{\dfrac{1}{N}\sum\limits_{i=1}^{N}(\Delta Y_i)^2} \\ \mathrm{CEP} = 1.1774\,\dfrac{\delta_x+\delta_y}{2} \end{cases} \tag{7-21}$$

式中：N 为坐标测定点的总组数；δ_x 为 X 向标准误差；δ_y 为 Y 向标准误差；ΔX_i 为第 i 次 X 向测量值与标准值的偏差；ΔY_i 为第 i 次测量值与标准值的偏差。高程使用的是位置误差（position error，PE）：

$$\mathrm{PE}(H) = 0.6745\times\sqrt{\frac{1}{N}\sum_{i=1}^{N}(\Delta H_i)^2} \tag{7-22}$$

航向精度评测上使用比较多的是均方根（root mean square，RMS），即

$$\begin{cases} \mathrm{RMS} = \sqrt{\dfrac{1}{N}\sum\limits_{i=1}^{N}(\Delta\alpha_i)^2} \\ \Delta\alpha_i = \Delta\alpha_{\text{测量}} - \Delta\alpha_{\text{测量}} \end{cases} \tag{7-23}$$

速度误差的统计值很好计算，也很好测量。载体停止时的速度就是速度误差，且参考值是真值，据此则可以计算出速度的 RMS 值。

4. 零速检测

不论是初始航向对准，还是导航过程中停车再启动，准确地判断车辆零速状态都是极其重要的。零速检测就是检测系统速度为零的时间段，把检测到的零速时段作为系统速度误差的外部量测信息，对系统的各项误差进行控制校正，提高系统的定位精度。零速检测常用的有加速度计方差检测、角速度量测能量检测和对磁场强度设定阈值的检测算法等，本文采用角速度量测能量检测。相对于其他方式，角速度量测受车辆停止时自身震动的影响较小。定义 IMU 输出矢量为 x_k，如公式(7-24)所示，其中 a_k 为 a 时刻加速度输出

的比力信息，w_k 为 k 时刻陀螺仪输出的角速度。

$$\boldsymbol{x}_k=\begin{bmatrix}a_k\\w_k\end{bmatrix} \tag{7-24}$$

采用公式(7-25)检测角速度量测能量检测机器是否处于零速状态。

$$T(z_n^a,z_n^w)=\frac{1}{\sigma_w^2 W}\sum_{k=n}^{n+W+1}\left\|y_k^w\right\|^2 \tag{7-25}$$

式中：σ_w^2 为陀螺测量噪声的方差，采用数为 W；n 时刻到 $n+W-1$ 时刻的观测量为 $z_n^w\Delta\{y_k^w\}_{k=n}^{n+W-1}$。

5. 前进后退判断

在导航系统中，车辆启动瞬间需要判断其是前进还是后退，便于在路径追踪时算出实时的期望轮角。在双天线 GNSS/INS 组合导航中，利用速度方向角和位置方向角之间的关系来判断。利用 Δx，Δy 判断车辆运动的速度方向 $\beta_v\in[0,360°]$，具体计算公式为

$$\beta_v=\begin{cases}\arctan\dfrac{\Delta x}{\Delta y} & \Delta x>0,\Delta y>0\\[2ex] 2\pi+\arctan\dfrac{\Delta x}{\Delta y} & \Delta x<0,\Delta y>0\\[2ex] \pi+\arctan\dfrac{\Delta x}{\Delta y} & \Delta x<0,\Delta y<0\\[2ex] \pi+\arctan\dfrac{\Delta x}{\Delta y} & \Delta x>0,\Delta y<0\end{cases} \tag{7-26}$$

β_v 的 4 种情况如图 7-13 所示。

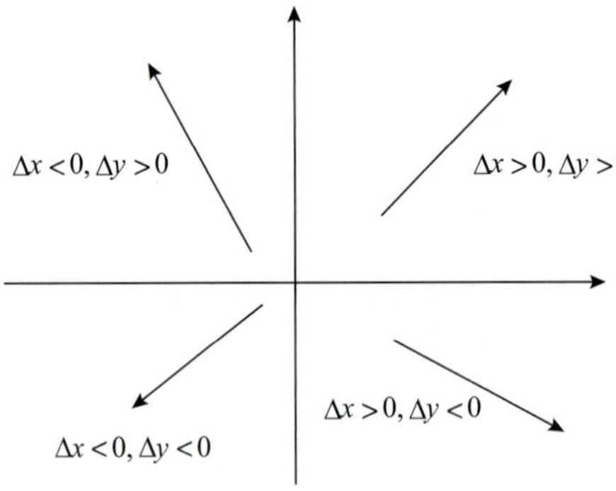

图 7-13　β_v 的 4 种情况

由速度方向角 β_v 和车身航向角 β_s 可综合判断车辆前进与后退的状态，考查 $\cos(\beta_v-\beta_s)$ 的状态。如果 $\cos(\beta_v-\beta_s)>0$，则表示速度方向和车头夹角小，车辆处于前进状态；如果 $\cos(\beta_v-\beta_s)<0$，则表示速度方向与车尾夹角小，车辆处于倒退状态。在实际编程中，可以考虑如下写法：

$$
\begin{aligned}
\Delta x &= x[n\Delta t]-x[(n-3)\Delta t] \\
\Delta y &= y[n\Delta t]-y[(n-3)\Delta t]
\end{aligned} \tag{7-27}
$$

式中：Δt 为位置更新频率，一般取 0.1 s。

在单天线 GNSS/INS 组合导航中，由于需要长时间的对准和初始航向的不稳定性，但引入了加速度计，本文直接利用 y 轴（车体坐标系为右前上）的加速度计来判断起步的瞬间速度方向。

7.1.3.3 基于松耦合的 EKF 融合算法

GNSS 长期精度高，但频率低，易受外界干扰；INS 短期精度高，但长期精度低，所以在卡尔曼滤波过程中以 INS 信息进行预测，以 GNSS 信息作为量测更新。本文采用的状态量为 18 维，与传统的 15 维导航系统相比，增加三维杆臂作为状态量进行状态更新。

1. 状态量选取

$$X=(\phi_e\ \phi_n\ \phi_u\ \delta v_e\ \delta v_u\ \delta L\ \delta B\ \delta H\ \varepsilon_x\ \varepsilon_y\ \varepsilon_z\ \nabla_x\ \nabla_y\ \nabla_z\ \delta l_x\ \delta l_y\ \delta l_z) \tag{7-28}$$

式中：ϕ_e，ϕ_n，ϕ_u 为三向失准角误差（rad）；δv_e，δv_n，δv_u 为三向速度误差（m/s^2）；δL，δB，δH 为经度、纬度、高程误差（m）；ε_x，ε_y，ε_z 为三轴陀螺仪漂移（rad/s）；∇_x，∇_y，∇_z 为三轴加速度计零偏（m/s^2）；δl_x，δl_y，δl_z 为 x 轴、y 轴、z 轴上的 GNSS 相对于 IMU 的组合位置差（m）。农机在地面上行走不涉及 z 轴方向上的数据，所以在实际应用中还可以将状态量简化为

$$X=(\phi_e\ \phi_n\ \phi_u\ \delta v_e\ \delta v_u\ \delta L\ \delta B\ \varepsilon_x\ \varepsilon_y\ \nabla_x\ \nabla_y\ \delta l_x\ \delta l_y\ \delta l_z) \tag{7-29}$$

2. 误差模型建立

速度误差方程为

$$
\begin{aligned}
\delta\dot{v}_e =& \left(\frac{v_n}{R+h}\tan L-\frac{v_n}{R+h}\right)\delta v_e+\left(2\omega_{ie}\sin L+\frac{v_e}{R+h}\tan L\right)\delta v_n+ \\
&\left(2\omega_{ie}\cos L v_n+\frac{v_n v_n}{R+h}\sec^2 L+2\omega_{ie}\sin L v_u\right)\delta L- \\
&\left(2\omega_{ie}\cos L+\frac{v_e}{R+h}\right)\delta v_u+\varphi_u\varepsilon_y-\varphi_n\varepsilon_z+\nabla_x
\end{aligned} \tag{7-30}
$$

位置误差方程为

$$\delta\dot{L}=\frac{\delta v_n}{R+h}-\frac{v_N\delta h}{(R+h)^2} \tag{7-31}$$

$$\delta\dot{\lambda}=\frac{\delta v_e}{R+h}\sec L+\frac{v_e}{R+h}\sec L\ \tan L\delta L-\frac{\delta h v_e}{(R+h)^2\cos L} \tag{7-32}$$

加速度误差方程为

$$\delta\dot{\varepsilon}=\nabla_a+\eta_f \tag{7-33}$$

式中：η 为系统白噪声，并且假定陀螺仪三轴和加速度计三轴的误差模型是一样的；∇为一阶马尔可夫的加速度计零偏矢量。因为农机运动可以视为在一个平面内，所以上述过程中并没有考虑天向的分量，则系统方程可以表示为

$$\boldsymbol{X}_k = \Phi_{k,k-1} X_{k-1} + \mu_{k-1} \tag{7-34}$$

式中：$\boldsymbol{X}_k$ 为 k 时刻的状态向量；$\Phi_{k,k-1}$ 为该系统从 $k-1$ 时刻到 k 时刻的状态转移方程；μ_{k-1} 为均值为零的噪声矩阵，可以表示为噪声分配矩阵 $\boldsymbol{B}$ 和系统噪声矩阵 $\boldsymbol{W}$ 的乘积。$\Phi_{k,k-1}$ 可以描述为

$$\Phi_{k,k-1} = \begin{bmatrix} F & F'' & E & T \\ F' & F''' & E' & T' \\ 0 & F & E'' & 0 \\ 0 & 0 & 0 & E''' \end{bmatrix} \tag{7-35}$$

$$\boldsymbol{B} = \begin{bmatrix} \mathrm{C}_\mathrm{b}^\mathrm{n} & 0 \\ 0 & \mathrm{C}_\mathrm{b}^\mathrm{n} \\ 0 & 0 \end{bmatrix} \tag{7-36}$$

3. 量测量选取

在状态量的选择上，GNSS 和 INS 定位子系统都可以提供位置信息和速度信息，所以常见的有 183（状态量为 18 维，量测量为 3 维，即只采用 GNSS 的位置信息）和 186（量测量为 6，即采用 GNSS 的位置和速度信息）两种模型。将两个子系统的位置差值和速度差值作为观测量，本文采用的是 6 维量测量，如公式(7-37)所示。

$$Z = \begin{bmatrix} \overline{v}_{\mathrm{INS}}^n - \overline{v}_{\mathrm{GNNS}}^n \\ \widetilde{p}_{\mathrm{INS}} - \widetilde{p}_{\mathrm{GNNS}} \end{bmatrix} \tag{7-37}$$

式中：$\overline{v}_{\mathrm{INS}}^n$，$\overline{v}_{\mathrm{GNNS}}^n$为 INS 和 GNSS 速度；$\widetilde{p}_{\mathrm{INS}}$，$\widetilde{p}_{\mathrm{GNNS}}$为 INS 和 GNSS 的位置。量测方程可以表示为

$$Z = HX + V \tag{7-38}$$

需要注意的是，在这里需要解决坐标系统一的问题，即 GNSS 和 INS 需要在同一个坐标系下进行计算，即需要考虑两者之间的杆臂（一般 GPS 提供的数据为 WGS84 坐标系，在计算中本文参考了 VINS-Fusion 的做法，采用 GeographhicLib 库，把 GPS 数据转换至东北天坐标系下）。

速度杆臂可以定义为

$$\delta v_L = v_{\mathrm{INS}} - v_{\mathrm{GNSS}} = C_b^n \omega_{eb}^b 1 = C_b^n \omega_{eb}^b 1 \tag{7-39}$$

位置杆臂可以定义为

$$\delta p_L = p_{\mathrm{INS}} - p_{\mathrm{GNSS}} = -' F C_b^n 1 \tag{7-40}$$

其中 $\boldsymbol{H}$ 阵和 $\mathbf{V}$ 阵可以表示为

$$\boldsymbol{H}=\begin{bmatrix}0 & 0 & 0\\0 & 0 & 0\end{bmatrix},\mathbf{V}=\begin{bmatrix}V_v\\V_p\end{bmatrix} \tag{7-41}$$

4. 初值选取

需要注意的是，对于卡尔曼滤波初值的设置，本文中 ESKF 卡尔曼滤波算法各项初值设置如下。

$$\begin{cases}\mathrm{Px}k=\mathbf{diag}[(davp,eb,db,lever)\times 1.0]^2\\ \mathrm{Hk}=\mathbf{zeros}[6,18]\\ \mathrm{Px}k=\mathbf{diag}[(\mathrm{davp,eb,db,lever})\times 1.0]^2\\ \mathrm{R}k=\mathbf{diag}(\mathbf{r}0)^2\\ \mathbf{r}0=[0.006;0.001]\end{cases} \tag{7-42}$$

式中：*diag* 为对角矩阵；*eb*、*db* 分别为加速度计、陀螺仪零偏；*lever* 为杆臂；*r*0 取值是一个统计学概念。本文采用安装各种传感器的车辆静止 10 min 后的数据，获取三向速度和经纬高的各向方差，将计算的结果取平均值赋值给 $\boldsymbol{R}$ 阵。将上述矩阵带入公式(7-7)至公式(7-12)即可完成 ESKF 卡尔曼滤波器的更新。

5. 时间分片卡尔曼滤波系统设计

在捷联惯导组合导航中，时间更新频率不能太低，一般为 10 Hz 以上，假设系统状态方程为 n 维度，则公式(7-9)中含有两个 n 阶矩阵相乘，这是卡尔曼滤波中计算量最大的部分，将 $n\times n$ 阶矩阵乘以 $n\times 1$ 当作一份计算量，则公式(7-9)包含一份，公式(7-10)包含两份，公式(7-11)包含 r 份，总共为 $2(n+r)$ 份计算量。在实时系统中，如果 IMU 采样为 100 *hz*，即间隔 10 ms，如果想在 10 ms 完成一次完整的卡尔曼时间更新，尤其是公式(7-9)中进行 2n^3 次乘法，是比较困难且没必要的。把巨量计算量分散在相连的不同 10 ms(时间片)中，每次只计算其中的 nStep 份，只要确保 $2(n+r)/n\mathrm{Step}\times 10\ \mathrm{ms}<100\ \mathrm{ms}$，即可保证卡尔曼滤波更新频率大于 10 *hz*。这种设计可以为以后将本文系统移植到低成本单片机中做好铺垫。

6. 仿真试验结果

本节以上述算法为基础，结合 matlab 和实际的传感器参数，对融合部分进行仿真，以初步验证算法的可行性。现假定在农机上部署了 GNSS/INS 组合导航的硬件设备，在农田里匀速行驶，初始速度为 0，加速度为 0.35 m/s^2，加速两秒达到 0.7 m/s 的速度后匀速行驶；陀螺仪零偏为 $\varepsilon_x=\varepsilon_y=\varepsilon_Z=10$ deg/h，加速计零偏为 $\Delta_x=\Delta_y=\Delta_z=15\ \mu g$；杆臂值为(0.57，0.10，0.35)；角度随机游走：0.6deg/sqrt(h)；加速度随机游走：60μg/sqrt(μz)；起点经纬度高为：[113.33957307°，23.15948439°，380]；IMU 频率为 100 μz；gps 频率为 1 μz；重力加速度和地球自转角度取标准值。仿真的路径如图 7-14 所示，其中五角星部分为路径起点，处于东北天坐标系下。

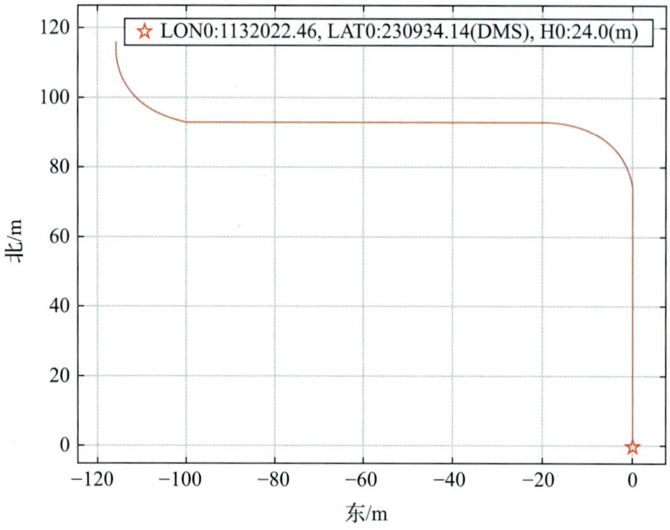

图 7-14　GNSS/INS 组合导航仿真路径

进行仿真后获取到的三向速度、姿态和位置偏差等结果如图 7-15 至图 7-17 所示，其中的直线为参考值，波浪线为计算值。

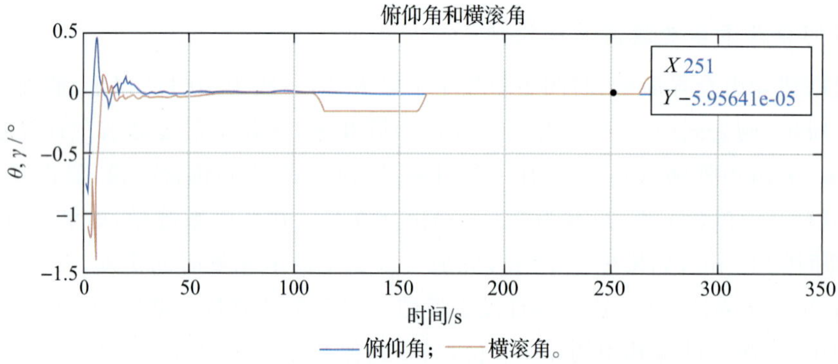

图 7-15　GNSS/INS 组合导航俯仰角和横滚角

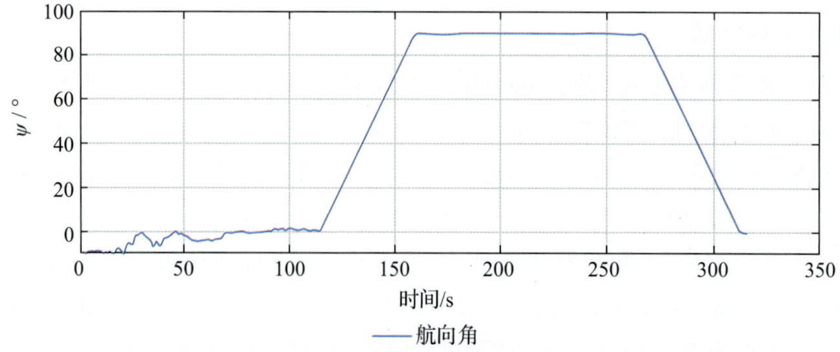

图 7-16　组合导航的航向角

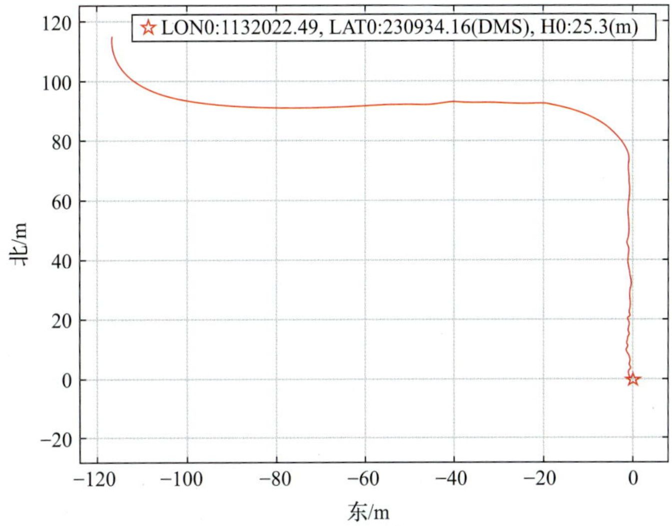

图 7-17　GNSS/INS 组合导航定位结果

由图 7-17 可以看出：单独的 GNSS 和 INS 在结果上或存在跳动或存在长时间的精度下降（在一定范围内漂移），而 GNSS/INS 组合导航却可以长时间地保持平滑和高精度输出。与两个单独的导航系统相比，GNSS/INS 组合导航在定位精度上有显著的提高。

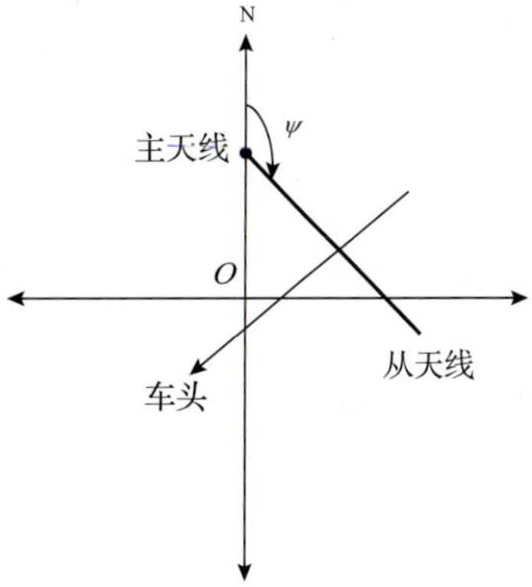

图 7-18　双天线 GNSS 设备航向

7.1.3.4　初始对准和航向稳定融合算法

车辆在起步阶段需要确认初始航向，采用双天线时，可以直接以主天线指向从天线的向量与正北方向的顺时针夹角作为航向，如图 7-18 所示，其精度可以到达到每米基线 0.1°。导航过程也可以实现实时的航向约束，以确保车辆能够按照预设航向前进。在单天线系统中，其无法直接输出航向，故只能依靠捷联惯性系统的初始对准来实现。所谓初始对准，即确定载体坐标系（b 系）到参考导航坐标系（n 系）之间的姿态关系。所谓航向稳定，即在组合导航过程中约束惯性导航系统自身航向发散。本章主要研究单天线系统的航向初始对准和运行过程中高速和低速下航向的稳定。

1. 纯磁力计的初始对准

一个常见的 9 轴 IMU 包含三轴加速度计、三轴陀螺仪和三轴磁力计。由于地球覆盖从南指向北的磁场，理论上可以通过磁力计获取载体的航向。利用通过椭球拟合法拟合后的软硬磁校正矩阵 A、b 校正磁力计输出，然后将其归一化，并根据加速度计计算的俯仰角和横滚角来获得水平面内的磁场变换。其中俯仰角和横滚角由公式（7-43）获取。

$$\begin{cases} pitch = \arcsin(-a_y) \\ roll = \arcsin\left(\dfrac{a_x}{\cos(pitch)}\right) \end{cases} \tag{7-43}$$

式中：a_x，a_y 为加速计 x 轴，y 轴输出。

基于公式(7-43)则可以得到磁航向角始公式(7-44)所示。

$$yaw = \arctan(mag_y, mag_x) + \Delta mag \tag{7-44}$$

$$magYaw = \begin{cases} yaw - 2 \times pi, (yaw > pi) \\ yaw + 2 \times pi, (yaw < -pi) \end{cases} \tag{7-45}$$

式中：Δmag 为磁偏角(广州取－3.22°)；mag_x、mag_y 分别为 x 轴、y 轴磁力计。为了验证纯磁力计的初始对准效果，在华南农业大学农业工程楼后采用差速小车进行试验。试验内容为围绕定点做顺时针转动车体，转动过程中会遇到卷闸门干扰，试验以 30°为间隔，IMU 以 100 Hz 获取数据，取前 300 个数据进行求和取平均值(不取前 3 s 是为了防止传感器频率的波动。在实际过程中，如果只计时 3 s，数据只有 280 个左右)，以双天线 GNSS 折合后的航向为参考值，获取到 12 组磁力计航向初始对准。其结果如表 7-2 所示(表中航向角为[－pi，pi)，且北偏西为航向正方向)，磁力计附近的卷闸门干扰结果如图 7-19 所示。

表 7-2　纯磁力计的航向初始对准　　°

实验编号	GPS 航向	磁力计航向	差值绝对值
1	120.75	127.36	6.61
2	150.19	153.18	2.99
3	180.64	178.31	2.33
4	149.32	147.35	1.97
5	119.75	117.70	2.05
6	89.76	88.15	1.61
7	59.93	60.50	0.57
8	29.84	24.04	5.8
9	0.76	－18.46	19.22
10	－30.98	－55.37	24.39
11	－60.09	－83.47	23.38
12	－89.64	－107.10	17.46

由表 7-2 可知：在磁力计没有遇到太强干扰时，3 s 左右获取的航向可以收敛 1°～3°，已经达到比较好的 GNSS/INS 组合导航初始对准需求(试验编号 2～7 组)。在遇到铁闸门等外界干扰时(试验编号：8～12 组和 1 组)，磁力计会受到极大的干扰，偏差甚至达到几十度，这在导航上是很难直接使用的，需要可以采用其他信息。

图 7-19 磁力计附近的卷闸门干扰

2. 基于 9 轴 IMU 融合的航向初始对准保持算法

基于磁力计在一定程度上的快速收敛性，本文改进了一种基于 9 轴 IMU 融合的航姿测量算法。其核心思想是以四元数和陀螺仪随机漂移为状态向量，以加速度计测量值和磁力计解算的航向角为量测值进行校正的强跟踪扩展卡尔曼滤波算法，同时针对转弯和磁干扰等设计了自适应的测量噪声协方差矩阵修正方法。

(1)算法原理　根据四元数定义可以获取其姿态运动学方程为 $\dot{q}=\frac{1}{2}q\otimes\Omega_b\cdot q$，其中 Ω_b 为 b 系相对于 n 系的角速度在 b 系上的分量，由陀螺仪获取，Ω_b 可由公式(7-46)获取。

$$\Omega_b=\begin{bmatrix}0 & -\omega_x & -\omega_y & -\omega_z\\ \omega_x & 0 & \omega_z & -\omega_y\\ \omega_y & -\omega_z & 0 & \omega_x\\ \omega_z & \omega_y & -\omega_x & 0\end{bmatrix} \tag{7-46}$$

按照右前上的载体坐标系，$\omega_x,\omega_y,\omega_z$ 分别为三轴角速度。在采用一阶龙塔库格法求解后可得离散时间模型为公式(7-47)所示，其中 T 为采样周期。

$$q(k)=q(k-1)+\frac{T}{2}[(\Omega_b(k-1)]q(k-1)=\left\{I+\frac{T}{2}[(\Omega_b(k-1)]\right\}q(k-1) \tag{7-47}$$

设状态量为 x 为

$$x(k)=(q_0(k)\ q_1(k)\ q_2(k)\ q_3(k)\ b_{\omega x}(k)\ b_{\omega y}(k)\ b_{\omega z}(k))^{\mathrm{T}} \tag{7-48}$$

状态方程

$$\begin{aligned}x(k)&=\begin{bmatrix}q(k)\\ b_\omega(k)\end{bmatrix}=\begin{bmatrix}(I+(T/2)\,\Omega_\omega)q(k-1)\\ b_\omega(k-1)\end{bmatrix}+\begin{bmatrix}w_q(k-1)\\ w_\omega(k-1)\end{bmatrix}\\ &=f(x(k-1),k-1)\end{aligned} \tag{7-49}$$

式中：$b_\omega(k)$为陀螺仪随机漂移向量。

线性化求 f 的雅克比矩阵

$$\begin{bmatrix} 1 & -T\frac{\hat{\omega}_x}{2} & -T\frac{\hat{\omega}_y}{2} & -T\frac{\hat{\omega}_z}{2} & T\frac{q_1}{2} & T\frac{q_2}{2} & T\frac{q_3}{2} \\ T\frac{\hat{\omega}_x}{2} & 1 & T\frac{\hat{\omega}_z}{2} & -T\frac{\hat{\omega}_y}{2} & -T\frac{q_0}{2} & T\frac{q_3}{2} & -T\frac{q_2}{2} \\ T\frac{\hat{\omega}_y}{2} & -T\frac{\hat{\omega}_z}{2} & 1 & T\frac{\hat{\omega}_x}{2} & -T\frac{q_3}{2} & -T\frac{q_0}{2} & T\frac{q_1}{2} \\ T\frac{\hat{\omega}_z}{2} & T\frac{\hat{\omega}_y}{2} & -T\frac{\hat{\omega}_x}{2} & 1 & T\frac{q_2}{2} & -T\frac{q_1}{2} & -T\frac{q_0}{2} \\ 0 & 0 & 0 & 0 & 1 & 0 & 0 \\ 0 & 0 & 0 & 0 & 0 & 1 & 0 \\ 0 & 0 & 0 & 0 & 0 & 0 & 1 \end{bmatrix} \tag{7-50}$$

设量测量为

$$z(k) = [a_{bx}(k)\ a_{by}(k)\ a_{bz}(k)\ \psi_m(k)]^{\mathrm{T}} \tag{7-51}$$

式中：$a_{bx}(k)$，$a_{by}(k)$，$a_{bz}(k)$为三轴加速度计数据；$\psi_m(k)$为磁航向角。磁航向角可由公式(7-45)获取。对量测量求雅可比矩阵：

$$\begin{aligned} z(k) = \begin{pmatrix} a_{bx}(k) \\ a_{by}(k) \\ a_{by}(k) \\ \psi_m(k) \end{pmatrix} &= \begin{pmatrix} -2g(q_1q_3 - q_0q_2) \\ -2g(q_2q_3 + q_0q_1) \\ -g(q_0^2 - q_1^2 - q_2^2 + q_3^2) \\ \arctan\left(-\dfrac{2(q_1q_2 - q_0q_3)}{q_0^2 - q_1^2 + q_2^2 - q_3^2}\right) \end{pmatrix} + \boldsymbol{v}(k) \\ &= h(\boldsymbol{x}(k), k) + \boldsymbol{v}(k) \end{aligned} \tag{7-52}$$

$$\begin{aligned} \boldsymbol{H}(k) &= \left.\frac{\partial H(\boldsymbol{x}(k), k)}{\partial \boldsymbol{x}(k)}\right|_{x(k)-\hat{x}(k,k-1)} \\ &= \begin{pmatrix} 2gq_2 & -2gq_3 & 2gq_0 & -2gq_1 & 0 & 0 & 0 \\ -2gq_1 & -2gq_0 & -2gq_3 & -2gq_2 & 0 & 0 & 0 \\ -2gq_0 & 2gq_1 & 2gq_2 & 2gq_3 & 0 & 0 & 0 \\ \dfrac{2q_3D_1 + 4q_0D_2}{D_1^2 + 4D_2^2} & \dfrac{-2q_2D_1 - 4q_1D_2}{D_1^2 + 4D_2^2} & \dfrac{-2q_1D_1 + 4q_2D_2}{D_1^2 + 4D_2^2} & \dfrac{2q_0D_1 - 4q_3D_2}{D_1^2 + 4D_2^2} & 0 & 0 & 0 \end{pmatrix} \end{aligned} \tag{7-53}$$

在车辆转弯或者受到磁干扰时，磁力计和加速度计会受到较大的干扰，从而影响航向收敛效果。基于此，本文引入了强追踪滤波和自适应 $\boldsymbol{R}$ 阵来改善这种情况，具体的原理为在公式(7-8)的基础上引入一个时变因子 λ，即公式(7-54)。

$$P_{k+1/k} = \lambda(k+1)F_kP_kF_k^{\mathrm{T}} + \Gamma_kQ_k\Gamma_k^{\mathrm{T}} \tag{7-54}$$

$$\lambda(k+1)=\begin{cases}\lambda_{11},\lambda_{11}\geqslant 1\\ 1,\lambda_{11}<1\end{cases} \tag{7-55}$$

$$\lambda_1=\frac{tr[N(k+1)]}{tr[M(k+1)]} \tag{7-56}$$

$$S_0(k+1)=\begin{cases}\gamma(1)\dot{\gamma}(1),k=0\\ \dfrac{[\rho S_0(k)+\gamma(k+1)\dot{\gamma}(k+1)]}{1+\rho},k\geqslant 1\end{cases} \tag{7-57}$$

$$\boldsymbol{N}(k+1)=\boldsymbol{S}_{11}(k+1)-\boldsymbol{H}(k)\boldsymbol{Q}(k)\boldsymbol{H}\cdot(k)-\beta\boldsymbol{R}(k+1) \tag{7-58}$$

$$\boldsymbol{M}(k+1)=\boldsymbol{H}(k)\boldsymbol{F}(k)\boldsymbol{P}(k\mid k)\boldsymbol{F}\cdot(k)\boldsymbol{H}(k) \tag{7-59}$$

式中：遗忘因子 ρ 取 0.95；弱化因子 β 取 2。

由于本文量测量选用的是加速度计和磁力计，磁力计易受外界干扰，加速度计易受车辆自身加速度、惯性、转向和振动等影响，所以将测量噪声 $\boldsymbol{R}$ 固定是不合理的。本文改进了自适应 $\boldsymbol{R}$ 部分，其原理为添加历史信息信任机制，即用滑动窗口获取最近的 10 个数据，获取平均值，若当与历史数据相差太大，即干扰太大时，选择相信历史数据，并建模 $\boldsymbol{R}$ 如公式(7-60)所示。

$$\boldsymbol{R}(k)=\begin{pmatrix}\sigma_a^2\boldsymbol{I}_{3\times 3} & \boldsymbol{0}\\ \boldsymbol{0} & \sigma_m^2\boldsymbol{I}_{1\times 1}\end{pmatrix} \tag{7-60}$$

式中：σ_a 和 σ_m 满足公式(7-61)，其权重大小根据线速度和磁场干扰来确定，用于降低外界干扰的影响，从而稳定航向。

$$\begin{cases}\sigma_a^2=c_a(|\,\|\boldsymbol{a}(k)\|-\|\boldsymbol{g}\|\,|)\\ \sigma_m^2=c_m(|\,\|\boldsymbol{m}(k)\|-\|\boldsymbol{h}\|\,|)\end{cases} \tag{7-61}$$

(2)9 轴融合算法仿真验证　为了验证上述算法的可行性，本文在仿真阶段采用了发布于西北工业大学严龚敏老师网站的航姿参考系统(attitude and heading refer system, AHRS)数据集。数据集采用跑车在北京采集，其数据来源为 MTI300 型号的 IMU，它自带的 AHRS 可以输出实时姿态，仿真所对比的(蓝色线)也是它自带的算法，仿真的结果如图 7-20 至图 7-22 所示，其中绿色线为本文的 9 轴 IMU 融合算法，蓝色线为 MTI300 内置的 AHRS 算法。

由图 7-20 和图 7-22 可知：内置算法在转向后需要长时间的收敛才可以达到正常航向，经过测量，在车辆持续晃动和运动后停止约 60 s 才能收敛航向。由图 7-21 可知：内置算法在某些时候会发生长时间漂移，收敛很长时间也达不到正确航向，相比起来，本文改进后的算法在动态航向追踪和直线段的航向收敛上都优于 MTI300 内置算法。由于 9 轴 IMU 本身不受速度限制，该算法可作为本文在低速环境下航向收敛的主要方式。

3. 动态航向收敛算法

主流的动态航向收敛有两种：基于速度方向角和基于位置矢量算出来的航迹角。本小

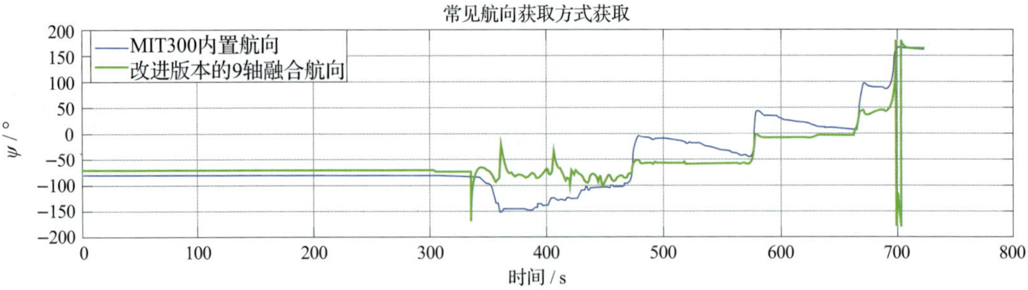

图 7-20　第一组跑车数据两种算法航向对比

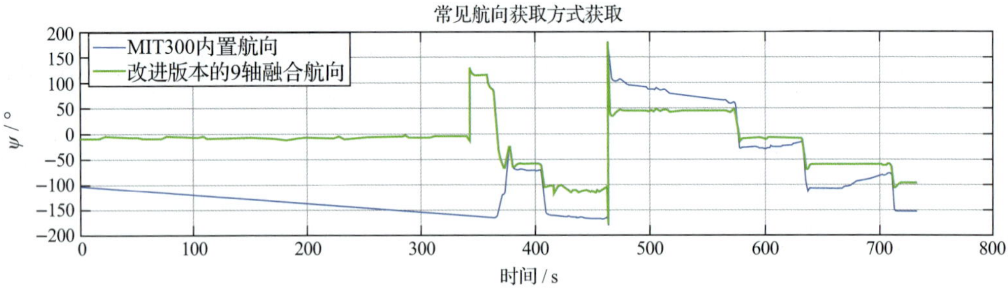

图 7-21　第二组跑车数据两种算法航向对比

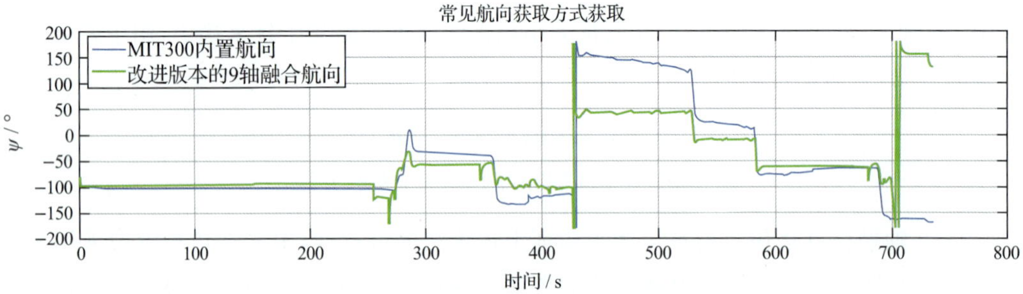

图 7-22　第三组跑车数据两种算法航向对比

节先介绍两种算法性能，然后做出方案抉择。

(1)基于速度方向角　这是众多关于单天线获取伪航向角文章中都提到的方式。其基本原理如图 7-23 所示。

一般 GNSS 接收机设备都可以输出 NEMA 协议。可以通过在“＄GPVTG”中获取地面水平速度 V(km/h)和在“＄G-PRMC”中获取航迹角 theta(0～359.9°，以正北方为参考标准)，两者结合可以获取东向 v_E 和北向速度 v_N 为

$$\begin{aligned} v_E &= V\sin(\text{theta}) \\ v_N &= V\cos(\text{theta}) \end{aligned} \tag{7-62}$$

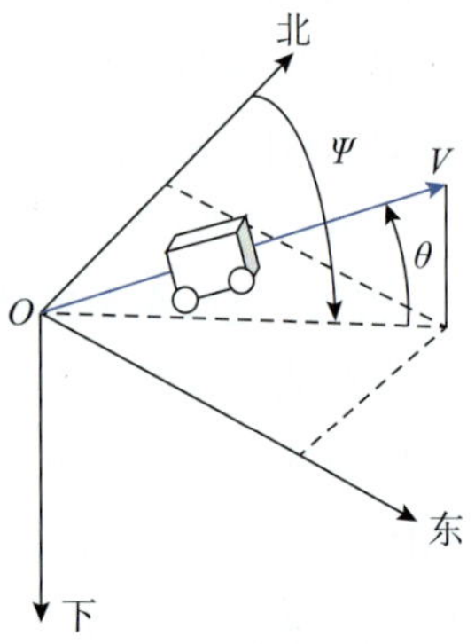

图 7-23　速度定向原理

在获取到各向速度后，航向角 ψ 和俯仰角 θ 可以表示为

$$\theta = \arctan(v_U/\sqrt{v_E^2 + v_N^2}$$

$$\psi = -\arctan2(v_E/v_N) \tag{7-63}$$

在超低速下，速度本身噪声值也会很大，噪声值甚至会遮盖速度本身，一般都要求速度大于 2 m/s，甚至 5 m/s 才可以取得比较好的航向效果。为验证这种说法，本文采用差速小车，在华南农业大学农业工程楼后水泥路进行了速度航向的获取试验，其结果如图 7-24 到图 7-31 所示，其中上方为速度航向获取，下方为双天线 GPS 设备航向输出。

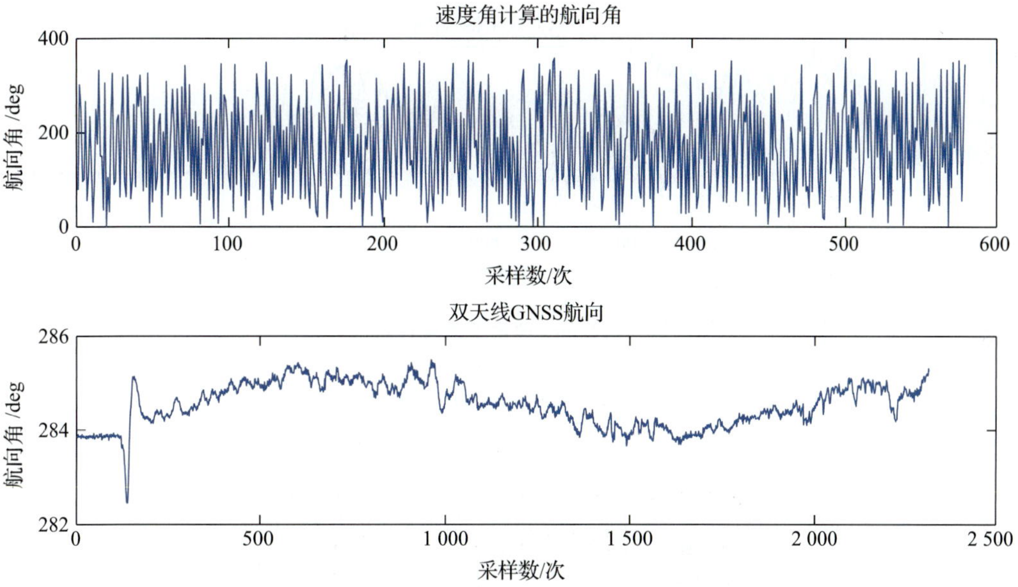

图 7-24　0.3 m/s 速度下的两种航向对比

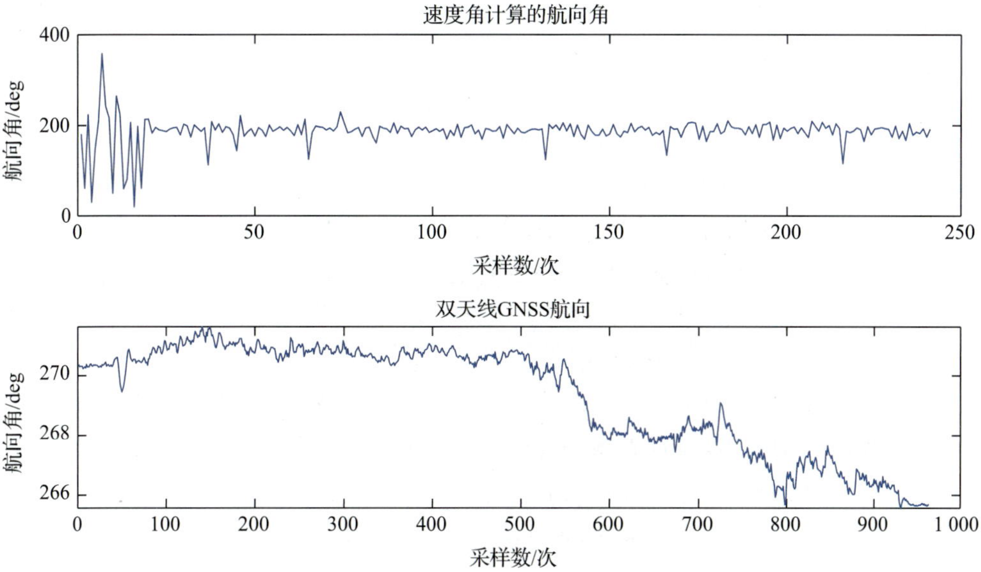

图 7-25　0.4 m/s 速度下的两种航向对比

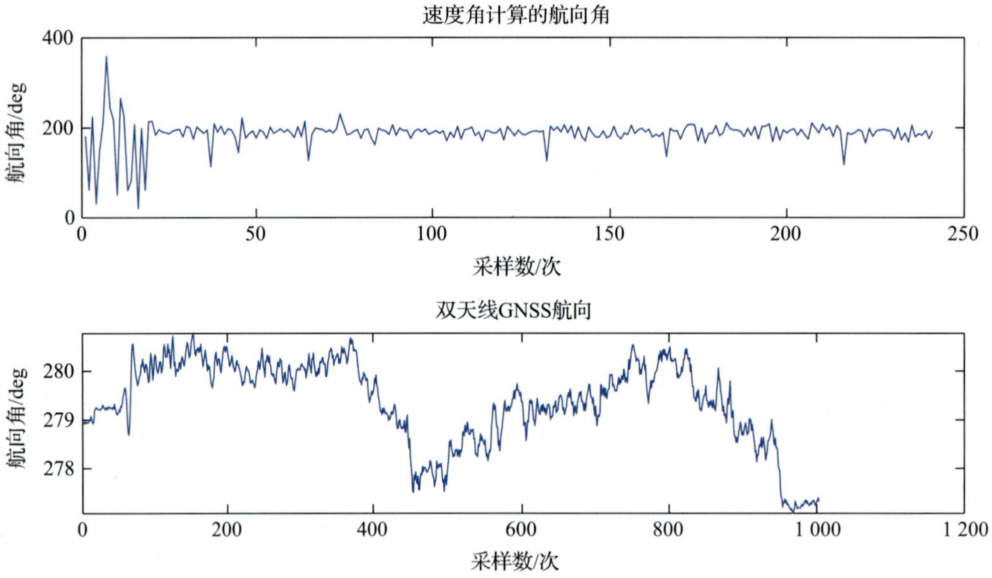

图 7-26　0.5 m/s 速度下的两种航向对比

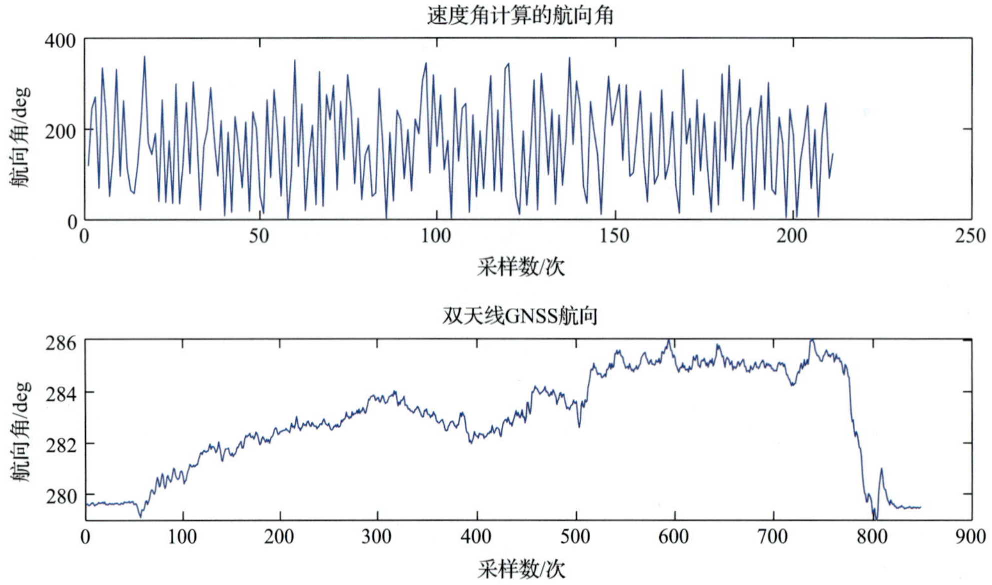

图 7-27　0.6 m/s 速度下的两种航向对比

图 7-24 至图 7-31 绘制了从 0.3 m/s 到 1.0 m/s(速度参考标准为差速小车内置的里程计)速度航向的结果,可以看出在稳定性和准确性上以及低速环境下,用速度分量的方式来获取航向的噪声值较大。在农田中的农机作业速度大多处于低速范围,故单采用速度方向角进行智能农机航向角测量,其精度和可靠性较差,仍须进一步研究航向角测量算法。

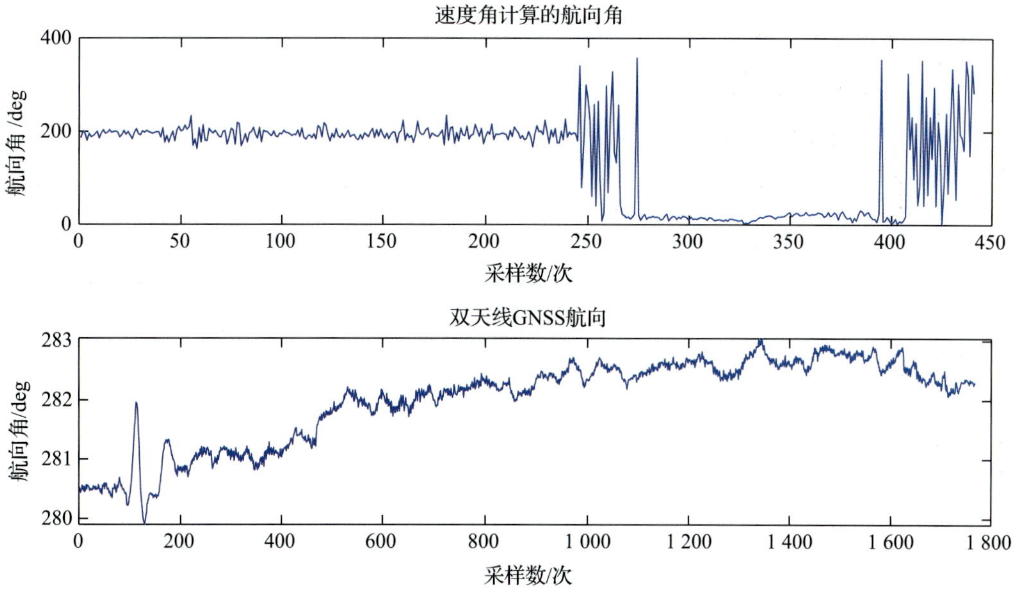

图 7-28　0.7 m/s 速度下的两种航向对比

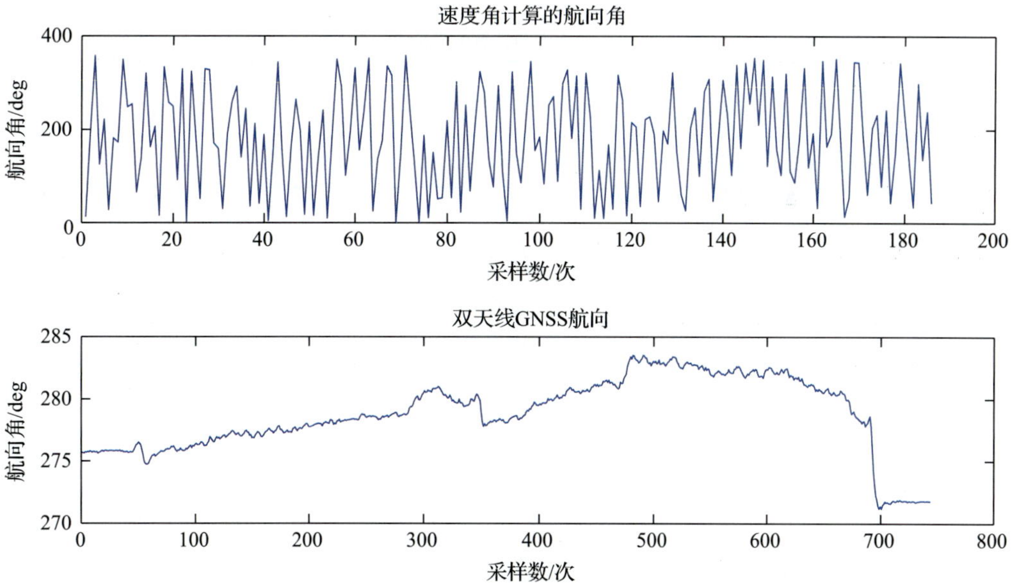

图 7-29　0.8 m/s 速度下的两种航向对比

(2)基于位置矢量获取方位角　位置矢量即以两个不同经纬度点在导航坐标系上形成的直线与 x 轴的斜率为航向角，类似于在对目标路径追踪时获取目标航向的算法。在导航坐标系上，还要考虑地球相关的参数。武汉大学提出通过航位推算法(dead reckoning,DR)计算器采用陀螺仪导出的姿态解和通过行驶距离来计算相对车辆的轨迹，而不采用加速度计，通过 GNSS 定位获得绝对车辆轨迹，然后通过 DR 和轨迹来计算航向的方

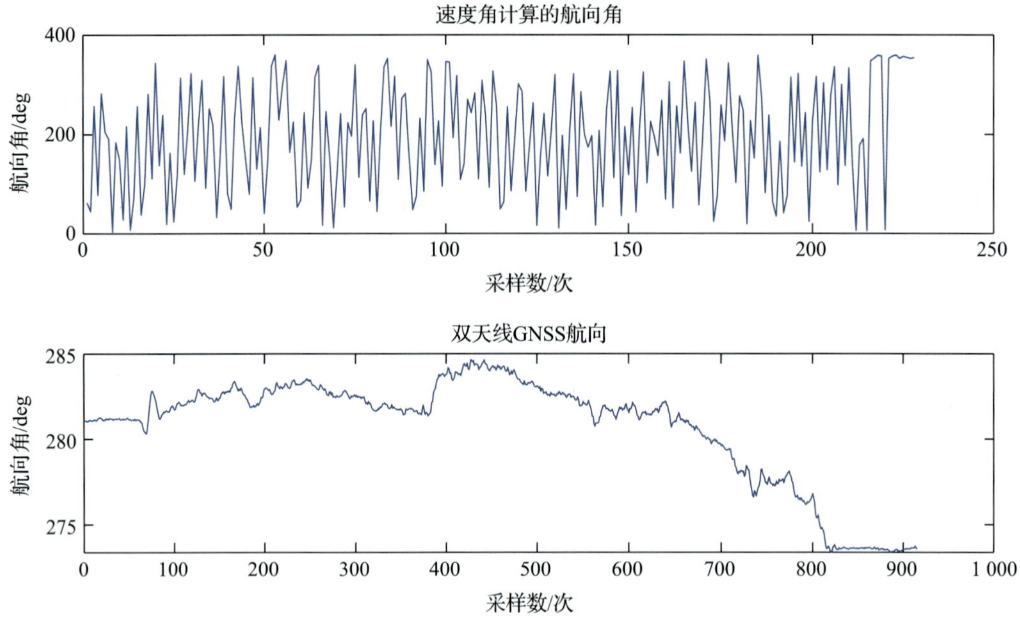

图 7-30　0.9 m/s 速度下的两种航向对比

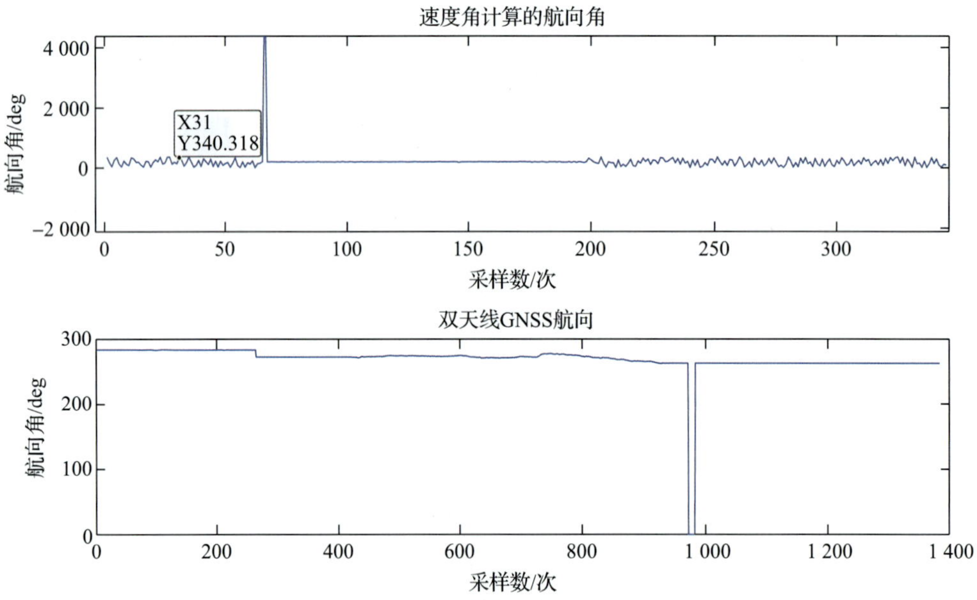

图 7-31　1.0 m/s 速度下的两种航向对比

式。图 7-32 为 INS 初始航向对准原理。

由于需要确定初始航向偏移量 $\Delta\psi$，DR 和 GNSS 表示的轨迹在水平面内形状相似，公式推导如下。

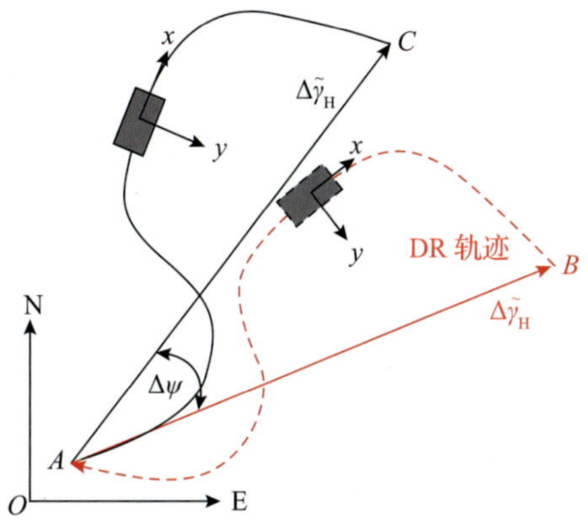

图 7-32 INS 初始航向对准原理

①经度修正：

$$\Delta\lambda' = \begin{cases} \Delta\lambda + 360, (\Delta\lambda < -180) \\ \Delta\lambda - 360, (\Delta\lambda > 180) \\ \Delta\lambda, (-180 \leqslant \Delta\lambda \leqslant 180) \end{cases} \tag{7-64}$$

②方向判断：

$$\text{East} = \begin{cases} 1, (\Delta\lambda' > 0) \\ 0 \end{cases}, \text{North} = \begin{cases} 1, (\Delta\Phi > 0) \\ 0 \end{cases} \tag{7-65}$$

③航向角初步计算：

$$\text{Dir} = \arctan\left(\frac{\Delta\lambda' \times 60}{d(f\text{EndPtx}) - d(f\text{StarPtx})}\right) \tag{7-66}$$

式中：fEndPtx 为终点位置坐标；fStarPtx 为起点位置坐标。

④航向角调整：

$$\text{Dir}_{\text{final}} = \begin{cases} \text{Dir}, (\text{East}=1 \,\&\&\, \text{North}=1) \\ \text{Dir}+360, (\text{East}=0 \,\&\&\, \text{North}=1) \\ \text{Dir}+180, (\text{East}=0 \,\&\&\, \text{North}=0) \\ \text{Dir}+180, (\text{East}=1 \,\&\&\, \text{North}=0) \end{cases} \tag{7-67}$$

⑤特殊情况处理：

$$\text{Dir}_{\text{special}} = \begin{cases} 0, (\Delta\Phi=0 \,\&\&\, \Delta\lambda'=0) \\ 90, (\Delta\Phi=0 \,\&\&\, \text{East}=1) \\ 270, (\Delta\Phi=0 \,\&\&\, \Delta\text{East}=0) \end{cases} \tag{7-68}$$

式中：$\Delta\Phi$ 为纬度差；$\Delta\lambda$ 为经度差；e 为地球偏心率，取 0.091 819 190 842 6。经过公式(7-64)到公式(7-68)便可以获取实时的航迹角。本文在 0.4 m/s 以上在采用更高权重的算法获取航向收敛。

为了验证上述代码的可行性，本文在 Matlab 中进行了仿真。仿真设置为：GNSS 频率为 10 Hz，起点经纬度取(34.246 048，108.909 664，380)，其中星号为起点，从零速开始，以加速度 0.35 m/s^2 加速到 0.7 m/s，后，便一直匀速行驶，航向：北偏西为正且范围为[－pi，pi)。仿真路径和原始航向如图 7-33 和图 7-34 所示，包含了直线段、顺时针、逆时针的转向。在算取航向上，为了模拟由卫星周跳带来的干扰(使用随机数添加了白噪声)以及为了防止由 GPS 低频带来的误差，首先对 10 Hz 的 GPS 原数据进行了三样条的插值平滑处理，使 GNSS 频率达到了 100 Hz；然后设置窗口值为 4 来进行滑动计算航向。

运行本文的算法后，获取的实际目标航向结果如图7-35所示，顺时针、逆时针和直线绕行后，发现在动态测试以及 0.7 m/s 的低速环境下，航向角输出稳定，表明该方法在低速工况下适用性好，因此本文航向获取主要采用基于位置矢量获取方位角的方法。

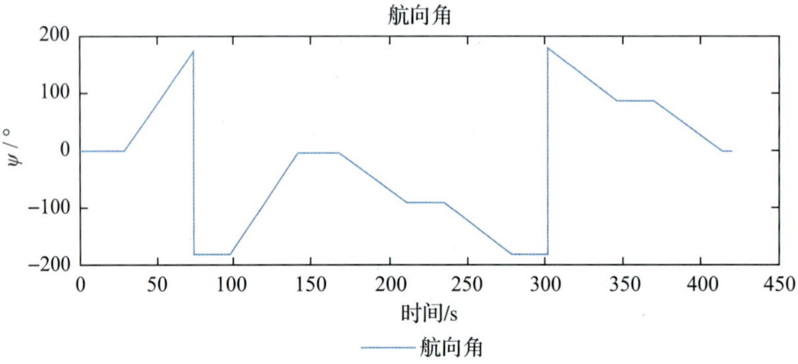

图 7-33　仿真路径

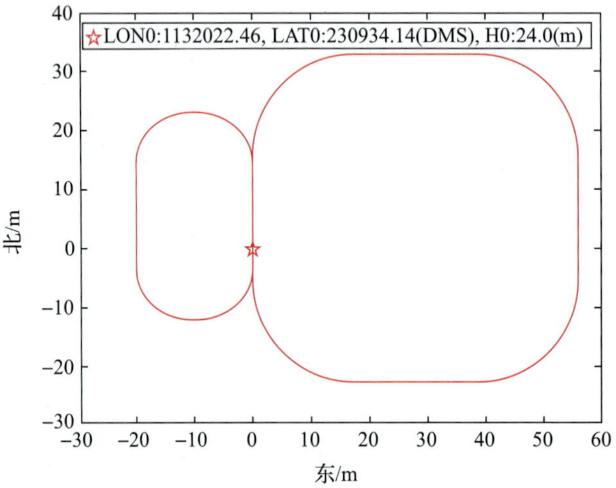

图 7-34　原始航向

7.1.3.5　航向融合算法

上述两种算法在航向收敛上各有优缺点，为实现各种速度梯度、工况下航向的收敛，

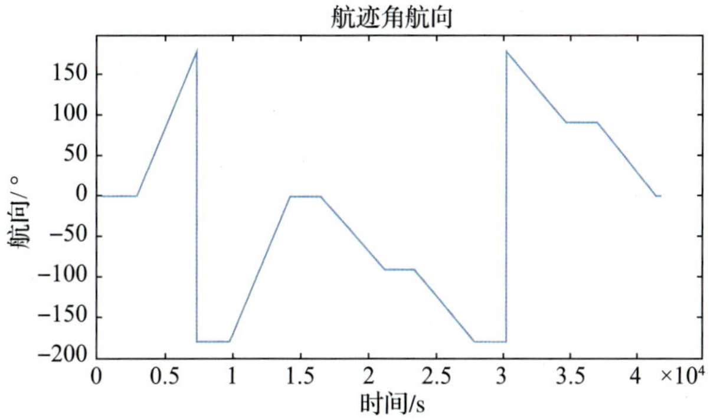

图 7-35　航迹角计算结果

需要融合进行优势互补。基于此，设计了一种航向融合的机制——利用 IMU 角速度和 GNSS 位置及速度信息，以判断农机处于静止、直线行驶、转弯、高速或低速中的何种状态，以一维卡尔曼滤波的方式进行航向融合。具体方式如下：

$$\begin{cases} z=\mathrm{mean}(\mathrm{yaw}_{\mathrm{distance}};\mathrm{yaw}_{\mathrm{Imu9}}) \\ y=z-x_{\mathrm{pred}} \\ P_{\mathrm{pred}}=P+Q \\ S=P_{\mathrm{pred}}+R \\ x=x_{\mathrm{pred}}+Ky \\ P=(1-K)P_{\mathrm{pred}} \end{cases} \tag{7-69}$$

式中：P 和 Q 初始值均取 1；R 取 0.5；x_{pred} 取 0。

7.2　农机无人驾驶坐标系统

7.2.1　参考坐标系建立

农机无人驾驶涉及的坐标系包括地心地固坐标系（earth-centered，earth-fixed coordinate system，ECEF）、大地坐标系（geodetic coordinate system，GCS）、局部切平面坐标系（local tangent plane coordinate）与车体坐标系（vehicle coordinate system，VCS）。

如图 7-36a 所示，地心地固坐标系 $^{\mathrm{ECEF}}P(B,L,H)$ 以地球质心为原点，Z 轴与地轴平行并指向北极点，X 轴指向本初子午线与赤道的交点，Y 轴垂直于 X/Z 轴构成笛卡尔坐标系。WGS84（world geodetic system 1984）是一种地心地固坐标系，为 GNSS 使用而建立的。

如图 7-36(b)所示，大地坐标系 $^{\mathrm{GCS}}P(B,L,H)$ 是一种以参考椭球面为基准面的坐标系。大地坐标系的 3 个坐标分量分别为大地纬度、大地经度和大地高程，是 GNSS 接收器输出地面点定位信息的标准形式。地心地固坐标系与大地坐标系可通过空间几何关系实现相互转换。

如图 7-36(c)所示，X 轴与 Y 轴分别与地球椭球的长半轴(东向)与短半轴(北向)重合，Z 轴与椭球法线重合且向上为正(天向)，因此被称为东北天(ease-north-up，ENU)坐标系，即 ${}^{ENU}P(X,Y,Z)$。大地坐标系与东北天坐标系间可通过投影方法实现相互转换。农机无人驾驶领域常用高斯-克吕格投影。东北天坐标原点可为定位点所在投影带的中央子午线与赤道的交点，也可平移至任意点。东北天坐标原点平移至于无人驾驶作业田块边界点的横、纵坐标最小点，即可建立导航坐标系。

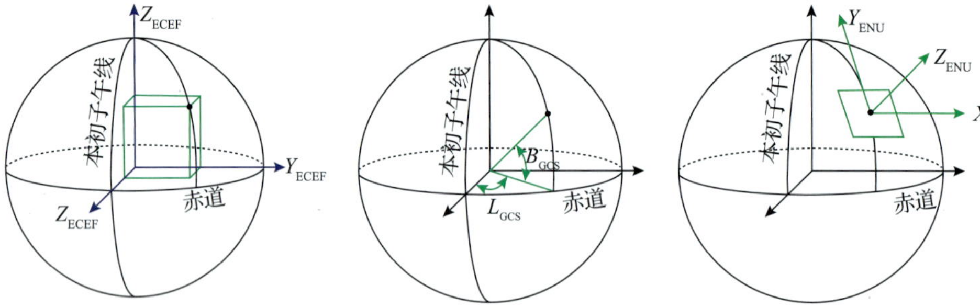

(a) 地心地固坐标系　　(b) 大地坐标系　　(c) 局部切平面坐标系

图 7-36　农机无人驾驶的坐标系统

如图 7-37 所示，农机无人驾驶还涉及车体坐标系 ${}^{VCS}P(X,Y,Z)$，其原点通常为农机的旋转中心或质心(导航控制点)，X 轴指向农机前进方向，Y 轴指向农机前进方向的左侧，Z 轴垂直于 X/Y 轴，构成笛卡尔坐标系，东北天坐标系 ${}^{ENU}P(X,Y,Z)$ 与车体坐标系 ${}^{VCS}P(X,Y,Z)$ 的关系。

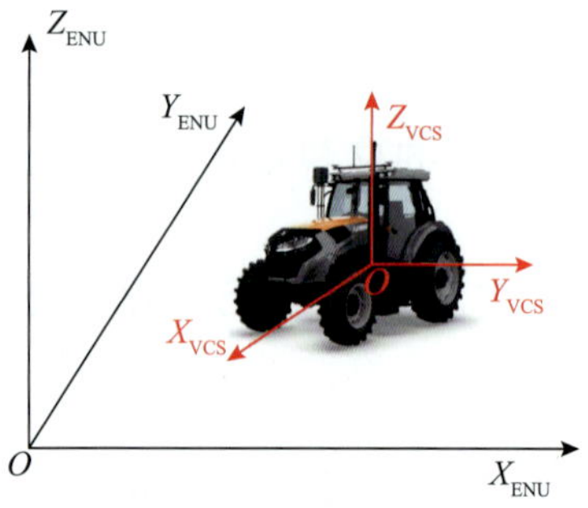

图 7-37　东北天坐标系与车体坐标系的关系

7.2.2 坐标系转换

农机无人驾驶的路径规划和导航控制均在导航坐标系下进行。GNSS 板卡输出 WGS-84 大地经纬度信息 $[B \quad L \quad H]^T$，需经过二次转换来获取农机车辆导航控制点的导航坐标。

第一步：采用高斯-克吕格投影方法，将 GNSS 主天线位置的经纬度坐标 $[B \quad L \quad H]^T$ 转换为东北天坐标；再通过平移，获取 GNSS 主天线在导航坐标系下的坐标 $[X_g \quad Y_g \quad Z_g]^T$。

第二步：假设导航控制点至 GNSS 主天线位置在车体坐标系下的矢量为 $[\boldsymbol{a} \quad \boldsymbol{b} \quad \boldsymbol{h}]^T$，通过齐次坐标转换，获取导航控制点至 GNSS 主天线的矢量在导航坐标系下的表示 $[\boldsymbol{a}_1 \quad \boldsymbol{b}_1 \quad \boldsymbol{h}_1]^T$，GNSS 主天线位置在导航坐标系下的坐标矢量 $[\boldsymbol{X}_g \quad \boldsymbol{Y}_g \quad \boldsymbol{Z}_g]^T$ 与矢量 $[\boldsymbol{a}_1 \quad \boldsymbol{b}_1 \quad \boldsymbol{h}_1]^T$ 之差，得到导航控制点处在导航坐标系下的坐标矢量 $[\boldsymbol{X}_c \quad \boldsymbol{Y}_c \quad \boldsymbol{Z}_c]^T$。其转换原理如下。

假设姿态传感器测量的拖拉机三轴姿态角横滚角度、俯仰角度和航向角度分别为 θ_r，θ_p，ψ，则拖拉机车体坐标系下的空间矢量向导航坐标系转换的转换矩阵 $\boldsymbol{R}_{b2n}$ 为

$$\boldsymbol{R}_{b2n}=\boldsymbol{R}_{\Psi}^{Z}\boldsymbol{R}_{\theta_p}^{Y}\boldsymbol{R}_{\theta_r}^{X}$$
$$=\begin{bmatrix}\cos\psi\cos\theta_P & \sin\theta_P\sin\theta_r\cos\psi-\cos\theta_r\sin\psi & \cos\theta_r\sin\theta_P\cos\psi+\sin\theta_r\sin\psi\\ \cos\theta_P\sin\psi & \sin\theta_r\sin\theta_P\sin\psi+\cos\theta_r\cos\psi & \cos\theta_r\sin\theta_P\sin\psi-\sin\theta_r\cos\psi\\ -\sin\theta_P & \sin\theta_r\cos\theta_P & \cos\theta_r\cos\theta_P\end{bmatrix} \tag{7-70}$$

假设导航控制点至GNSS主天线的空间矢量在车体坐标系下的表达形式为 $[\boldsymbol{a}\quad \boldsymbol{b}\quad \boldsymbol{h}]^{\mathrm{T}}$，主天线位置在导航坐标系下的坐标为 $[\boldsymbol{X}_g\quad \boldsymbol{Y}_g\quad \boldsymbol{Z}_g]^{\mathrm{T}}$，导航控制点在导航坐标系下的坐标为 $[\boldsymbol{X}_c\quad \boldsymbol{Y}_c\quad \boldsymbol{Z}_c]^{\mathrm{T}}$，则

$$\begin{bmatrix}\boldsymbol{X}_c\\ \boldsymbol{Y}_c\\ \boldsymbol{Z}_c\end{bmatrix}=\begin{bmatrix}\boldsymbol{X}_g\\ \boldsymbol{Y}_g\\ \boldsymbol{Z}_g\end{bmatrix}-\boldsymbol{R}_{b2n}\begin{bmatrix}\boldsymbol{a}\\ \boldsymbol{b}\\ \boldsymbol{h}\end{bmatrix} \tag{7-71}$$

公式(7-71)为经横滚、俯仰角倾斜校正后的农机车辆底部的四轮中心点处(即导航控制点)在导航平面坐标系下的定位信息。在三维姿态角精度足够的条件下，可有效弥补由地形颠簸、起伏造成的定位控制点信息不准确问题。

7.3 导航控制技术

7.3.1 农机运动的数学模型

在设计拖拉机路径跟踪控制律之前，需要建立拖拉机运动的数学模型。数学模型建立越精细(参数量越多)，在一定范围内对拖拉机运动的描述就越准确，与此同时，数学模型对环境变化的适应性也越差。拖拉机模型分为运动学模型和动力学模型。

7.3.1.1 自行车模型

拖拉机运动学模型从几何学的角度研究拖拉机的运动规律，包括拖拉机的空间位姿和速度等随时间的变化。针对前轮转向拖拉机，做出假设：①假设拖拉机在二维平面上运动，即不考虑其在垂直方向的运动；②假设拖拉机左右侧轮胎在任意时刻都具有相同的转向角度和转速，忽略车轮的横向滑移；③假设拖拉机行驶速度变化缓慢，即忽略前后轴载荷的转移；④假设车身和悬架系统都是刚性系统；⑤假设拖拉机的运动和转向是由前轮驱动(front-wheel-only)的。

在上述假设前提下，将拖拉机结构简化为二轮车，建立的模型称为“自行车”模型，如图7-38所示。在平面坐标系 XOY 下，(x_f, y_f) 和 (xr, yr) 分别表示拖拉机前轴中心和后轴中心坐标，v_f 和 v_r 分别表示前轴和后轴中心速度，θ 为拖拉机航向角(横摆角)，δ 为拖拉机前轮转角，l 为拖拉机轴距，R 为拖拉机前轮转向半径，P 为拖拉机平面转动顺心。

在后轮轴中心处，速度为

$$v_r = \dot{x}_r\cos\theta + \dot{y}_r\sin\theta \tag{7-72}$$

拖拉机前轴、后轴的运动学约束为

$$\begin{cases}\dot{x}_f\sin(\theta+\delta) - \dot{y}_f\sin(\theta+\delta) = 0 \\ \dot{x}_r\sin\theta - \dot{y}_r\cos\theta = 0\end{cases} \tag{7-73}$$

联立公式(7-72)和公式(7-73)，可得

$$\begin{cases}\dot{x}_r = v_t\cos\theta \\ \dot{y}_r = v_r\sin\theta\end{cases} \tag{7-74}$$

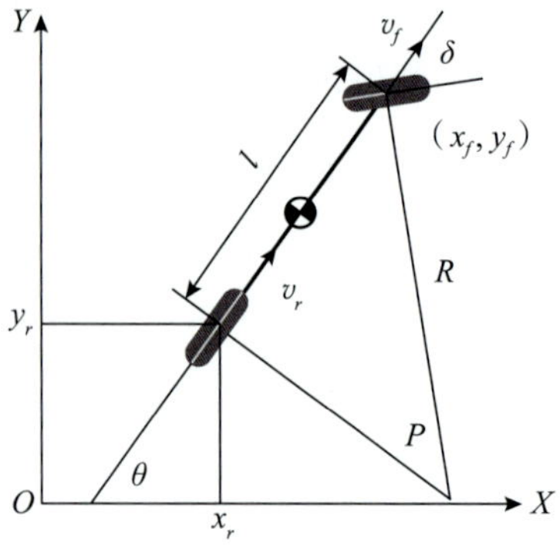

图 7-38　拖拉机运动的自行车模型

根据拖拉机前后轮几何关系，有

$$\begin{cases}x_f = x_r + l\cos\theta \\ y_f = y_r + l\sin\theta\end{cases} \tag{7-75}$$

将公式(7-73)和公式(7-74)代入公式(7-72)，可得拖拉机横摆角速度为

$$\omega = \frac{v_r}{l}\tan\delta \tag{7-76}$$

由横摆角速度 ω 和车速 v_r，得到转向半径 R 和前轮转角 δ

$$\begin{cases}R = v_r/\omega \\ \delta = \arctan(l/R)\end{cases} \tag{7-77}$$

由公式(7-73)和公式(7-75)得到拖拉机的“自行车”模型为

$$\begin{bmatrix}\dot{x}_r \\ \dot{y}_r \\ \dot{\theta}\end{bmatrix} = \begin{bmatrix}\cos\theta \\ \sin\theta \\ \tan\delta/l\end{bmatrix} v_r \tag{7-78}$$

7.3.1.2　四自由度农机运动学模型

华南农业大学设计了一个四自由度农机运动学模型(图 7-39)，并基于该模型设计了自校准变结构滤波器，进行位姿信息处理。

在前进和转向两个自由度上采用简化二轮车模型，为将横滚、俯仰自由度上的卫星天线漂移统一到二维平面上，依据四自由度运动学模型对由横滚、俯仰引起的定位漂移进行定义。将三维的 BDS 天线定位投影到车身坐标的二维平面($x'o\,y'$)，并转换到全局坐标系(XY)中，用于消除由横滚、俯仰导致的等效定位误差干扰。投影和转换的几何关系如图 7-40 所示。

由于农机行驶时的 α 和 β 均较小，$\sin\alpha$ 和 $\sin\beta$ 可用 α 和 β 进行等效替换，从而获得由横滚俯仰引起的定位投影相对位置漂移微分方程。

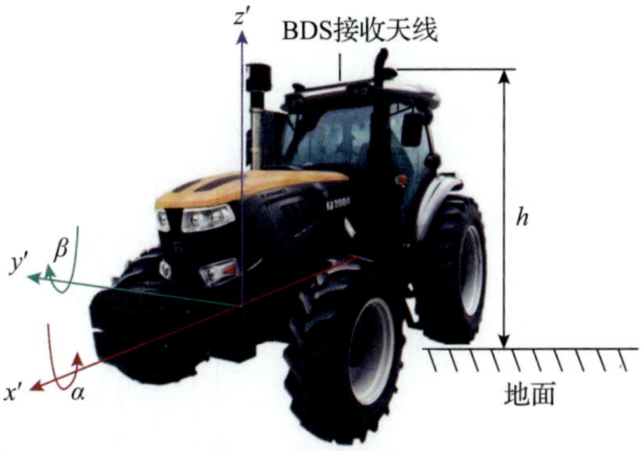

$x'y'z'$ 是农机车身坐标系，该坐标系随车身移动；x' 方向与航向一致；$x'y'$ 平面为水平面；h 为接收天线到底面的垂直距离(m)；α、β 分别是横滚角与俯仰角(rad)。

图 7-39　四自由度农机简化运动学模型

$$\begin{bmatrix} \dot{x}'' \\ \dot{y}'' \end{bmatrix} = \begin{bmatrix} \dot{\alpha}\sin\theta + \dot{\beta}\cos\theta \\ -\dot{\alpha}\cos\theta + \dot{\beta}\sin\theta \end{bmatrix} \tag{7-79}$$

式中：$\boldsymbol{x}''$ 为在全局坐标系中由横滚俯仰引起的定位相对位置 X 轴投影；$\boldsymbol{y}''$ 为在全局坐标系中由横滚俯仰引起的定位相对位置 Y 轴投影。

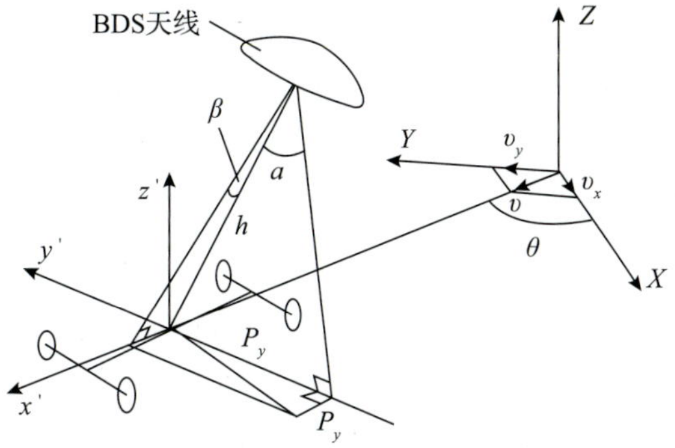

XYZ 为全局坐标系，该坐标系不随车身移动，其中 XY 平面与 $x'y'$ 平面平行。p_x 为 BDS 的天线坐标在局部坐标系 x' 轴投影；p_y 为 BDS 的天线坐标在局部坐标系 y' 轴投影；θ 为全局坐标系航向角(rad)。

图 7-40　卫星天线平面投影与转换几何关系

7.3.1.3　履带式农机运动学模型

履带式车辆在水平路面上空车稳态转向的运动学如图 7-41 所示，车辆绕回转轴线 O 以角速度 w_x 回转，回转轴线 O 位于垂直车辆纵向对称平面的横垂面上。假定垂直载荷沿履带支承面均匀分布，履带相对地面无滑转、无滑移，则回转轴线 O 在平面图上表现为转向中心点 O，居于通过履带支承面长度中点的横向垂直平面上，而相应的转向极线 O_T、O_1、O_2 分别居于各自的对称中心。O_T 的运动速度 V' 代表履带式车辆转向时的平均前进速度。履带式车辆绕转向中心 O 的回转角速度 w_x 可由式(7-80)决定

$$w_x = \frac{V'}{R} \tag{7-80}$$

式中：V' 为履带式车辆转向时的平均前进速度；R 为转向半径。

转向时，机体上的任一点都绕转中心 O 回转，其速度为该点到转向中心的距离和回转角速度的乘积，所以慢速侧和快速侧履带的速度 V_1 、V_2 分别为

$$\left.\begin{aligned} V_1 &= w_x(R-0.5B) = V'-0.5Bw_x \\ V_2 &= w_x(R+0.5B) = V'+0.5Bw_x \end{aligned}\right\} \tag{7-81}$$

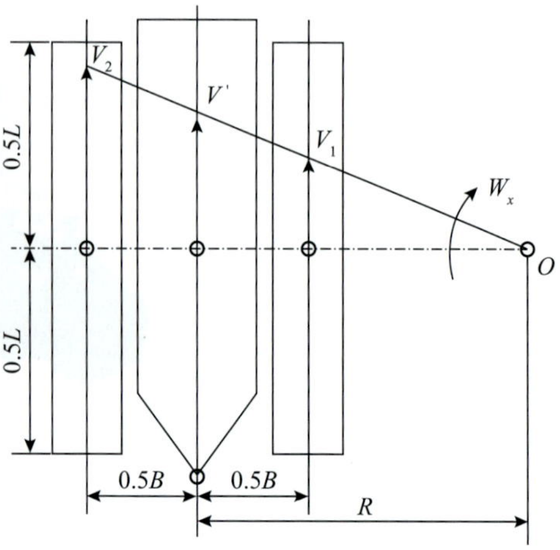

图 7-41　履带式车辆转向运动学

式中：B 为履带式车辆的轨距。

由式(7-81)可知：根据相对运动原理，可以将机体上的任一点的运动看作两种运动的合成：①牵连运动，该点以 O_T 的速度 V' 作直线运动。②相对运动，该点以角速度 w_t 绕 O_T 的回转运动。

慢速侧履带和快速侧履带上 O_1 点、O_2 点的速度 V_1、V_2 就是牵连平移速度 V' 和相对转动速度 $0.5B \cdot w_x$ 的矢量和。

将公式(7-80)代入公式(7-81)，则慢速侧履带、快速侧履带上 O_1 点、O_2 点的速度 V_1、V_2 可表示为

$$\left.\begin{aligned} V_1 &= V'\frac{R-0.5B}{R} \\ V_2 &= V'\frac{R+0.5B}{R} \end{aligned}\right\} \tag{7-82}$$

可见，运动学要求外侧履带速度增加，内侧带速度减少。若内侧驱动链轮、外侧驱动链轮（或半轴）角速度用 w_1、w_2 表示，则在履带无滑转和无滑移时，有下列关系

$$\frac{V_1}{V_2} = \frac{R+0.5B}{R-0.5B} = \frac{w_2}{w_1} \tag{7-83}$$

由此可得

$$R = 0.5B\frac{V_2+V_1}{V_2-V_1} = 0.5B\frac{w_2+w_1}{w_2-w_1} \tag{7-84}$$

7.3.1.4　改进的水田农机运动学模型

农机与道路车辆的主要不同点是农机需要挂接不同的农具进行农事作业。作业质量评价（如直线度、重复或遗漏作业等）包括机具的运动特性，因此研究无人驾驶农机运动模型，须将农机及机具均视为研究对象。考虑到机具与机头在运动过程中会产生一定的夹

角(牵引式农机具运动夹角值会较大),而农机作业质量的重点受机具的运动状态影响较大,为此建立以机具为被控对象的运动学模型,如图 7-42 所示。

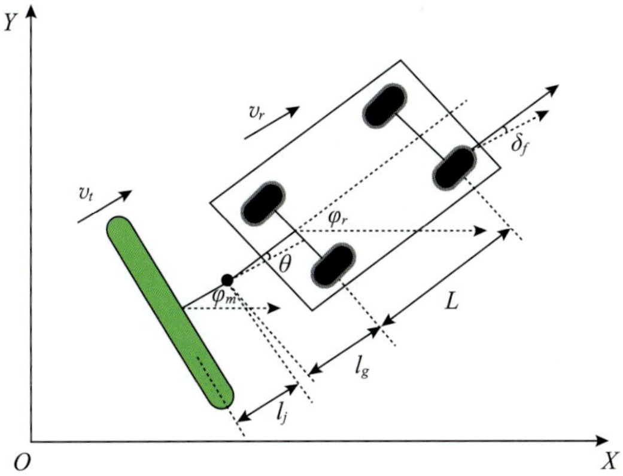

δ_f 为机头的前轮转向角度;v_r 为机头的后轮轴中心速度;v_m 为机具中心的速度;φ_r 和 φ_m 分别是机头和机具的横摆角(即航向角);L、l_g 和 l_j 分别为机头的轴距、后轮轴到悬挂点的距离及悬挂点到机具中心的距离;θ 为机头与机具的夹角,$\theta=\varphi_r-\varphi_m$。

图 7-42 改进的农机运动学模型

令(X_f,Y_f)、(X_r,Y_r)和(X_m,Y_m)分别为机头的前轮轴、后轮轴中心坐标和机具中心坐标。机头后轮轴中心的速度为

$$v_r = \dot{X}_r\cos\varphi_r + \dot{Y}_r\sin\varphi_r \tag{7-85}$$

机具中心的速度为

$$v_m = v_r\cos\theta = \dot{X}_m\cos\varphi_m + \dot{Y}_m\sin\varphi_m \tag{7-86}$$

根据农机和机具运动学约束条件

$$\begin{aligned}
&\dot{X}_f\sin(\varphi_r+\delta_f) - \dot{Y}_f\cos(\varphi_r+\delta_f) = 0\\
&\dot{X}_r\sin\varphi_r - \dot{Y}_r\cos\varphi_r = 0\\
&\dot{X}_m\sin\varphi_m - \dot{Y}_m\cos\varphi_m = 0
\end{aligned} \tag{7-87}$$

由公式(7-85)、公式(7-86)和公式(7-87)联立可得

$$\begin{aligned}
\dot{X}_r &= v_r\cos\varphi_r\\
\dot{Y}_r &= v_r\sin\varphi_r
\end{aligned} \tag{7-88}$$

$$\begin{aligned}
\dot{X}_m &= v_r\cos\theta\cos\varphi_m\\
\dot{Y}_m &= v_r\cos\theta\sin\varphi_m
\end{aligned} \tag{7-89}$$

由车辆运动学模型可知

$$\begin{aligned}
X_f &= X_r + L\cos\varphi_r\\
Y_f &= Y_r + L\sin\varphi_r
\end{aligned} \tag{7-90}$$

令 ω_r 为机头的横摆角速度为：

$$\omega_r = \frac{v_r}{L}\tan\delta_f \tag{7-91}$$

由机头和机具之间的运动学关系，可得到农机机头的运动学模型为：

$$\begin{aligned} \dot{x}_r &= v_r\cos\varphi_r \\ \dot{y}_r &= v_r\sin\varphi_r \\ \dot{\varphi}_r &= \omega_r = \frac{v_r\tan\delta_f}{L} \end{aligned} \tag{7-92}$$

农机机具的运动学模型为

$$\begin{aligned} \dot{x}_m &= v_r\cos(\varphi_m)\cos(\varphi_m-\varphi_r) \\ \dot{y}_m &= v_r\sin(\varphi_m)\cos(\varphi_m-\varphi_r) \\ \dot{\varphi}_m &= \omega_m = \frac{-v_r\sin(\varphi_m-\varphi_r)-l_g\omega_r\cos(\varphi_m-\varphi_r)}{l_j} \end{aligned} \tag{7-93}$$

求解上述运动学方程，需要获取农机的几个参数，包括农机前后轮轴距、后轮轴到悬挂点的距离及到机具中心的距离、机头与机具的航向参数和。据此，根据机头的位姿和机器参数以及机头和机具的相对位姿变化关系来获取机具的运动状态。

7.3.1.5 经典电动力学模型

经典电动力学模型的参数结构包括车辆的运动学参数、结构参数和力学参数。基于不同的研究目的，模型的自由度不同。本节将车辆模型简化为只具有侧向运动和横摆运动的二自由度车辆模型，如图 7-43 所示。

在车体坐标系下，侧向动力学由牛顿第二定律给出：

$$ma_y = F_{yf} + F_{yr} \tag{7-94}$$

式中：m 为车辆质量；a_y 为侧向加速度；F_{yf}、F_{yr} 分别为前后轮侧向力。

轮胎侧向力与侧偏角的关系(线性模型)为：

$$F_{yf} = C_f\alpha_f \tag{7-95}$$

$$F_{yr} = C_r\alpha_r \tag{7-96}$$

式中：C_f、C_r 分别为前后轮侧偏刚度，N/rad；α_f、α_f 分别为前后轮侧偏角，(°)。

侧偏角为：

$$\alpha_f = \delta_f - \frac{v + l_f\dot{\psi}}{V} \tag{7-97}$$

$$\alpha_r = \frac{l_r\dot{\psi} - v}{V} \tag{7-98}$$

式中：l_f、l_r 分别为质心到前、后轴的距离(总轴距 $l = l_f + l_r$)(m)；v 为纵向速度(m/s)；V

横向速度(m/s);ψ 为车辆横摆角(rad)。

横摆根据力矩平衡列写绕质心的横摆运动方程:

$$I_z\ddot{\psi}=l_fF_{yf}-l_rF_{yr} \tag{7-99}$$

式中:I_z 为车辆绕垂直轴的转动惯量($kg\cdot m/s^2$)。

整理为状态空间形式(选取状态变量为 $\begin{bmatrix}v\\ \dot{\psi}\end{bmatrix}$,输入为 δ_f):

$$\begin{bmatrix}\dot{v}\\ \ddot{\psi}\end{bmatrix}=\begin{bmatrix}-\dfrac{C_f+C_r}{mV} & -\dfrac{C_fl_f-C_rl_r}{mV}-V\\ -\dfrac{C_fl_f-C_rl_r}{I_zV} & -\dfrac{C_fl_f^2+C_rl_r^2}{I_zV}\end{bmatrix}\begin{bmatrix}v\\ \dot{\psi}\end{bmatrix}+\begin{bmatrix}\dfrac{C_f}{m}\\ \dfrac{C_fl_f}{I_z}\end{bmatrix} \tag{7-100}$$

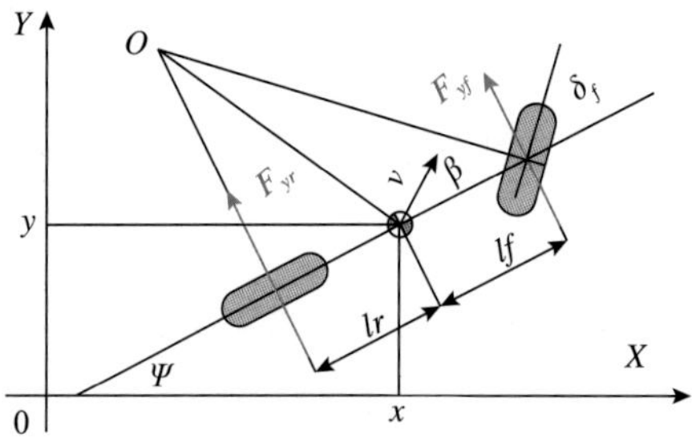

XOY 为导航坐标系,偏航角;xoy 为车体坐标系;ψ 为车辆在 XOY 坐标系下的航向角;$\dot{\psi}$ 为车体横摆角速度;v_x 为车辆 x 轴方向的速度;v_y 为车辆 y 轴方向的速度;β_{CG} 为侧偏角;C 为回转中心;R 为转弯半径;δ_r,δ_f 为前后轮转角;β_f,β_r 为前后轮的侧偏角;F_{yf},F_{yr} 分别为前后轮的转向力;lr,lf 分别为前车轮到车辆质心的距离和后轮轴到车辆重心的距离;L 为车辆轴距。

图 7-43 二自由度车辆动力学转向模型

7.3.2 农机转向控制

农业机械的转速控制系统是实现智慧农业作业的关键技术之一。传统农机转向依赖驾驶员的手动操作,不仅劳动强度大,且难以实现高精度作业。自动转向控制是农机导航控制系统的重要组成部分,其对转向轮角度的控制精度直接影响导航路径跟踪的精度。农机转向控制原理如图 7-44 所示。

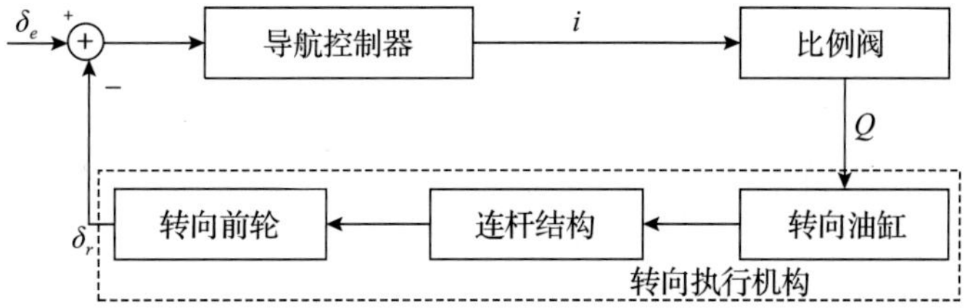

δ_e 为农机转向期望角度;i 为阀组控制器输出的控制电流;Q 为比例阀调节的转向油缸内的液压流量;δ_r 为当前农机实际角度。

图 7-44 农机转向系统控制原理

7.3.2.1 农机前轮转角测量常用方案

1. 轮角编码器

设计支架将绝对式单圈编码器同心安装在农机前轮转向立柱旋转中心上方，实现传感器与转向节臂同轴转动，构成车轮转向角检测装置。图 7-45 为轮角编码器。

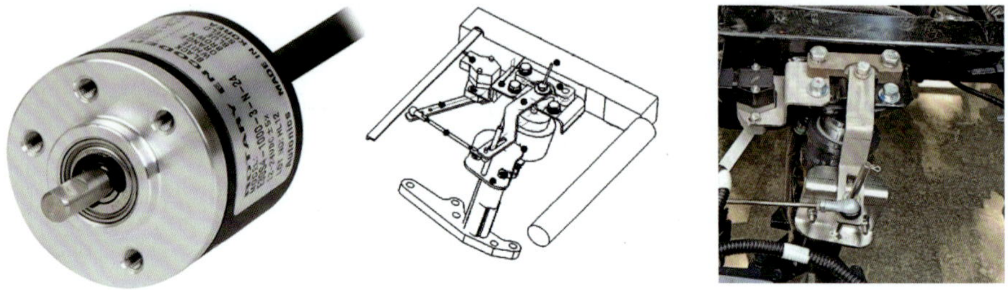

a. 高精度单圈编码器　　b. 轮角编码器安装原理　　c. 轮角编码器安装

图 7-45　轮角编码器

2. 无轮角编码器

针对轮角传感器对农机机械结构的适应性有限和安装复杂等问题，可采用双 MEMS 陀螺仪轮角测量方法，以农机运动学方程估计的轮角作为观测值，设计 Kalman 滤波器，消除陀螺仪零偏和随机漂移等造成的误差，反馈校正角度积分过程的累积误差，实现农机转向轮角的精准测量。

双 MEMS 陀螺仪轮角测量系统包括 2 个 MEMS 陀螺、航姿参考系统和角度传感器。MEMS1 陀螺安装于拖拉机左前轮转向轴上，敏感轴垂直于地面，测量左前轮的转动合速率，MEMS2 安装于拖拉机车身中心座位正下方，敏感轴垂直于地面，测量车身转动速率；航姿参考系统主要提供角速度测量基的准值，用于比较 MEMS 陀螺输出信息的准确性；角度传感器用于比较双 MEMS 陀螺轮角测量值的准确性。

在安装 MEMS 传感器后，采用自动导航的 GNNS 来获取农机运动速度，并将陀螺仪信号送至导航控制器处理。双 MEMS 陀螺仪轮角测量方法如图 7-46 所示，MEMS1 测量车轮转动的合速率 $\dot{\theta}+\dot{\varphi}$，其中 $ 为 MEMS2 测得的车身转动速率，θ 为被测车轮的转动速率，将由 MEMS1 和 MEMS2 陀螺仪获得的测量结果之差对时间进行积分，即可获得车轮转向轮角的估计值 θ。以农机运动学方程估计的轮角作为观测值，采用卡尔曼滤波器来优化估计角度误差和陀螺仪零偏，对角度积分过程进行负反馈误差校正，消除由陀螺零偏、随机漂

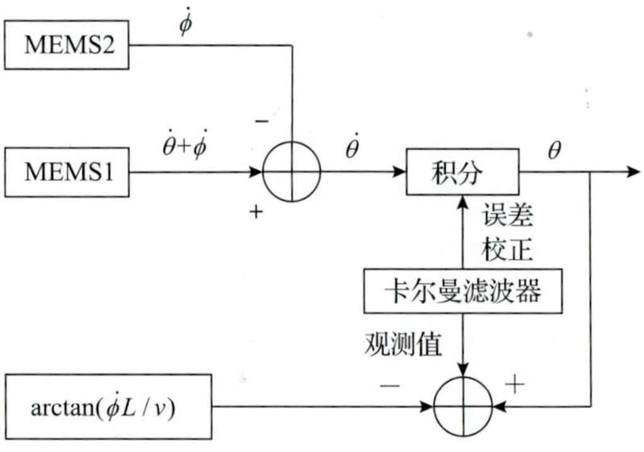

图 7-46　双 MEMS 陀螺仪轮角测量方法

移等误差以及积分过程随时间累积带入的累积误差，获得车轮转向角的精准测量结果。

轮式农业机械常采用二轮车阿克曼转向模型，在高斯平面直角坐标系下，农机的运动学方程为

$$\begin{aligned}\dot{x} &= v\cos(\phi)\\ \dot{y} &= v\sin(\phi)\\ \dot{\varphi} &= v\tan(\alpha)/L\end{aligned} \tag{7-101}$$

式中：α 为转向轮角；ϕ 为拖拉机航向角；v 为拖拉机后轮轴中心速度；L 为拖拉机轴距，其中 v 由农机的自动导航系统提供。

由公式(7-101)得到转向轮角

$$\alpha = \arctan(\dot{\phi}L/v) \tag{7-102}$$

由公式(7-102)可知，通过拖拉机后轮轴中心速度 v 和车身转动速度 $\dot{\phi}$ 可得出转向轮角。

MEMS 陀螺仪输出的零偏和随机漂移等噪声会污染被测车轮的转动速度 $\dot{\theta}$，造成后续积分过程中误差的累积，严重影响转向轮角测量结果的准确性，因此设计卡尔曼滤波器对测量误差进行实时校正。在拖拉机行驶过程中，车辆前轮转角的变化会引起车身航向的变化，车辆前轮转向轴上陀螺测得的合速率包括车轮相对于车身转动速度及车轮转动速度

$$w = \dot{\theta} + \dot{\phi} \tag{7-103}$$

式中：w 为陀螺 MEMS1 测得的车轮转动合速率。

变换公式可得

$$\dot{\theta} = w\dot{\phi} \tag{7-104}$$

将公式(7-104)对时间积分可以得到车轮转向轮角

$$\theta = \int(w - \dot{\phi})dt \tag{7-105}$$

由于 MEMS 陀螺输出带有随机漂移和零偏等误差项，记为 ξ，对公式(7-105)积分计算转向轮角会引入陀螺的误差项，且随时间积累会导致转向轮角测量值发散，而不能用于导航控制的角度反馈。引入陀螺误差项，真实转向轮角为：

$$\theta_t = \int(w - \xi - \dot{\phi})dt \tag{7-106}$$

对公式(7-106)两边求导，则

$$\dot{\theta}_t = w - \xi - \dot{\phi} \tag{7-107}$$

一般会伴随噪声

$$\dot{\theta}_t = w - \xi - \dot{\phi} + w_g + w_\phi \tag{7-108}$$

式中：w_g 为前轮转轴陀螺仪测量的高斯白噪声；w_ϕ 为车身转动速率测量高斯白噪声。

转向轮角的测量值如公式(7-109)所示，其测量值由真实角度值 θ_t 和测量高斯白噪声 w_a 组成：

$$\alpha = \theta_t + w_a \tag{7-109}$$

假设测量噪声和估计噪声相互独立，利用观测值估计车轮转向轴陀螺积分测量转角的零位偏差(又称零位偏移，简称零偏)，构建离散化卡尔曼滤波状态方程和观测方程分别如公式(7-110)和公式(7-111)所示。

$$\boldsymbol{X}_k = \begin{bmatrix} 1 & -\Delta t \\ 0 & 1 \end{bmatrix} \boldsymbol{X}_{k-1} + \begin{bmatrix} \Delta t \\ 0 \end{bmatrix} [\boldsymbol{w}_k - \dot{\boldsymbol{\phi}}_k] + \begin{bmatrix} \boldsymbol{w}_g + \boldsymbol{w}_\phi \\ \boldsymbol{w}_v \end{bmatrix} \tag{7-110}$$

$$\boldsymbol{Z}_k = [1 \ 0] X_k + w_a \tag{7-111}$$

式中：X_k 为 k 时刻状态变量；X_{k-1} 为 k+1 时刻状态变量；Δt 为 Kalman 滤波计算里新频率；w_k 为 k 时刻 MEMS1 陀螺输出的车轮转动合速率；$\dot{\phi}_k$ 为 k 时刻 MEMS2 输出的车身转动速率；Z_k 为 k 时刻拖拉机车身航向角速率和后轮轴中心速度计算出的前轮转角观测值；w_v 为高斯白噪声。

建立卡尔曼滤波器的时间更新预估和测量更新校准方程，迭代求解转向轮角和陀螺零偏估计，得到协方差的最优估计值。

采用安装有自动导航系统的雷沃欧豹 M904-D 型拖拉机为研究平台，如图 7-47a 所示。

(a) M904-D试验平台　(b) 航姿参考系统与CRS03安装图

(c) 前轮转轴CRS03安装　(d) 连杆式传感器安装

图 7-47　试验设备及安装

采用 AGCS-1 型北斗卫星农业机械导航系统，其直线导航控制精度优于＋2.5 cm，转向角控制精度小于 0.5°：MEMS 陀螺仪采用 CRS03-02 型模拟量输出传感器，启动时间小于 0.25 s，分辨率小于＋(0.1°/s)/g，非线性长度小于±0.5%，带宽为10 Hz(−3 dB)。两个 CRS03 陀螺仪分别安装于拖拉机座椅正下方和拖拉机前轮转向柱上，如图 7-47b 和图 7-47c 所示。用于前轮转角的基准值测量的连杆式轮角传感器安装于右前轮轮轴上，如图 7-47d 所示。连杆式轮角传感器(传统轮角测量方法)采用的 DUNCAN9360 霍尔式角度传感器，工作温度范围内精度为满量程的＋0.9%。

采用双 MEMS 陀螺仪测量转向轮角方法测量噪声抑制性能及精度，如图 7-48 和图 7-49 所示。

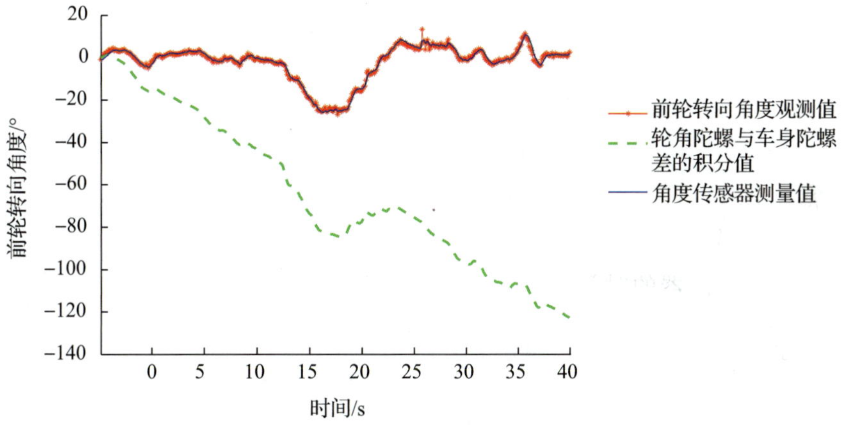

图 7-48　转向轮角观测值、陀螺积分值和角度传感器测量值对比

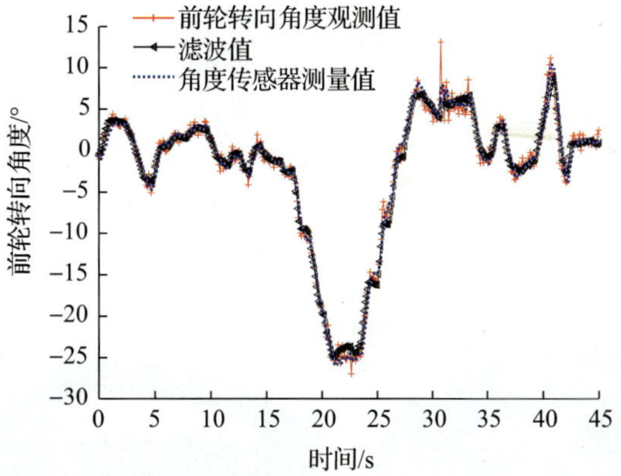

图 7-49　转向轮角观测值、角度传感器测量值和滤波值对比

通过统计分析，滤波前最大误差为 6.32°，误差均值为 0.46°，均方根误差为 0.65°，滤波后最大误差为 3.93°，误差均值为 0.25°，均方根误差为 0.23°，滤波效果明显，表明卡尔曼滤波器校正处理效果良好，转向轮角测量效果满足拖拉机自动导航系统对于转向轮角的精度要求，验证了双 MEMS 陀螺仪测量转向轮角方法的可行性。

7.3.2.2 农机自动转向控制系统方案

1. 电控液压转向技术

农机的液压助力转向技术是驾驶员转动方向盘带动电磁阀和比例阀等元件，实现对液压油的流量和压力的控制，进而驱动转向机构实现转向动作。无人驾驶农机的电控液压转向技术是在原有农机液压助力转向系统的基础上，并联增加一路液压控制装置和传感器等元件，通过自动控制系统来实现对液压转向机构的精准控制，如图 7-50 所示。

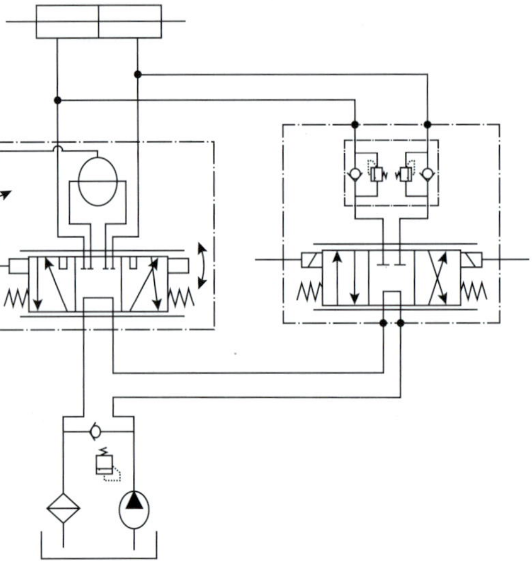

图 7-50 电控液压转向系统原理

2. 电动助力转向技术

针对后装的电动液压转向方案存在安装难和机型适应性差的问题，电动助力转向技术应运而生。该技术是利用电动机作为动力源，通过减速机构和传动机构将电动机的旋转运动转化为转向机构的直线或旋转运动，如图 7-51 所示。该技术具有结构简单、能耗低、维护方便等优点。在电动助力转向系统中，电动机通常与传感器和控制器相连，实现转向意图的数字化和自动化控制。控制器根据传感器数据和预设算法生成控制指令，通

（a）用于导航的电动方向盘　　（b）摩擦轮式自动转向方向盘

图 7-51 两种电动助力转向技术

过电动机驱动转向机构实现转向动作。同时，该系统还可以根据车速和转向角度等参数对电动机的输出功率进行智能调节，以提高转向的稳定性和舒适性。

7.3.3 路径跟踪控制

农机的自动导航控制主要是对农机进行横向位置和航向偏差控制，控制农机跟踪预先设置好的作业路径，使其与设置路径之间的横向偏差和航向偏差保持在一定的精度范围之内，以满足农业生产的需要。导航控制单元是导航系统的核心，路径跟踪控制方法的选择和参数整定是提高农机自动导航精度和稳定性的关键。可基于位置偏差和航向偏差设计前轮转向模型期望轮角的二元线性控制律，计算公式为：

$$\begin{aligned}\theta_d &= \alpha P_e + \beta \psi_e \\ \theta_1 &= \alpha P_e \\ \theta_2 &= \beta \psi_e\end{aligned} \tag{7-112}$$

式中：θ_d 为期望车轮转角(rad)；P_e 为车体与期望路径(当前要跟踪的规划路径)的位置偏差(m)；ψ_e 为车体与期望路径的航向偏差(rad)；α 为位置偏差系数；β 为航向偏差系数；θ_1 为 位置偏差轮角决策量(rad)；θ_2 为航向偏差轮角决策量(rad)。

在公式(7-107)中，输入是农业机械与期望路径的位置偏差 P_e 和航向偏差 ψ_e，输出是农业机械的轮角 θ。通过控制轮式拖拉机的轮角，可以修正农业机械与设定路线的位置偏差和航向偏差。

期望轮角的决策量可分为两部分：位置偏差轮角决策量(θ_1)和航向偏差轮角决策量(θ_2)。位置偏差轮角决策量的作用是使农机沿着规划路径快速上线纠偏，其中位置偏差轮角决策量的权重越大，系统纠偏速度越快，但是可能会产生较大的控制振荡，相当于二阶系统的欠阻尼阶跃响应；航向偏差轮角决策量的作用是使农机沿着平行于规划路径的直线行走，具有预测的作用，有益于农机的稳定性，航向偏差轮角决策量的权重越大，系统纠偏速度越慢，但是系统稳定性增强，相当于二阶系统的过阻尼阶跃响应。当位置偏差较大时，应增大位置偏差的轮角决策量的权重，以保证农机快速跟踪至设定路径，但是过大的位置偏差轮角决策量的权重会造成农机上线或直线跟踪时震荡严重，甚至发散。当航向偏差较大时，应增大航向偏差轮角决策量的权重，以保证农机快速地跟踪目标航向，但是过大的航向偏差轮角决策量的权重会造成系统纠偏性能疲软，从而导致系统在直线路径跟踪时出现大S形弯。

当农机处于不同的位置偏差或航向偏差时，合理配置位置偏差轮角决策量和航向偏差轮角决策量的权重可有效提高农机位置偏差和航向偏差的校正速度和稳定性。实际农机导航应用中的上线问题可归结为初始位置偏差较大的直线路径跟踪问题；由颠簸复杂农田路面造成的农机甩头、摆尾、滑移等可归结为不确定因素的农机位置偏差或航向偏差瞬间变大的问题。合理配置位置偏差轮角决策量的权重和航向偏差轮角决策量的权重可以提高农机自动导航系统的上线速度、上线稳定性和对复杂路面的适应性。

7.3.3.1 基于运动状态反馈

根据二轮车运动学模型(公式 x),当直线路径跟踪中车轮转角 θ 和航向偏差 ψ_e 为小角度值(一般≤5°),可对方程进行线性化,得到二轮转向拖拉机运动学微分方程的状态空间矩阵形式

$$\begin{bmatrix}\dot{\psi}_e\\ \dot{P}_e\end{bmatrix}=\begin{bmatrix}0 & 0\\ V & 0\end{bmatrix}\begin{bmatrix}\psi_e\\ P_e\end{bmatrix}+\begin{bmatrix}V/L\\ 0\end{bmatrix}\theta \tag{7-113}$$

据此可设计全状态反馈的二元线性直线路径跟踪控制律

$$\theta=-k_1\psi_e-k_2P_e \tag{7-114}$$

式中:k_1 为航向偏差反馈系数;k_2 为位置偏差反馈系数。

将公式(7-113)带入公式(7-114)即可得闭环控制系统的状态空间方程:

$$\begin{bmatrix}\dot{\psi}_e\\ \dot{P}_e\end{bmatrix}=\begin{bmatrix}0 & 0\\ V & 0\end{bmatrix}\begin{bmatrix}\psi_e\\ P_e\end{bmatrix}-\begin{bmatrix}V/L\\ 0\end{bmatrix}\begin{bmatrix}k_1 & k_2\end{bmatrix}\begin{bmatrix}\psi_e\\ P_e\end{bmatrix} \tag{7-115}$$

假设系统有一对重合的理想极点 P:

$$k_1=\frac{2PL}{V} \tag{7-116}$$

$$k_2=\frac{P^2L}{V^2} \tag{7-117}$$

将公式(7-116)和公式(7-117)代入公式(7-114),得到农机目标转向角度 θ:

$$\begin{aligned}\theta&=-k_1\psi_e-k_2P_e\\ \theta&=-\frac{2PL}{V}\psi_e-\frac{P^2L}{V^2}P_e\end{aligned} \tag{7-118}$$

7.3.3.2 预瞄-纯追踪控制律

预瞄-纯追踪控制律是根据农机驾驶员在进行路径跟踪时的转向操作规律建立的。一个合格的驾驶员对农机操作发出的控制转向指令都遵循一定的原则。这个原则的主要目标是使农机的运动尽可能地与设定的轨迹一致。在直线跟踪时,驾驶员预瞄农机前方路径规划直线上的一点,通过控制车轮转角跟踪该点。当农机方向和预瞄方向偏差较大时,驾驶员对车轮转角进行大角度控制,以快速校正预瞄航向偏差跟踪预瞄路径;当农机方向和预瞄方向偏差较小时,驾驶员对车轮转角进行小角度控制,以稳定地跟踪目标路径。

根据上述思想设计控制律为:期望车轮转角为农机方向和预瞄方向偏差的 PID 控制,得到预瞄追踪模型。如图 7-52 所示,建立导航平面坐标系(xOy),定义:点 P_1 为农机中心点;直线 AB 为作业规划行直线,ψ_t 为直线 AB 在导航平面坐标系下的航向角度,称为目标航向角;规定点 P_2 为作业规划行 AB 直线上农机追踪的一个目标点,称作预瞄追

踪点；直线 P_1P_2 称作预瞄追踪直线，ψ_a 为 P_1P_2 线在导航平面坐标系下的航向角度，称作预瞄航向角；过点 P_1 向 AB 做垂线，垂足为 O，P_1O 之间的距离即为位置偏差 P_e，位置偏差为有符号数，本文规定农机在期望路径前进方向右侧时的位置偏差为正($P_e>0$)，农机在期望路径左侧时的位置偏差为负($P_e<0$)；OP_2 之间的距离称作前视距离 d；θ 为车轮转角，为有符号数，轮角相对零位角度值右偏值为负($\theta<0$)，轮角相对零位角度值左偏值为正($\theta>0$)；ψ_c 为车体在导航平面坐标系下的当前航向角；ψ_e 为农机当前航向 ψ_c 和目标航向 ψ_t 之间的偏差，称作航向偏差角；φ_e 为农机当前航向 ψ_c 和预瞄航向 ψ_a 之间的偏差，称作预瞄航向偏差角。设计控制律，令农机的车轮转角 θ 为预瞄航向偏差 φ_e 的 k 倍，k 称为控制增益，则有

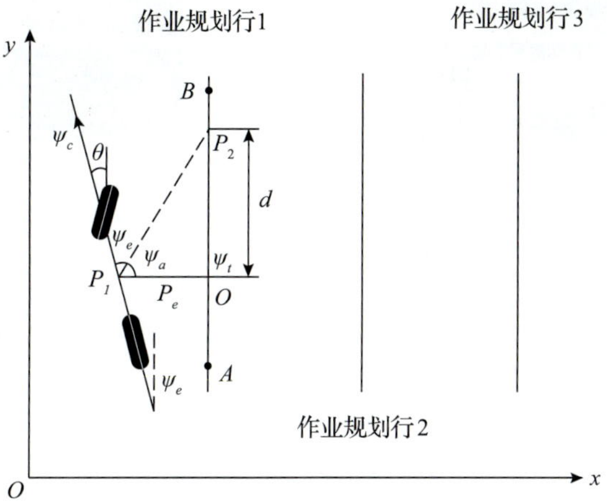

图 7-52　预瞄-纯追踪运动学模型

$$\theta = k\varphi_e \tag{7-119}$$

$$\varphi_e = \psi_c - \psi_a \tag{7-120}$$

$$\psi_a = \psi_t - \arctan(\frac{P_e}{d}) \tag{7-121}$$

$$\psi_e = \psi_c - \psi_t \tag{7-122}$$

由公式(7-119)至公式(7-122)得

$$\theta = k\left(\psi_e + \arctan\left(\frac{P_e}{d}\right)\right) \tag{7-123}$$

7.3.3.3　模型预测控制

为进一步研究无人驾驶水田农机的路径跟踪控制方法，以井关 PZ-60 型水稻插秧机为研究平台，针对水田农机的机具作业情况，设计一种基于机具位姿估计的水田农机无人驾驶路径跟踪控制方法。通过获取水田农机及机具位姿估计，以机具位姿为观测量，建立水田农机具的运动学方程，获得水田农机线性误差模型、目标函数和约束条件，设计水田农机运动学模型预测路径跟踪控制律，并进行水田直线路径跟踪试验。试验所用传感器

和测量设备均安装于插秧机上，如图 7-53a 所示。试验中一个 Mti-300AHRS 传感器水平安装于插秧机座位下方(机头重心位置)，另一个安装于插秧机机具悬挂轴中心线的插秧底盘上，如图 7-53b 所示。

(a) 正视　　(b) 后视

图 7-53　传感器安装方案

1. 线性误差模型

将农机机具运动学方程改写为

$$\begin{bmatrix}\dot{x}_m \\ \dot{y}_m \\ \dot{\varphi}_m\end{bmatrix} = \begin{bmatrix}\cos(\varphi_m - \varphi_r)\cos(\varphi_m) \\ \cos(\varphi_m - \varphi_r)\sin(\varphi_m) \\ \dfrac{-L\sin(\varphi_m - \varphi_r) - l_g \tan\delta_f \cos(\varphi_m - \varphi_r)}{Ll_j}\end{bmatrix} v_r \tag{7-124}$$

以水田农机无人驾驶系统的速度和转向轮角作为系统输入 $u(v_r, \delta_f)$，以 $X(x_m, y_m, \varphi_m)$ 作为系统状态量的控制系统，其控制的一般形式为

$$\dot{X} = f(X, u) \tag{7-125}$$

水田无人驾驶农机上每个点都满足公式(7-125)，以任意点 (X_r, u_r) 代表参考量，一般形式表述为：

$$\dot{X}_r = f(X_r, u_r) \tag{7-126}$$

式中：$X_r = [x_{mr} \quad y_{mr} \quad \varphi_{mr}]^{\mathrm{T}}$，$u_r = [v_{rr} \quad \delta_{fr}]$，将公式(7-125)在 (X_r, u_r) 处采用泰勒级数展开，保留一阶忽略高阶项后可得

$$\dot{X} = f(X_r, u_r) + \frac{\partial f(X, u)}{\partial X}\bigg|_{\substack{X-X_r \\ u-u_r}} (X - X_r) + \frac{\partial f(X, u)}{\partial u}\bigg|_{\substack{X-X_r \\ u-u_r}} (u - u_r) \tag{7-127}$$

为获得线性化的无人驾驶农机误差模型，将公式(7-127)减去公式(7-126)可得

$$\dot{\tilde{X}}=\begin{bmatrix}\dot{x}_m-\dot{x}_{mr}\\ \dot{y}_m-\dot{y}_{mr}\\ \dot{\varphi}_m-\dot{\varphi}_{mr}\end{bmatrix}=\begin{bmatrix}0 & 0 & -\sin(2\varphi_m-\varphi_r)v_r\\ 0 & 0 & \cos(2\varphi_m-\varphi_r)v_r\\ 0 & 0 & \frac{-L\cos(\varphi_m-\varphi_r)+l_g\tan\delta_f\sin(\varphi_m-\varphi_r)}{Ll_j}v_r\end{bmatrix}\begin{bmatrix}x_m-x_m\\ y_m-y_n\\ \varphi_m-\varphi_n\end{bmatrix}+$$

$$\begin{bmatrix}\cos(\varphi_m-\varphi_r)\cos\varphi_m & 0\\ \cos(\varphi_m-\varphi_r)\sin\varphi_m & 0\\ \frac{-L\sin(\varphi_m-\varphi_r)-l_g\tan\delta_f\cos(\varphi_m-\varphi_r)}{Ll_j} & \frac{-l_g\cos(\varphi_m-\varphi_r)v_r}{Ll_j\cos^2\delta_f}\end{bmatrix}\begin{bmatrix}v_r-v_{rr}\\ \delta_f-\delta_{fr}\end{bmatrix} \tag{7-128}$$

公式(7-129)为改进的水田农机运动学模型,可简写为:

$$\dot{\tilde{X}}=A\tilde{x}+B\tilde{u} \tag{7-129}$$

式中:$\tilde{x}=(X-X_m)$;$\tilde{u}=(u-u_m)$,且 A,B 如式(7-130)所示:

$$A=\begin{bmatrix}0 & 0 & -\sin(2\varphi_m-\varphi_r)v_r\\ 0 & 0 & \cos(2\varphi_m-\varphi_r)v_r\\ 0 & 0 & \frac{-L\cos(\varphi_m-\varphi_r)+l_g\tan\delta_f\sin(\varphi_m-\varphi_r)}{Ll_j}v_r\end{bmatrix}$$
$$B=\begin{bmatrix}\cos(\varphi_m-\varphi_r)\cos\varphi_m & 0\\ \cos(\varphi_m-\varphi_r)\sin\varphi_m & 0\\ \frac{-L\sin(\varphi_m-\varphi_r)-l_g\tan\delta_f\cos(\varphi_m-\varphi_r)}{Ll_j} & \frac{-l_g\cos(\varphi_m-\varphi_r)v_r}{Ll_j\cos^2\delta_f}\end{bmatrix} \tag{7-130}$$

2. 水田直线路径跟踪效果

根据改进的水田农机运动学模型设计了 MPC 控制律试验,路径跟踪试验结果如图 7-54 所示。从图 7-54a 中可以看出:三行直线作业的直线度偏差很小,在个别区域可以看出较大横向位置偏差以及纠偏的震荡过程。

7.3.3.4 前轮反馈控制

前轮反馈控制(front wheel feedback control),又称为 Stanley 控制,是根据拖拉机前轮中心航向偏差与参考路径的相对关系获得前轮转速控制量,使横向偏差迅速缩小为零,如图 7-55 所示。Stanley 控制适用于低速行驶的车辆,在无横向偏差的情况下,可以保证前轮与参考轨迹平行直线行驶。当行驶过程产生横向偏差时,Stanley 控制根据非线性反馈输出控制量控制转向系统收敛至零,收敛过程通过抑制前轮转向指令和测量的转向角度之间的差值实现,该方法具有指数收敛性。

由图 7-54 可知:根据拖拉机位姿与参考轨迹的相对几何关系可得控制车辆方向盘转角的控制变量,其中包含横向偏差和航向偏差造成的转角,即

$$\delta(t)=\delta_e(t)+\delta_\theta(t) \tag{7-131}$$

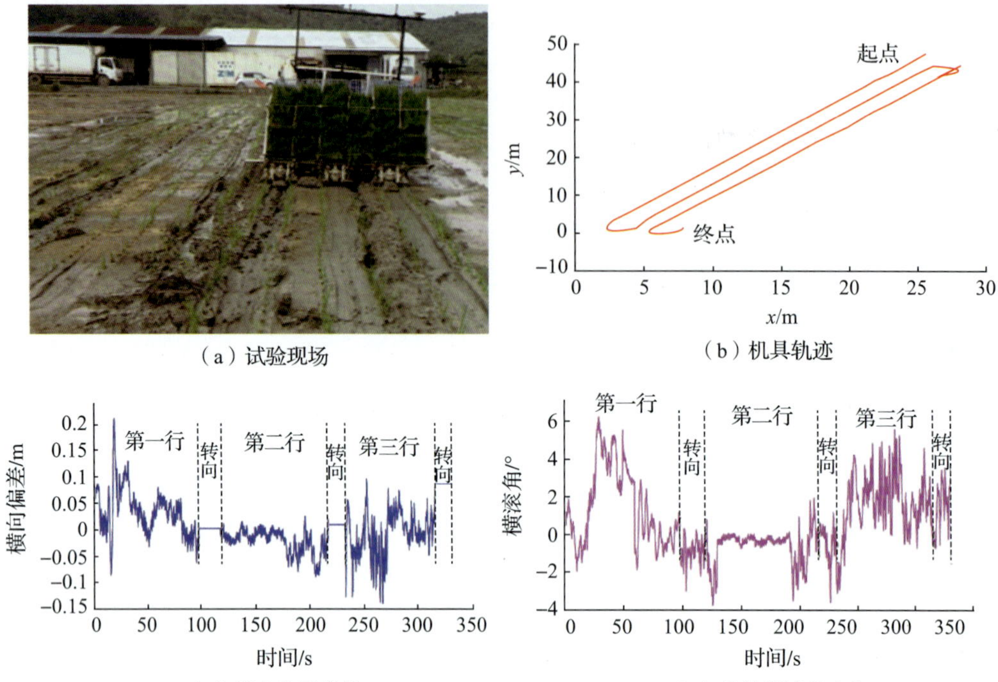

（a）试验现场　（b）机具轨迹

（c）横向位置偏差　（d）机头横滚角变化

图 7-54　路径跟踪试验结果

式中：$\delta(t)$ 为前轮期望转角；$\delta_e(t)$ 为横向偏差造成的期望转角；$\delta_\theta(t)$ 为航向偏差造成的期望转角。

忽略横向偏差时，此时前轮转角应与给定路径参考点的切线方向一致，θ_e 为拖拉机航向角与最近路径点切线方向之间的夹角。在没有横向偏差的情况下，则有

$$\delta_\theta(t)=\theta_e(t) \tag{7-132}$$

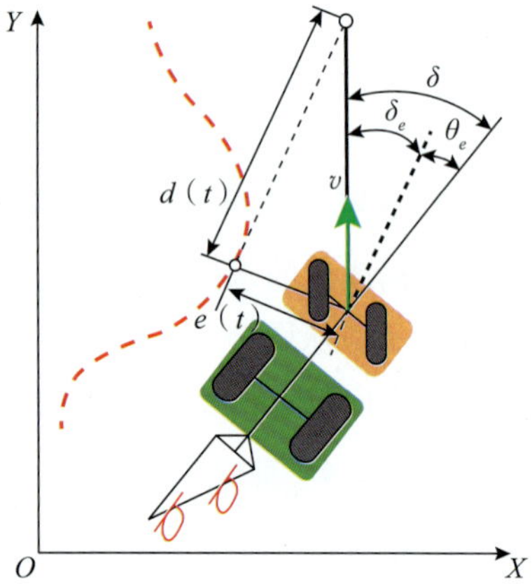

图 7-55　Stanley 控制原理

在不考虑航向偏差时，横向跟踪偏差越大，前轮转角越大，假设拖拉机预期轨迹在距离前轮 $d(t)$ 处与给定参考轨迹上最近点的切线相交，根据几何关系得非线性比例函数

$$\begin{cases}\delta_e(t)=\arctan\dfrac{e(t)}{d(t)}=\arctan\dfrac{k_2e(t)}{v(t)}\\ d(t)=\dfrac{v(t)}{k_2}\end{cases} \tag{7-133}$$

式中：$d(t)$ 为前视距离；k_2 为增益系数；$e(t)$ 为横向偏差；$v(t)$ 为行驶速度。

电动拖拉机前轮转向角为

$$\delta(t)=\theta_e(t)+\arctan\frac{k_2 e(t)}{v(t)} \tag{7-134}$$

综合上述控制因素，在无人驾驶拖拉机行驶过程中，指向参考路径的前轮转角受横向偏差、行驶速度和增益系数的限制。

参考文献

[1] 白晓平，孟鹏，王卓，等. 基于运动特性的农机导航控制方法[J]. 农业机械学报，2021，52(11)：21-27.
[2] 翟艳辉. 山地拖拉机电控液压转向系统设计分析[J]. 农机化研究，2019，41(11)：249-253.
[3] 何杰，高维炜，王辉，等. 基于 MEMS 陀螺仪的农机转向轮角测量方法[J]. 中国农机化学报，2020，41(4)：123-129.
[4] 何杰. 水田农机无人驾驶与作业关键技术研究[D]. 广州：华南农业大学，2021.
[5] 侯康. 水稻无人农场农机作业路径规划方法与试验[D]. 广州：华南农业大学，2020.
[6] 刘阳，蒋坤，王福满，等. 自动驾驶汽车高精度卫星定位技术路线选择[C]//重庆汽车工程学会 2023 年论文汇编. 2024：6.
[7] 刘兆朋. 基于 GNSS 和 AHRS 的水田高地隙喷雾机自动导航控制作业系统研究[D]. 广州：华南农业大学，2022.
[8] 沈跃，张亚飞，刘慧，等. 农业装备自动控制技术研究综述[J]. 农业机械学报，2023，54(8)：1-18.
[9] 王辉，王桂民，罗锡文，等. 基于预瞄追踪模型的农机导航路径跟踪控制方法[J]. 农业工程学报，2019，35(4)：11-19.
[10] 王辉. 基于双天线 GNSS 的拖拉机自动导航关键技术研究及系统集成应用[D]. 广州：华南农业大学，2019.
[11] 袁洪良，杨浚宇，唐睿，等. 基于低成本惯导和运动约束的农机高精度定位系统研究[J]. 农业机械学报，2023，54(7)：17-25.
[12] 张傲，鲍志雄，林国利. GNSS 导航技术在精准农业中的应用[J]. 科技创新与应用，2015(13)：1.
[13] 张闻宇，王进，张智刚，等. 基于自校准变结构 Kalman 的农机导航 BDS 失锁续航方法[J]. 农业机械学报，2020，51(3)：18-27.
[14] 钟鹏飞. 基于机器视觉的非结构化道路识别与障碍物检测研究[D]. 广州：华南农业大学，2016.
[15] 资乐. 基于道路图层的无人农场农机转移的路径规划方法与试验[D]. 广州：华南农业大学，2020.
[16] 李家齐. 自动泊车路径规划与运动控制研究[D]. 西安：长安大学，2020.

[17] 甄先通. 自动驾驶汽车环境感知[M]. 北京:清华大学出版社,2020.
[18] 李晓欢. 自动驾驶汽车定位技术[M]. 北京:清华大学出版社,2019.
[19] HU L, HOU K, HE J. Multi-constraint improved RS path planning method for unmanned rice direct seeding machine[J]. Computers and Electronics in Agriculture, 2024,224:109236.

第 8 章

精准作业关键技术

精准作业关键技术整合先进的信息技术、人工智能和智能农机，通过高度自动化和智能化手段精准控制农业机械作业过程，在有限资源和可持续发展的约束下，实现保障粮食安全和推动现代农业建设的发展目标。本章主要研究在大田无人化智慧农场中应用的精准作业关键技术，包括精准耕整、精准种植、精准管理、精准收获等。这些技术通过精准控制作物生长环境、优化土壤结构、提高水肥利用率和减少化学品投入，以有效降低环境负荷和提高作物产量。随着科技进步和产业发展，精准作业关键技术将持续推动农业向数字化、智能化和可持续化方向发展。

8.1 精准耕整

8.1.1 耕深监测与自动控制

机械化作业会导致农田土壤压实并在一定深度范围内形成坚实的硬底层。硬底层质地紧密，容重较大，阻碍作物根系的发育和生长，进而导致作物产量下降。犁耕深翻通过翻转土层将杂草种子、地下根茎、病菌孢子和害虫卵块埋入深土层，以达到抑制有害生物生长繁育、清洁耕层表面、提高整地和播种质量的目的。旋耕作业将紧实的土层打碎为疏松细碎的耕层，以增加土壤的孔隙度，有利于接纳和储存雨水，促进土壤中的潜在养分转化为有效养分，并增加作物根系的入土能力。耕整机具如图 8-1 所示。耕作深度是指耕作部件的入土深度，是犁耕作业最重要的控制参数，如图 8-2 所示，旋耕的耕作深度一般为 10～15 cm，犁耕的耕作深度一般为 20～25 cm。

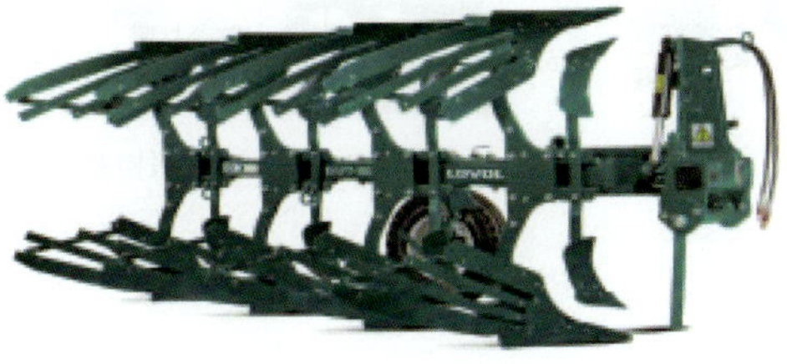

（a）雷沃阿波斯1LFTT-5506RS液压翻转犁

（b）东方红1GS-250.300.360水田旋耕机

图 8-1　耕整机具

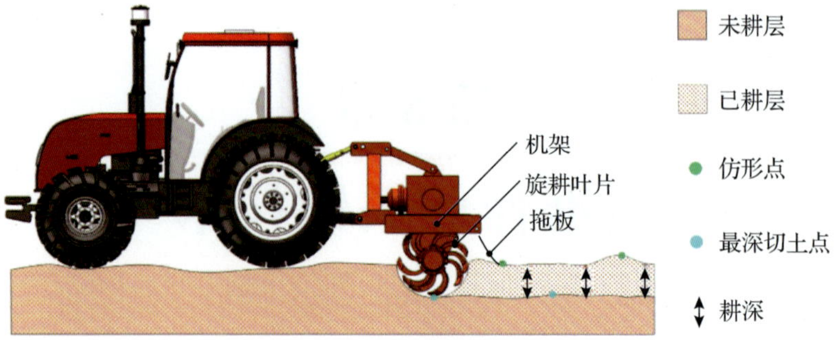

图 8-2　耕作深度

常采用位移或测距定位传感器构建耕深检测系统(图 8-3),对耕深进行估计。在此基础上,设计电液调节机构和控制算法实时控制机具的入土深度,使耕作深度自动稳定一致。

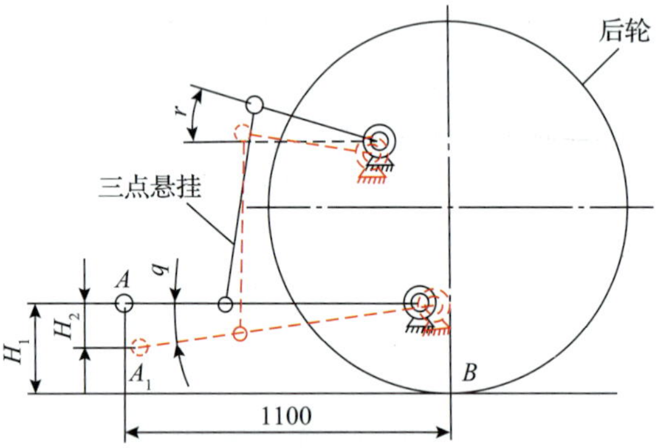

(a)基于角度检测的拖拉机悬挂耕深电液监控系统

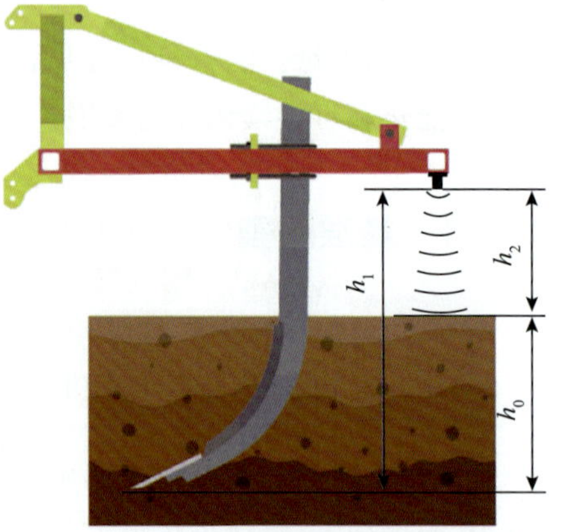

(b)基于卡尔曼滤波融合算法的深松耕深检测装置

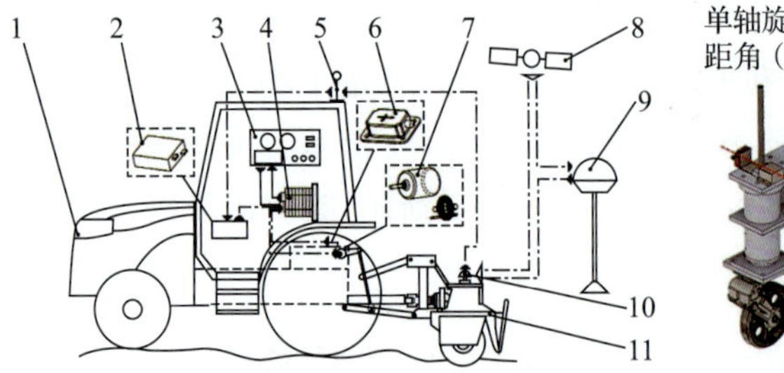

1.拖拉机；　2.信号接收器；　3.测控面板；　4.信号处理器；
5.差分信号天线；　6.倾角传感器；　7.角度传感器；
8.卫星；　9.基准站；　10.移动站；　11.旋耕机。

(c)基于BDS和角度检测的不规整田块旋耕作业质量检测

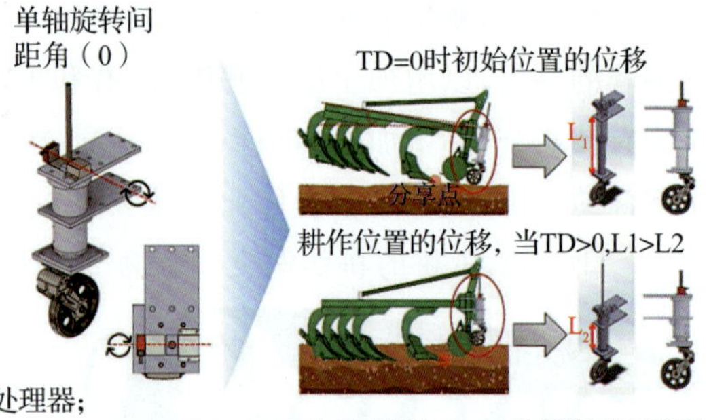

(d)基于LiDAR的耕深控制装置

图 8-3　耕深检测系统

（e）基于多传感器数据融合的旋耕耕深检测系统

图 8-3 （续）

车身横滚角变化会对旋耕机作业的深度产生影响，即对耕深的横向稳定性产生影响，为此，研制了旋耕机自动调平控制系统，主要包括倾角传感器、控制器和调平油缸直线位移传感器。自动调平控制系统原理如图 8-4 所示，倾角传感器检测调平支撑架的倾斜角度（即拖拉机横滚角），调平油缸直线位移传感器测量旋耕机相对于拖拉机车身的角度，控制器控制电磁换向阀调节调平油缸的伸缩，实时自动调节旋耕机角度，实现旋耕机以期望

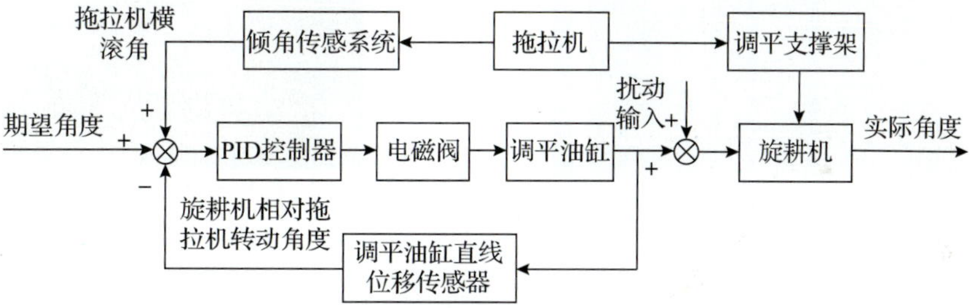

（a）耕深横向控制原理

（b）试验现场

图 8-4 自动调平控制系统原理

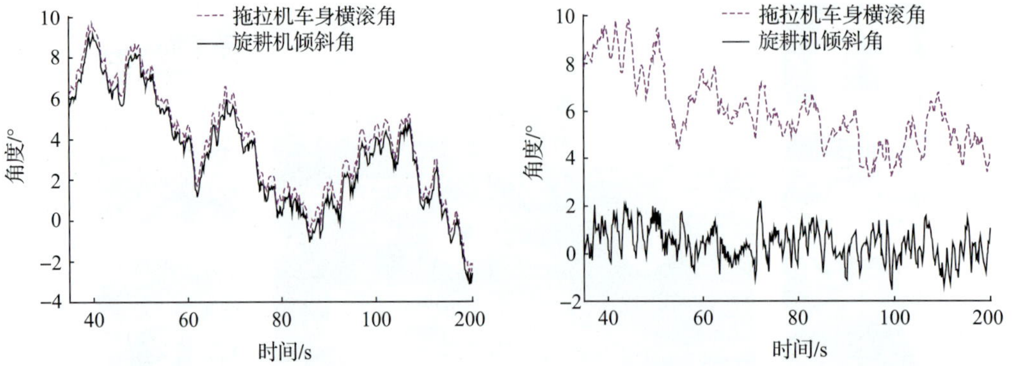

（c）试验过程中的实时倾角变化（无调平）　（d）试验过程中的实时倾角变化（自动调平）

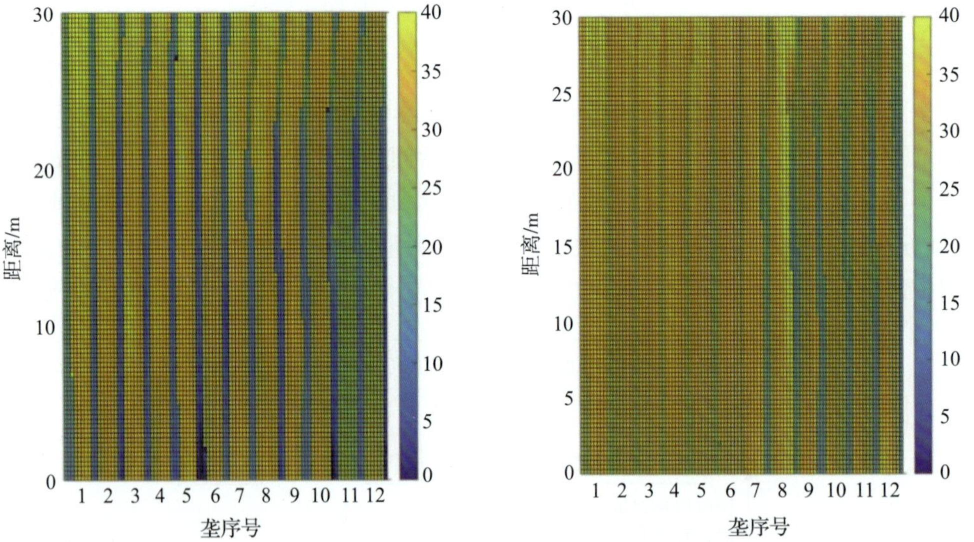

（e）试验前地表平整度　（f）试验后地表平整度

图 8-4　（续）

角度作业。

传统接触式耕深测量方式存在原理性（非竖直测量）误差以及耕深和田面地形的独立测量增加了生产成本与土壤压实风险。华南农业大学研究提出了一种农田田面与耕作深度一体化测量方法。根据旋耕机的作业特点，提出了田面地形和耕作底层同步测量（FS-TBLM）法，还提出了采用方向自适应栅格化平面地形建模（DAG-PTM）法来布置全域栅格点，以及采用样本逼近高斯过程回归（SA-GPR）算法估计任意栅格点地形的高度和耕深。图 8-5 为耕深与地形一体化测量方法。

农田实际地形测量方式与测点设置如图 8-6c 所示。在水泥田埂上布置 6 个控制点并测量其坐标。全站仪分别在两个位置测量试验区域的实际地形，并合并两次测量的数据。实际耕作深度测量方式如图 8-6c 和图 8-6d 所示。首先，在试验区域设置 20 个测量点，并采用全站仪测量各个测点的田间地形信息。其次，采用土壤压实计（spectrum tech-

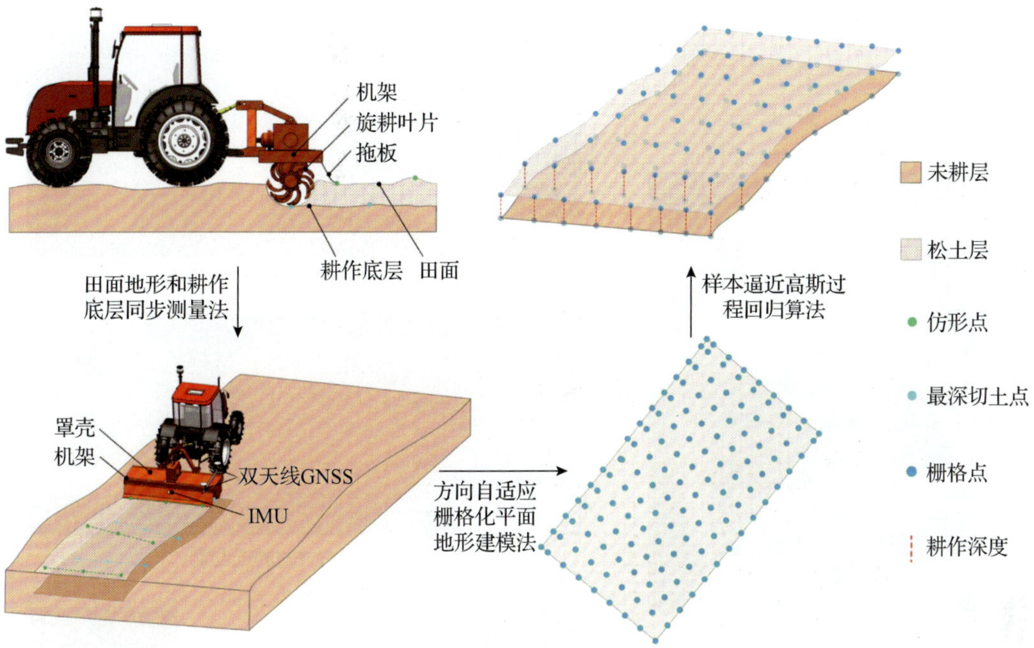

图 8-5 耕深与地形一体化测量方法

nologies SC 900)测量各测点的土壤紧实度,并采用 Mann-Kendall test 算法粗略计算各测点的耕作深度。以该耕作深度作为参考,铲去已旋耕的土壤直至未旋耕层,保证不破坏未旋耕层。最后,采用全站仪测量未旋耕层高度,并计算同一测点的实际耕作深度。

采用平均误差与均方根误差两个评价指标,评估农田地形与耕深测量精度。田间试验结果表明,由 FS-TBLM 方法测量的农田地形高度变化趋势与实际地形一致,地形高度测量的平均误差为 18.13 mm,均方根误差为 20.58 mm,验证了该方法在农田田面地形测量中的高精度和可靠性。采用 SA-GPR 的地形高度估计的平均误差为17.95 mm,均方根误差为 17.13 mm;耕深估计的平均误差为 14.53 mm,均方根误差为 16.50 mm,表明 SA-GPR 算法能够准确估计农田田面地形高度与耕作深度。该研究可为农田精准平整、播种深度控制与土壤精细化管理等农业生产作业提供科学依据与精准指导。耕深与地形一体化测量精度如图 8-7 所示。

8.1.2 动力自适应匹配

拖拉机工况包含运移工况、旋耕工况和犁耕工况,其中犁耕工况约占拖拉机全部工作生命周期的 75%。拖拉机在犁耕作业过程中受农田环境和耕作深度的影响,犁耕作业过程中的负载是动态变化的,发动机或电动机的负载变化区间大,对拖拉机传动系有很大影响,可能造成拖拉机油耗过高或因动力不足而熄火等问题。对于人工驾驶拖拉机而言,驾驶员可根据经验手动切换档位使发动机动力与负载匹配,针对无人驾驶(自动驾驶)

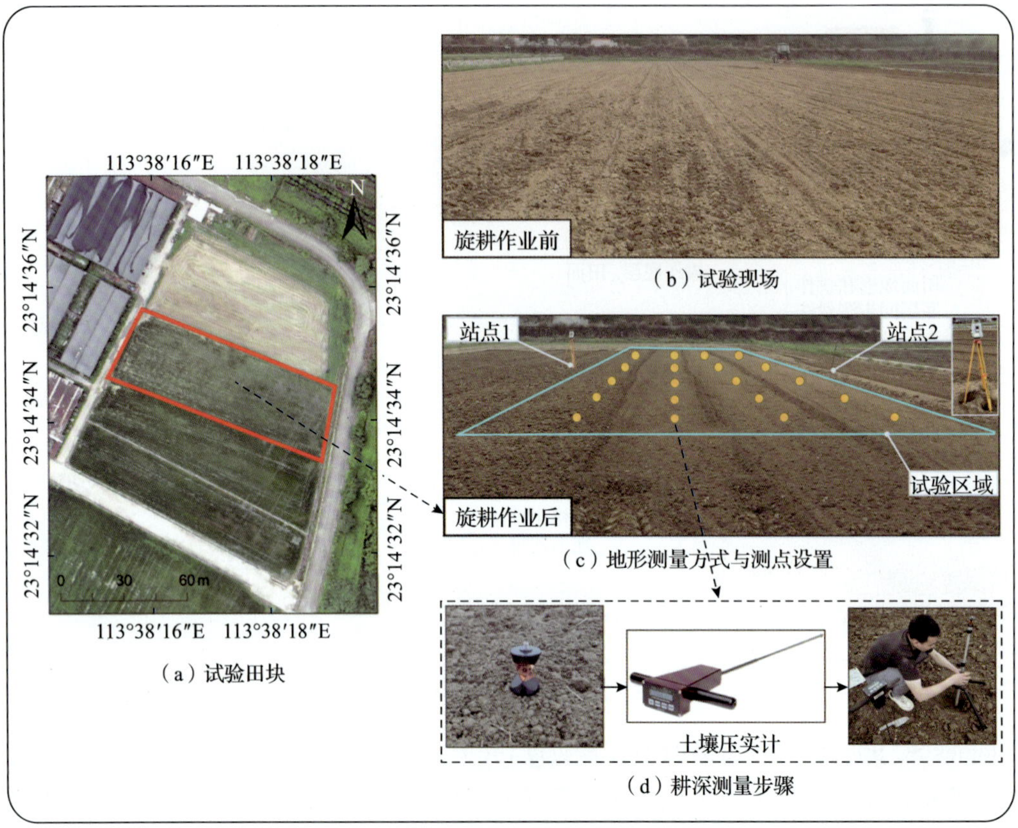

图 8-6　实际耕深与地形测量方式

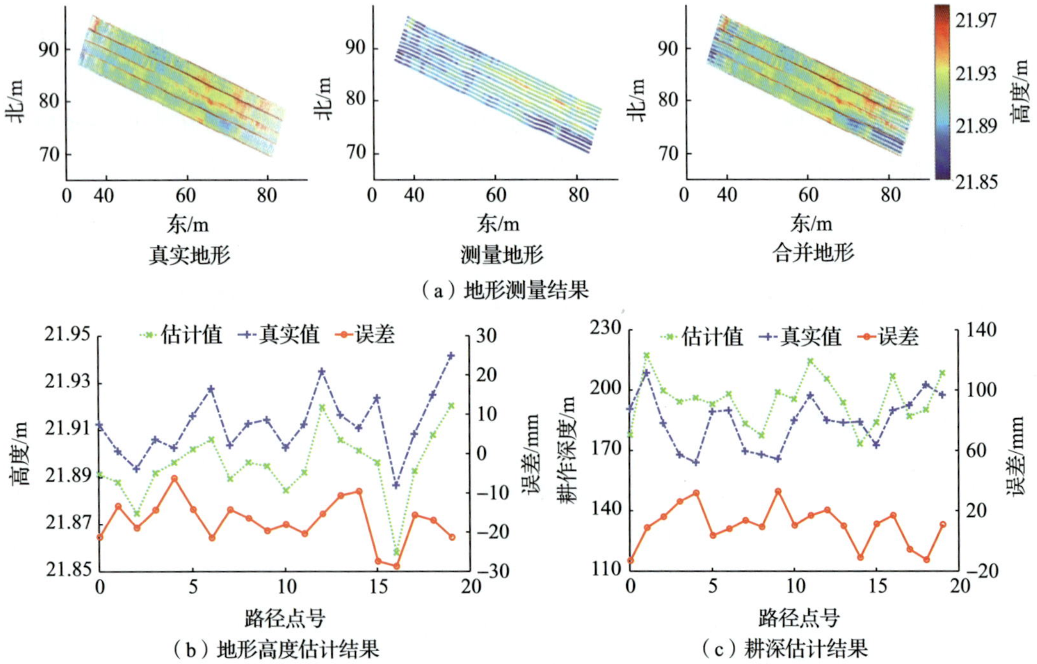

图 8-7　耕深与地形一体化测量精度

拖拉机的动力匹配需求，研究人员开展了与作业阻力估计预测相关的技术研究，以保证拖拉机燃油的经济性、犁耕作业动力需求与质量。Kim 等基于牵引力方程和运动阻力建立了农用拖拉机转矩的预测模型，提出了以行进速度、耕作深度和滑移率为主要变量的性能评价模型，该评价模型可应用于拖拉机扭矩输出预测。北京交通大学刘驰利用拖拉机动力学模型，从拖拉机行驶阻力中提取由农具入土造成的阻力，以此表征土壤比阻大小，建立理论模型，通过神经网络训练预测土壤比阻的变化。力士乐公司研发并推出了用于拖拉机的后置悬挂液压控制的设计技术。该技术是集拖拉机作业机具姿态采集、作业负载阻力采集和耕作深度采集于一体的多传感器监测技术。未来，或可以建立土壤信息-耕作阻力数据库，对实时感知负载数据进行分析，以达到动力智能精准匹配的目标。

8.1.3 精准平整

农田高低不平导致水肥不均、投入增加但产量不高。随着土地流转，小田块向大田块转变，对土地平整的要求越来越高。我国出台高标准农田建设的相关政策，大力推进农田土地平整。

8.1.3.1 平地机

用以实现农田平整的机械称为平地机，通常以拖拉机或插秧机底盘作为配套动力；作业部件是平地铲，包括高程和水平两个运动自由度。传统平地作业时需要驾驶员根据经验判断当前田面的高低，手动控制平地铲的升降来装卸土方，以实现对农田“挖高填低”的平整目的。

如图 8-8 所示，全球许多企业生产了多种旱田平整机具，可适应不同的旱田平整作业的需求。

为适应我国农田平整作业的需求，华南农业大学创制了旱田平地机和水田平地机。

1. 旱田平地机

华南农业大学创制了牵引式旱田平地机(图 8-9a)和旱田铲运车(图 8-9b)。针对水田旱平灌水沉降导致平整度改变的问题，创新性提出适度镇压，减少沉降水田旱平技术，研制了多轮支撑悬挂式旱田平地机(图 8-9c)。试验结果表明，耕层土壤的紧实度基本一致，减少了后期水田土壤的沉降。

2. 水田平地机

华南农业大学采用水田土壤离散元模型，分析了平地铲-水田土壤互作机理以及高效排水坡面平整技术，成功研制了激光和北斗控制的与插秧机底盘配套的水田平地机、与轮式拖拉机配套的垂直式水田平地机、与轮式拖拉机配套的转动式水田平地机、与轮式拖拉机配套的蒲滚式水田平地机、与轮式拖拉机配套的水田平地打浆平地机和自动调平旋耕机。图 8-10 为水田平地机。

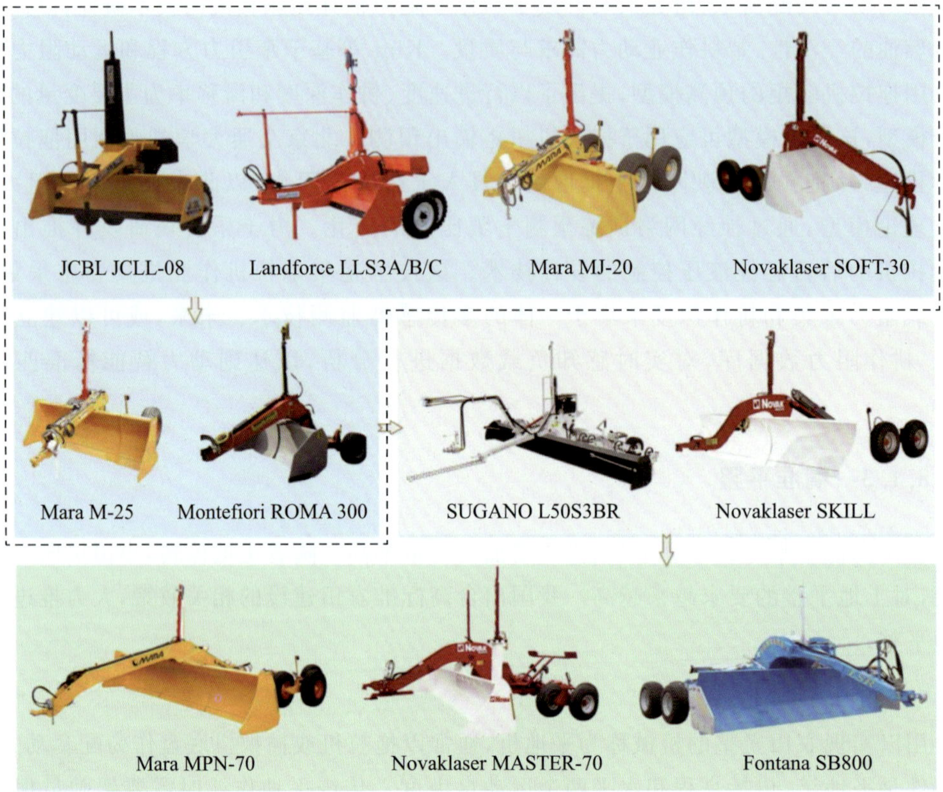

图 8-8　现有的旱田平整机具

（a）牵引式旱田平地机

（b）旱田铲运车

（c）多轮支撑悬挂式旱田平地机

图 8-9　旱田平地机

二维码 8-1　牵引式旱田平地机作业

二维码 8-2　多轮支撑旱田平地机作业

二维码 8-3　铲运车

(a) 与插秧机底盘配套的水田平地机

(b) 与轮式拖拉机配套的直连式水田平地机

(c) 与轮式拖拉机配套的垂直式水田平地机

(d) 与轮式拖拉机配套的转动式水田平地机

(e) 与轮式拖拉机配套的蒲滚式水田平地机

(f) 与轮式拖拉机配套的水田平地打浆机

图 8-10　水田平地机

二维码 8-4　与插秧机底盘配套的水田平地机

二维码 8-5　与拖拉机配套的水田平地打浆机

二维码 8-6　与拖拉机配套的蒲滚式水田平地机

8.1.3.2　农田平整控制系统

农田精准平整机械都配备有自动平地作业系统。该系统可以自动调节平地铲的高度和角度，使其不受机头运动影响而自动保持在预设值，大幅度提高了平整的效率和质量。根据对平地铲高度和姿态感知方式的不同，农田平整控制系统包括激光控制平整系统和 GNSS 控制平整系统。

1. 激光控制平整系统

激光控制平整系统主要由激光发射器、激光接收器与控制终端组成。如图 8-11 所示，激光控制平整技术是以激光发射器发射的旋转激光束形成的平面作为基准高度，安装在平地铲上的激光接收器接收激光信号，计算与基准高度的距离，并发送至控制终端，控制终端生成控制信号来驱动执行元件动作，控制平地铲距离基准高度始终保持为恒定值。

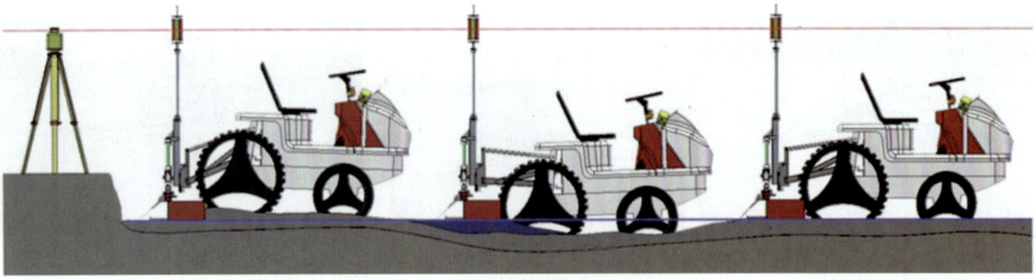

（a）挖土作业　（b）填土作业　（c）无填挖作业

图 8-11　激光控制平整系统原理

发达国家研制了多种先进激光发射器、激光接收器与控制终端。由于成本过高、缺乏相关配件与调试困难，发达国家的设备在我国难以大规模推广与应用。华南农业大学经过多年深入研究，在激光控制平整技术方面取得了重要进展。

(1)激光高程传感技术与激光接收器　针对不同地面平整的需要，研制成功水平面和任意坡面激光发射器。针对基于旋转激光的激光接收器易受太阳光和振动影响以及高程检测精度和频率不高的问题，根据旋转激光传输扩散和衰减规律建立了光斑扩散和功率衰减数学模型(图 8-12)；提出了脉冲交流调制、带通放大、整形展宽的信号处理方法以及数字滤波算法；设计了 360°高精度、高程激光传感阵列；研制了激光接收器(图 8-13)，高程检测精度可达±3 mm；创新了平整机具高程运动自由加速度和激光接收器高程融合算法，机具高程测量频率由 10 Hz 提高至 50 Hz，能连续稳定地估计超出激光传感器测量范围的高程值，测量范围由±98 mm 扩展到±145 mm，精度≤±5.60 mm(RMS)，解决了因平地铲高度迅速变化超出激光感应量程的问题。

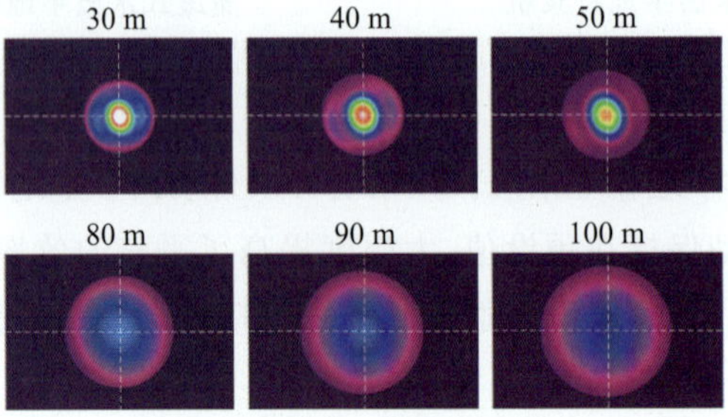

图 8-12　激光光斑与传输规律

图 8-13　激光接收器

(2)基于拖拉机横滚角的平整机具自动调平方法　针对水田硬底层不平和土壤松软导致拖拉机左右轮陷深不一，作业机具不能保持水平导致作业质量差等问题，创新设计了基于拖拉机横滚角的平整机具自动调平方法(图 8-14)。率先提出了基于外部加速度和向心加速度估计的平地机具姿态估计算法，成功研制低成本拖拉机横滚角传感器，建立了农机具和拖拉机的相对倾斜角度转换模型，通过控制电磁换向阀实现农机具水平控制。应用结果表明，横滚角传感器测量均方根误差≤0.18°，平地铲倾斜角度均方根误差≤0.24°，水平控制精度从 1°提高到 0.24°。

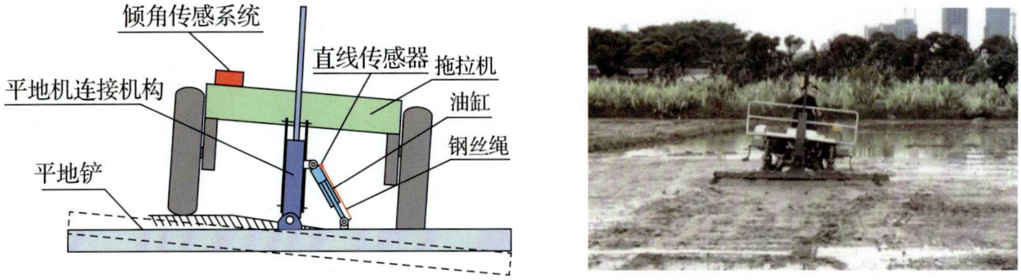

图 8-14 平地机自动调平原理与效果

(3)激光平地控制系统　采用变增益过程函数对机具高程和调平液压系统流量非线性环节进行补偿，消除了平地机具运动死区对执行控制信号的影响，成功研制高程和调平联合控制系统，实现了水田精准平整，平整精度为 3 cm。平地控制系统如图 8-15 所示。

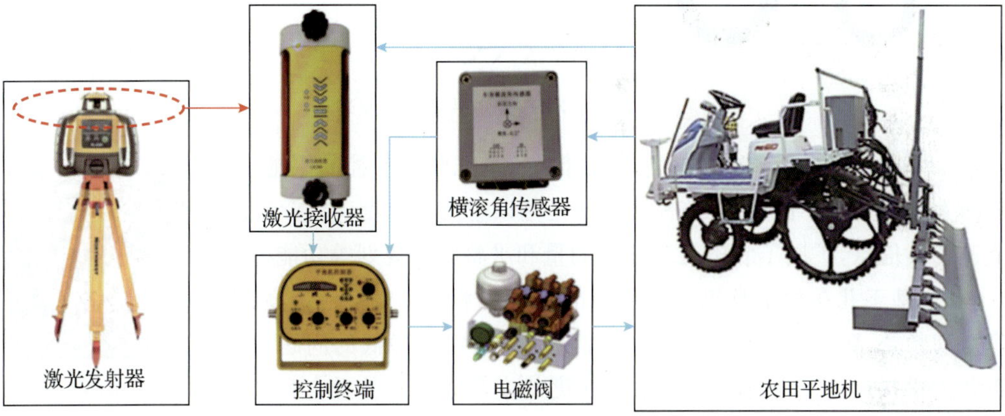

图 8-15 平地控制系统

激光接收器结合激光发射器可以实现高精度的高度测量工作，但传输范围有限，导致激光控制平整技术难以应用于大规模的农田场合，GNSS 控制平地技术应运而生。

二维码 8-7
平地机自动调平原理与效果

二维码 8-8
激光平地原理

2. GNSS 控制平整系统

如图 8-16 所示，GNSS 控制平整系统依据卫星定位原理，获取安装在平地铲上的 GNSS 接收器的实时高度，快速设定和调整平整基准，计算平地铲实时高度和基准的高差，自动控制平地铲运动至基准位置。

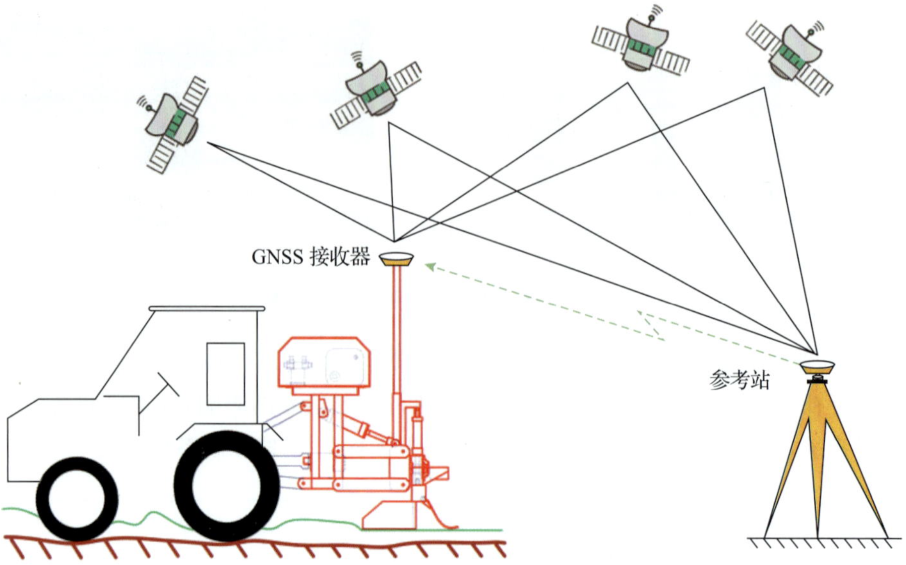

图 8-16　GNSS 控制平整系统原理

GNSS 控制平整系统包括自动设计平整基准与自动控制平地铲高度两大基础功能。此外，GNSS 接收器还可以输出经纬度、姿态信息以及速度等信息，扩展了农田三维地形测量和平整路径规划等功能。

二维码 8-9
GNSS 平整原理

（1）基于北斗的平整机具高程精准测量技术　针对平地铲高程升降运动频繁、RTK 短暂丢失引起高程精度和稳定性降低的问题，华南农业大学提出了基于北斗与自由加速度的变参数卡尔曼融合算法，实现了平整机具高程的精准测量。结果表明，测量误差≤13.43 mm(RMS)；在短暂差分丢失情况下，高程测量误差≤15.22 mm(RMS)，差分连续丢失 29 s 内高程测量的均方根误差小于 30 mm(RMS)。图 8-17 为高程融合测量曲线。

（2）在平整作业过程中的农田三维地形实时更新技术　针对农田平整作业过程中无法实时更新田面地形的问题，研究并提出了一种农田精准平整过程中的三维地形实时测量(real-time 3D terrain measurement，Rt3DTM)方法(图 8-18)。以安装 GNSS 双天线和姿态传感器的支撑轮式旱地平地机为地形测量平台，采用卡尔曼滤波器融合 GNSS 与加速度提高定位精度，通过建立平地铲运动学模型获得支撑轮底的车体坐标，结合平地铲地信息对支撑轮底进行世界坐标解算，并利用最邻近插值法生成地形图。旱田平整作业中的地形测量均方根误差为 16.5mm，平整度为 16mm，小于 30mm 的高差分布列的准确率为 95.8%，与传统测量方法的均方根误差比较，准确性提高了 29.5%，平整度准确性提高了11.1%，高差分布列准确率提高了 9.5%。Rt3DTM 方法能实时准确地获取平整作业过程中平整后区域的地形信息，为无人化农田平整实时路径规划提供了支持。

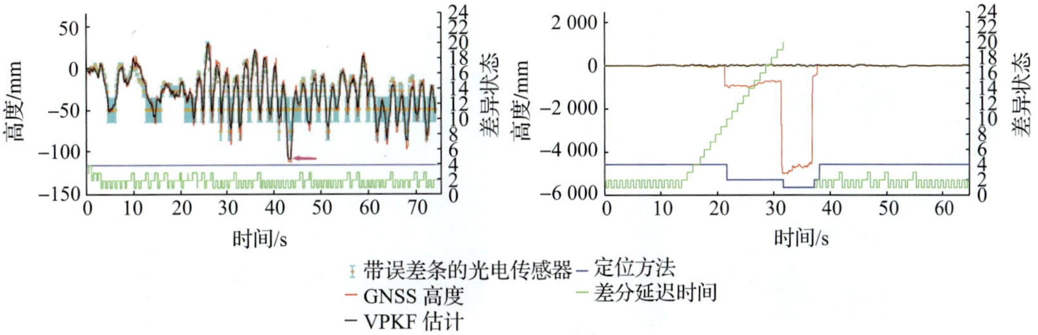

（a）RTK固定的高程测量曲线　　（b）短暂差分丢失的高程测量曲线

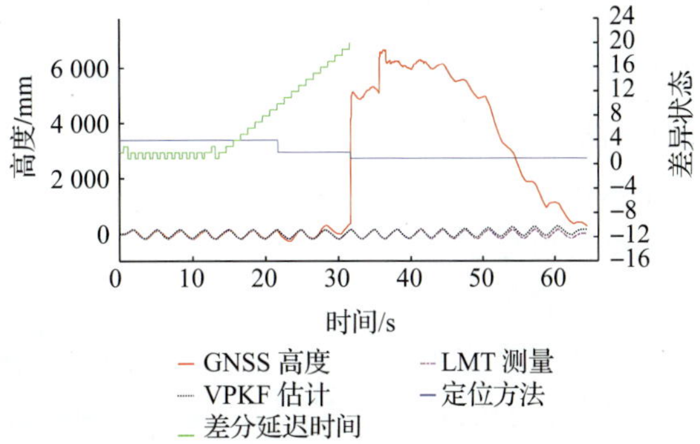

（c）连续差分丢失的高程测量曲线

图 8-17　高程融合测量曲线

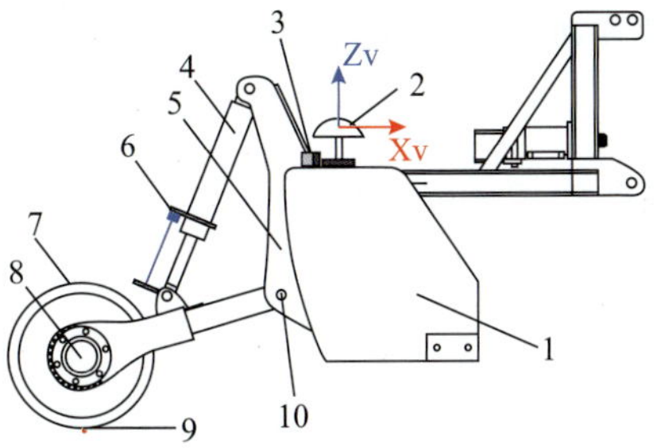

1.平地铲；2. BDS天线；3.姿态传感器；
4.液压油缸；5.高程调节架；6.位移传感器；
7.支撑轮；8.支撑轮中心；9.支撑轮底点；
10.支撑轮架转动点。

（a）平整过程中的三维地形实时测量示意图

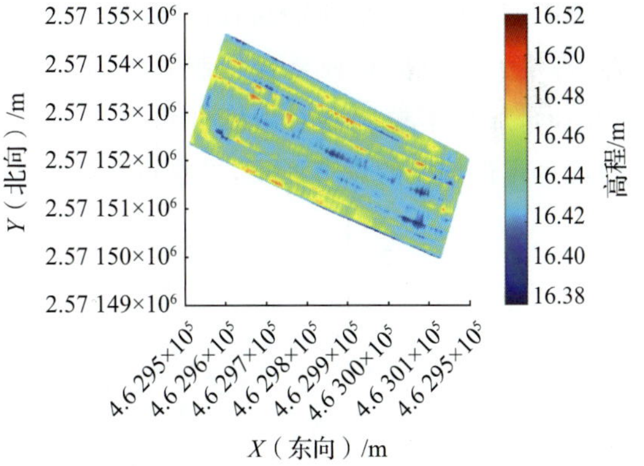

（b）地形实时测量结果

图 8-18　农田精准平整过程中的三维地形实时测量方法

(3)平整机具高程控制技术　为满足坡度平整的要求，根据三维地形建立了坡降可调的农田坡面模型，提出了坡面精准平整方法，平整后横向坡度由−0.08%改善为0.093%，纵向坡度由 0.08%改善为 0.1%，可满足旱作地区沟渠灌溉顺水流方向 0.1%坡降的需求。图 8-19 为坡地平整效果。

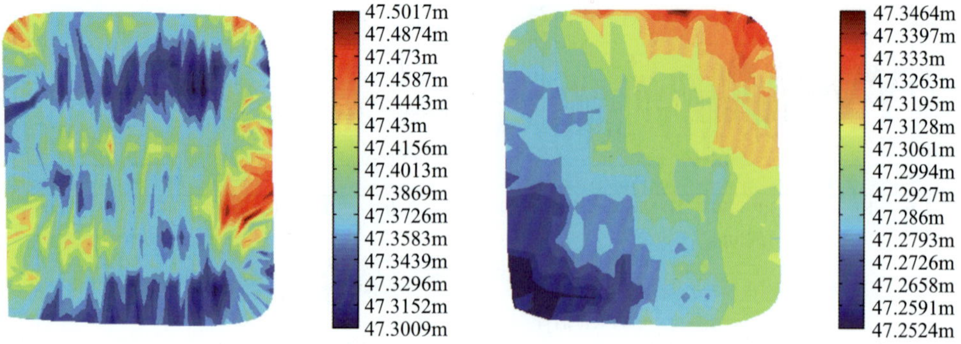

图 8-19　坡地平整效果

针对水田硬底层不平所致平地机俯仰角变化频繁引起的高程控制性能差的问题，首次提出了水田硬底层三维地形（图 8-20）采集与数学表达模型，建立了水田不平整分级方法。基于时间序列理论构建了平地机俯仰角在线预测的 15 阶自回归模型 AR(15)（图 8-21），预测值与真实观测值平均绝对误差百分比为 6.81%；以干扰信号主频为输入、微分参数为输出，建立了模糊逻辑规则，设计了水田硬底层不平干扰的自适应 PD 控制器和基于 AR(15)模型的平地铲高程前馈补偿器，构建了平地机高程复合控制系统（图 8-22），加快了控制器对由俯仰角引起的较大高程偏差的调节速度，平整机具高程控制误差≤17 mm(RMS)。

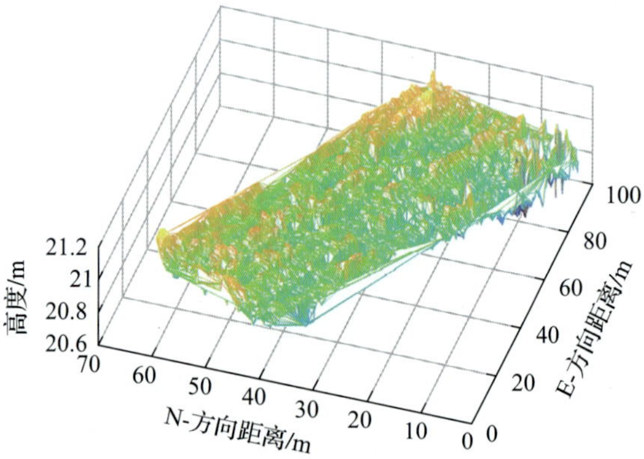

图 8-20　水田硬底层三维地形

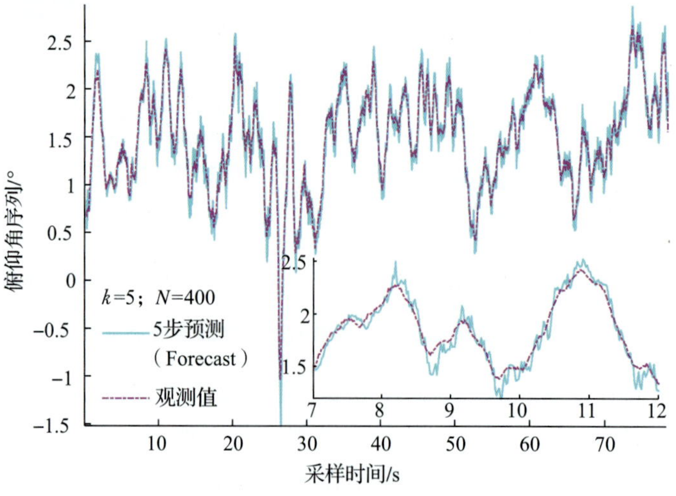

图 8-21　AR(15)5 步预测值俯仰角

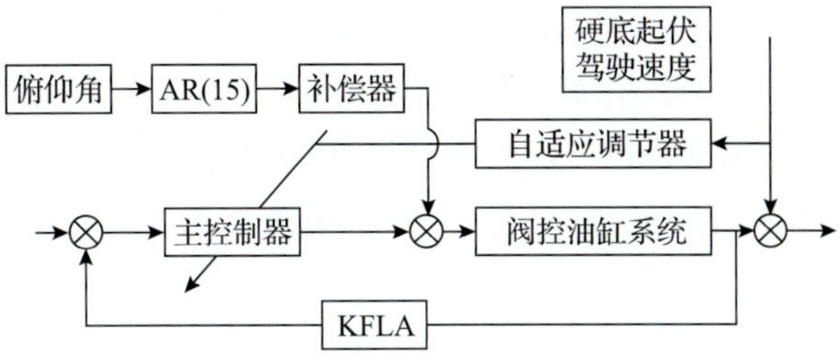

图 8-22　前馈-反馈复合控制器

(4)平整路径实时规划、作业决策与自动导航平整技术　针对传统农田平整凭经验设置平整深度和选择平整路径不合理进而导致作业质量差和作业效率低的问题,在平整前,基于三维地形提出了改进蚁群算法的农田平整作业路径规划方法;在平整过程中,基于实时地形提出了农田土方分布趋势评价和平地深度调整的实时路径规划方法,并基于平地作业载荷检测和地形实时更新规划作业路径,制定了平整作业辅助决策,采用辅助决策后平地铲的过载或空载率总和不大于 6.9%;根据平地机作业目标区域的三维地形,以提高平地机作业效率为原则确定了平地铲入土深度和平地路径,提出了平地机侧滑估计及自适应路径跟踪控制方法,实现了自动导航平地作业。平地作业路径规划和自动导航平地机如图 8-23 所示。

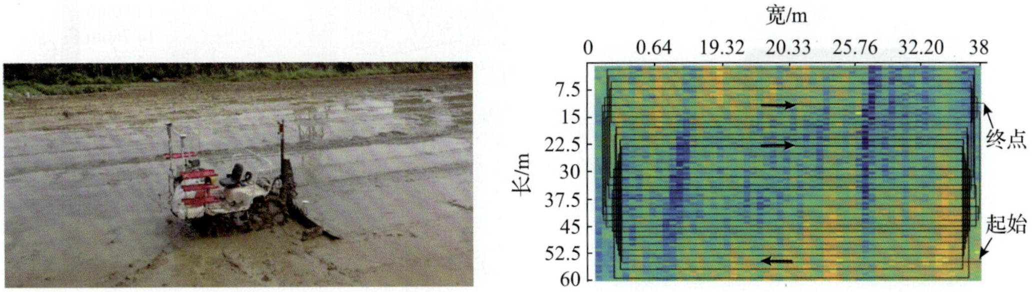

图 8-23　平地作业路径规划和自动导航平地机

农田精准平整的质量评价指标有农田田面地形高度,标准差与地形高度和期望高度的绝对差值小于等于 30 mm 的百分比。标准差与百分比可按公式(8-1)计算:

二维码 8-10
平地作业路径规划和自动导航平地机

$$S_d = \sqrt{\frac{\sum_{i=1}^{n}(X_i - \overline{X})^2}{n-1}}$$

$$\rho(|X_i - \overline{X}| \leqslant 30) = \frac{m}{n} \times 100\% \quad (8\text{-}1)$$

式中:n 为测量的点数;X_i 为各个测量点的地形高度(cm);$\overline{X}$ 为全部测量点的平均高度(cm);m 为地形高度与期望高度的绝对差值小于等于 30 mm 的点数。

如图 8-24 所示，农田地形测量有动态测量与静态测量两种方式。动态测量设备主要有航测无人机与移动式激光雷达；静态测量设备主要有地基式激光雷达与全站扫描仪。首先，通过制定合理动态测量路径与静态测量站点，实现农田地形全覆盖测量；然后，导出测量数据并传输至计算机进行处理；最后，生成农田地形高度分布图与点云数据，并统计分析农田精准平整质量。

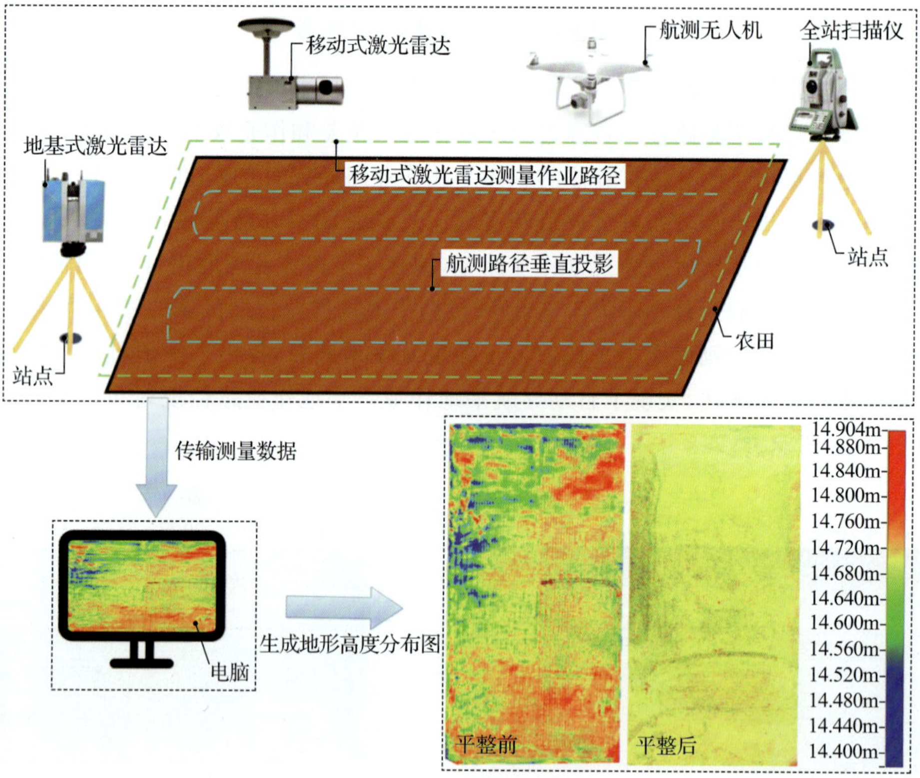

图 8-24　平整度检测方法

8.2　精准种植

8.2.1　水稻育秧播种(密植、钵苗、钵毯苗)

水稻育秧的质量决定了后续水稻移栽插秧的质量以及水稻的整体产量，水稻育秧环节中的精准控制技术对于水稻育秧播种这一任务具有十分重要的意义，华南农业大学设计的"水稻育秧生产线秧盘播种量智能调控装置"为水稻精准育秧播种提供了支持，以下以该案例介绍水稻精准育秧播种技术。

8.2.1.1　秧盘播种前后质量称量

获取播种前后两次秧盘质量的目的是得到秧盘播种量，并以此判定秧盘播种量是否在设定范围，并决定是否需要调控秧盘播种量，该调控装置通过称量机构（前后称量机构相同）实现播种前后秧盘质量的获取。称量机构如图 8-25 所示，主要由机架、底板、承重架、支撑轮Ⅰ、支撑轮Ⅱ、质量传感器、挡泥板、橡胶驱动轮、驱动轮Ⅰ和驱动轮Ⅱ等组成。工作时，秧盘在驱动轮的带动下进入支撑轮上进行称量，因此称量机构的核心是支撑轮、驱动轮和称量位置，以保证在动态工作条件下实现秧盘质量的准确检测。

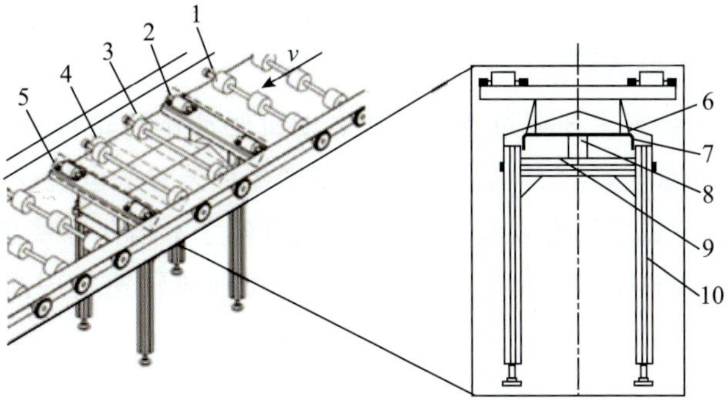

1. 橡胶驱动轮；2. 支撑轮 I；3. 驱动轮 I；4. 驱动轮 II；5. 支撑轮 II；6. 挡泥板；
7. 承重架；8. 质量传感器；9. 底板；10. 机架。

图 8-25　称量机构

8.2.1.2　秧盘位置检测

秧盘位置检测的目的是确定秧盘在播种前后是否到达指定的质量称量位置，从而使系统能够快速进行质量数据的采集。由于秧盘是连续输送的，尽管因高度差的作用多数秧盘间会产生微小间距，但间距较小，一般情况下很难识别每个秧盘是否准确到达称量位置。为此，针对该装置设计了一种无接触式的秧盘位置检测机构，主要包括 2 个漫反射光电传感器（型号为 E18-D80NK、检测距离 3～30 cm）、支撑架、遮光箱和毛刷，如图 8-26 所示。其中 2 个漫反射光电传感器的中心连线与秧盘边沿平行，毛刷固定在遮光箱上，用于清扫掉秧盘边沿上的杂物，避免对检测产生干扰。

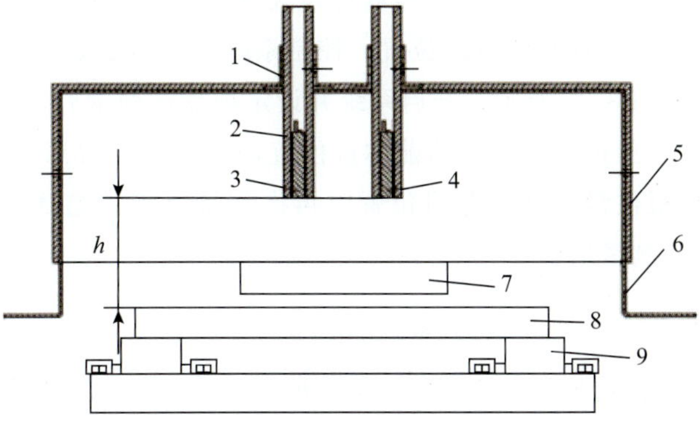

1. 固定座；2. 光电传感器固定杆；3. 漫反射光电传感器 I；4. 漫反射光电传感器 II；
5. 遮光箱；6. 支撑架；7. 毛刷；8. 秧盘；9：支撑轮。

图 8-26　位置检测机构剖视图

漫反射光电传感器在检测距离内持续对秧盘边沿进行检测，控制系统通过采集和分析秧盘边沿的检测时长获得秧盘的位置信息。为防止单个光电传感器检测到超出秧盘边沿高度的物体而出现误检，当 2 个漫反射光电传感器在检测距离时，检测到秧盘边沿时开始计时检测，当秧盘边沿离开检测距离时结束检测，得到单沿的检测时长 ts，若在一定的检测时间内，分别采集到已称量秧盘和待称量秧盘单沿有效检测时长，则预报秧盘已到达称量位置。

8.2.1.3 秧盘播种量调控

振动式精密播种装置主要通过变频调速电动机驱动排种轮将种子从种箱中分离，种子落到气动排种振种盘上，经匀种后播出。该精密播种装置的电机变频器输出频率（即排种轮转速）与秧盘播种量之间存在线性关系，因此可建立水稻芽种秧盘播种量与频率间的线性模型，然后通过调整变频器的输出频率来改变排种轮转速实现播种量调控。调控方程如下：

$$F_b = F_a + a(Q_s - Q_j) \tag{8-2}$$

式中：F_b 为修正后的频率（Hz）；F_a 为修正前的频率（Hz）；Q_S 为设定的秧盘播种量（g/盘）；Q_j 为秧盘播种量测量值的均值（g/盘）；a 为修正系数。根据实验数据，杂交稻的设定修正系数为 0.104，常规稻的设定修正系数为 0.128。

8.2.1.4 控制系统

控制系统是该装置的决策指挥中心，是实现秧盘质量检测以及播种量调控的关键。控制系统主要分为硬件系统与软件系统。

硬件系统采用 STM32F429 微处理器作为控制系统的核心，选用 HX711 称量模块，该模块的数据传输速率为 80 Hz，单个数据的处理时间小于 0.013 s，满足在最短静止时间内对称量数据的处理；根据称量精度的需求，选用量程为 20 kg 的 L6N 型质量传感器，称量精度为 0.02%；为减小变频器产生的杂波干扰各传感器的输出信号，在处理器和变频器之间接入隔离放大模块，确保信号传输稳定无误；选用检测精度较高的 E18-D80NK 型漫反射光电传感器检测秧盘的行进位置。控制系统硬件组成如图 8-27 所示。

软件控制流程如图 8-28 所示。开启系统并设定秧盘播种量后，当采集到满足条件的检测时长时，控制系统预报秧盘已到达前称量位置，并进行称量得到秧盘播种前质量 M，秧盘继续前进；当预报秧盘到达后称量位置时再次称量得到秧盘播种后质量 N，随后计算并统计秧盘播种量测量值：

$$Q_i = N - M \tag{8-3}$$

式中：M 为秧盘播种前质量（g）；N 为秧盘播种后质量（g）；Q_i 为秧盘播种量测量值（g/盘）。

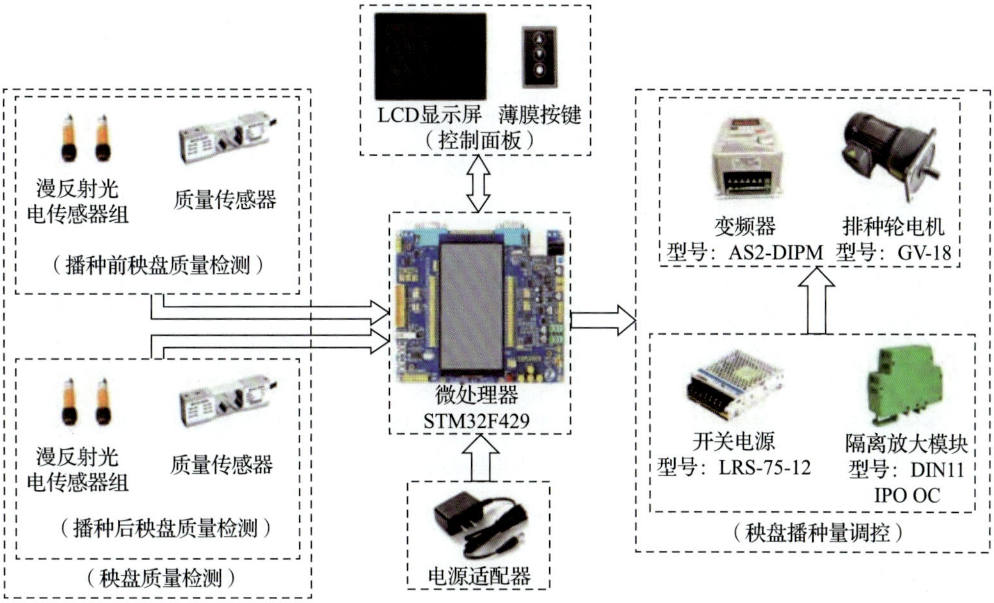

图 8-27　控制系统硬件

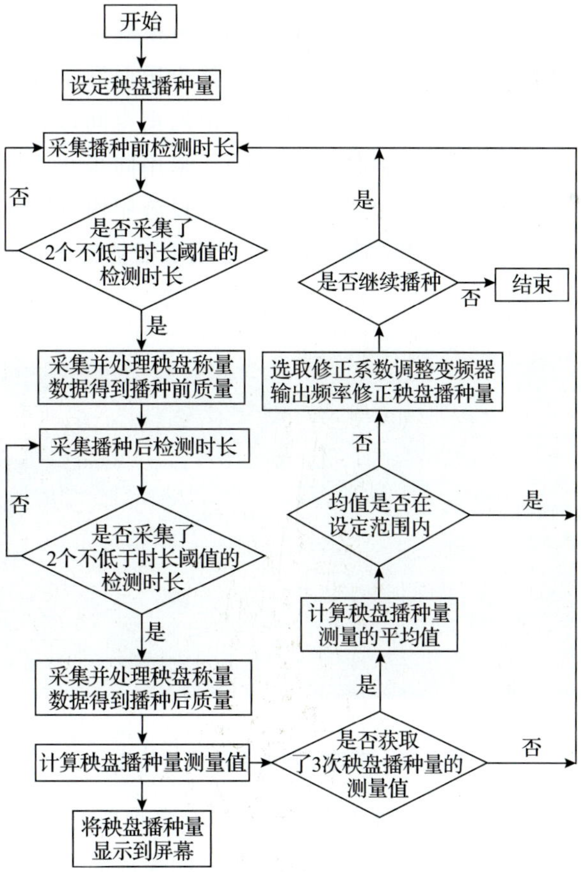

图 8-28　软件控制流程

8.2.2 精量直播

精量直播可减少育秧和移栽过程，提高种植效率，优化播种密度，改善水稻生长环境，提升产量与品质。华南农业大学基于农机农艺融合，以机械精量穴直播为核心，首创“三同步”精量穴直播技术，如图 8-29 所示。

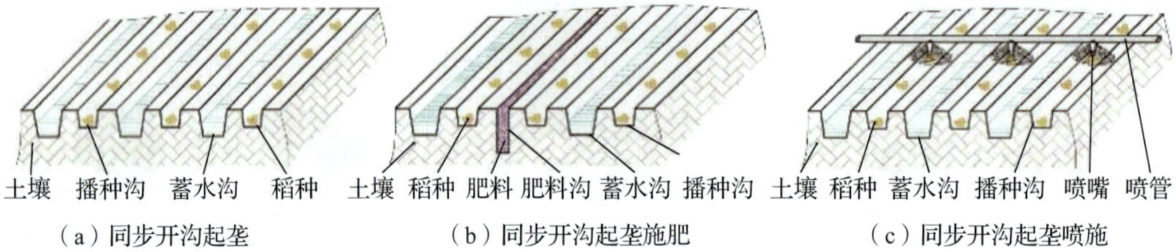

图 8-29 “三同步”水稻精量穴直播技术原理

同步开沟起垄水稻精量穴直播技术在田面上同时开设蓄水沟和播种沟，采用穴播方式将稻种播在垄上的播种沟中，实现了成行成穴有序生长和垄畦栽培，增加了根系入土深度。由于垄面少淹水或不淹水，提高了土壤中氧化还原电位，有利于根系生长和改善根系结构。研究结果表明，精量穴直播比人工撒播水稻的黄根减少 20%、黑根减少 13%、白根增加 33%；垄间的蓄水沟提供水稻生长用水，无需整个田面灌水，减少了灌溉用水，可节省灌溉用水 30%以上。穴播为水稻生长提供了一个均衡空间，穴内多粒稻种聚生，利于顶土出苗、相互竞争，利于建立高产群体(图 8-30)。采用同步开沟起垄施肥水稻精量穴直播技术，在 2 条蓄水沟之间垄台上的播种沟一侧开设施肥沟，可节肥 15%以上，氮肥利用率可提高 20%以上。采用同步开沟起垄喷药/喷膜水稻精量穴直播技术可在播种时同步喷施除草剂或液体地膜。

图 8-30 垄畦壮苗效果及根系长势

为满足不同区域、不同熟制、不同品种成行成穴有序种植的农艺要求，华南农业大学创制了多种类型的水稻播种机，其中排种器是播种机的关键部件。

8.2.2.1 水稻精量直播排种器

华南农业大学成功研发的水稻精量直播排种器主要有播量可调组合型孔式排种器、垂直圆盘气吸式排种器、气吸滚筒集排式排种装置以及螺旋槽式排种器四种(图 8-31)。以下以播量可调组合型孔式排种器为例,介绍排种器的结构以及工作原理。

如图 8-31a 所示,组合型孔式排种器包括充种、清种、护种和投种 4 个过程。排种轮在传动轴的驱动下顺时针转动,排种轮型孔首先经过第 1 充种区进行充种,当型孔经过限种板进入第 2 充种区后,未充满稻种的型孔进行二次充种;清种毛刷由安装在传动轴上的链轮链条驱动,排种轮型孔表面的多余稻种被清种毛刷刷回至第 2 充种区;充满稻种的型孔经过毛刷轮后进入护种过程,由弹性随动护种带护送经过护种区,在排种区进入排种管,最后稻种从排种管排出并以自由落体形式落入田面的播种沟中。可调组合型孔排种器可适应不同稻区和不同品种的播种量要求,调节范围较大(每穴 3～10 粒或 10～20 粒)。

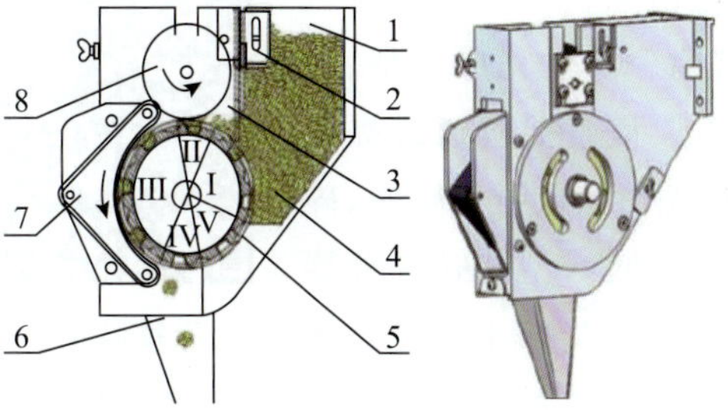

1. 第1充种区; 2. 限种板; 3. 第2充种区;
4. 卸种板; 5. 组合型孔排种轮; 6. 排种管;
7. 护种装置; 8. 清种装置; I. 充种区;
II. 清种区; III. 护种区; IV. 投种区; V. 过渡区。

(a) 播量可调组合型孔式排种器

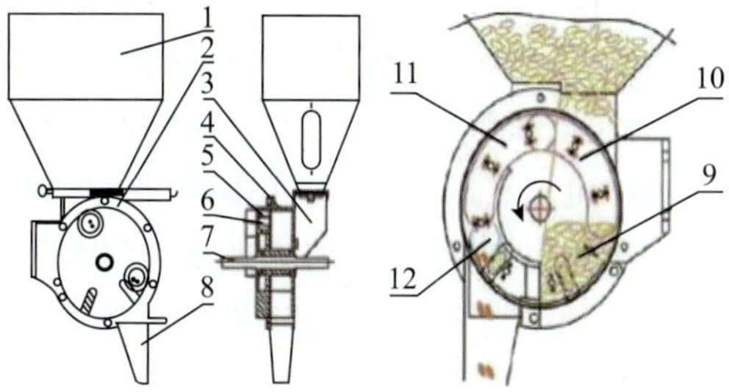

1. 种箱; 2. 气吸壳体; 3. 分层充种室;
4. 排种壳体; 5. 清种装置; 6. 吸种盘;
7. 排种; 8. 排种管; 9. 吸种区; 10. 清种区;
11. 携种区; 12. 投种区。

(b) 垂直圆盘气吸式排种器

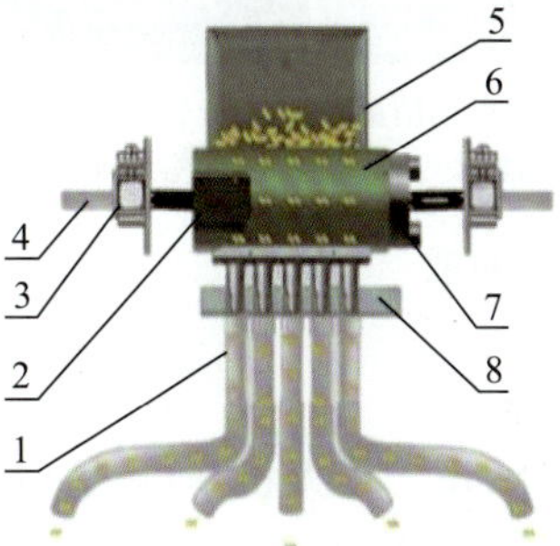

1. 送种管; 2. 内滚筒; 3. 轴承座;
4. 传动轴; 5. 种箱; 6. 外滚筒;
7. 换气壳体; 8. 送种气流进气口。

(c) 气吸滚筒集排式排种装置

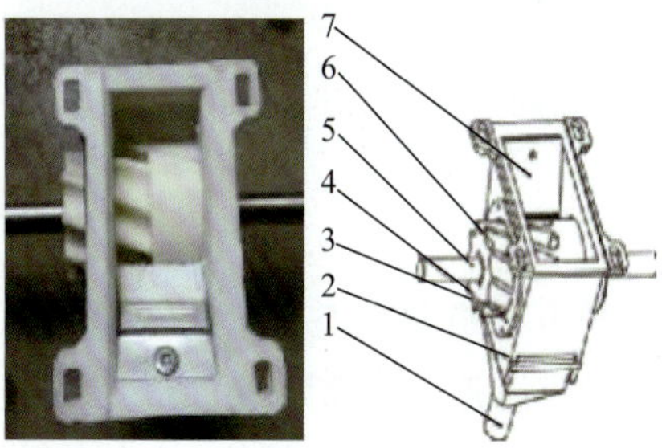

1. 排种管; 2. 壳体; 3. 防漏种挡轮及挡圈;
4. 定位挡圈; 5. 排种轴; 6. 螺旋槽轮; 7. 毛刷。

(d) 螺旋槽式排种器

图 8-31 水稻精量直播排种器

8.2.2.2 水稻直播机

水稻直播机主要分为水直播机和旱直播机，以下以2BD型水稻精量水穴直播机以及2BDH型水稻精量旱穴直播机为例，介绍其结构及工作原理。

1. 2BD型水稻精量水穴直播机

2BD型水稻精量水穴直播机采用乘坐式插秧机动力底盘，由机架、开沟起垄、仿形、动力传动、播种及液压提升等机构构成。播种、开沟起垄装置固定于机架。高程仿形传感器装在滑板前，通过闸线连液压系统；水平仿形机构一端接挂接架，由提升架连接动力底盘，液压油缸协同工作，动力传动装置靠万向传动轴连动力底盘。如图8-31a所示。动力底盘提供各项动力，播种部分悬挂其后。作业时，手柄置插植档，机具靠自重下落，仿形机构让。

二维码 8-11
水穴直播

2. 2BDH型水稻精量旱穴直播机

2BDH型水稻精量旱穴直播机由机架、轮辙消除、平行四杆仿形、动力传动、开沟、播种及覆土镇压装置构成。其能一次性完成平整、开沟、播种、覆土、镇压等作业，总体结构见图8-32c。该直播机通过提升架与拖拉机三点悬挂相连。田间作业时，刮土板先消除拖拉机轮辙，碎土滚筒压碎土块，使土壤细碎平整；开沟器开出播种沟，型孔式排种器按穴距将种子播入沟内；覆土镇压装置的覆土轮挤压沟壁土壤覆盖播种沟并镇压。

二维码 8-12
旱穴直播

(a) 水稻精量旱穴直播机　(b) 折叠式宽幅水稻精旱穴直播机　(c) 2BDH型水稻精量旱穴直播机　(d) 2BDQJ-20型气力集排式水稻旱穴直播机

图8-32　水稻精量旱穴直播机机型

3. 排射式播种无人机

排射式播种无人机如图8-33所示，包括无人机本体，设于无人机本体上的种箱、排种器、分种器以及点射播种模块，其中点射播种模块由安装板、用于对种子进行加速的摩擦轮加速装置、用于逐粒向所述摩擦轮加速装置提供单粒的振动排队出种装置以及引导加速种子精准射到目标位置的导向管组成。播种过程主要分为以下几个阶段。

（1）标定参数　通过作业高度、射种角度与行距之间的关系模型，点射播种模块出种频率、播种作业速度与株距之间的关系模型和摩擦轮转速、作业高度与种子入土深度的关系模型标定并存储排射式播种控制参数。

(2)集中供种　播种时,种子从种箱进入排种器,通过排种器控制种子的排量。

(3)分种器分种　排种器排出的种子被分为多份,并通过分种器引导分散至各个点射播种模块。

(4)排射式播种　种子进入点射播种模块,依据其尺寸和流动性,标定充种流量、出种头孔径及振动激振力,确定振动出种与破拱电机控制参数并存储。向锥筒充种后控制其振动,种子受振动和锥筒限制,从出种头逐粒排出。若规定时间内未检测到出种脉冲,判定为结拱堵塞,随即按预设参数启动破拱电机,直至堵塞消除。种子经反向转动的自适应摩擦轮缝隙,受摩擦力获得加速度高速排出,之后引导其运动方向。

下落的种子经过两个转动方向相反的摩擦轮之间的缝隙,缝隙的尺寸根据种子的尺寸自适应调整,摩擦轮与下落种子两侧挤压,并通过摩擦轮的摩擦转动,使下落的种子两侧产生与预设射出方向相同的摩擦力,使种子获得与摩擦力相应的加速度而被高速排出,对高速排出的种子运动方向进行引导,从而使种子精准射向预设的田面落点位置。

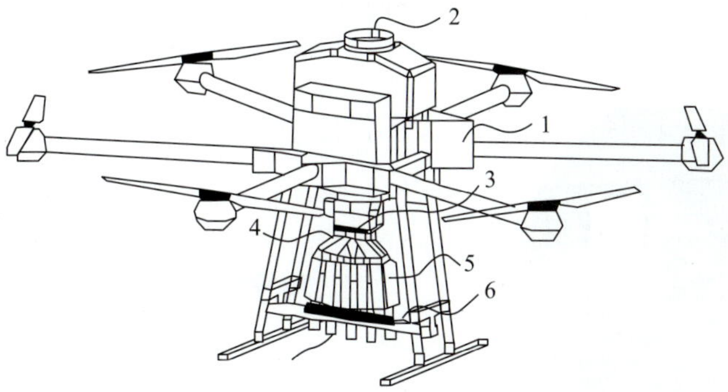

1. 无人机本体;2. 种箱;3. 排种器;4. 分种器;
5. 点射播种模块;6. 角度调节机构。

图 8-33　排射式播种无人机

二维码 8-13　无人机射播

8.3　精准管理

8.3.1　水管理

在农业生产中,水管理是确保作物高效、可持续生长的关键因素之一。作为作物生长的基本要素,水直接影响作物的产量、质量、病虫害防控以及土壤健康等多个方面。由于全球水资源的不均衡分布、气候变化和水资源过度开采等问题,科学合理的水管理在现代农业中尤为重要。

滴灌系统和排灌系统在旱地与水田的灌溉管理中发挥着至关重要的作用。滴灌是一种高效的灌溉方式,通过滴头或滴管将水精准地输送至作物根部,逐滴渗透到土壤中。可实现高效节水、减少杂草生长、降低病害传播风险以及精确控制水分供应。滴灌技术广泛应用于旱地作物(如蔬菜、果树等),尤其适合在干旱和水资源紧张的地区。水是水稻生长的核心要素,特别是在插秧期、孕穗期和灌浆期,充足的水分对水稻的正常生长和高产至关重要。此外,合理的水位调控不仅影响水稻的生长发育,还直接关系到产量和品质。水田排灌系统的核心作用是通过适时的水源供应与排放,调节水稻的生长环境,确保稳定的水分供应。因此,科学合理的排灌系统不仅能满足水稻的水分需求,还能提高水资源利用率,减少病虫害,防止盐碱化等问题,是实现水稻高产、优质的关键。以下重点介绍蓝鲸云·智能灌溉系统。

蓝鲸云·智能灌溉系统是吉林省佰强科技有限责任公司自主研发的集预案、视频、图片、地理位置和渠间硬件设备于一体,以信息网络为基础,通过物联网通信技术,控制各部分有机协作的智能灌溉系统。该系统对设备上传的田间信息或渠道信息进行收集、整合和分析等,实现了无人控水灌溉和节水灌溉。

蓝鲸云·智能灌溉系统根据智能设备的各项数据规则,通过传感器自动采集区域内各项数据并上传至智能设备,设备本身具有分析能力,可自行执行相关操作,执行完毕后,将信息反馈至云端服务器,服务器通过分析反馈信息判断是否发送命令到其他智能设备。

蓝鲸云·智能灌溉系统主要由软件系统和硬件系统两部分组成。蓝鲸云·智能灌溉的系统界面如图 8-34 所示。

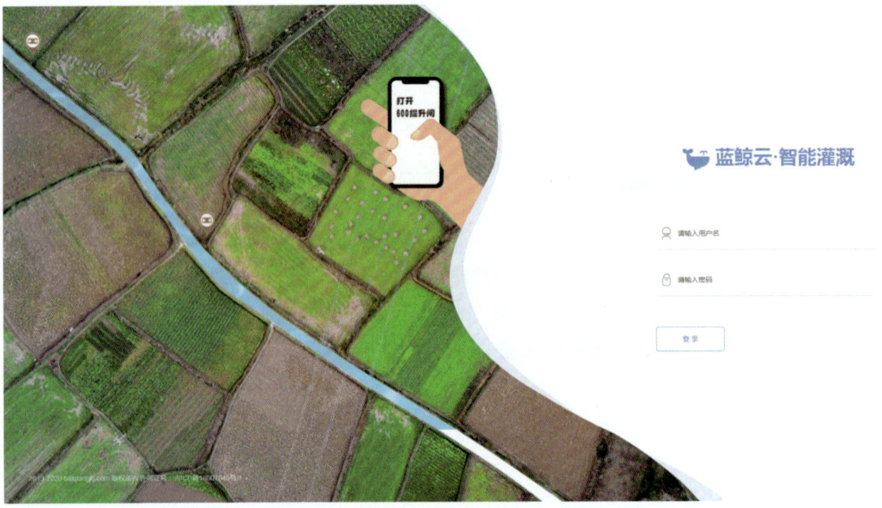

图 8-34 蓝鲸云·智能灌溉系统界面

8.3.1.1 软件部分

蓝鲸云·智能灌溉系统软件部分主要包含四大模块:远程设备控制、报警管理、规则管理和数字灌渠展示。

1. 远程设备控制

通过软件对灌渠的相关设备进行操作,可以远程发送命令,有效实现灌溉水的自动化管理。

2. 报警管理

系统自动监测水位，如超过正常值或低于正常值，就会报警，以提醒田间作业人员及时处理。

3. 规则管理

将管理规则与设备绑定，根据记录数据和水位规则控制水位。

4. 数字灌渠展示

以数字地图形式展示地区地貌、设备位置、摄像头位置、水渠的纵横方向以及水层管理功能，提升信息化管理水平。

(1)数字灌渠

①数字闸门。该系统可将灌渠通过 WebGis 技术绘画到卫星云图上，通过在地图上标记设备方便操作人员对设备进行远程操作，设备可定时上报数据，操作人员可以清晰地看到设备当前的状态、历史操作，可设置操作规则(图 8-35)。

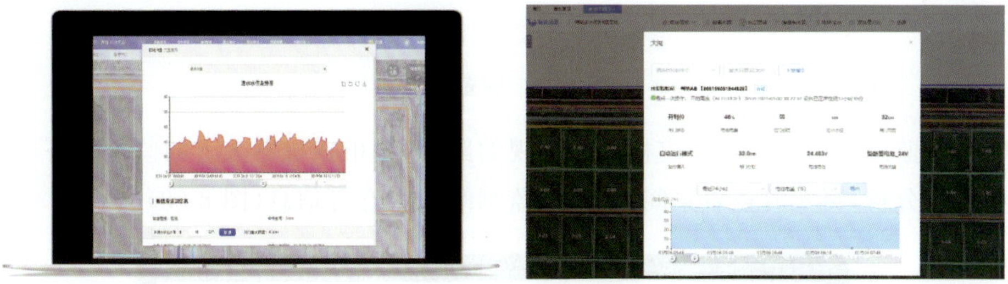

(a) 当前水位状态　　(b) 设置操作规则

图 8-35　数字闸门

②视频查看。该系统支持监控视频实时查看和云台控制，操作员可以通过点击地图上的视频设备来实时查看当前视频影像(图 8-36a)，也可通过视频管理界面查看当前农场内全部摄像头视频影像(图 8-36b)，还可通过视频回放界面查找之前的视频。

(a) 实时视频影像　　(b) 全部视频影像

图 8-36　查看视频

(2)远程设备控制

①设备管理。实时查看设备状态、设备在农场中的位置和是否离线等信息，如遇设备突然离线，就可通过卫星定位找到设备所在位置进行维护修理(图 8-37)。

图 8-37　设备管理

②远程监测。该系统可设定机器人巡视的路线，并根据机器人上的监控设备，对传回的视频进行分析，可实时查看渠间水流量、监测闸门状态等信息（图 8-38）。

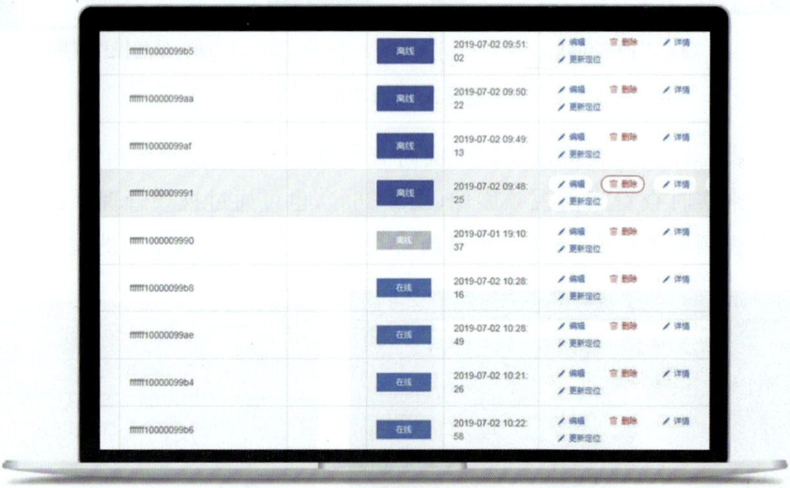

图 8-38　远程监测

③设备控制。通过线上可直接对设备下达开闸、关闸等指令，也可查看记录仪上的相关数据（图 8-39）。

图 8-39　设备控制

(3)报警管理

该系统支持报警信息查看和处理，对设备传回的报警信息进行处理。

①报警日志。报警日志如图 8-40 所示。

(a)　　(b)

图 8-40　报警日志

②报警提示。设备若发生报警情况，该系统会自动轮播已报警的设备，方便立刻查看并解决(图 8-41)。

蓝鲸云·智能灌溉系统所有硬件均采用 NB-IoT 超远距离通信技术，以获得可靠的通信保障。控水闸门配备声波测距模组可控制闸门开启或关闭的高度，精度为 5 mm。根据用户需求定时开启闸门或关闭闸门，并可以设定日常开启或关闭时间，或每天固定开关。控水闸门配备前后压力水位传感器，定时上报水渠水位，根据预先设定好的水位值自

图 8-41　报警提示

动控制上游闸门的开启大小,防止由上游闸门开启过大导致的水渠冲毁。

蓝鲸云·智能灌溉系统的报警功能除日常设备报警外,还提供天气、环境等因素报警,帮助灌区规避风险因素;更有经过特殊设计的太阳能供电模组,可实现弱光充电和弱电增压;提供多种供电模式,以防通电故障。设控水闸门配备拍照模组最大化地增加了设备运行的可操控性。

(4)规则管理

通过记录仪规则,水位规则和设备三方的绑定,可按照规则控制地块水位。如水位达到设定值时,即自动关闭进水闸门,从而实现真正的智能化控水(图 8-42)。

图 8-42　规则管理

8.3.1.2 硬件部分

蓝鲸云·智能灌溉系统硬件部分主要包含：BQ600-1000智能渠道闸门、BQ380智能田间地块进排水阀(闸)门、BQ-5R移动式水质(环境)监测记录仪、BQ-LL流量监测仪、BQ-WRJ无人机组、BQ-QXZ环境监测气象站和BQ-KSH可视化监控系统等。

1. BQ600-1000智能渠道闸门

渠道闸门分为原有闸门升级智能改造和玻璃纤维材料一体化智能闸门两种产品，原有闸门改造包括加装提升电机、太阳能供电和远程控制器等设备，实现远程、定时和自动工作等功能，该设备适用于600～1 000 mm宽度的闸门(图8-43)改造；玻璃纤维材料一体化智能闸门适用于铺装玻璃纤维新材料渠道后，集成在渠道上的智能闸门，具有远程、定时和自动等多种控制模式，太阳能或市电两种供电方式均可兼容。该闸门解决了传统人工闸门的人员耗资大、闸门路程远、田间地形复杂无法及时开关等问题，具有可靠性高、提升力大和精准控制等优点。

图8-43　BQ600-1000智能渠道闸门

2. BQ380智能田间地块进排水阀(闸)门

自主研发的BQ380智能田间地块进排水阀(闸)门配备水尺水分传感器、水温传感器、pH传感器和盐分传感器，根据设置的水位高度可自动执行排灌工作，无需人力看管所有数据自动上传至系统服务器。

BQ380智能田间地块进排水阀(闸)门(图8-44)安装在田块进水口和排水口，可通过手机和电脑远程控制阀(闸)门开关，将水位控制在设定值高度，配合移动式水质(环境)监测记录仪，用户可根据田间水质的pH、盐分自动换水。

图 8-44 BQ380 智能田间地块进排水阀(闸)门

3. 移动式水质(环境)监测记录仪

移动式水质(环境)监测记录仪(图 8-45)可搭配多种水质或环境传感器 24 h 监测田间或水源的水质并上报监测数据,并可以针对水位数据或水质数据进行报警,也可以绑定智能田间地块进排水阀(闸)门自动换水。采用太阳能供电,每 10 min 上传一次检测数据至服务器,数据被永久保留。

该仪器适用于盐碱地田间 pH 和盐分的监测和预警,灌区水位的监测和预警。设备仪器具有精准度高、历史数据可查和移动便捷等优点。

图 8-45 移动式水质(环境)监测记录仪

4. BQ-LL 流量监测仪

BQ-LL 流量监测仪(图 8-46)包括流速流量计和明渠流量计两种型号。流速流量计适用于大型主干和支渠道,对主渠道所覆盖的所有农田进水排水流量进行监测、汇总和分析,具有精度高、量程大、稳定性高等特点;明渠流量计适用于斗渠和农渠等小型渠道,对分管渠道进行监测并分析,具有反应快、灵活性强、价格低等特点。

图 8-46 BQ-LL 流量监测仪

5. BQ-QXZ 环境监测气象站

区域性小环境对农业生产的影响大。安装 BQ-QXZ 环境监测气象站(图 8-47)并根据积累数据进行汇总分析,可提前预防因环境因素对农事生产造成影响。

BQ-QXZ 环境监测气象站可搭配 30 余种传感器,对安装地区的小环境气候信息进行全天监测,如温度、湿度、光照度、降水量和蒸发量等环境数据,数据上报云端,留存并可通过手机和电脑进行查看、分析和汇总。

图 8-47 BQ-QXZ 环境监测气象站

6. BQ-KSH 可视化监控系统

BQ-KSH 可视化监控系统不仅具有常见的监控防盗的功能，还可以全覆盖可视化地提升管理农业园区的管理标准，更是提升产品溯源、农事农情真实性的重要设施。

针对不同农业园区或项目区选型配置高清摄像头，通过合理搭配可实现全覆盖可视化、定点监控、轮巡监控、警戒监控等多种功能。该系统的供电和网络均可选用无线或有线。图 8-48 为 72 倍光学变焦专用摄像头，可覆盖范围 50～150 hm^2。

图 8-48　监控摄像头 BQAa. 01

8.3.2　肥管理

通过科学合理的养分管理，采用精准施肥可提升农作物的产量与品质，同时减少资源浪费和环境污染。传统施肥方法依赖经验，导致养分比例失衡或过量施肥，降低作物产量和品质，从而影响土壤结构和生态环境。现代无人机技术的应用可使施肥过程更加精准和高效。无人机搭载地物传感器可实时监测作物生长状态和土壤肥力，并通过数据分析进行适时适量的施肥，以确保每个地块都能获得所需养分。此外，变量施肥还可依据具体需求来调整施肥量，以利于实现资源的优化和利用，推动农业生产的可持续发展。

8.3.2.1　基于无人机遥感的黄华占水稻施肥决策模型研究

水稻氮素营养监测及变量施肥方法主要用于考察无人机搭载光谱相机测定水稻氮素营养状况的可行性，确定无人机最优作业参数，并建立基于无人机遥感技术的水稻关键施肥节点的施肥模型。

以黄华占水稻为研究对象，选取广东广州、乐昌和湖南益阳三个不同区域，采用 SPAD 502 叶绿素计（图 8-49）、GreenSeeker RT100（图 8-50）和无人机搭载 Rededge-M 多光谱相机（图 8-51）获取各试验区水稻生育期的田间数据，并分析三种不同传感器用于诊断水稻氮素营养水平的差异性。

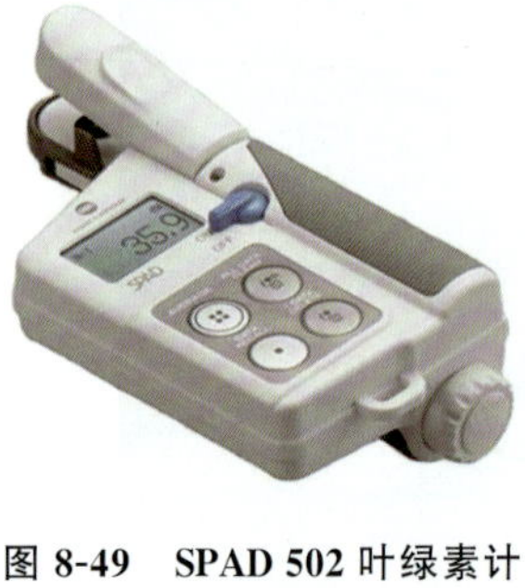

图 8-49　SPAD 502 叶绿素计

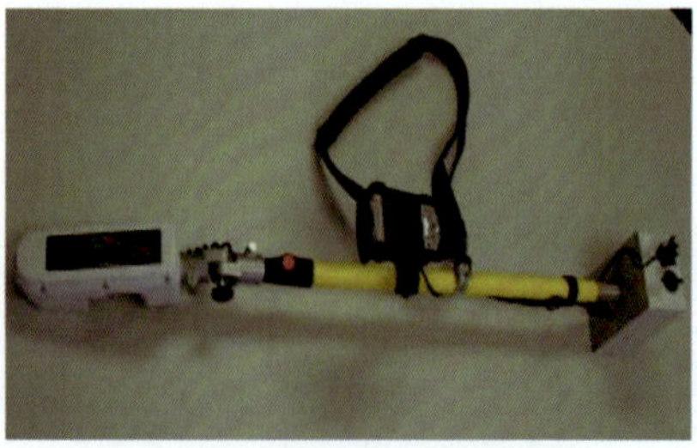

图 8-50　GreenSeeker RT100

图 8-51　无人机搭载 Rededge-M 多光谱相机

分析各传感器测定的数据在各区域水稻各个生育期的变化规律及其与水稻植株氮含

量的相关关系。结果表明，SPAD 值在水稻整个生育期均呈现“先上升、后下降，再上升、再下降”的趋势，各区域的 SPAD 值与水稻植株氮含量相关系数均在 0.72 以上，呈显著相关性，其中乐昌的相关系数最高，益阳次之，广州最低。NDVIg 值(GreenSeeker RT 100)和 NDVIa 值(无人机搭载 Rededge-M 多光谱相机)在水稻整个生育期均呈“先大幅上升，然后平缓，再缓慢降低”的趋势。各区域的 NDVIg 与水稻植株氮含量的相关系数均在 0.6 以上，其中益阳最高，广州次之，乐昌最低。NDVIa 值与 NDVIg 值和 SPAD 值高度相关，拟合系数 R^2 均值达 0.9，因此无人机搭载 Rededge-M 多光谱相机用于监测作物养分状况具有可行性。

采用无人机搭载 Rededge-M 多光谱相机获取不同飞行高度、不同生育期的水稻冠层的图像信息，结合地面实测数据，对其飞行作业参数进行优选，结果表明该无人机遥感监测系统可用于诊断水稻氮素营养状况的最佳飞行参数。

如图 8-52 所示，不同高度下的各区域的 NDVIa 值变化趋势一致，20～60 m 的 NDVIa 值差异较大，80 m 的 NDVIa 值和 100m 的 NDVIa 值变化不大，且对应的 NDVIa 值变异系数为 0.027，表明 80 m 测定的 NDVIa 值和 100 m 测定的 NDVIa 值的稳定性更好。6:00～17:00，其间测定的 NDVIa 值会随着时间推移而变化，其变化趋势为“增加—减小—增加—减小”，从 10:00 起 NDVIa 值与 NDVIg 值的相关系数稳定在 0.895 左右，因此利用无人机搭载 Rededge-M 多光谱相机诊断水稻氮素营养状况的最佳飞行高度为 80～100 m，最佳航拍时间段应选择 10:00～14:00。

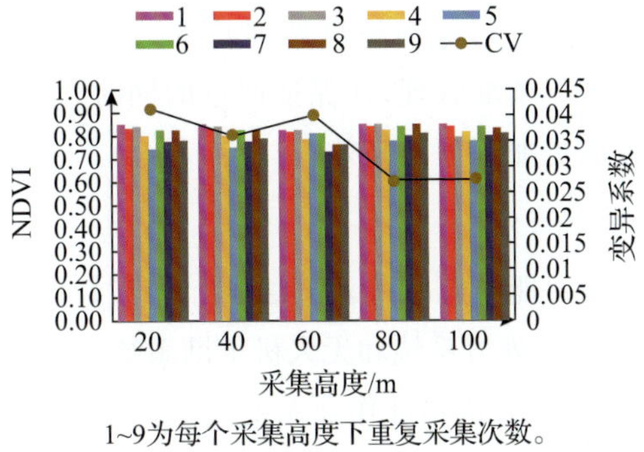

1~9为每个采集高度下重复采集次数。

(a) 不同高度下的测定的NDVI值及变异系数

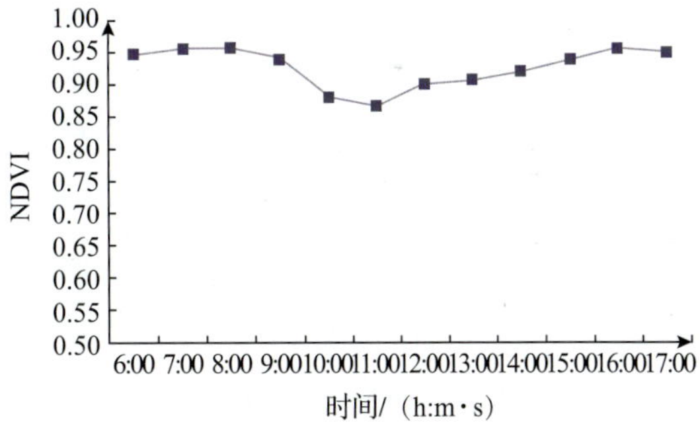

(b) 不同航拍时间下的NDVI值

图 8-52 不同作业参数下的 NDVI 值

以有效积温为变量，建立广州、乐昌与益阳地区标准施氮量下水稻归一化植被指数(normalized differential vegetation index，NDVI)解析模型，三个地区的解析模型的 R^2 分别为 0.887，0.981 和 0.985，表明该模型可反演水稻的 NDVI。

$$\mathrm{NDVI}_{广州} = -0.009 + 0.0015x - (5.85e+7)x^2 \tag{8-4}$$

$$\mathrm{NDVI}_{乐昌} = 0.128 + 0.00125x - (4.373e+7)x^2 \tag{8-5}$$

$$\mathrm{NDVI}_{益阳} = -0.143 + 0.00136x - (4.27e+7)x^2 \tag{8-6}$$

采用 NDVIa 值和标准施氮量下的 NDVI 组成的标准种植比值指数(ratio index of standard planting，RISP。RISP＝NaVIa/NaVI)与水稻植株氮含量在各区域的高度相关性，以标准种植比值法构建广州、乐昌和益阳各区域施肥模型，三个地区的施肥模型的 R^2 分别为 0.991、0.879 和 0.947。

$$NL_{广州}=91.94\times RISP^2+6.694\times RISP-70.751 \tag{8-7}$$

$$NL_{乐昌}=2128.54\times RISP^2-3753\times RISP+1653 \tag{8-8}$$

$$NL_{益阳}=183.848\times RISP^2-198.459\times RISP+44.571 \tag{8-9}$$

公式(8-7)至公式(8-9)分别为广州、乐昌和益阳对应的变量施肥模型，其中 RISP 为标准种植比值指数；NL 为种植区施氮肥量。

根据水稻氮素养分诊断模型可诊断水稻当前施氮量。结合各施肥节点的施肥比例可得出各不同施肥节点施氮量，进而利用该施肥节点的标准施氮处理已施氮量与目标田块在当前施肥节点已施氮量的差值计算目标田块在当前施肥节点下的追肥量(kg/亩)，计算公式为

$$\begin{aligned}&分蘖肥氮肥施用量=SPNF\times a-NL\times b\\&穗肥氮肥施用量=SPNF-NL\times a\end{aligned} \tag{8-10}$$

式中：SPNF 为标准种植整季氮肥施用量；a 为基蘖肥所占的比例；b 为基肥所占的比例。

水稻关键施肥节点变量施肥模型的验证试验结果表明，遥感模型施氮处理的水稻 NDVI 与标准施氮处理的 NDVI 基本保持一致，其产量与标准施氮处理基本一致；说明采用无人机遥感技术的施肥决策模型对水稻氮肥进行精准管理，在保证产量的同时，可实现氮肥的合理施用，减少成本投入，使水稻氮肥施用更加合理与高效。

8.3.2.2 基于处方图的无人机智能喷施系统及方法

华南农业大学发明了一种基于处方图的无人机智能喷施系统及方法(图 8-53)。该系统包括无人机飞行决策系统、无人机精准作业系统、作业处方系统和无人机工勘系统。

无人机飞行决策系统通过 ZigBee 无线传感网与无人机精准作业系统通信，用于采集环境信息，为无人机精准作业系统以及无人机工勘系统作业或工勘提供决策。

无人机精准作业系统通过 4G 网络与作业处方系统通信，为作业处方系统提供施肥建议，智能调度无人机、实时调整飞行姿态进行精准化作业。

作业处方系统通过 4G 网络与无人机工勘系统通信，用于接收来自无人机工勘系统的农田可见光图像、低空遥感图像以及经纬度信息，利用云端人工智能算法模型训练系统训练好的算法模型，将序列化的可见光图像、低空遥感图像整合并配准成没有畸变且包含位置信息的图像，根据光谱与土壤的化学元素含量之间的关系以及作物品种、生长季与所需肥力的关系，自动计算并生成作业处方图，并发送至无人机精准作业系统。

无人机工勘系统通过 ZigBee 无线传感网与无人机飞行决策系统通信，用于无人机工勘作业，拍摄农田原始图像、低空遥感图像以及记录图像的经纬度信息，并将农田图像以

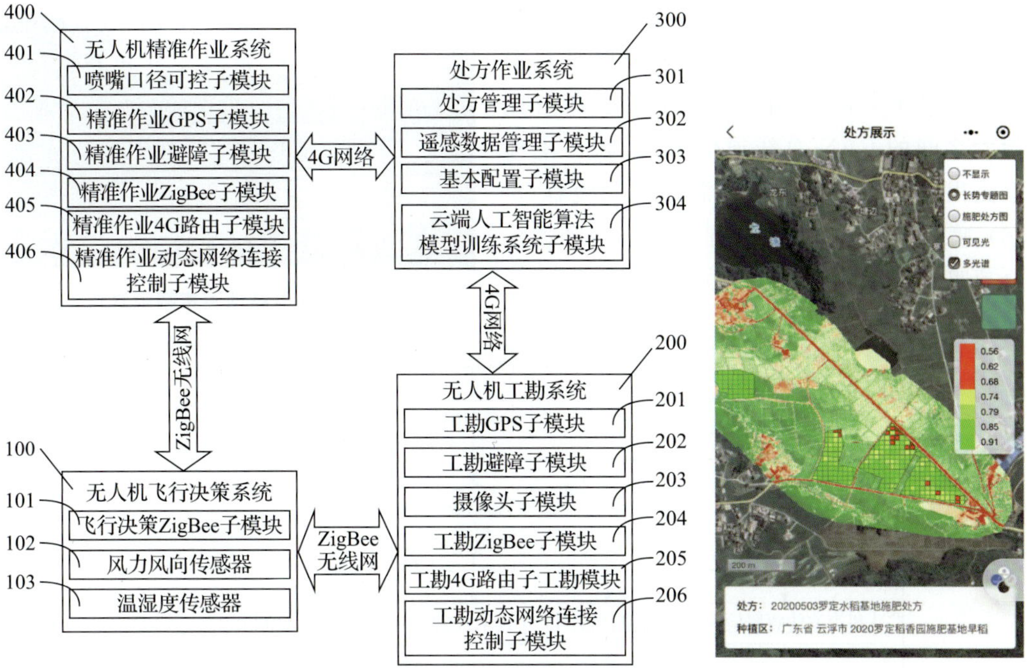

(a) 系统结构图　　　　(b) 处方图

图 8-53　无人机智能喷施系统

及经纬度信息发送至作业处方系统。

该系统采用低空遥感判别土壤肥力、人工智能决策，以作业处方图的方式驱动植保无人机精准作业的技术方案，解决了传统作业方式施肥不合理、人工效率低下、喷洒不均匀、施肥效果不理想的技术问题，从而达到精细化作业的效果。

8.3.3　药管理

农业防治、物理防治、生物防治和化学防治等是水稻病虫草害的主要防治措施。由于具有高效和快速等特点，化学防治仍是防治水稻病虫草害的最主要和最有效的手段，尤其是针对突发性大面积水稻病虫草害的暴发，化学防治能够做到及时有效的控制。精确控制农药的用量和施用时间，从而提高作物的保护效果，减少对农业生态环境的影响，降低生产成本，提高作物产量和品质。航空施药是目前世界上先进的施药技术，已成为我国植保技术的重要方式。与航空施药相比，行走式喷雾机械施药可将药液喷洒至作物下部，具有更优的防治病虫害的效果。

行走式喷雾机混药方式多采用预混式，该方式无法改变药液浓度和实现按需喷施及回收剩余药液。此外，稻田硬底层深浅不一，行走式喷雾机在田间作业的行走姿态变化频繁，导致喷杆倾斜与高度变化，容易出现喷雾不均等问题。如图 8-54 所示，华南农业大学设计了适用于水田高地隙宽幅喷雾机的在线混药精准泵药系统，开发了喷杆高程自动调节系统，包括喷杆高程自动调节机构、超声波测距传感器和控制系统。

该系统集成了水田高地隙宽幅喷雾机在线混药控制、喷杆高程自动控制和喷杆自动调平控制等功能，并制定了各个传感器与控制器之间的CAN总线通信协议、软件主程序流程（图8-55）以及在线混药控制流程（8-56）、喷杆高程自动控制流程（图8-57）和喷杆自动调平控制流程（图8-58）。

图 8-54　水田高地隙宽幅喷雾机

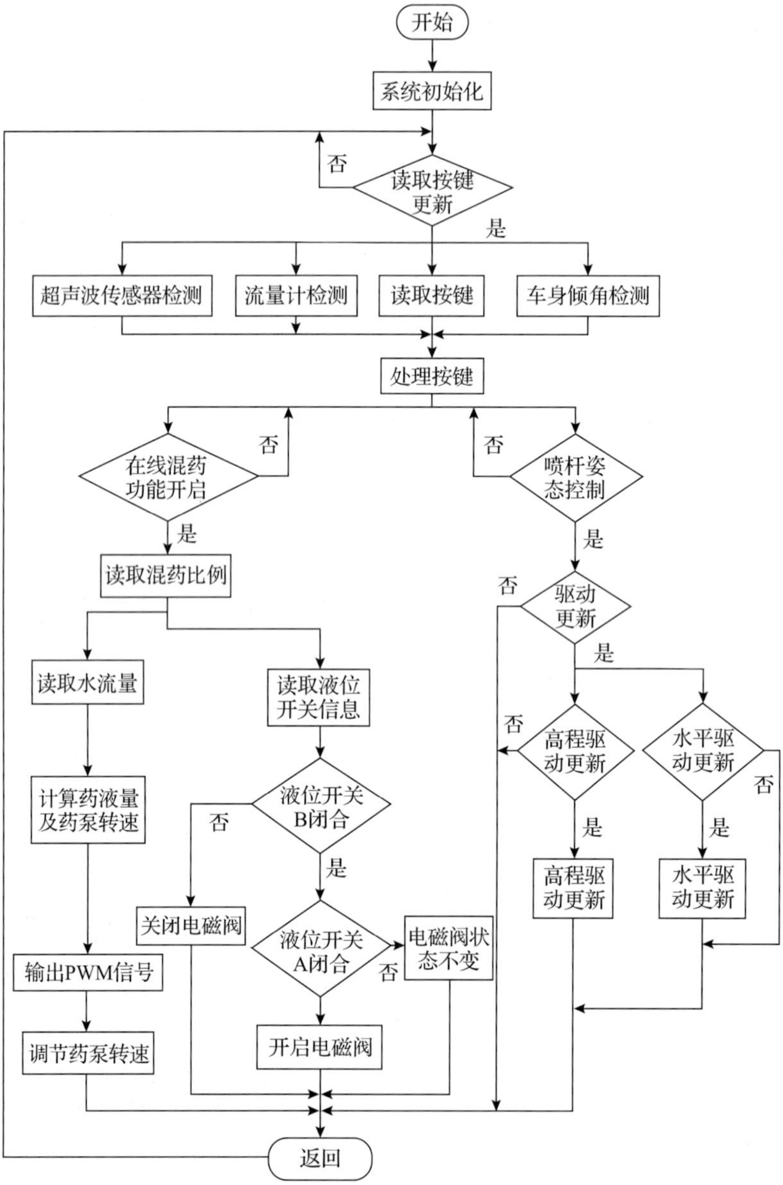

图 8-55　软件主程序流程

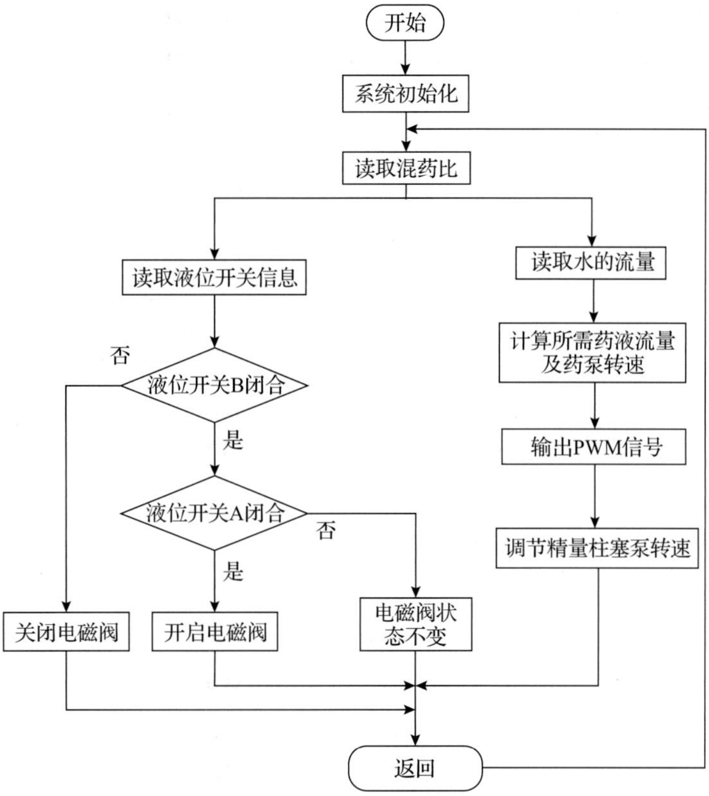

图8-56　在线混药控制流程

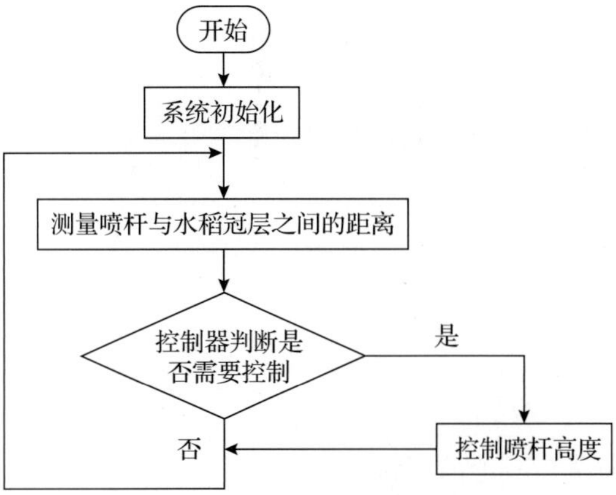

图8-57　喷杆高程自动控制流程

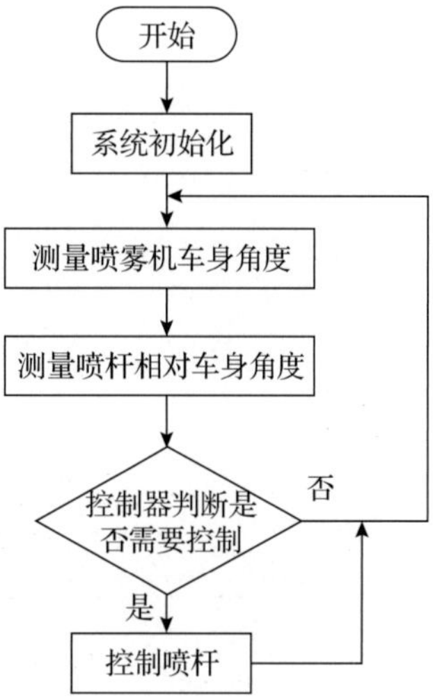

图8-58　喷杆自动调平控制流程

设计的超声波测距传感器在14.5 ℃、19.7 ℃、25.6 ℃和32.1 ℃的温度条件下，测距最大误差为2%、最小误差为0.01%，距离误差最大为1.0 cm。研究了基于超声波传感器的喷杆高程自动控制系统，依据两个超声波测距传感器的测量结果计算喷杆与喷雾作业对象之间的相对高度并依此做出相应的控制决策。研究结果表明，喷杆高程自动控制系统可以有效地对喷杆进行控制，喷杆相对于水平面的平均绝对误差最大为0.79°，均方根误差最大为 0.85°，最大误差为 1.70°。

8.3.4 杂草管理

农作物生长过程中，杂草会抢夺农作物的水、肥以及光照等资源，进而危害农作物的正常生长，影响产量。因此，在无人农场中对杂草进行清除管理具有十分重要的意义。在无人农场中，杂草的精准管理主要包含杂草精准识别以及精准除草两个方面。

8.3.4.1 杂草精准识别

以华南农业大学提出的一种基于全卷积神经网络语义分割的稻田杂草位置检测方法研究为例。

1. 图像采集以及预处理

以稻田恶性杂草野慈姑为研究对象，水稻试验田为机插秧试验田，行距为 30 cm。该田块的主要恶性杂草为野慈姑，采集早稻秧苗移栽后 20 d 稻田内的水稻秧苗及杂草图像，杂草野慈姑处于幼苗生长期，采集方式为距离稻田水面 80～120 cm，选择相机与杂草的垂直角度进行拍摄，图像分辨率为 3 648×2 048 像素。

采集图像中包含稻苗和杂草，采集数量 200 幅。杂草采用语义分割是对像素进行分类，标记对象为图像中的杂草，所以图像中杂草数量越多越易于标记。由于像素标记工作量较大，从中选择 28 幅杂草较多的图像进行图像分割和数据标记，稻田秧苗和杂草野慈姑图像如图 8-59 所示。

图 8-59　稻田秧苗和杂草野慈姑

获取稻田秧苗和杂草野慈姑图像数据采集后，将原始图像的行列分割，得到 8 块大小为 1 024×91 的图像块，共得到 224 张图像，采用像素级别的图像标注工具 LableMe，对

RGB 图像内的水稻秧苗、杂草和背景的对应像素类别进行标注,生成对应标签图像。杂草生长的随机性导致杂草、稻苗以及背景的像素数量分布不均匀,对水稻秧苗、苗期杂草和背景像素总数进行计算,加入惩罚权重的方法以解决像素类别不平衡的问题,计算过程为:

$$w_0 = \frac{\sum_i \frac{N_i}{3}}{\sum_i N_{i0}}$$

$$w_1 = \frac{\sum_i \frac{N_i}{3}}{\sum_i N_{i1}}$$

$$w_2 = \frac{\sum_i \frac{N_i}{3}}{\sum_i N_{i2}} \tag{8-11}$$

式中:w_0 为所有图像样本中水稻秧苗像素的权重;w_1 为所有图像样本中苗期杂草像素的权重;w_2 为背景像素的权重;N_{i0} 为所有图像样本中第 i 张图像中水稻秧苗像素的个数;N_{i1} 为所有图像样本中第 i 张图像中苗期杂草像素的个数;N_{i2} 为所有图像样本中第 i 张图像中背景像素的个数;N_i 为所有图像样本中第 i 张图像中所有像素的总和。

2. 语义分割模型

分别建立 U-NET 网络、SegNet 网络和 FCN 网络共 3 种语义分割模型,进行田间自然场景下的水稻秧苗及苗期杂草语义分割,流程如图 8-60 所示。

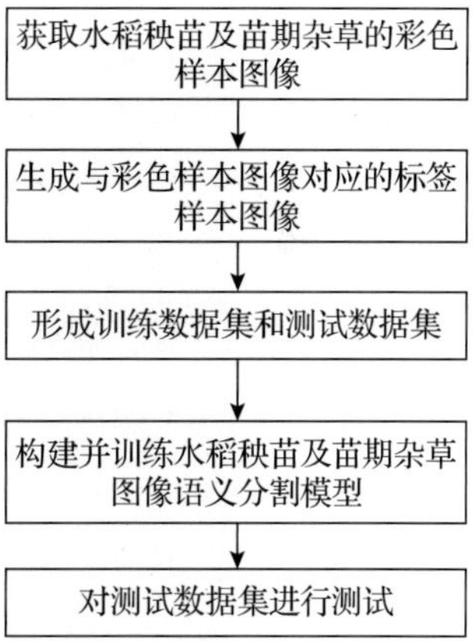

图 8-60 田间自然场景下的秧苗和杂草语义分割流程

获取田间自然环境条件下水稻秧苗及苗期杂草的 RGB 样本图像,并进行人工标注生成对应的标签样本图像;随机将 RGB 样本图像及其对应的标签样本图像分为训练样本和测试样本,80%的样本图像为训练样本,20%的样本图像为测试样本。基于全卷积神经网络语义分割技术,构建水稻秧苗及苗期杂草位置检测模型,通过 RGB 样本图像和人工标注生成对应的标签样本图像,对模型进行训练;利用水稻秧苗及苗期杂草图像语义分割模型对待分割水稻秧苗及苗期杂草的 RGB 图像的像素进行分类,输出水稻秧苗及苗期杂草分割图像,实现水稻秧苗及苗期杂草图像的语义分割;基于测试集对语义分割模型进行测试。

3. 杂草识别

在相同的环境下对 3 种语义分割网络 FCN,U-Net 和 SegNet 采用相同的测试样本数据进行训练和测试。3 种语义分割网络输出结果如图 8-61 所示,FCN 语义分割模型图像输出结果能预测水稻秧苗、杂草和背景类别的基本形态，但其边缘形态模糊；U-Net 语义分割模型图像输出结果对背景像素的预测比较准确，且水稻秧苗和杂草边缘清晰，但对水稻秧苗和杂草像素误分类错误率较高。

(a) RGB 图

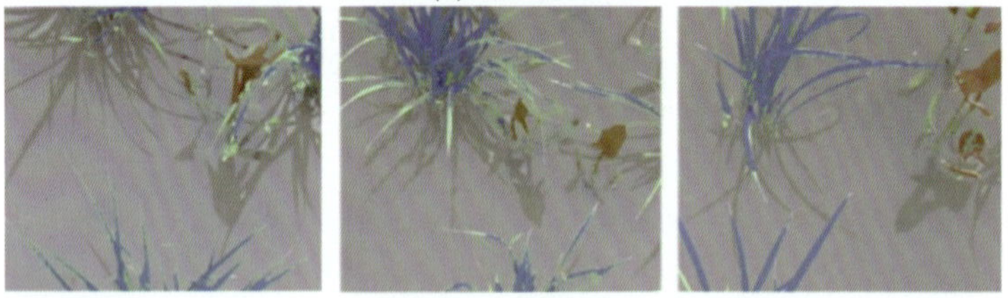

(b) 人工标注图

(c) SegNet 模型输出

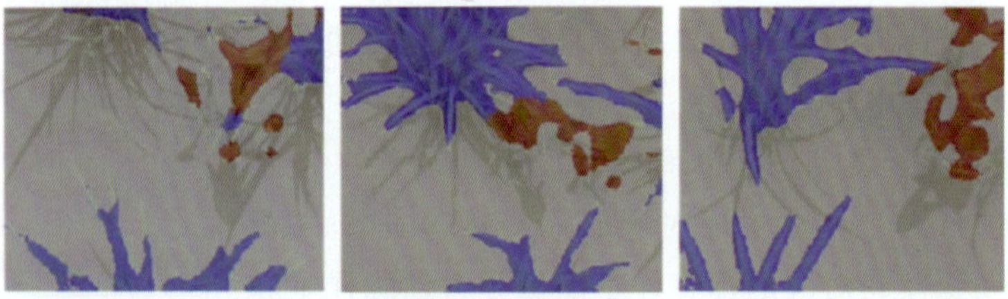

(d) FCN 模型输出

(e) U-Net 模型输出

图 8-61　3 种语义分割网络输出结果

随机将一幅试验图像行列分割后的语义分割图像进行拼接还原，得到整幅 3 648×2 048 像素的语义分割图像。虽然杂草野慈姑和水稻秧苗之间遮叠比较严重，如图 8-62 所示，但实际分割效果十分理想，也可以直接将大小为 3 648×2 048 像素的图像转换为

1 024×912 像素的图像直接作为模型输入。

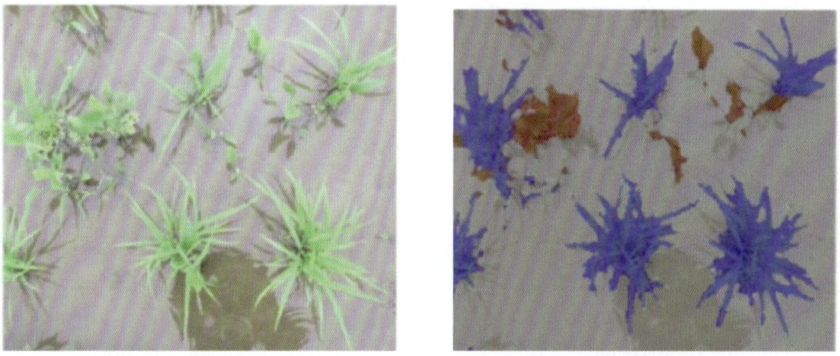

(a) 原图　　(b) 语义分割拼接图案

图 8-62　语义分割拼接图像

8.3.4.2　精准除草装置

目前精准除草装置以机械除草装置为主，如机械臂和除草刀等。近几年激光除草、电流除草等除草方式也逐渐进入人们的视野，为田间杂草管理提供了新的支持。

水稻田行间除草装置主要采用压埋方式使杂草与阳光、空气隔绝，从而达到除草目的。稻田杂草主要包括稗草、千金子、野慈姑和阔叶杂草等类型，水稻分蘖期杂草高度一般不超过 250 mm，生长较弱，抗弯力较小，较易除去，在此期间，可同时进行排水晒田，控制水稻分蘖，除草作业不受水层深度影响，因此一般选择在水稻分蘖期进行除草作业。杂草的柔韧性较好，除草辊对杂草的作用点越高，杂草越不容易被压入土壤，因此，该装置应先用浮板将杂草压倒，后采用除草辊将杂草压入泥中。

华南农业大学研究成功的水稻田中行间除草装置主要包括压草浮板、除草辊、支架、连接架和机架等，如图 8-63a 所示。除草辊铰接在与压草浮板的后端，并通过支架和连接架与机架相连接，压草浮板末端与支架之间以及支架前端与机架之间均装有弹簧，使压草浮板和除草辊具有仿形功能，机架中部设有安装孔，可与行走平台铰接，使除草装置具有左右仿形功能。将杂草压倒可提高除草辊与杂草的接触面积，增加其将杂草压入泥中的概率，从而提高除草效果。除草时，行间除草装置在行走平台的牵引下进行除草作业，压草浮板将杂草压倒，除草辊在土壤阻力的作用下转动，将压倒的杂草压入泥中，如图 8-63b 所示。

该装置的压草浮板为封闭式箱体结构，如图 8-64 所示。浮板底板前端向上倾斜 45°，可以逐渐压倒杂草，同时减少浮板前进阻力；侧板前端向内倾斜 30°，可以拨开水稻，防止损伤水稻茎叶。水稻的行距一般为 300 mm 或 250 mm，因此对应的浮板宽度为 200 mm 或 175 mm。当杂草较多或较壮时，采用轻质材料的浮板压草效果较差，因此，压草浮板采用 1 mm 厚的不锈钢板加工而成。

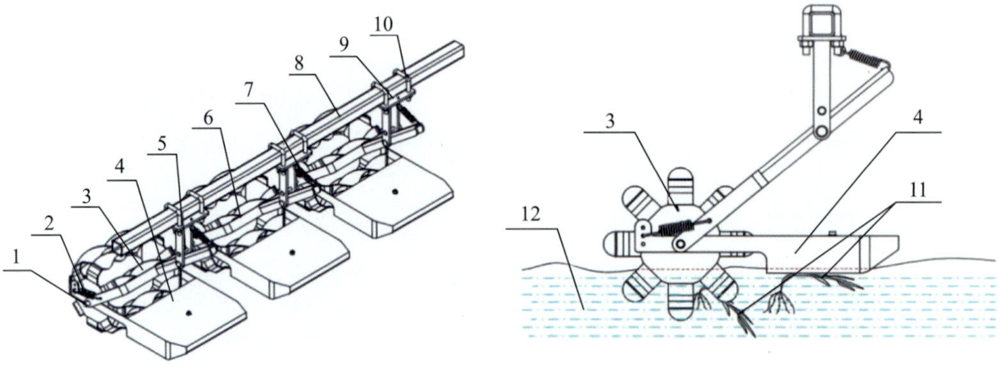

(a) 三维图　　　　(b) 除草原理

1. 中心轴；2. 张紧弹簧；3. 倒角除草辊；4. 压草浮板；5. 限位销轴；6. 支架；7. 张紧弹簧；
8. 机架；9. 连接架；10. U 形螺栓；11. 杂草；12. 水田。

图 8-63　水稻田行间除草装置

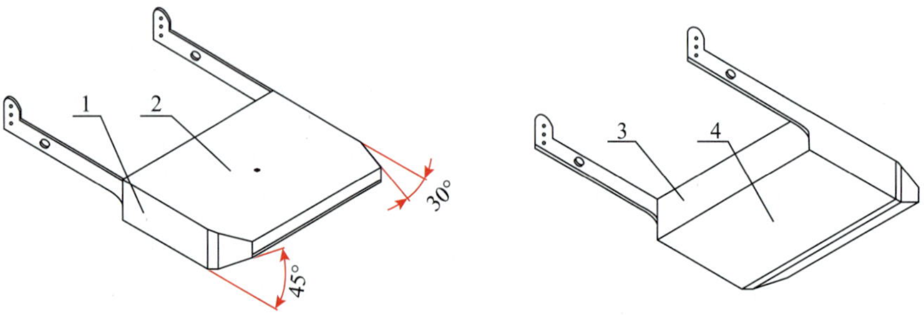

(a) 侧板与上板　　　　(b) 后板与底板

1. 侧板；2. 上板；3. 后板；4. 底板。

图 8-64　封闭式压草浮板

为防止浮板壅泥，浮板对田间泥面的接地压力应小于 60 kg/m^2。浮板在水田中的陷深与南方水田土壤承压性能关系为：

$$z=\sqrt[n]{\frac{\sigma}{k}}\times 10^{3} \tag{8-12}$$

$$\sigma=\frac{F}{A}\times 10^{-6} \tag{8-13}$$

$$A=ab \tag{8-14}$$

式中：z 为陷深值(mm)；n 为变形指数；σ 为浮板对水田泥面的比压(Pa)；k 为变形模量(N/m)；A 为浮板接地面积(mm^2)；F 为浮板对水田泥面的压力(N)；a 为浮板底板水平部分的长度(mm)；b 为浮板宽度(mm)。

取变形指数 $n=1.5$，变形模量 $k=3\times 105$ N/m，浮板的接地比压 σ 应小于 600 Pa，根据式(8-12)可得浮板下陷深度 $z\leqslant 15.87$ mm。当浮板靠自身重力进行除草时，其对泥面的压力与自身重力相等，即 $F=$mg。取浮板的质量为 1.5 kg，根据公式(8-13)和公式(8-

14)可得，当浮板宽度为200 mm时，其水平部分长度应不小于125 mm，因此，取其水平部分长度125 mm，高度55 mm。

除草辊主要用于将浮板压倒的杂草压入泥中，主要包括除草圆盘和除草刀齿，螺旋式除草刀齿对土壤翻动效果较好，因此，本文设计的除草刀齿采用螺旋式，由厚2 mm、宽20 mm的不锈钢板加工而成。

除草时，杂草高度一般不超过250 mm。除草辊直径较小会出现缠草现象。为了防止缠草，除草辊外端周长应不小于杂草高度，即

$$2\pi R \geqslant L \tag{8-15}$$

式中：R为除草辊外径(mm)；L为杂草高度(mm)。

根据公式(8-15)可得，除草辊的最小外径为80 mm。除草深度一般为30～90 mm，除草辊外径过小会造成壅泥，因此取除草辊的外径为200 mm。

除草时期，水稻根系呈伞状分布，在纵向上，主要分布在表层土10 cm以内，其中90%左右的根系分布在表层土5 cm范围内；在横向上，主要分布在离水稻植株中心的10 cm范围内；水稻最上层冠根与水平面的夹角为30°左右，为避免除草辊对水稻根系的损伤，除草刀齿在两端设有倒角。该设计在避免伤根的同时可适当增加除草宽度，扩大行间除草区域。如图8-65所示，除草作业中，除草刀齿两端的倒角结构可避开水稻根系。随着除草宽度的增加，改变倒角角度可避免或减少对水稻根系的损伤。

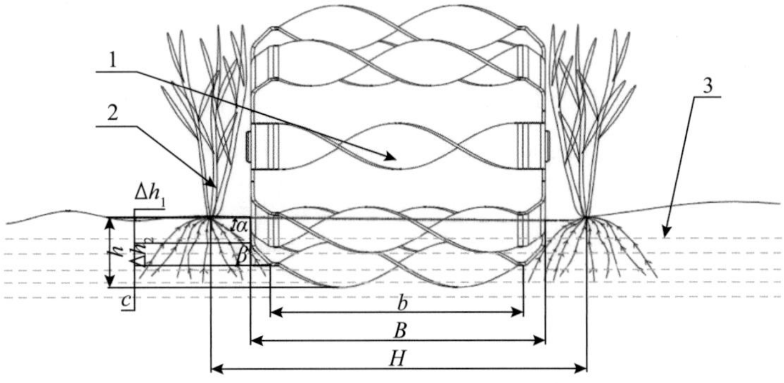

1. 除草辊；2. 水稻；3. 水田；H为水稻行距(mm)；b为普通除草轮的除草宽度(mm)；B为除草轮扩大后的除草宽度(mm)；h为除草辊的除草深度(mm)；Δh_1为除草圆盘的入土深度(mm)；Δh_2为倒角部分的入土深度(mm)；c为除草刀齿宽度(mm)；α为水稻上层根系与地面之间的夹角(°)；β为除草刀齿两侧倒角的角度(°)。

图8-65 除草辊避免伤根

除草辊可扩大的宽度与其倒角角度、除草深度以及根系与地面的夹角有关。除草辊的除草深度h包括除草圆盘的竖直部分Δh_1和倒角部分Δh_2，当除草深度较深时，除草圆盘也会切入土壤，即竖直部分$\Delta h_1>0$，此时有：

$$h = \Delta h_1 + \Delta h_2 + c$$

$$\Delta h_1 = \frac{H-B}{2} \times \tan\alpha \tag{8-16}$$

$$\Delta h_2 = \frac{B-b}{2} \times \tan\beta$$

除草辊可扩大的宽度（Δb）为

$$\Delta b = B - b \tag{8-17}$$

综上可得除草辊行间可扩大的宽度 Δb 与除草深度 h、倒角角度 β、行距 H、根系角度 α 之间的关系为

$$\Delta b = \frac{2(h-c)-(H-b)\cdot\tan\alpha}{\tan\beta - \tan\alpha} \tag{8-18}$$

当根系角度 α 和倒角角度 β 相同时

$$\begin{aligned} \Delta b &= H - b \\ \Delta h_1 &= \Delta h_2 \\ h - c &= \tan\alpha \times \Delta b \end{aligned} \tag{8-19}$$

当除草深度较浅，即仅剩 Δh_2 部分时，除草辊行间可扩大的宽度 Δb 只与除草深度 h 和根系角度 α 有关，其关系为

$$h - c = \frac{\Delta b}{2}\cdot\tan\alpha \tag{8-20}$$

从公式(8-16)至公式(8-20)可知，当 h 和 b 不变时，为使除草辊在扩大除草宽度的同时对水稻根系的损伤，应使 β 大于 α。在除草期间，水稻根系上层冠根与水平面的夹角为 30°左右，设计除草辊倒角角度为 45°。当 β 和 b 不变时，除草辊在扩大除草宽度的同时降低除草深度可减少或避免对水稻根系的损伤。在除草时期，水稻植株的直径一般不超过 30 mm，因此行间可扩大的最大除草宽度为常规宽度的 3%。

8.4 精准收获

8.4.1 精准对行

切边检测是水稻机械化收获的关键步骤之一，通过视觉可以实时感知水稻联合收获机是否对边作业，以减少作业时的漏收和少收，提高机械化收获效率。基于卷积神经网络的模型广泛运用于水稻生产，其拥有强大的局部特征获取能力，但模型只有在深层网络中才能获得较大的感受野。基于自注意力的 Transformer 可以有效地提供全局特征来补充卷积神经网络的劣势。为快速准确完成复杂水稻收获作业环境下的切边检测任务，华南农业大学提出了一种 Transformer 结合卷积神经网络的切边检测算法 TCNet (transformer-convolution network)。

8.4.1.1 图像获取

采用 ZED 2 相机录制水稻联合收获机作业时的现场视频,每间隔一秒导出相机的左目图像作为数据集。相机通过连接件刚性固定在收获机上,作业时随收获机一起运动。采集图像如图 8-66 所示。必要的数据增强策略可以避免过拟合,增强数据的泛化能力。本文通过增加亮度、饱和度、对比度以及色调的随机干扰来模拟拍摄过程中不同的天气因素影响;图片旋转、水平翻转和垂直翻转用于模拟相机与未收获区域的相对位置;随机缩放图像大小用于适应由不同分辨率带来的分割效果影响;随机裁剪用于减少分割区域在图像中不同占比带来的影响;图像增强用于每次训练之前对训练集进行随机增强;保留原始验证集和测试集用于精度和效果测试。

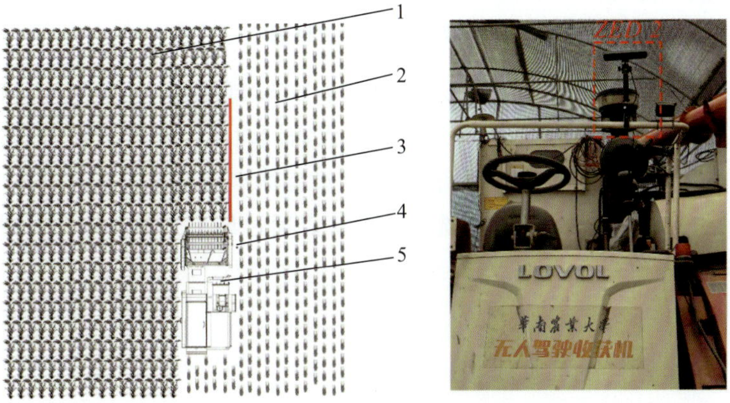

1. 未收获区域; 2. 已收获区域; 3. 切边; 4. 水稻联合收获机; 5. ZED2相机。

(a) 图像采集　　(b) 相机安装

图 8-66　图像获取

8.4.1.2 模型框架

模型基于 CNN 和 ViT 中的 Transformer 模块进行整体设计。图 8-67 显示了模型的总体架构。整体的网络结构采用了 Encoder-Decoder 模型框架,并在 Decoder 之前增加 Neck 部分。本文提出的分割模型主要由 4 个模块组成:①用于提取不同分辨率图像局部特征的卷积模块;②用于提取不同分辨率图像全局特征的 Transformer 模块;③用于融合全局特征和局部特征的 Fusion Block;④融合多级特征用于产生最终分割掩码的 Neck-Decoder 部分。

8.4.1.3 切边检测

对于语义分割后的结果图,将其转换为二值图以便于后续进行图像处理。以标注的掩膜图像为例,对分割结果图中的轮廓进行提取,对提取的轮廓面积进行比较并输出轮廓最大的面积。通过面积筛选有效地去除分割结果中存在的噪声。在最大轮廓中,从右至左,从上至下逐行逐列遍历轮廓的边界点,保存所有边界点坐标值并输出最右边界点。搜

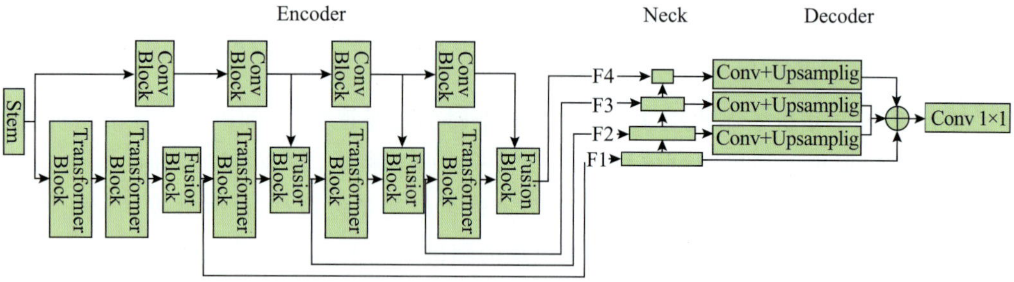

Encode. 编码器，用于提取图像特征；Neck. 颈部，用于整合不同尺度特征；Decodc. 解码器，用于将提取特征转换为预测结果；Stem. 茎部，用于降低输入图像分辨率；Conv Block. 卷积模块，用于提取图像局部特征；Patch Embedding. 补丁嵌入，用于将二维图像转换为 Transformer 输入；Transformer Bock. Transformer 模块，用于提取图像全局特征；Fusion Block. 融合模块，用于融合局部特征和全局特征；Conv+ Upsampling. 卷积+上采样，用于调整不同特征尺寸；Conv 1×1. 1×1 卷积，用于像素预测。

图 8-67　模型框架

寻最右边界点周围像素点用于切边拟合。给定行向限制条件[公式(8-21)]和列向限制条件[公式(8-22)]，用于筛选边界特征点，该边界点需同时满足行向限制和列向限制。通过计算得到最右边界点的附近待拟合特征点。经过特征点筛选可以有效避免由缺行以及水稻漏检带来的边界缺失等影响，将筛选后的特征点通过最小二乘法拟合得到最终的切边。图 8-68 为切边检测流程。

$$x_i \leqslant x_{\max} - 100 \tag{8-21}$$

$$y_{\max} - 400 \leqslant y_i \leqslant y_{\max} + 400 \tag{8-22}$$

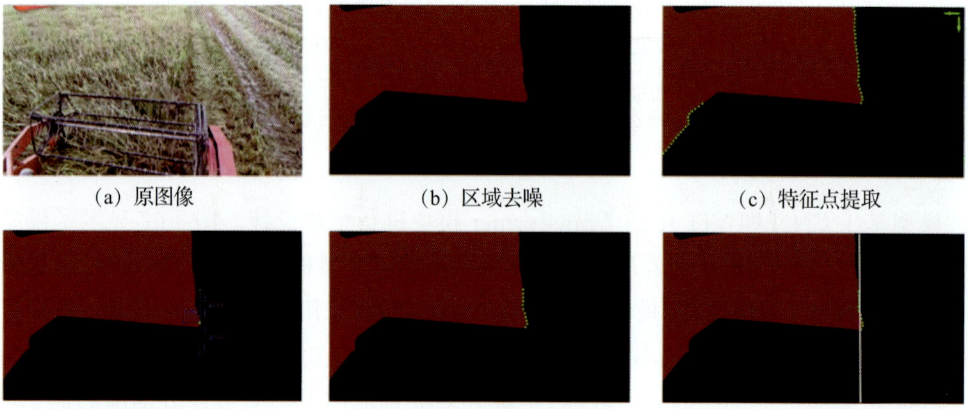

(a) 原图像　(b) 区域去噪　(c) 特征点提取

(d) 筛选特征点　(e) 待拟合的特征点　(f) 切边配合

图 8-68　切边检测流程

切边检测的效果如图 8-69 所示。选择四幅代表性的图片进行切边检测，其中第一行表示输入的图像，第二行表示手动标注的真值，第三行表示 TCNet 的分割结果，第四行表示切边提取结果。

图 8-69a 中的水稻长势良好，左上角存在遮阳伞和其他收获机，从模型的分割效果来

看，出现干扰的左上角存在大量的漏检区域，这也是测试集中出现的最大漏检图片。左下角受到收获机割台调节机构的干扰也出现少量的漏检。从切边检测效果来看，漏检区域没有影响切边的检测，这有利于右侧边界特征点的有效提取。

图 8-69b 中的收获机作业到地头边界。该场景虽然在未收获区域顶部和右侧同时存在碎秸秆干扰，但未收获区域分割效果理想，没有出现明显的误检区域。切边检测的结果与未收获边界贴合。

图 8-69c 中的收获机正在收获倒伏水稻，从分割效果来看倒伏水稻与未收获区域的边界可以有效分割，模型同样在左上角出现了少量漏检，但漏检位置不影响切边检测，检测的切边与未收获区域的边界贴合。

图 8-69d 的未收获区域右侧存在两条明显分界线（真值图的蓝色框标注），这是由在收获的上一圈时驾驶员没有对齐切边收获导致的，对于该种情况模型的分割效果理想，有效地分割出未收获区域。对于切边检测来说，两条分界线距离较近，待拟合特征点包含了两条分界线的像素，检测的切边相对于右侧边界来说存在一定的偏移。

二维码 8-14
切边检测

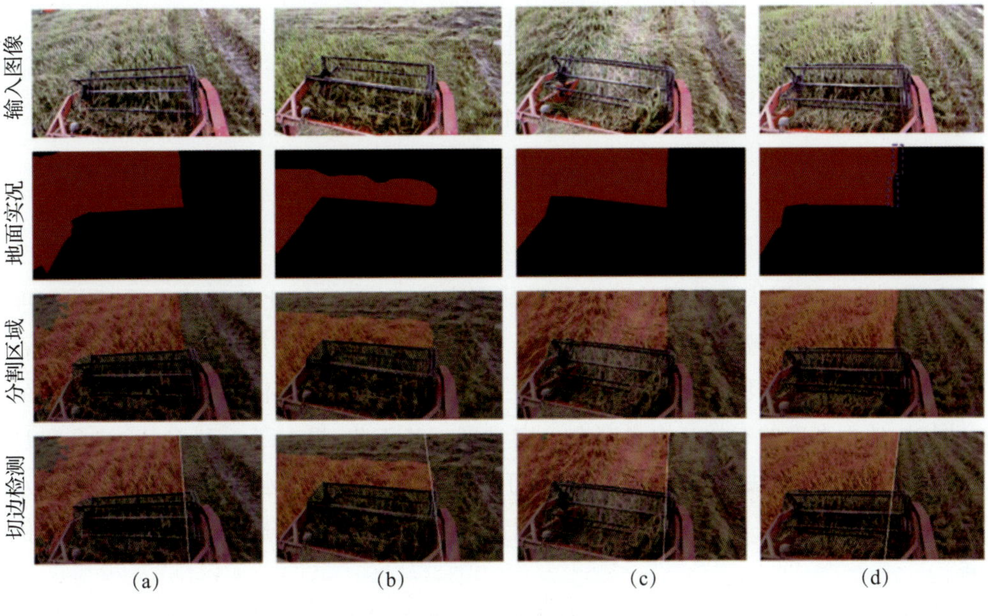

图 8-69　切边检测效果

8.4.2　喂入量估计

水稻倒伏会影响水稻的产量与质量。华南农业大学提出了一种基于双目相机的水稻倒伏实时判断方法。

8.4.2.1　算法设计

所提出的水稻倒伏判断流程为：①相机和 IMU 标定。标定双目相机获得相机的内外参数，标定 IMU 的三轴方向使其与相机的姿态变化方向一致。②匹配代价计算。在 Census 匹配代价的基础上提出一种 Grayscale level 匹配代价，融合 Census 代价和 Grayscale level 匹配代价用于后续代价聚合。③代价聚合。改进十字交叉匹配代价聚合方法，基于像素的 LAB 颜色空间确定聚合范围，逐一计算像素在视差范围内的所有视差聚合代价。④视差计算及倒伏判断。采用赢家通吃算法(Winner-Takes-All)获得像素在视差范围内聚合代价最低的的最优视差，通过视差图优化完成对错误匹配点的剔除和部分弱纹理区域的填充。采用 IMU 获取相机的三轴姿态角，通过坐标变换得到水稻至相机水平面的距离，通过阈值判断水稻到相机水平面的距离进而确定采集区域是否属于倒伏区域。图 8-70 为相机和水稻的相对位置，其中水稻到相机水平面的距离为的 y 值。

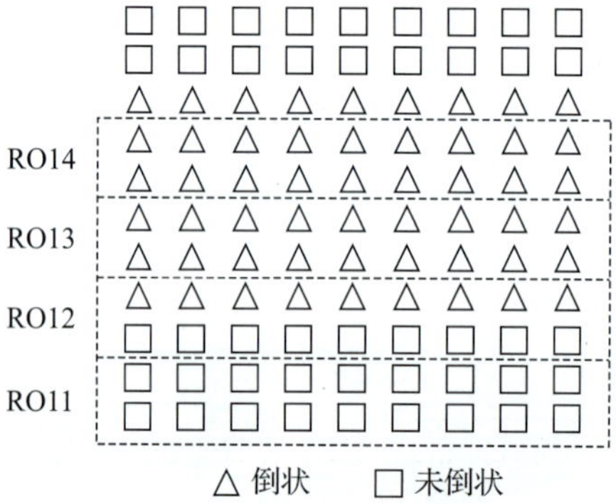

图 8-70　倒伏判断

8.4.2.2　水稻倒伏判断

水稻倒伏和未倒伏最直观的区别在于其高度的不同，通过比较区域内水稻的高度值可以判断出该水稻区域是倒伏还是未倒伏。但通过双目相机直接测量水稻的高度存在一定难度，一方面是水稻区域的密集和遮挡，一方面是相机的视角不能很好地拍摄完整的水稻。同时，地面高度的有效获取也存在一定难度。基于此，提出了一种 IMU 结合双目相机的水稻倒伏判断方法。将水稻冠层相对于地面的高度转换为水稻冠层相对于相机水平面的高度，将相机水平面作为“地面”来进行水稻高度的间接测量，进而完成水稻倒伏的判断。

通过视差图和重投影矩阵可以计算得到图像坐标系中的像素对应的世界坐标系下的三维坐标，该三维世界坐标对应的是在相机倾斜状态下的坐标。为有效测量水稻冠层到相机水平面的距离，在获取图像的同时获取对应时间戳的相机姿态信息，将相机倾斜状态下的三维世界坐标转换为相机水平姿态(俯仰角和横滚角为零)下的三维世界坐标，此时的三维世界坐标的 y 坐标值即为目标到相机水平面的距离。

在 ZED 2 相机前加装 IMU 模块，该 IMU 模块与双目相机没有相对旋转和位移，将 IMU 模块和双目相机当作刚体进行考虑。对 IMU 的三轴方向进行标定并通过矩阵变化将 IMU 的三轴方向旋转至与左目相机对齐，以此时 IMU 输出的三轴姿态角作为相机的三轴姿态角。通过 API 调取 IMU 测得的相机姿态并以四元数形式表示，通过 scipy 库将四元数转换为旋转矩阵，该旋转矩阵对应于相机此时的三轴姿态，求取该旋转矩阵逆矩阵并对目标的三维世界坐标进行左乘计算，计算结果即为对应目标在相机水平姿态下的三维世界坐标。计算公式为：

$$[x,y,z]^{\mathrm{T}} = \boldsymbol{R} @ [X_W, Y_W, Z_W]^{\mathrm{T}} \tag{8-23}$$

式中：x,y,z 为相机在水平姿态下的三维世界坐标；$\boldsymbol{R}$ 为 IMU 测量得到的相机当前姿态对应的旋转矩阵；@表示矩阵乘；X_W,Y_W,Z_W 表示相机当前姿态下的三维世界坐标。

对于一幅采集的水稻场景图片，对整幅图片进行倒伏判断容易受噪声的干扰而导致结果不准确，将待检测的水稻区域等间距划分为若干感兴趣区域，求取感兴趣区域内所有目标到相机水平面的平均距离 y。给定距离阈值 TH($0<$TH)：当 $y\in(0,\text{TH})$ 时，定义该感兴趣区域为未倒伏区域；当 $y>$TH 时，定义该感兴趣区域为倒伏区域。判断示意如图 8-69 所示，对于采集到的一幅水稻田间图片，将图片中下半部分划分为 4 个等间距 ROI 区域，求取每个 ROI 区域内的水稻到相机水平面距离，给定距离阈值 TH，通过阈值判断即可得到倒伏区域为 ROI4 和 ROI3。

8.4.2.3 试验验证

在采集的图 8-70a 中用红框标注了完全倒伏的水稻区域范围，将待检测区域等间距划分为五个区域，五个区域的宽度保持一致，五个 ROI 区域的高度范围分别为[300, 400]，[400,500]，[500,600]，[600,700]，[700,800]。计算五个区域中的所有像素点在相机当前姿态下的三维世界坐标，通过 IMU 的旋转矩阵坐标变换得到相机在水平姿态下的三维世界坐标。在图 8-70b、8-70d 和 8-70f 中，X 轴表示图像的宽度，Y 轴表示图像的高度，Z 轴表示五个区域中的每个像素目标到相机水平面的距离。

从图 8-71b 中可以明显看出：倒伏区域与未倒伏区域在 Z 轴上的分界线，Z 值越大表明该物体距离相机水平面的距离越远。分别计算五个区域内所有像素点到相机水平面的平均距离 y，给定距离阈值 100，可得到倒伏区域为[300,400]，[400,500]，[500,600]，未倒伏区域为[600,700]，[700,800]，倒伏与未倒伏区域在图像上高度的分界线为 600。

图 8-71c 为采集的另一场景倒伏图片，倒伏区域的范围同样用红框进行标注，与图 8-71a 不同之处在于，该场景中的水稻倒伏程度逐渐增大，并不是水稻全部倒伏的情况。与图 8-71c 对应，水稻到相机水平面的距离如图 8-71d 所示。从图 8-71d 中可以看出：随着水稻的倒伏程度增大，其到相机水平面的距离值出现递增的现象。这种情况选取合适的阈值同样能有效的判断倒伏的位置，同样使用 100 的距离阈值可以判断出[700,800]属于倒伏区域。但从图 8-71c 的倒伏范围红框标注结果可以看出：[500,600]，[600,700]两个区域同样存在轻度的倒伏，但阈值判断其属于未倒伏区域。因此，阈值的选择还应结合具体的任务进行分析选择：当只需要判断是否完全倒伏时，则采用较大的距离阈值；当需要判断中轻度倒伏时，则选择较小的近距离阈值。

为验证算法的鲁棒性，选取没有倒伏的田间水稻图片进行倒伏判断测试，图8-71(e)

为水稻未倒伏的田间现场图片，图 8-71(f)对应图 8-70e 的水稻到相机水平面的距离。从图 8-71(f)中来看，水稻到相机水平面的平均距离较为稳定，不存在明显的分界线。[700，800]高度范围内存在部分的距离值波动，这是由于在图像的[700，800]高度范围内水稻行距较为明显，水稻植株之间的间距给距离值带来了一定波动。小部分的距离值波动不会影响整体的平均值，通过距离阈值 100 同样可以判断为未倒伏区域。

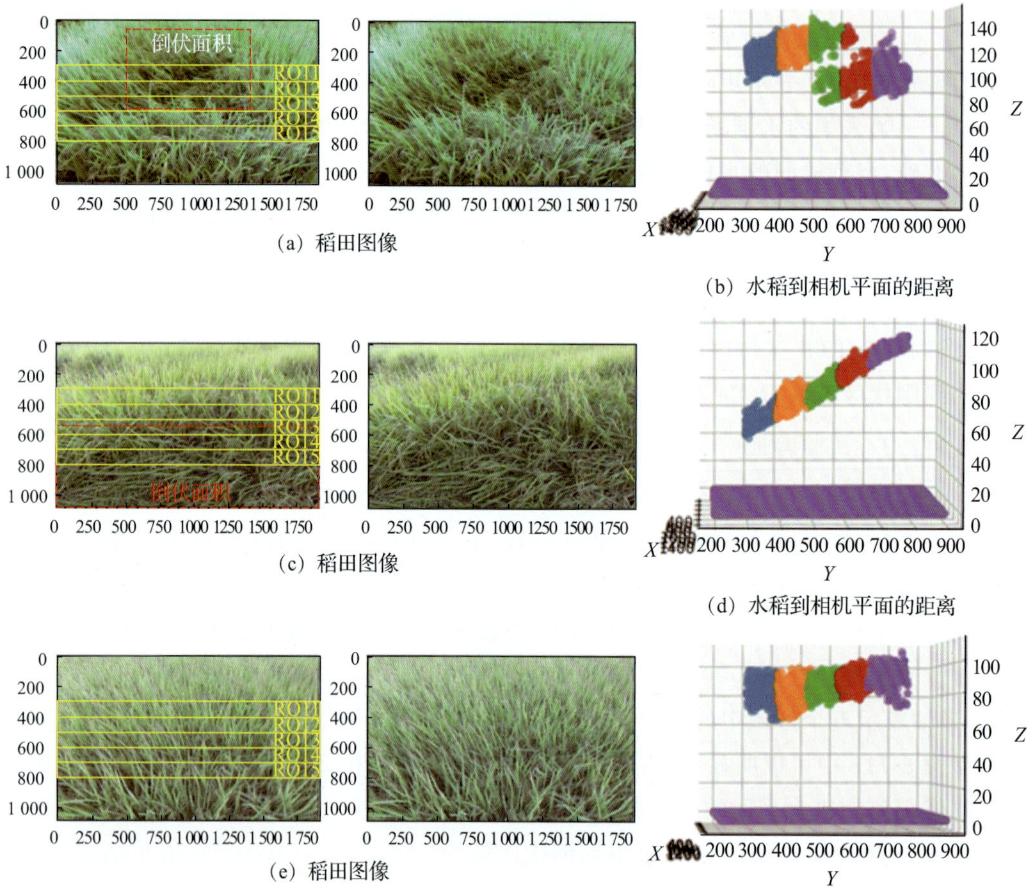

(a) 稻田图像　(b) 水稻到相机平面的距离

(c) 稻田图像　(d) 水稻到相机平面的距离

(e) 稻田图像　(f) 水稻到相机平面的距离

图 8-71　水稻田间及水稻到相机水平高度

总体而言，通过距离阈值可以判断图像中的区域是否存在倒伏。试验中的 ROI 区域在图像中的位置可以根据不同需求进行调整。阈值的选取一方面需要考虑是否针对不同的倒伏情况；另一方面需要考虑水稻高度和相机安装高度。统一的距离阈值不适用于所有的水稻高度和相机安装高度，因为水稻到相机水平面的距离值是不同的。在具体的任务中，可以先读取未倒伏水稻区域到相机水平面的距离值，后续以该距离值为参考，对距离阈值进行自适应调整即可完成后续的倒伏判断。

8.4.3 自动卸粮

联合收获机只有一个粮仓，且容积不大，所以收获机需不断靠近田边卸粮，在卸粮过程中，收获机驾驶员需要执行多个任务：调整收获机与运粮车的相对位置，将收获机靠近运粮车；控制收获机卸粮筒使之对准运粮车粮厢适当的卸粮位置；监控运粮车内的灌装状态，控制卸粮启停，避免粮堆溢出。自动卸粮技术有助于减轻操作员的负担并提高整体的作业效率(图8-72)。

图8-72 收获机无人化作业控制功能需求

8.4.3.1 卸粮信息感知

1. 数据集制作

为获取运粮车粮厢空间信息，并实现对靶卸粮，华南农业大学研制成功的自动卸粮信息感知系统，通过建立语义分割模型实现粮厢检测、粮厢质心的获取和坐标系转换(获取世界坐标系下粮厢信息的空间坐标)。信息感知系统如图8-73所示。

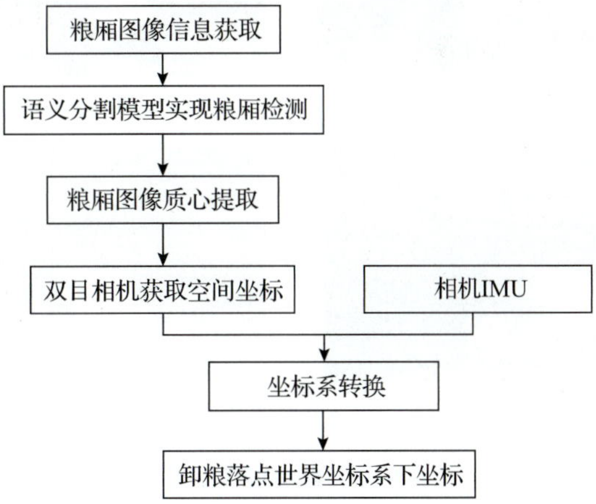

图8-73 运粮车粮厢信息感知系统

将摄像头安装在收获机的卸粮筒末端，安装位置应尽可能接近卸粮口，以获得更好的透视视场观察粮食轮廓。但过于接近卸粮口的安装位置会限制相机的有效视场范围，在一些极端情况下，摄像头甚至只能观察到离运粮车较远的边缘，给边缘检测带来了不便。因此，为了兼顾视角和覆盖范围的需求，最佳的安装位置应在卸粮筒的前端，这样不仅可以保持良好的视角，还能拥有较大的轮廓观察范围。相机安装位置如图8-74所示。

图 8-74　相机安装位置

对相机采集的图像采用 labelme 图像标注工具进行手动标注，并采用翻转、旋转、加噪声、亮度变换等方法对原始数据进行增强，提高分割模型的泛化性，部分数据增强效果如图 8-75 所示。按照 7∶2∶1 的比例，将粮厢图像数据采集分为训练数据集、验证数据集和测试数据集。

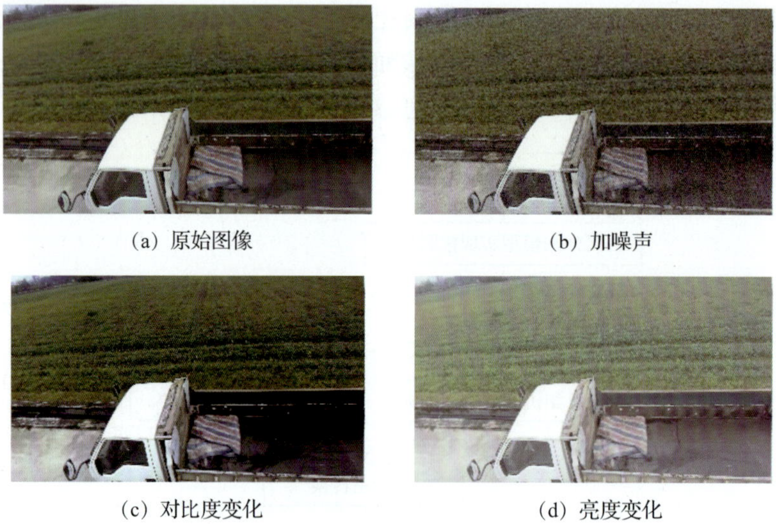

(a) 原始图像　(b) 加噪声

(c) 对比度变化　(d) 亮度变化

图 8-75　数据增强效果

2."DeeplabV3+"网络训练及其效果

对采用集通过"DeepLabv3+"模型对数据进行训练，部分图像分割效果如图 8-76 所示，红色区域为"DeepLabv3+"模型对运粮车粮厢的分割结果，可看出"DeepLabv3+"模型能准确分割出车厢的轮廓形状。

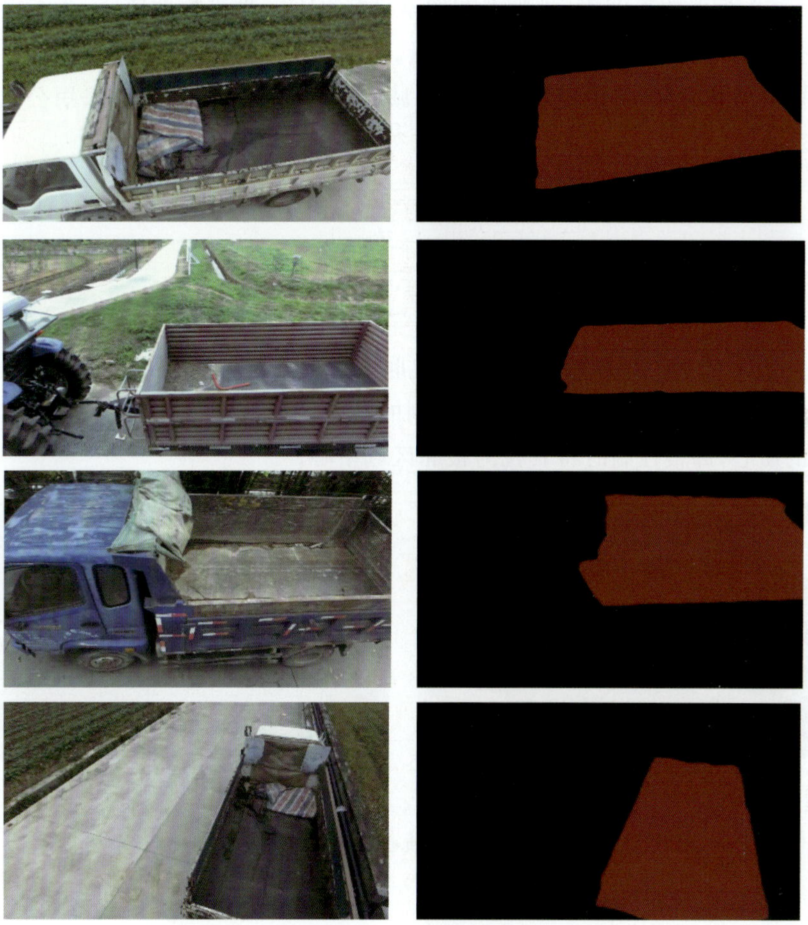

(a) 原图　　(b) 分割效果图

图 8-76　分割效果

3. 车厢图像质心提取

对输出结果进行二值化处理，将图片上的区域分为背景和粮厢，从而更好地对图片进行分析。二值化处理后的图片可能存在噪声，本文采用闭运算处理方式来除干扰噪点。此时车厢识别区域无明显噪点，车厢识别区域边缘平滑。

轮廓提取选择 Suzuki85 轮廓提取算法，提取出二值图像中所有黑白之间的轮廓。根据轮廓面积过滤掉干扰项，得到粮厢区域轮廓的像素点集合。

粮厢区域图像质心采用矩函数的方法获取。一个从数字图像中提取的矩集，通常描述了该图像形状的全局特征，并提供了大量的关于该图像不同类型的几何特征信息，比如，大小、位置、方向和形状等。矩的数值定义为：

$$m_{p,q} = \sum_{i=1}^{N} I(x_i, y_i) x^p y^q \tag{8-24}$$

式中：$I(x_i, y_i)$ 为点的灰度值；x 为点在像素坐标系下 x 轴坐标数值；y 为点在像素坐标系下 y 轴坐标数值；N 为轮廓点集合的数量。

一阶矩与形状有关，可以用于求目标区域的质心。粮厢区域质心采用公式(8-18)和公式(8-25)计算：

$$x_0 = \frac{m_{10}}{m_{00}} \tag{8-25}$$

$$y_0 = \frac{m_{01}}{m_{00}} \tag{8-26}$$

通过公式(8-24)至公式(8-27)可得到粮厢图像质心的像素坐标 (x,y,z)，此实现效果如图 8-77 所示，其中白色区域为模型分割的粮厢区域，粮厢识别区域的黑点即为粮厢识别区域的质心，卸粮控制时将其视为粮厢区域中心。

(a) 原图

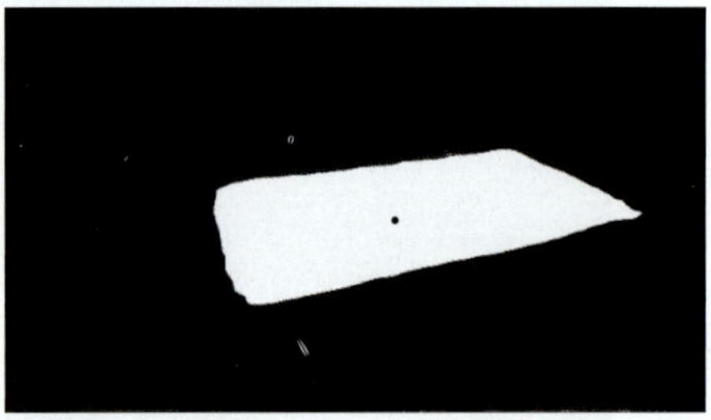

(b) 质心提取效果

图 8-77　质心提取效果

4. 坐标系转换

建立相机坐标系 O_c-$x_c y_c z_c$，以左相机为中心，x 轴和 y 轴分别与像面的两边平行，z 轴为镜头光轴。ZED2 相机坐标系如图 8-78 所示。上文中提取的质心坐标是像素坐标，将目标点的像素坐标作为输入，即可得到该点相机坐标系下的空间坐标。

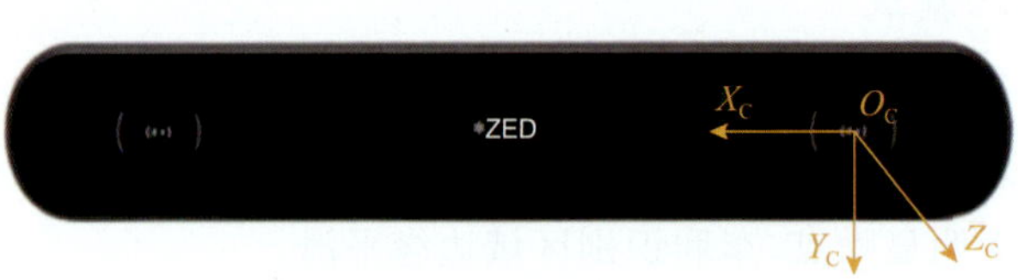

图 8-78　相机坐标系

以粮筒移动支点为坐标原点，建立世界坐标系 O_w-$x_w y_w z_w$。世界坐标系中 Oxy 平面平行于地面，坐标系原点为机械臂基座旋转中心，z 轴垂直地面向上，y 轴指向卸粮筒初始伸出时在 Oxy 平面上的投影方向，即在卸粮筒伸出的初始状态下，中轴线位于 Oyz 平面。世界坐标系如图 8-79 所示。

图 8-79　世界坐标系

IMU 集成于 ZED2 相机上，输出相机对应的旋转三轴姿态，并表示为四位元数。由于相机安装位置是固定的，平移矩阵也是固定的。将粮厢点云数据从相机坐标系 $O_c\text{-}x_cy_cz_c$ 转换到世界坐标系 $O_w\text{-}x_wy_wz_w$，转换采用公式(8-28)计算

$$P_w = P_{cw}P_c + t_{cw} \tag{8-27}$$

式中：P_w 为世界坐标系下点云坐标；P_c 为相机坐标系下点云坐标；P_{cw} 为相机坐标系到世界坐标系的旋转矩阵；t_{cw} 为相机坐标系到世界坐标系的平移矩阵。

8.4.3.2　卸粮筒移动控制策略

联合收获机的卸粮筒可以看作是一个二自由度的移动机械臂运动模型，如图 8-80 所示，采用右手笛卡尔系统，为该组合分配了一个车体坐标系 ε_0，两个关节角用 θ_1 和 θ_2 表示，关节 1 围绕 z_0 轴旋转卸粮筒，关节 2 可向上或向下移动卸粮筒。

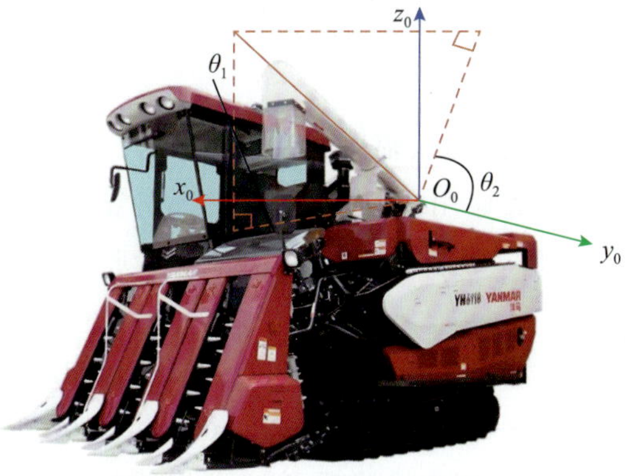

图 8-80　自动卸粮控制点坐标系统

设 (x, y, z) 为世界坐标系下卡车粮厢重心的三维坐标，点 z 平面的投影的长度 d 为

$$d = \sqrt{x^2 + y^2} \tag{8-28}$$

据经验值，若点 z 平面的投影的长度 d 大于 4.8 m 或小于 3.7 m，卸粮落点会过于靠近粮厢边缘，造成溢出。

θ_1 为卸粮需要转动的横向角度，表达式为

$$\theta_1 = \tan^{-1}\frac{x}{y} \tag{8-29}$$

θ_2 为卸粮筒需要转动的纵向角度，表达式为

$$\theta_2 = \cos^{-1}\frac{l_a}{\sqrt{x^2 + y^2 + z^2}} - \tan\frac{|z|}{d} \tag{8-30}$$

式中：l_a 为卸粮筒长度；$d=\sqrt{x^2+y^2}$ 为原点到目标点在 z 平面的投影的长度；$|z|$ 为卸粮点到原点的高度差。

卸粮筒控制流程如图 8-81 所示。当收获机定点卸粮时，收获机怠速，先分离割取离合，再分离脱粒离合，割台提升，卸粮筒自动伸出至最高；此时相机采集图像信息，提取粮厢中心点的空间坐标。控制器先对中心点坐标进行判断：①若无法识别粮厢中心点位置，说明此时卸粮筒未正常伸出或运粮车不在设定位置，此时控制器向上层控制器反馈信息表示不可卸粮。②若中心点坐标超出卸粮筒卸粮范围，控制器向上层控制器反馈信息表示不可卸粮。③若中心点坐标满足卸粮要求，对 θ_1 和 θ_2 进行解算，控制器根据 θ_1 和 θ_2 的数值对卸粮筒进行控制使卸粮筒到达合适卸粮高度。卸粮结束后，控制器发出一键收回卸粮筒指令，卸粮筒回到初始位置，收获机开始下一步的作业动作。

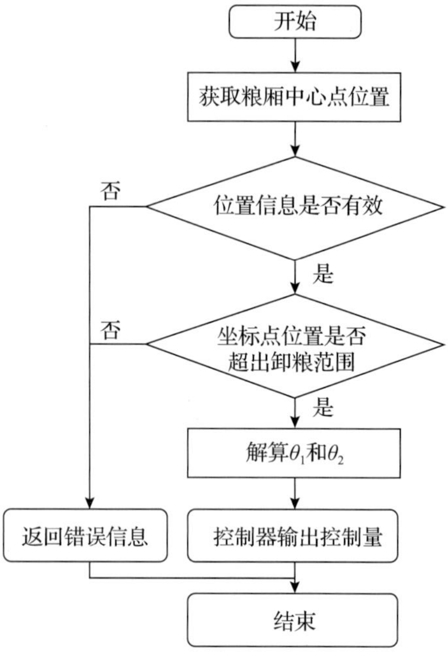

图 8-81　卸粮筒控制流程

8.4.4　智能测产

目前联合收获机采用的谷物流量传感器有光电容积式、辐射式和冲量式等。其中冲量式流量传感器由于结构简单、成本低廉而得到广泛应用。但是机器的振动、谷物含水率、谷物的种类、流量变化和田间的坡度等因素对测量精度影响较大，其中联合收获机的振动对误差影响最为显著。

为了消除由机器振动带来的影响，华南农业大学设计了一种具有差分消振功能的冲量式谷物流量传感器。双板产量传感器的结构如图 8-82 所示，2 块 240 mm ×110 mm×5 mm 的有机玻璃板分别被固定在双孔平行悬臂梁上，作为检测板，每个悬臂梁的两侧贴有 4 个应变片组成惠斯通电桥，将应变信号转换成电信号。2 个悬臂梁的定位孔通过 2 个固定螺杆安装在导流支架的同一孔位上，中间用垫片隔开，使前后 2 块检测板相互平行且不接触。导流支架安装在联合收获机谷物升运器的出口，除用于安装固定传感器以外，还可以引导谷物冲击到测试板上。

2 块检测板与联合收获机的出粮口大小相当，前置检测板称为冲击板，通过感受谷物的冲击力以测量谷物的流量；在感受谷物冲击的同时，也会受到机器振动的影响。后置检测板被称为检振板，谷物冲击前置冲击板后落下，不会冲到后置检测板上(通过高速摄影发现，仍有万分之一的谷物在冲击后飞撒在 2 个悬臂梁之间，但是不对检振板产生正面冲击，可以忽略)。由于 2 块检测板的特性一致且安装在同一孔位上，检振板检测的振动信号与冲击板的振动信号是一对共模信号，可用电路差分的方法消除振动信号，提高信噪比。

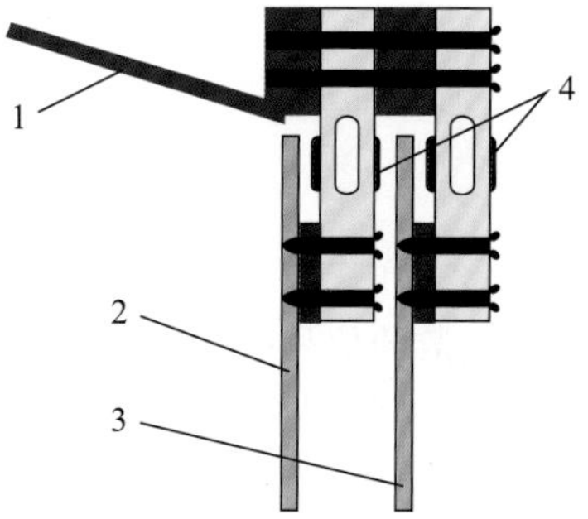

1. 导流支架；2. 冲击板；3. 检振板；4. 应变电桥。

图 8-82　双板产量传感器的结构

二维码 8-15　智能测产装置

差分消振电路如图 8-83 所示，由 3 个 INA118 仪表放大器组成，其中 A1 放大冲击板悬臂梁上应变片输出的信号；A2 放大检振板的振动信号，其参数与 A1 完全相同；A3 用于差分消振，把 U1 和 U2 的信号分别输入差分放大器 A3 的正、反输入端进行差分运算，就可以得到谷物冲击信号。R1 和 R2 分别为 A1 和 A2 的增益电阻，为了保证两路振动的信号得到同样的增益，采用高精度金属膜电阻。RW1 和 RW2 分别调整 A1 和 A2 的参考电压，用于消除 2 组应变电桥之间的差异。RW3 用于调整 A3 的增益。

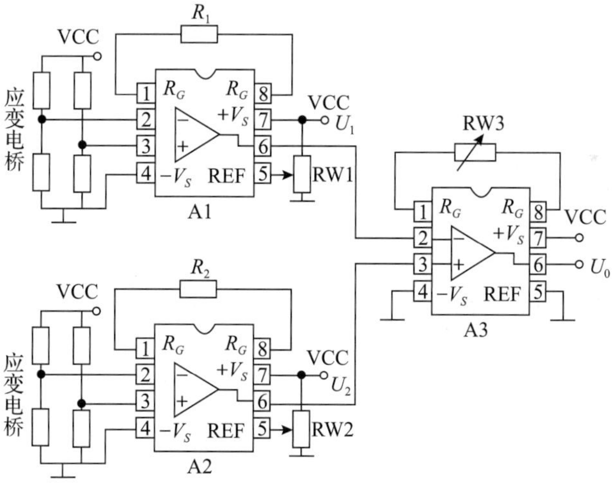

图 8-83　差分消振电路

放大器 A1 的输出信号 U_1 包括谷物冲击信号 U_i 和振动产生的噪声信号 U_{n1}，即

$$U_1 = U_i + U_{n1} \tag{8-31}$$

A2 输出的电压 U_2 即机器振动信号 U_{n2}，理论上 U_{n2} 与 U_{n1} 幅度相等、相位相同，记为

$$U_2 = U_{n2} = U_{n1} \tag{8-32}$$

在实际应用中，由于悬臂梁和应变片很难做到完全一致，它们可能存在一定的差异，

但是通过调节 A1 和 A2 的工作点和增益可以使前后的振动信号相等。

放大器 A3 输出的电压为

$$U_0 = G(U_1 - U_2) = G(U_i + U_{n1} - U_{n2}) = GU_i \tag{8-33}$$

式中:G 为 A3 的增益。

公式(8-34)表明,差分后的输出电压只与谷物冲击信号有关。采用嵌入式系统内部的 ADC 转换电路,以 500 Hz 的采样频率采集 U_0,得到离散的信号电压 U_{oi},其中 $i\in[0,499]$,把 U_{oi} 积分后即可以测量出谷物流量,又称瞬时产量,记为

$$Q = \frac{k}{500}\sum_{i=0}^{499} U_{oi} \tag{8-34}$$

式中:Q 为谷物的质量流量(kg/s);U_{oi} 为传感器的瞬时电压(V);k 为标定系数。K 值与 G 值和联合收获机的结构有关,不同的联合收获机需要重新标定。

试验结果表明,通过电路差分的方法,双板差分冲量式产量传感器可以消除联合收获机车身振动的影响,谷物流量传感器输出信号的信噪比从 2·5 dB 提高到 62 dB。在零喂入的情况下,联合收获机克服振动后,平均零点漂移小于 0.01 g/s,喂入量为 0.5~2 kg/s,相对误差小于 3%。在实际收割过程中,除振动外,还有其他因素也可能影响测产系统的测量精度,田间实际测产误差小于 5%。

参考文献

[1] 陈雷,鲁植雄,黄薛凯,等.基于 BDS 和角度检测的不规整田块旋耕作业质量监测与试验[J].沈阳农业大学学报,2022,53(2):229-238.

[2] 程帅铭.基于作业工况识别的智能拖拉机 AMT 换挡策略研究[D].福州:福建工程学院,2023.

[3] 邓向武. 基于深度学习的稻田杂草种类识别及其位置检测方法研究[D].广州:华南农业大学,2022.

[4] 胡炼, 杜攀, 罗锡文, 等. 悬挂式多轮支撑旱地激光平地机设计与试验[J]. 农业机械学报, 2019,50(8):15-21.

[5] 胡炼, 林潮兴, 罗锡文, 等. 农机具自动调平控制系统设计与试验[J]. 农业工程学报, 2015(8):15-20.

[6] 胡炼, 罗锡文, 林潮兴, 等. 1PJ-4.0 型水田激光平地机设计与试验[J]. 农业机械学报, 2014,45(4):146-151.

[7] 胡炼, 杨伟伟, 许奕, 等. 基于 GPS 技术的水田平地机的设计与试验[J]. 华南农业大学学报, 2015,36(5):130-134.

[8] 何斌斌,张波,罗锡文,等.基于处方图的无人机智能喷施系统及方法[P].广东省:CN 201811031041.1,2020-11-13.

[9] 蒋啸虎,佟金,马云海,等.基于卡尔曼滤波融合算法的深松耕深检测装置研究[J].农业机械学报,2020,51(9):53-60.
[10] 焦晋康,胡炼,陈高隆,等.水田行间除草装置设计与试验[J].农业工程学报,2023,39(24):11-22.
[11] 候晓博.基于无人机遥感的黄华占水稻施肥决策模型研究[D].广州:华南农业大学,2019.
[12] 罗锡文,王在满,曾山,等.水稻机械化直播技术研究进展[J].华南农业大学学报,2019,40(5):1-13.
[13] 马若飞,伟利国,赵博,等.基于多传感器数据融合的旋耕耕深检测系统研究[J].农业机械学报,2024,55(9):52-64.
[14] 马旭,王承恩,刘赛赛,等.水稻育秧生产线秧盘播种量智能调控装置设计与试验[J].农业工程学报,2023,39(7):36-46.
[15] 陶倩文.拖拉机传动系犁耕负载模拟试验技术研究[D].洛阳:河南科技大学,2022.
[16] 汪沛, 冯达文, 陈高隆, 等. 农田精准平整过程中三维地形实时测量方法研究[J]. 农业机械学报, 2023,54(3):41-48.
[17] 夏俊芳,李栋,刘国阳,等.基于角度检测的拖拉机悬挂耕深电液监控系统研究[J].农业机械学报,2021,52(8):386-395.
[18] 颜兴祥.基于发动机负荷特性的拖拉机耕深协同控制研究[D].镇江:江苏大学,2023.
[19] 杨伟伟, 胡炼, 周浩, 等. 基于DSP的水田平地机倾角传感系统设计与试验[J]. 沈阳农业大学学报, 2016,47(3):314-319.
[20] 张盟, 胡炼, 可欣荣, 等. 水田自走式喷雾机喷杆自动调平系统设计与试验[J]. 农机化研究, 2019,41(10):45-51.
[21] 周浩, 胡炼, 罗锡文,等. 旋耕机自动调平系统设计与试验[J]. 农业机械学报,2016,47(S1):117-123.
[22] 周志艳,刘威,徐学浪,等.一种排射式播种方法及应用该方法的排射式播种无人机:CN202011643036.3[P]. 2022-04-12.
[23] CHEN G, HU L, LUO X. A review of global precision land-leveling technologies and implements: current status, challenges and future trends[J]. Computers and Electronics in Agriculture, 2024,220:108901.
[24] CHEN G L, LUO X W, HU L. Method for the height measurement of agricultural implements based on variable parameter kalman filter[J]. International Journal of Agricultural and Biological Engineering, 2024,17(2):193-199.
[25] HU L, XU Y, HE J. Design and test of tractor-attached laser-controlled rotary scraper land leveler for paddy fields[J]. Journal of Irrigation and Drainage Engineering, 2020,146(4).

[26] JIAO J K, HU L, CHEN G L. Development and experimentation of intra-row weeding device for organic rice[J]. Agriculture, 2024,14(1):146.

[27] JIAO J, WANG Z, LUO H. Development of a mechanical weeder and experiment on the growth, yield and quality of rice[J]. International Journal of Agricultural and Biological Engineering, 2022,15(3):92-99.

[28] YANG Y, HE J, WANG P. Tcnet: transformer convolution network for cutting-edge detection of unharvested rice regions[J]. Agriculture-Basel, 2024,14(7):1122.

[29] YANG Y, LIANG C, HU L. A proposal for lodging judgment of rice based on binocular camera[J]. Agronomy-Basel, 2023,13(11):2852.

[30] ZANG Y, MENG S B, HU L. Optimization design and experimental testing of a laser receiver for use in a laser levelling control system[J]. Electronics, 2020,9(3):536.

[31] ZHOU H, HU L, LUO X. Design and test of laser-controlled paddy field levelling-beater[J]. International Journal of Agricultural and Biological Engineering, 2020,13(1):57-65.

第 9 章

协同作业关键技术

协同作业利用先进的通信、导航和控制技术，实现 2 台或多台智能农机在同一农田或不同农田内协同进行农业生产作业，人机协同以及不同作业环节协同等。大田无人化智慧农场采用多智能农机协同作业技术，可以提高整体生产效率，降低生产成本。可以在作物不同生产环节根据农田环境和作物生长情况，结合不同农业机械的功能特点，通过协同作业实现跨环节协同作业和对农田的精细化管理，提高作业质量。本章主要研究主从协同作业技术、多机协同作业技术、人机协同作业技术和不同生产环节协同作业关键技术。

9.1 主从协同作业关键技术

为实现收获机和运粮车以及播种机（或施肥机）与种肥补给车协同作业，要求两者保持精准的位置关系以完成卸粮或补给作业，可以分为等待协同模式和跟随协同模式。

9.1.1 等待模式

2 台农机等待协同模式是当作业农机（主机）需要配合农机（从机）卸粮或补给时，主机行驶到合适地点后停车召唤从机，从机根据召唤指令前往指定地点并与主机保持协同作业位置关系。为实现收获机和运粮车协同，应先建立收获机和运粮车协同模型，采用预设路径方式将二维控制问题解耦为两组一维控制，通过分析纵向驱动系统和转向系统的动力学和运动学模型，基于辨识的纵向驱动系统传递函数构建预测控制器，预测并补偿系统惯性所导致的停车滑移；结合积分环节改进纯追踪方法，消除或减小路径跟踪中的系统误差。

9.1.1.1 几何关系模型建立

在等待协同模式中，指定位置的精准对齐是一个关键的控制过程。华南农业大学设计了一种收获机与运输车对齐与协调的几何模型，如图 9-1 所示。

在卸粮过程中，收获机的卸粮点必须准确对齐运输车的粮仓，且收获机卸粮筒的旋转角度在此过程中是固定的，如图 9-1b 所示。因此，基于精准对齐协调的几何关系（图 9-1c），通过控制两车的相对位置和航向，可以间接控制卸粮点 P_t 相对于粮仓 $P_{t'}$ 的相对位置。

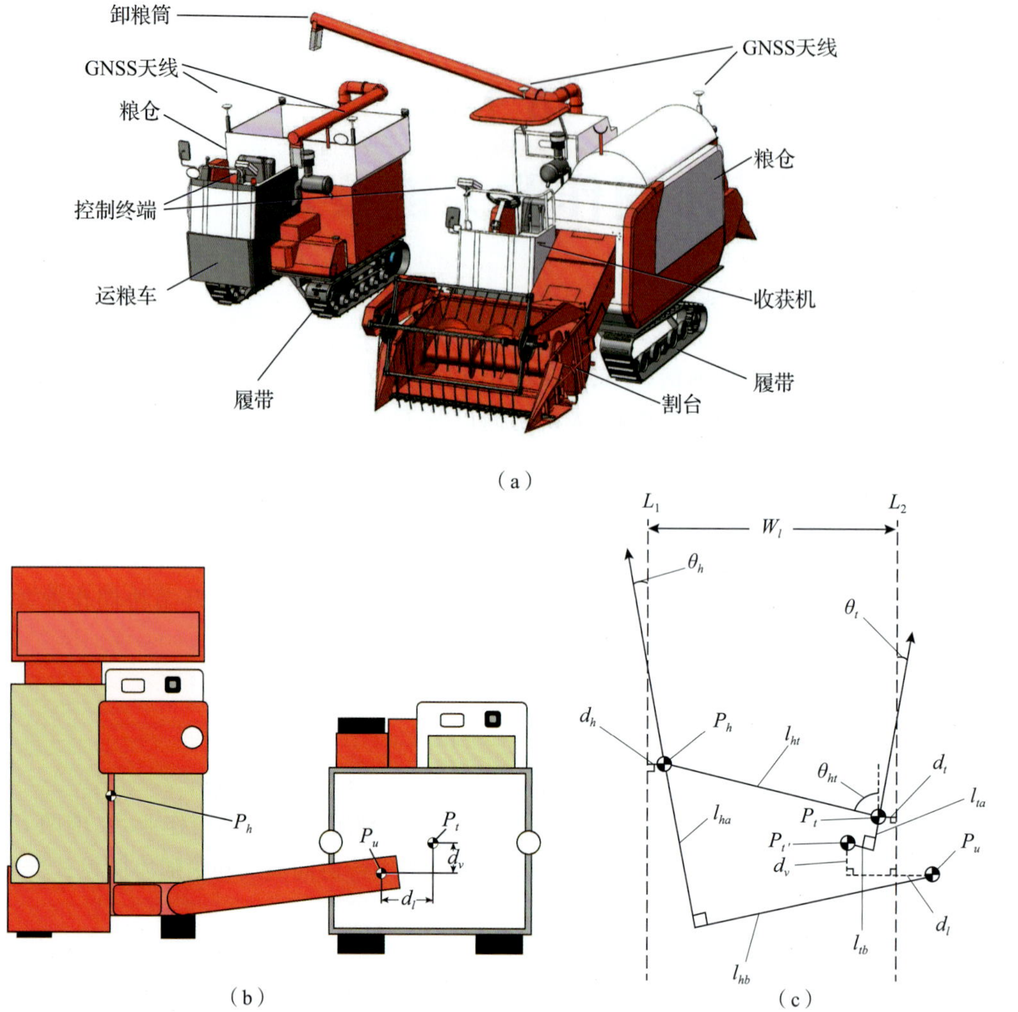

图 9-1　几何模型

点对点的精准对齐系统本质上是二维控制系统，然而，履带式车辆不具备全向自由度或低延迟系统。直接构建二维控制系统容易导致控制规则的指数级增长以及各种测量误差的增大，进而导致控制算法设计过于复杂，难以维护和调整参数，难以保证控制的稳定性和准确性。为了降低二维控制系统的复杂性，一种有效的方法是将两个一维控制系统相结合，为履带式车辆设置目标路径。这种方法允许对横向和纵向偏差分别进行控制，以达到最终的对齐目标。具体而言，可以设计两个独立的控制器：一个用于控制车辆的横向位置（即确保车辆保持在目标路径上），另一个用于控制车辆的纵向位置（即确保车辆在目标路径上的正确位置进行卸粮）。通过这种方式，每个控制器只需要处理一维的偏差，大大简化了控制算法的设计和实现。同时，由于控制器的分离，各个部分的测量误差和干扰也不会相互影响，从而提高了系统的鲁棒性

二维码 9-1
定点卸粮

和稳定性。此外，当需要对系统进行调试或优化时，也可以分别对两个控制器进行调整，提高了系统的可维护性和灵活性。

9.1.1.2 履带车辆控制系统构建

为了实现收获机和运粮车的协同作业，开发了自动导航履带式车辆系统。基本系统框架是为系统内的两个控制目标设计的，由两个基本控制器组成，即导航路径跟踪控制器和速度控制器，控制器旨在实现跟踪目标路径和精准平行停车对齐。目标姿态和实际姿态之间的误差用作控制输入，控制器的输出被反馈到转向和驱动控制器中。控制器输出通过调整转向和速度来改变被跟踪车辆的姿态，从而达到控制目标。系统的信号流程图如图 9-2 所示。

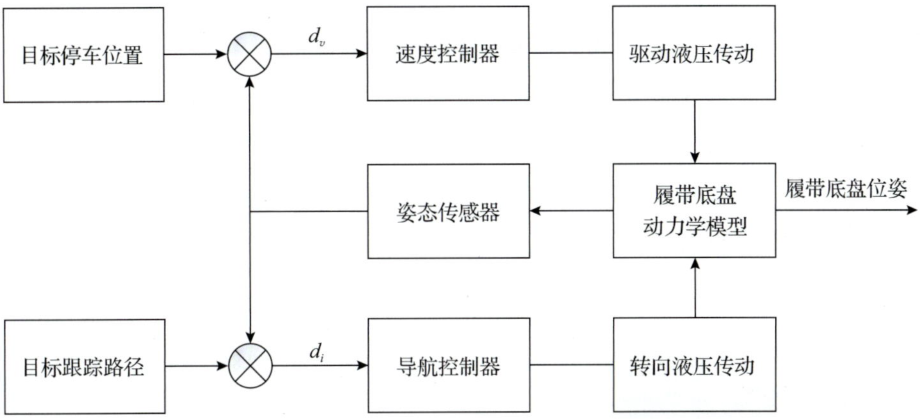

图 9-2 信号流程图

为了有效地进行导航控制，建立了收获机运动学模型。收获机由行驶速率和转向速率控制。行驶速率控制履带车辆的线速度，转向速率控制履带车辆的横摆角速度。

对于履带车辆纵向控制的速度模型，先获得用于停车控制器设计的电流信号和车辆速度之间的传递函数模型。然而，由于每个模型中的参数未知，分离参数调整的每个方面都具有挑战性。因此，采用基于阶跃响应的面积法进行传递函数辨识是获得速度传递函数和建立模型的有效方法。为了辨识履带车辆的速度系统并获得传递函数，进行了速度控制的阶跃响应试验。由于控制器的设计目标是停放车辆，因此设计了一个负输入阶跃响应实验，该试验在旱地进行。

步骤 1：驱动静液压传动装置的电磁阀电流从 600 mA 降低到 0 mA，相应的速度从 0.8 m/s 降低到 0 m/s。为了记录速度，以 10 Hz 的采样频率，采用 RTK-GNSS 系统。

步骤 2：对系统的输入和输出进行归一化处理，得到单位阶跃响应数据，如图 9-3b 所示。为了便于识别，将停车减速曲线转换为标准阶跃响应形式，如图 9-3a 所示。

步骤 3：用于驱动静液压传动装置的近似传递模型通常用二阶传递函数模型表示。系统的微分方程和传递函数之间存在对应关系。微分方程的系数 a_1 和 a_2 可以采用等式从阶跃响应面积计算基于单位阶跃响应 data 计算，结果为 $a_1 = 0.7801$ 和 $a_2 = 0.12$。

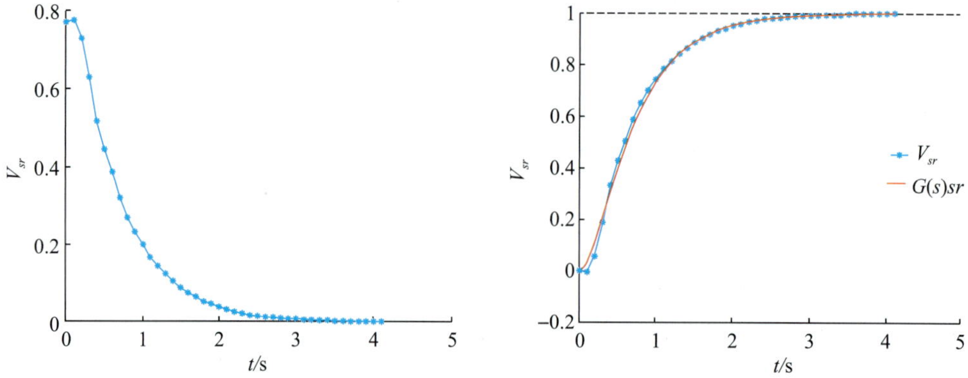

（a）停车减速曲线　（b）归一化单元步态响应

图 9-3　停车减速的步态响应

步骤 4：计算二阶传递函数 Gv(s)的速度阶跃响应，如图 9-4c 所示，与实际数据的拟合优度 R^2 为 0.9986。

横向控制的动力学模型如图 9-4 所示，在履带式车辆上进行恒速转向试验。分析输入信号与转向力之间的关系，特别是驱动阀 I_d 和转向阀 I_s 的电流，这两个阀分别控制流向驱动和转向液压马达的液压油流量。

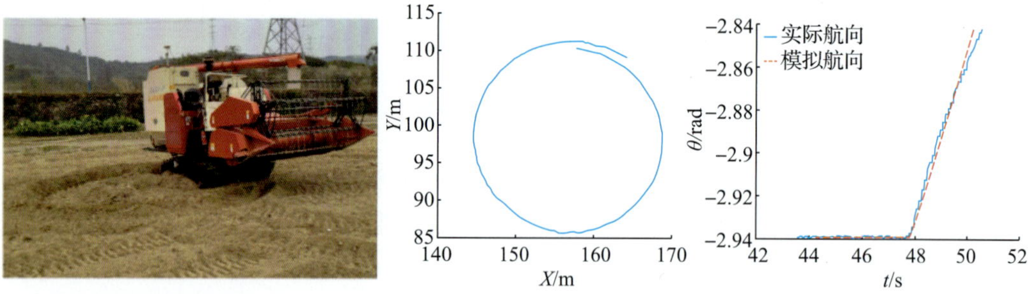

（a）转向试验的场景　（b）转向试验的轨迹　（c）实际和模拟航向数据的比较

图 9-4　履带式车辆上恒速转向试验

图 9-5 为履带式车辆的差速转向传动原理。发动机动力分别驱动驱动 HST 和转向 HST。驱动 HST 的动力输出通过变速箱和中央齿轮，驱动行星齿轮组差速转向机构的太阳轮。转向 HST 的动力输出经中间齿轮调节后分为两路，一路直接驱动左行星齿轮组的齿圈，另一路经过惰轮后驱动右行星齿轮组的齿圈。当转向 HST 不工作时，行星齿轮组的齿圈被锁定，来自驱动 HST 的动力依次通过齿轮箱、中心齿轮、太阳齿轮、行星齿轮和行星架。驱动左右轴以相同的速度和方向工作，使收获机直线行驶。转向时，驱动和转向 HST 都工作，它们的动力作用在行星齿轮组的太阳轮和齿圈上，形成差速齿轮系统，从而实现收获机的差速转向。采用 GNSS 测量相应的转弯半径 R。采用 MATLAB 求解转向力矩特性的二元二次拟合方程，拟合曲面和拟合方程如图 9-5 所示。R^2 的拟合

优度为 0.9856。结果表明，转向扭矩 Td 与转向阀 I_s 的电流呈正相关，与驱动阀 I_d 的电流相关性小。

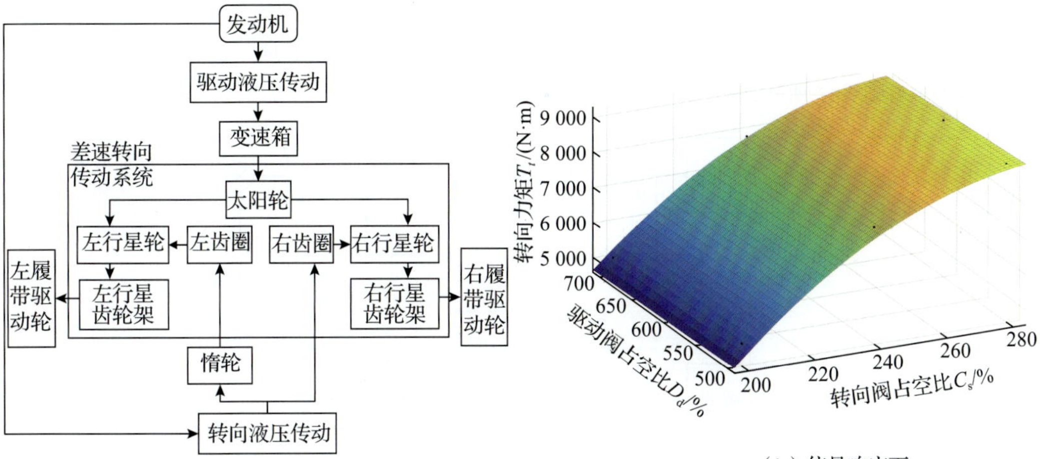

（a）基本工作原理　　（b）信号响应面

图 9-5　履带式车辆的差速转向传动原理

9.1.1.3　改进纯跟踪控制器

基于上述模型的速度和导航控制器的结构，控制器设计成可自动消除收获机和运粮车的纵向偏差 d_v 及与跟踪路径的横向偏差 d_l，从而实现相对位置对准。

(1)速度控制器　为了提高履带车辆的精准平行泊车定位性能，设计了一种前馈模型结合比例微分(PD)控制器。图 9-6 所示的补偿预测器(CP)控制器结构用于实现精准的停车对准。为了构建履带式车辆的前馈模型，需设计积分和修改速度传递函数 $Gl(s)$，以便导出停车距离的传递函数。

$$Gl(s) = \frac{0.12s + 0.7801}{0.12s^2 + 0.7801s + 1} \tag{9-1}$$

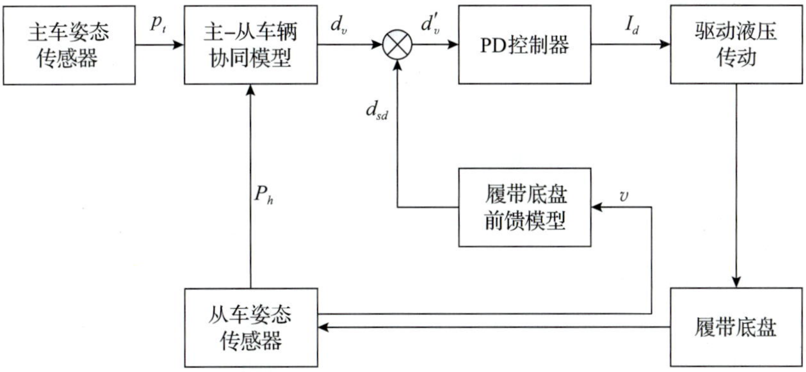

图 9-6　补偿预测器(CP)控制系统的信号流程图

(2)导航控制器　导航控制器用于路径跟踪的横向偏差控制。为实现收获机和运粮车的高精度路径跟踪,要求两台农机的横向对准精度非常高,为此,将两台农机的横向控制解耦,以保持一致的路线,并确保预判断过程中的安全。为了解决模型控制中无法消除的模型误差问题,将纯追踪控制(PPC)模型和积分器饱和保护集成以形成改进的纯追踪控制模型,如图 9-7 所示。

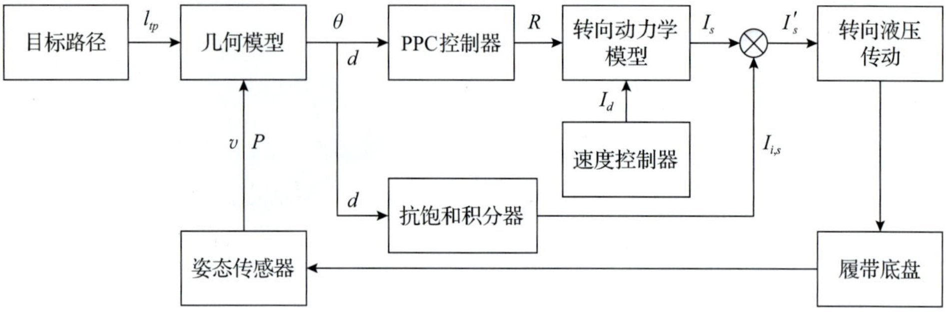

图 9-7　改进的纯追踪控制(IPPC)模型

PPC 算法用于履带式车辆导航。车辆、目标路径和转弯半径之间的关系如图 9-8 所示,其中 v 是车辆速度矢量,l_{tp} 是目标的直线,R 是转弯半径,O 是转弯中心,P_{fl} 是前视点,L_{fl} 是 PPC 的前视距离参数,d 是与目标路径的横向偏差,θ 是与目标路径的航向偏差。PPC 先定义目标路径上的前视点 P_{fl},然后计算当前位置和航向到达点 P_{fl} 所需的转弯半径,转换成曲率用于导航控制,最终实现路径跟踪功能。

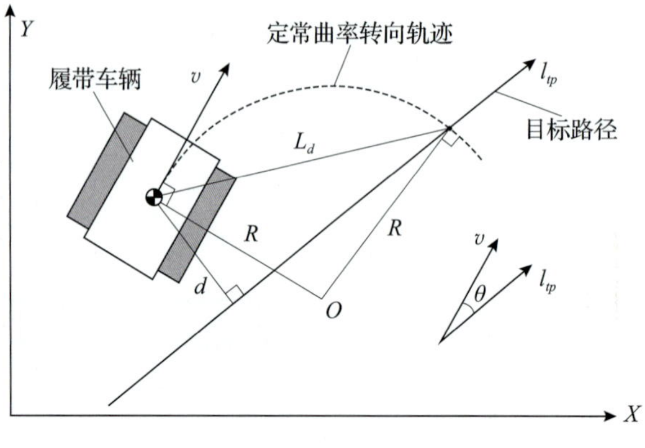

图 9-8　履带车辆纯追踪控制的运动模型

9.1.1.4　田间试验

为了评估收获机和运粮车平行停放精确对准控制器的性能,在广东广州进行了水稻收获-协同运粮试验。试验场地长 90 m,宽 70 m,面积约 0.63 hm²,如图 9-9 所示。收获机到达田间后,以 0.7 m/s 的速度开始收获,运粮车在的路边等待。收获机到达预定的卸粮路径时,通过蜂窝通信网络向运粮车发送信号。运粮车前往收获机指定的地点接粮,然后驶向路边的运粮车卸粮。收获机继续收获,重复前述协同作业过程,完成整个田块的收获。根据试验计划设计收获和运粮路径。收获路径由基于田块大小的平行环组成，宽 1.9 m，有 32 个收割边。在拖拉机道的北侧选择一条共同卸粮道。在收获作业期间，北侧行驶直线路径重叠，运粮协作只需要规划一条重复使用的路径。完成卸粮只需要在这条道路上前进或后退而不需要调头。具体的卸粮点根据收获机发出的坐标计算。协同转运路径如图 9-9a、b 所示。收获过程中，收获机按照预定路径完成收获，轨迹如图 9-9a 所示。采用 RTK-GNSS 系统记录位置数据，并通过蜂窝网络以 1 Hz 的频率收集。试验中出现蜂窝网络异常，导致记录的轨迹数据在几个点被中断。

收获中平行停放对准过程从左到右编号为 1～11，最终停放点如图 9-9b 所示。图中停放点的不均匀分布是因为收获机在协作边缘上的停放点没有提前设置。是否停止召唤

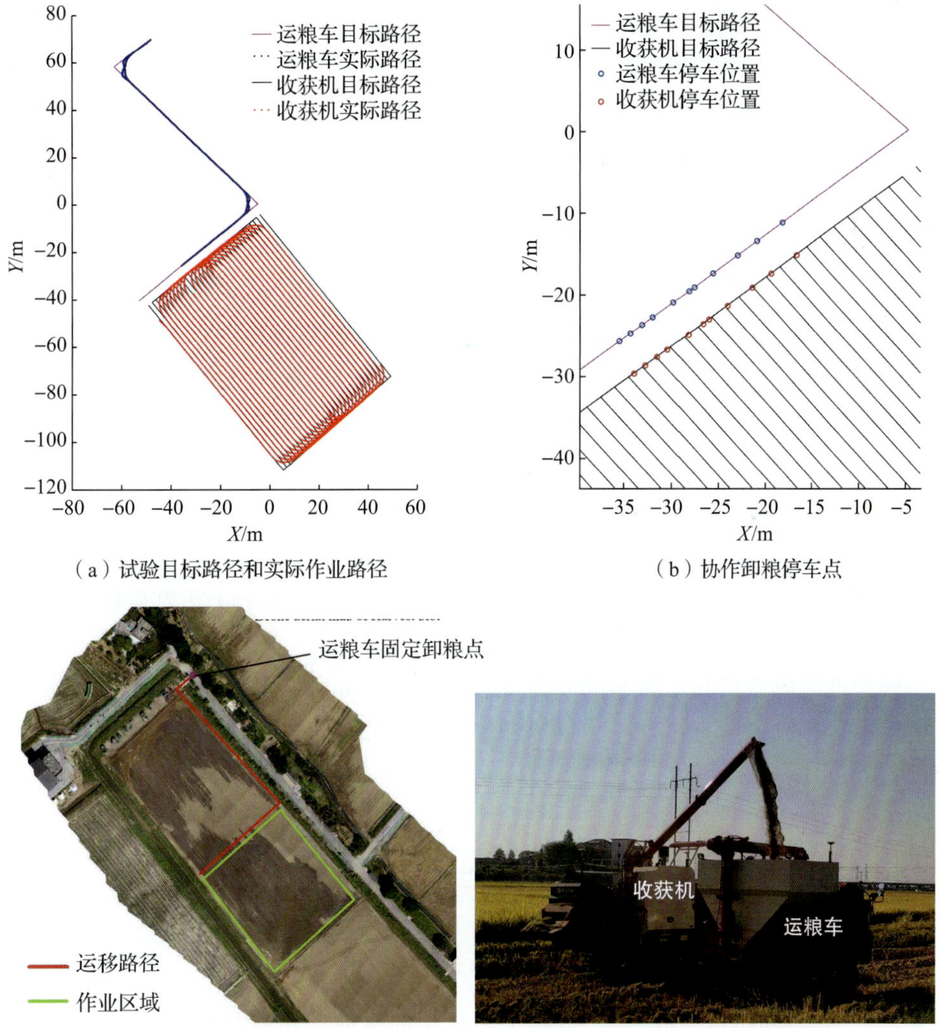

（a）试验目标路径和实际作业路径　（b）协作卸粮停车点

（c）收获试验地点航拍图　（d）自主协作收获现场

图 9-9　收获机与运粮车自主协同收获试验

取决于收获机是否完成了收获过程。计算 11 组定位过程试验的相对纵向偏差 d_v 和相对横向偏差 d_l，得出纵向相对偏差的绝对平均值和标准偏差分别为 0.122 m 和 0.036 m，相对横向偏差的绝对平均值和标准偏差分别为 0.082 m 和 0.017 m。试验结果表明，收获机和运粮车之间的协调纵向对准精度小于 0.2 m，横向对准精度小于 0.1 m。

9.1.2 跟随模式

2 台农机跟随协同模式是指作业农机（主机）在直线作业时，配合农机（从机）与主机保持相同速度和相对位置，以实现边作业边协同卸粮或补给。为保持 2 台农机速度相同和相对位置不变，华南农业大学设计了位速耦合纵向相对位置控制方法，结合直线跟踪控制方法，实现了 2 台农机的纵向和横向位置精准控制。

9.1.2.1 双机纵向相对位置协同原理

自主收获精准协同卸粮的作业状态如图 9-10 所示，其中收获机和运粮车平行行驶。为了精准卸粮，需要同时控制收获机 P_h 坐标(x_h，y_h)和运粮车 P_t 坐标(x_t，y_t)，使卸粮筒出口 P_u 与卸粮目标点 P_b 重合。通过调节两车的直线跟踪路径距离来控制 P_u 与 P_b 的相对横向距离 d_l，通过调节运粮车的车速来控制相对纵向距离 d_p。

图 9-10 中，P_h 为收获机卫星定位点；(x_h，y_h)为 P_h 点坐标，m；P_t 为运粮车卫星定位点；(x_t，y_t)为 P_t 点坐标，m；P_u 为收获机卸粮口；P_b 为卸粮目标点；P_g 为运粮车挂接点；v_h 为收获机行驶速度，m/s；v_t 为运粮车行驶速度，m/s；d_p 为 P_u 与 P_b 在 v_t 方向投影的相对横向距离，m；l_a 为卸粮口 P_u 在 v_h 方向的投影点到收获机定位中心点的距离，m；l_b 为卸粮口 P_u 到 v_h 所在直线的距离，m；l_c 为目标卸粮点 P_b 到挂接点 P_g 的距离，m；l_d 为定位点 P_t 到挂接点 P_g 的距离，m；l_e 为定位点 P_t 到目标卸粮点 P_b 的距离，m；α 为收获机速度方向与运粮车速度方向间的夹角，rad；β 为运粮车的拖斗中心线相对运粮车中心线的夹角，rad；γ 为两车定位中心点连线与运粮车 v_t 速度间的夹角，rad；θ 为运粮车行驶航向角，rad。

协同作业时收获机和运粮车的几何关系如图 9-10b 所示，设置基准线为过运粮车定位点的运粮车行驶方向直线，d_p 为目标卸粮点 P_b 与卸粮口 P_u 在基准线上的投影距离，几何模型如公式(9-2)所示：

$$\begin{cases} d_p = l_d + l_c\cos\beta - P_hP_t\cos\gamma - l_a\cos\alpha + l_b\sin\alpha \\ P_hP_t = \sqrt{(y_t - y_h)^2 + (x_t - x_h)^2} \\ \gamma = \arctan\left(\dfrac{y_t - y_h}{x_t - x_h}\right) - \theta \end{cases} \tag{9-2}$$

采用上述模型时，由于收获机、运粮车和拖车的航向存在高频摆动，全部引入模型容易引起控制振荡。根据前期试验，在直线导航跟踪过程中，运粮车和拖车航向摆动的标准差小于 0.06°，且变化分布类似白噪声，所以可将 α 和 β 设为 0。据此，可以将上述模型简化为平行协同模型，如图 9-10 所示。假定收获机和运粮车在跟踪平行路径时，航向稳定

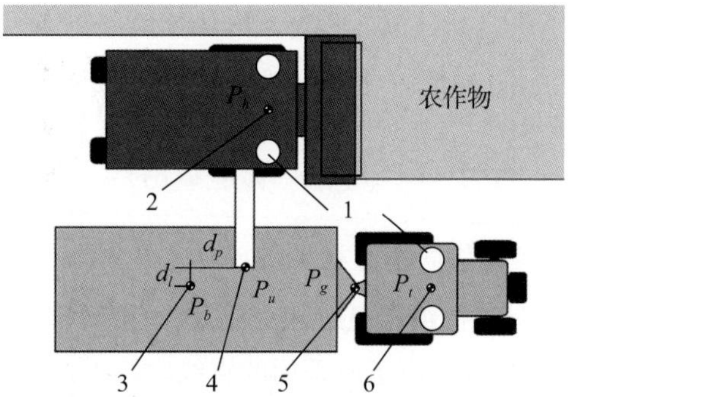

1.BDS 接受天线；2.收获机定位；3.卸粮目标点；4.卸粮口；5.挂接点；6.拖拉机定位。

（a）收获协同卸粮作业示意图

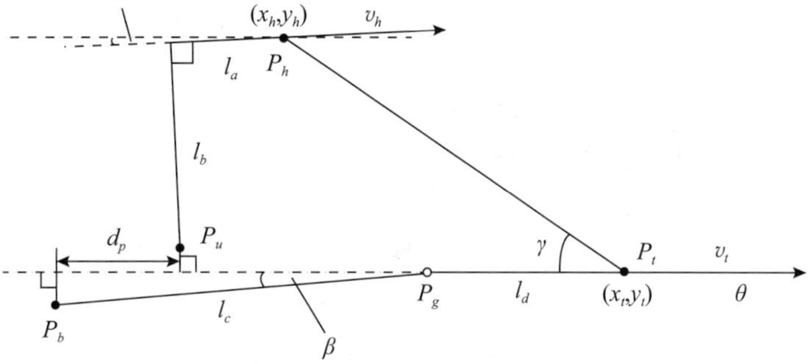

（b）收获协同卸粮作业几何关系

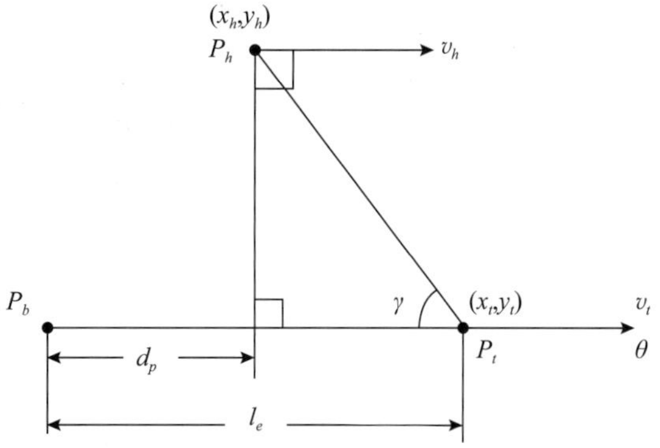

（c）收获卸粮平行协同模型

图 9-10　自主收获精准协同卸粮的作业状态

且与目标直线相同，拖车也与运粮车位于同一直线上。这一假设能够降低模型复杂度，同时提高控制目标的稳定性，排除航向波动引起的高频干扰。由于简化模型中运粮车、拖车和收获机航向相同，所以可以进行 P_b 平移，向前平移 l_a 的距离，使得 $l_e = l_b + l_c - l_a$，l_e 为 P_b 到 P_t 的距离，通过 P_h 的投影计算 d_p，计算方程为：

$$\begin{cases} d_p = l_e - P_h P_t \cos\gamma \\ \gamma = \arctan\left(\dfrac{y_t - y_h}{x_t - x_h}\right) - \theta \\ P_h P_t = \sqrt{(y_t - y_h)^2 + (x_t - x_h)^2} \end{cases} \tag{9-3}$$

9.1.2.2 纵向相对距离协同控制框架

分别对收获机与运粮车进行路径规划，两台农机的协同目标路径平行，通过设定目标路径间距来调整两车横向相对距离，由于所采用的直线跟踪方法精度为 2.5 cm，所以两台农机的协同横向相对距离控制精度能达到 5 cm。主要研究纵向相对位置偏差控制方法，通过改变运粮车油门大小进行调节。纵向相对位置协同控制框架如图 9-11 所示，收获机为主机，运粮车为从机。对主机和从机的位置和速度进行差分，获得主从机的相对位置和速度，输入至位速耦合控制器得到期望发动机转速。将期望值通过 CAN 总线输入至发动机电子控制器(electronic control unit，ECU)，从而改变从机前进速度，实现纵向相对位置控制。

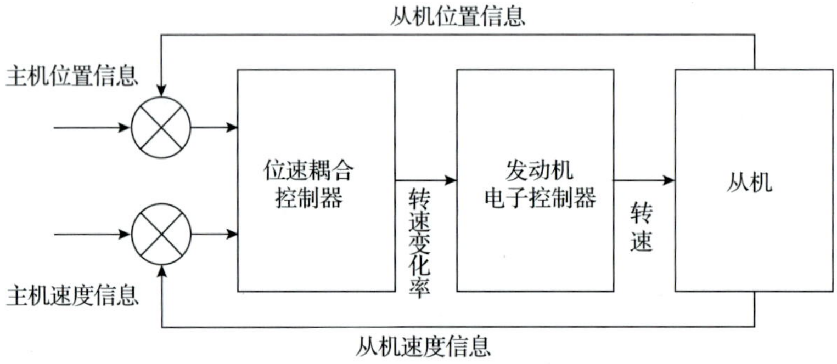

图 9-11 纵向相对位置协同控制框架

9.1.2.3 纵向相对位置控制系统仿真模型

1. 仿真模型建立

建立纵向相对位置控制系统仿真模型，用于控制器设计、控制参数优化和控制性能研究。仿真模型输入包括主机的前进速度、初始纵向相对位置和从机初始行驶速度。将纵向相对位置偏差和相对速度输入至位速耦合控制器，计算出发动机转速变化率，由转速变化率积分获得当前发动机转速。通过基于面积辨识所获得的传递函数计算出从机车速，该车速与主机车速差为相对速度。相对速度的积分与初始纵向相对位置的和为当前相对位置。依据拖拉机发动机转速可调节的最大和最小速度，对仿真速度进行限幅，限幅范围为 0.3～2.0 m/s；针对发动机转速变化率进行限幅，限幅范围为−300～600 r/s。纵向相对位置控制 Simulink 仿真模型如图 9-12 所示。

在图 9-12 中，设定主机速度的单位为 m/s；初始距离的单位为 m；白噪声能量密度为 10^{-4}，步长为 0.4；fcn 为函数；v，d，u 为输入量；t 为时间；s 为复数；den(s)为多项式；num(s)为分子多项式。

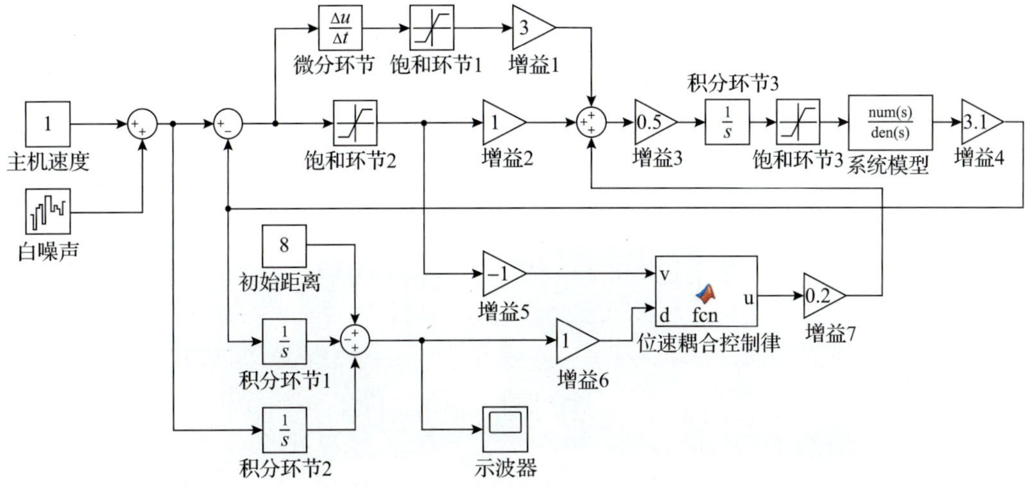

图 9-12　平行行驶两车纵向相对位置控制 Simulink 仿真模型

2. 仿真模型验证

为验证仿真模型是否符合实际情况，在潍柴雷沃智慧农业示范基地的试验田进行仿真模型验证试验：①设计收获机与运粮车协同作业，根据收获机常规收获速度，设置主机速度为 1 m/s。根据所设计位速耦合控制算法，可知纵向相对位置偏差大于 8 m 时，控制器计算输出已经大于最大油门变化值，因此被限幅，运粮车将以最大油门前进，再设置更大初始偏差，收敛过程相似。所以设置初始相对偏差为 8 m 具有一定的代表性。②通过 BDS-GNSS 双天线系统采集车辆速度，RTK-GNSS 定位模块采用司南导航技术股份有限公司的 K728，定位信息获取频率为 10 Hz，水平定位精度为±(10+D×10−6)mm，D 为基站到移动站的距离，km。③设置相同的初始条件，将所得结果与仿真模型的结果进行对比，结果如图 9-13 所示(图中实际数据的毛刺来源于其他数据对通讯信道占用导致的处理延时)。仿真系统与实际系统的调节时间相差 2.1 s，上升时间相差 1.3 s，稳态偏差相差 0.19 m，所构建仿真系统满足仿真分析要求。

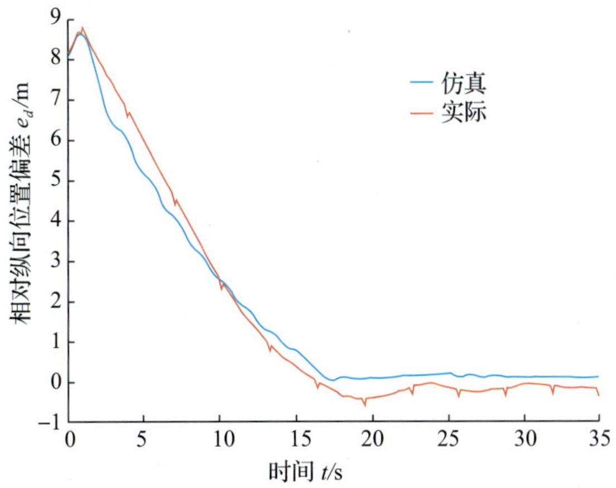

图 9-13　仿真模型验证试验结果

9.1.2.4 田间试验

为验证位速耦合纵向相对位置控制方法在实际收获作业时的控制质量，在甘肃金昌进行了双机协同小麦收获试验，试验场景如图 9-14 所示。

图 9-14 双机协同小麦收获试验

根据待收获小麦田块设计“U”型收获路径。收获路径沿待收区域设定，将收获机路径向前进方向左侧平移 4.5 m 设置为运粮车行驶路径，形成一个大“U”形路径嵌套于收获的“U”形路径外侧。保证粮筒展开后卸粮点位于运粮车中轴线附近。依据小麦收获常规作业速度，设定速度为 1 m/s，运粮车跟随接粮。只在直线收获路径上卸粮，接近转弯时停止卸粮并收回卸粮筒。协同模式中运粮车与收获机从田头并排起步。收获机为主机，运粮车为从机。收获机先作业，运粮车等待收获机的启动信号再启动。运粮车行驶在外圈，行程大于收获机，为了安全作业，转弯时需要前后错开，所以田间试验运粮车初始纵向位置偏差为正。初始偏差非人为设置，由协同作业自然形成。试验指标与前文一致。小麦收获试验的双机协同轨迹如图 9-15a 所示，协同过程分为来、去 2 段，分别编号为 1 和 2。纵向相对位置偏差曲线和纵向相对速度偏差曲线如图 9-15b、图 9-15c 所示，各项性能指标如表 9-1 所示。平均稳态纵向相对位置偏差绝对值为 0.0778 m，稳态纵向相对位置偏差的标准差为0.0913 m。协同精度能够满足收获协同卸粮的需要。

二维码 9-2
跟随卸粮

表 9-1 双机协同小麦收获试验结果

InDe/m	试验号	调节时间	上升时间	超调量	LRPD/m	STD of LRPD/m	VD/(m/s)	STD of VD/(m/s)
2	1	15.2	7.0	26	0.0738	0.0913	−0.0307	0.0894
6	2	17.6	16.1	0	0.0817	0.0912	0.0194	0.0758
	平均			13	0.0778	0.0913	0.0057	0.0826

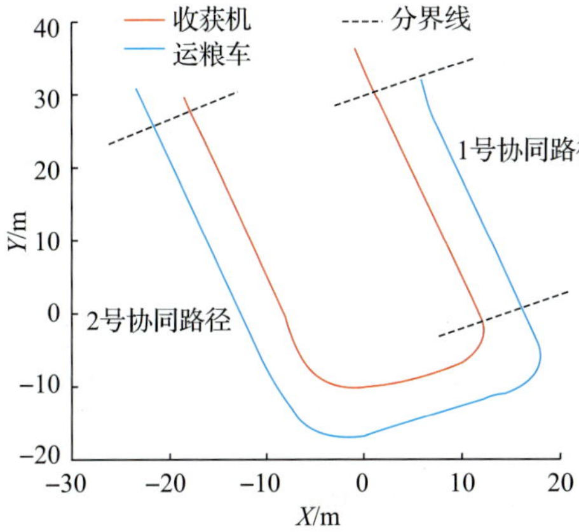

（a）双机协同轨迹

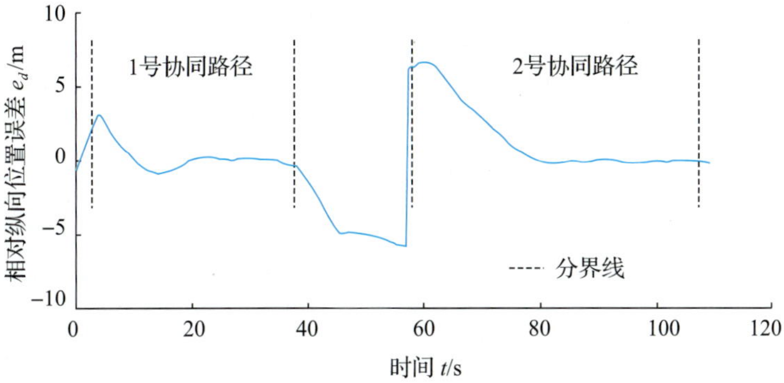

（b）纵向位置偏差曲线

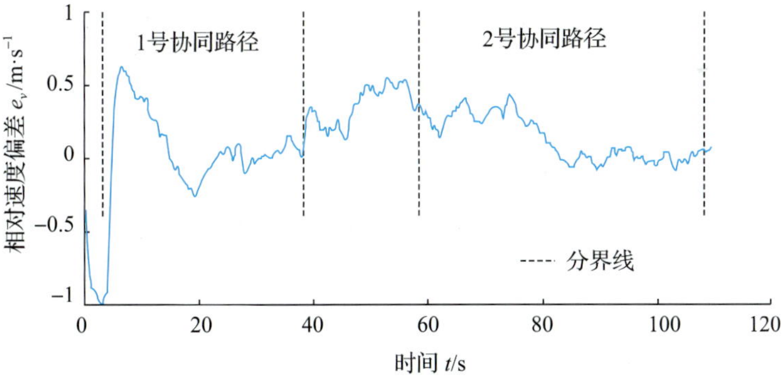

（c）纵向相对速度偏差曲线

图 9-15　双机协同小麦收获试验结果

9.2　多机协同作业关键技术

9.2.1　地面农机群体协同作业

为研究智能农机多机协同收获作业控制方法，以 2 台不同型号的水稻收获机和 1 台运粮车为研究对象，根据协同作业控制决策约束条件，建立协同收获作业中有限个状态过程的改进型连续时间马尔科夫链模型。以减少非作业时间为优化目标，通过模型预测未来一段时间内每台收获机的卸粮时间，动态更新每台收获机的卸粮顺序和时间，提高多台无人化智能收获机和运粮车协同作业效率。

9.2.1.1 多机协同收获控制决策模型

多台收获机按照分配的地块进行收获作业，以减少非作业时间为约束条件，总作业时间最短为目标，对协同卸粮控制决策进行优化。采用改进型连续时间马尔科夫链模型描述协同收获作业过程中的有限个状态。采用马尔科夫链预测未来一段时间内收获机的收获量。收获机的收获量直接影响协同作业中的等待时间，进而影响整体作业时长。将2个马尔科夫链作为一个聚类，代表一个协同卸粮任务，根据总的卸粮任务数生成 s 个马尔科夫聚类。在每一个卸粮任务中，主要有4种可能的状态：等待召唤状态（WT）、前往卸粮点状态（TS）、协同卸粮状态（XL）和前往卡车转运状态（UL）。记一个聚类中的马尔科夫链的状态到状态的转移概率为 P_{sij}，状态空间是有限集，时间是连续的，协同收获作业的马尔科夫链如图9-16所示。

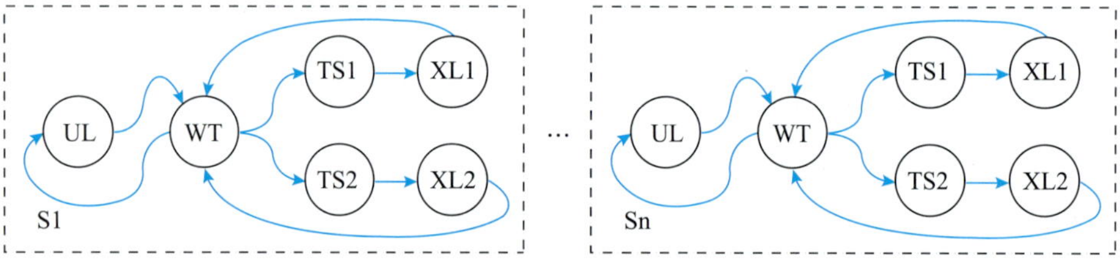

（a）第1次任务　　（b）第n次任务

图 9-16　协同收获作业的马尔科夫链

图9-16中TS1、TS2为运粮车前往第1、第2台收获机状态，XL1、XL2为第1、第2台收获机向运粮车卸粮状态。

通过计算，得出每一个卸粮任务中的收获机到达卸粮条件以及整个作业过程中每台收获机的卸粮顺序，进而得到基于改进型连续时间马尔科夫链模型，如图9-17所示，算法实现过程如下。①构建路径分配图：根据收获任务信息，多台收获机按照各自分配的地块进行收获作业；②初始化估计参数：获取农机作业参数，生成协同作业控制决策约束条件；③估计卸粮时间：利用改进型连续时间马尔科夫链模型预测未来一段时间内收获机的卸粮时间；④卸粮顺序更新：利用每台收获机的卸粮时间更新出每台的卸粮顺序。

9.2.1.2 仿真试验

为验证所提出的多台农机协同作业智能控制方法的正确性和可行性，采用Matlab2019b软件进行算法编程，并进行仿真试验。GE80S-H收获机和YH1180收获机（以下分别简称为收获机1和收获机2）的喂入量、粮仓容量和卸粮时间均相同，运粮车粮仓容量为收获机粮仓容量的2倍。设定收获机作业时长为60 min，每10 min需要卸粮一

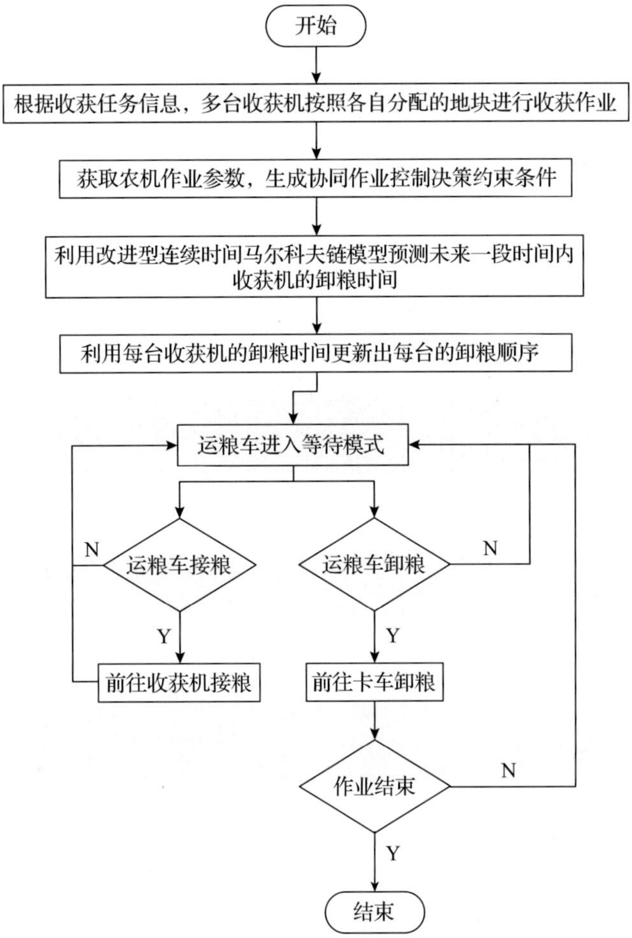

图 9-17　改进型连续时间马尔科夫链模型

次，每次卸粮时长 1 min，运粮车在 2 个田块之间的运移时间为 2 min，运粮车前往卡车卸粮后返回田间的时间为 3 min，其余时间忽略不计。对照试验采用仓满停车召唤卸粮的方式。

仓满召唤卸粮的仿真结果如图 9-18 所示，作业时间如表 9-2 所示。在传统召唤卸粮模式中，当收获机 1 满仓时在地头等待运粮车，同时收获机 2 在地头等待运粮车，此时的等待时间就是本文所要优化的非作业时间。本文提出的智能农机多机协同收获作业控制方法的仿真结果如图 9-19 所示，通过调节每台收获机的作业时间避免另一台收获机等待，运粮车在完成收获机 1 的卸粮后到达收获机 2 的卸粮位置，此时收获机 2 恰好到达卸粮位置开始卸粮，节省了地头等待的非作业时间。仿真结果表明：本文提出的智能农机多机协同收获作业控制方法可以有效减少非作业时间，提高作业效率，与仓满召唤卸粮方式相比，收获机 1 和收获机 2 的作业完成时间减少了 10.25％和 17.28％，运粮车的作业完成时间减少了 10.71％，协同收获平均作业完成时间减少了 13.58％。

表 9-2　作业时间汇总表

控制方法	机型	完成时间	等待时间	卸粮次数
仓满召唤卸粮	收获机 1	78	12	6
	收获机 2	81	15	6
	运粮车	84	30	6
智能农机多机协同收获作业控制方法	收获机 1	70	3	8
	收获机 2	67	0	7
	运粮车	73	7	7

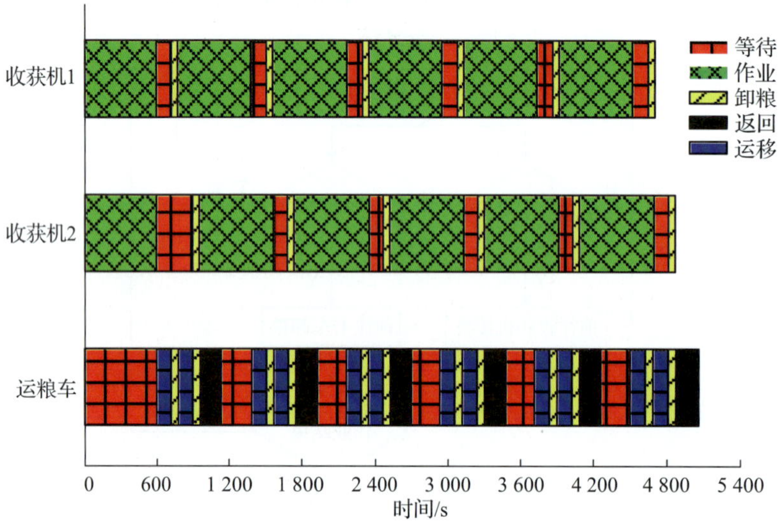

图 9-18　仓满召唤卸粮仿真结果

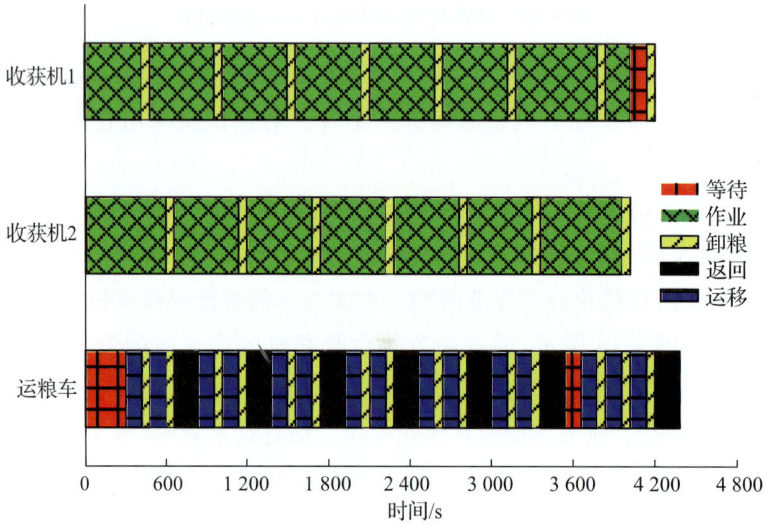

图 9-19　智能农机多机协同收获作业控制方法仿真结果

9.2.1.3 田间试验

为验证智能农机多机协同收获作业控制方法的田间作业效果，在华南农业大学增城教学科研基地进行了试验，收获机采用雷沃 GE80S-H 和洋马 YH1180，运粮车采用雷沃 4LZ-7G1，如图 9-20 所示。3 台农机均采用全电控底盘，具有线控的离合、割台、油门和行驶系统，采用 CAN 总线发送控制指令。无人驾驶系统由一体化显控终端和定位天线组成。显控终端集成高精度北斗定位模块，定位精度为±1 cm，航向精度 0.2%（为双天线基线长），控制器直线导航控制精度为±2.5 cm，平均对行精度为±2.5 cm。同时集成 4G 通信模块，通过 MQTT（message queuing telemetry transport）协议与云管控平台通信，利用平台服务器实现多台农机之间的协同通信。

图 9-20　无人驾驶收获机实车试验

试验场景如图 9-21 所示。田间试验的跟踪控制方法采用自适应单神经元 PID 跟踪控制，卸粮模式采用收获机到达卸粮点等待运粮车，采用云管控平台记录每一台农机所发送和接收到的控制指令。

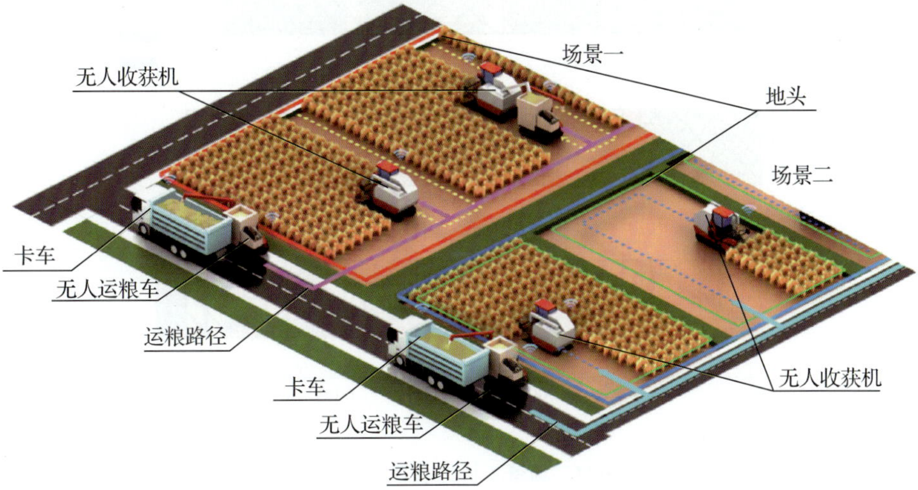

图 9-21　田间试验场景示意图

试验场景 1:2 台收获机在同一较大面积地块作业，卡车在道路上等候，运粮车进入田中接粮转运。田块区域 1 和区域 2 的面积基本相同，协同卸粮在短边地头处进行，具体卸粮点由收获机发出的卸粮坐标确定。

协同收获试验中，2 台收获机和运粮车作业轨迹如图 9-22 所示，经计算，平均卸粮时间为 4.2 min(252 s)，平均每圈卸粮 1 次，通过试验前收获量预估，每台收获机在收获完一圈时都要提前通知运粮车接粮。通过网络通信信息得到场景 1 协同收获试验时间窗口，如图 9-23 所示。平均卸粮时间为 4.1 min(246 s)，试验结果验证了所提方法的准确性。收获机 1 和收获机 2 召唤运粮车的时间相差不大，收获机 2 地头等待的非作业时间逐渐减少，2 台收获机的非作业时间分别为 3.45 和 6.95 min(207 和 417 s)。与仓满召唤卸粮相比，2 台收获机的非作业时间分别减少了 71.25％和 42％，收获效率分别提高了 6.65％和 5.22％。

图 9-22　场景 1 收获作业轨迹

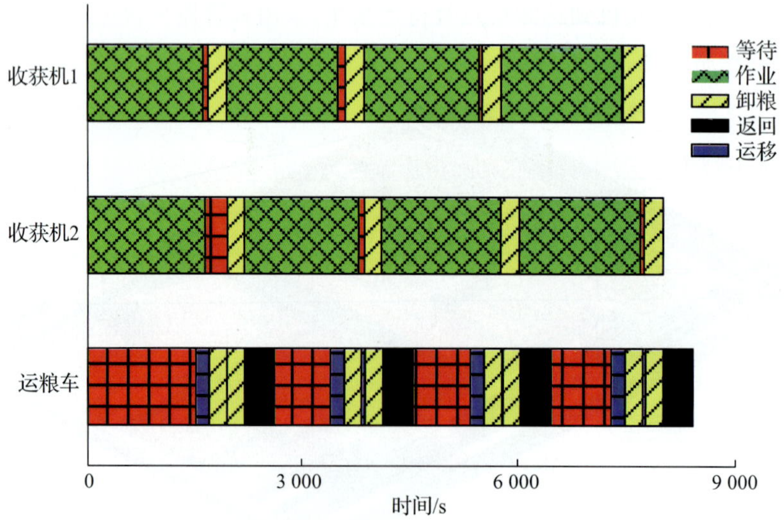

图 9-23　场景 1 协同收获试验时间窗

试验场景 2:2 台收获机和运粮车按照预定路径进行作业,作业轨迹如图 9-24 所示,每台收获机规划作业 5 圈,运粮车进行 3 次转运。按照本文方法计算的平均卸粮时间为 3.3 min,平均每 3 圈卸粮 1 次。通过网络通信信息得到场景 1 协同收获试验时间窗如图 9-25 所示。运粮车转运的收获圈数分别为 3 圈、4 圈和 3 圈,平均卸粮时间为3.55 min,2 台收获机的作业完成时间分别为 54.67 和 59.66 min,非作业时间为 1.9 min 和 5.85 min。相对于仓满召唤卸粮模式,2 台收获机的非作业时间分别减少了 77.64%和 37.09%,收获效率分别提高了 12.07%和 5.78%。

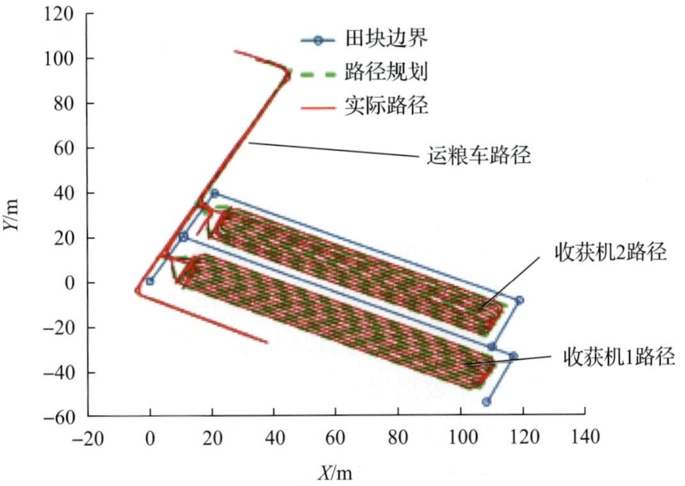

图 9-24　场景 2 收获作业轨迹

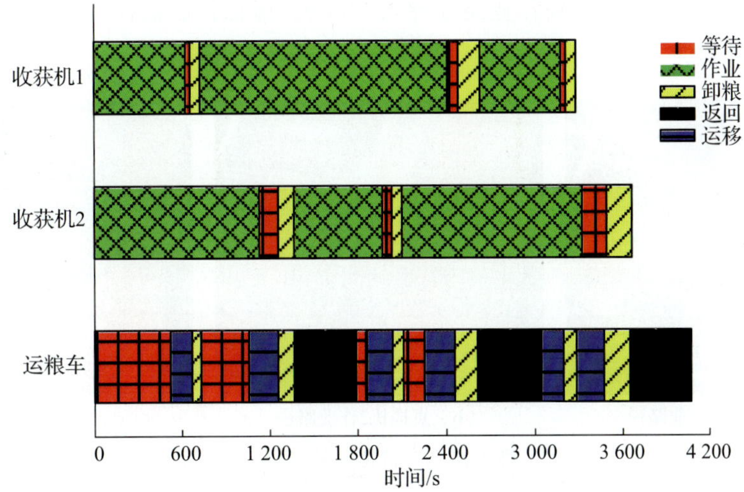

图 9-25　场景 2 协同收获试验时间窗

本文提出的多台农机的协同作业可以根据实际情况增加或减少智能农机的数量,建立新的马尔科夫链可合理安排每一台收获机的收获顺序。本文提出的 2 种场景包含了绝大多数田块的情况,其他场景也可以经过分割或者分配成为本文所试验的 2 种场景。对于更大的作业田块，由于收获机的粮仓容量有限，一圈收获作业需进行多次卸粮，后续将进一步优化算法以提高适应性。

二维码 9-3
2 台收获机协同收获视频

二维码 9-4
多机协同作业(3 台收获机和 2 台运粮车协同作业)

二维码 9-5
地面农机群协同作业

9.2.2 多机协同作业

无人驾驶水稻直播作业中，在满载种子和燃油的情况下，1 台直播机一次最多只能完成 20 亩的播种作业(常规稻)。为提高作业效率，本文采用 3 台无人驾驶水稻直播机协同作业的方式，构建基于模型在环的三机协同直播作业仿真测试系统。多机协同作业系统除了要求虚拟控制器与无人农场仿真环境和无人驾驶农机模型之间建立数据通信，还要求 3 台控制器之间建立数据通信，3 台直播机在田间作业过程中需要将各自的定位与状态量与另外 2 台直播机共享，避免出现碰撞等安全问题。在封行阶段，执行封行任务的无人驾驶直播机需要等待其他直播机完成所有内圈作业后才能进行封行。

9.2.2.1 仿真试验

将规划好的无人驾驶直播作业路径导入 Unity。虚拟控制器执行路径规划指令的结果如图 9-26 所示。

(a) 直播机1作业路径　(b) 直播机2作业路径　(c) 直播机3作业路径

图 9-26　三机协同路径规划

其中，直播机 1 路径共包含 40 个路径点，内圈作业行数 18 行，封行圈数 0 圈；直播机 2 路径共包含 48 个路径点，内圈作业行数 14 行，封行圈数 1 圈；直播机 3 路径共包含 54 个路径点，内圈作业行数 16 行，封行圈数 1 圈。控制器响应路径规划控制指令的结果如表 9-3 所示。测试结果表明，3 台直播机作业路径各路径点的位置和排列顺序正确，路径数据中的指令正确。

表 9-3　仿真结果逻辑响应次数分析表

直播机编号	机具状态指令响应次数			封圈状态指令响应次数
	上升	下降	累计	
直播机 1	18	18	36	0 次
直播机 2	14	14	28	1 次
直播机 3	16	16	32	1 次

每台直播机的路径规划都由两部分组成，转移路径规划与作业路径规划。转移路径规划为直播机从机库出发转移到入田口，作业结束后直播机从出田口出发转移到机库之间的行驶路径；作业路径规划为直播机的内圈和封行作业路径。

作业路径规划安全功能测试指标为：①无人驾驶直播作业路径安全性要求直播机在转移过程中与周边环境不产生碰撞，安全通过弯道，不发生侧翻；②作业过程中，最外圈作业行与田块边界预留足够的安全距离，直播机在转向调头时与田块边界不产生碰撞。

通过模型在环仿真测试，无人驾驶直播机在转移过程中未与周边环境发生碰撞。直播机出入机库时与机库边界最小安全距离大于 1 m，转向调头与道路边界的最小安全距离大于 0.2 m，分别如图 9-27 所示。无人驾驶直播机在作业过程中，最外圈作业路径与田块边界间安全距离大于 0.2 m，转向调头时与地头边界间的安全距离大于 1.6 m，分别如图 9-28 所示。

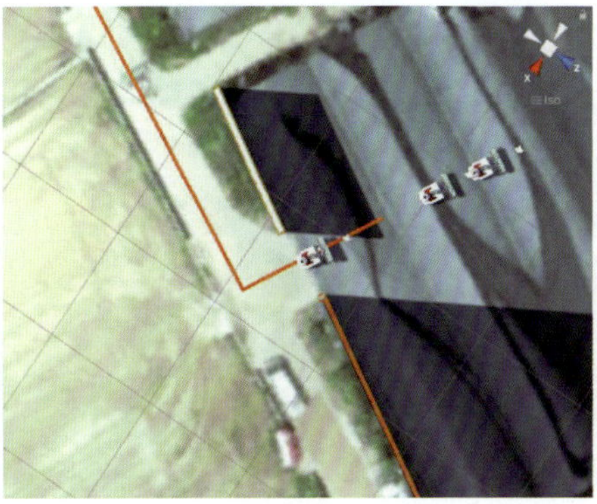
(a) 出库

(b) 转向

图 9-27　无人驾驶直播机转移路径安全检测(1)

9.2.2.2　田间试验

为验证模型在环测试后的三机协同路径规划的可靠性，在华南农业大学增城教学科研基地进行了三机协同播种作业试验，累计耗时 4.5 h，完成了 50 亩水稻的无人驾驶播种作业任务。

（a）直行安全距离

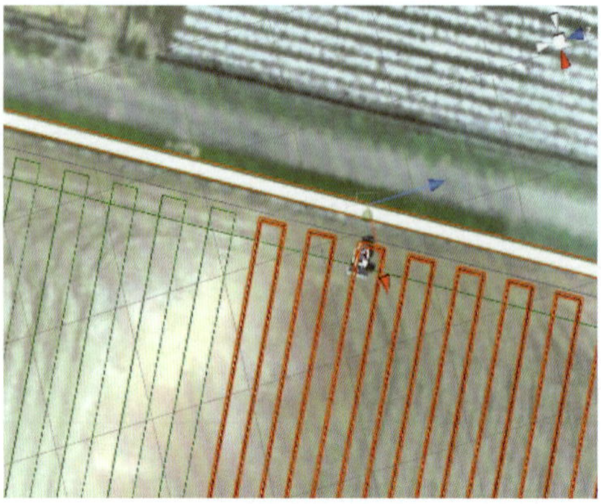

（b）转向安全距离

图 9-28　无人驾驶直播机作业路径安全检测(2)

1. 逻辑功能

3 台直播机的控制器根据路径规划的机具状态位与封行状态位控制无人驾驶直播机。作业过程中未发生错误路径点和机具下放与上升错误等问题，因此判定作业路径逻辑功能可靠。

2. 路径安全

无人驾驶直播机避障系统测试如图 9-29 所示。图 9-29a 中，当行人出现在直播机前方时，直播机检测到障碍物即自动停车，图 9-29b 中，行人离开后直播机重新启动，继续按原定的路径规划行驶。因此，可判定避障系统可靠。3 台无人驾驶直播机作业与转移期间避障功能未触发，且未与周边环境发生碰撞，因此路径安全。

（a）

（b）

图 9-29　无人驾驶直播机避障系统测试

3. 协同作业

试验过程中，当直播机 2 进入地头封行作业区域，此时直播机 1 尚未完成内圈作业。系统执行直播机 2 等待决策，当直播机 1 完成内圈作业任务后，直播机 2 继续执行封行作业，如图 9-30 所示。

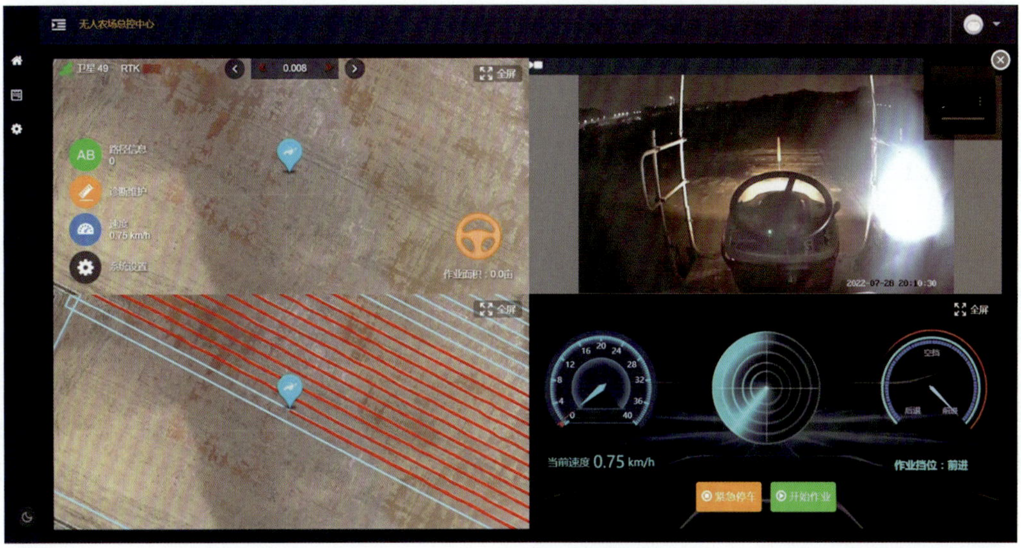

图 9-30　直播机 2 等待封行

导出云管控平台的后台数据，分别得到 3 台直播机的实时作业路径，如图 9-31 所示。3 台直播机累计作业面积约 31 200 m^2，作业覆盖率 98.664%。

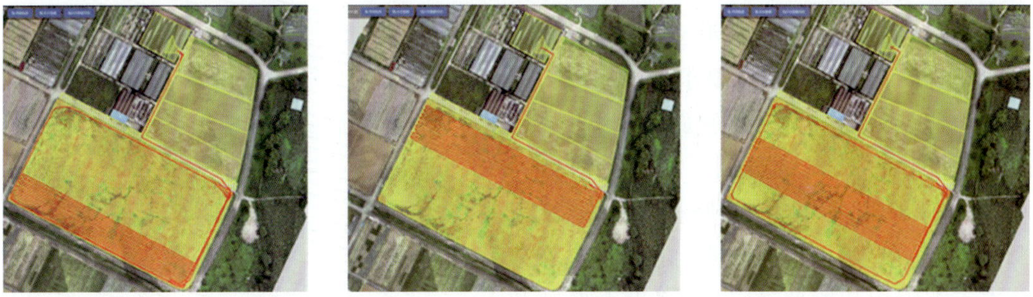

（a）　　　　　　（b）　　　　　　（c）

图 9-31　3 台农机作业路径图

试验结果表明三机协同直播路径规划安全可靠，作业覆盖率与作业效率较高，这种协同作业方式不仅提高了播种效率和质量，还降低了人力成本和安全风险。

二维码 9-6　3 台直播机作业视频

二维码 9-7　3 台直播机仿真视频

9.3 人机协同作业关键技术

9.3.1 人机协同作业技术概述

在由传统人工作业模式转化为智能农机作业模式的过渡阶段，目前缺乏使二者兼容的有效作业分配手段，缺乏智能农机与人工驾驶农机合作时的任务分配和交互系统。于是，农业机械人机协同作业技术应运而生，助力新旧两种生产模式之间的平稳过渡。

农机作业的人机协作模式是一种强调无人驾驶农机和人工驾驶农机在农田作业中相互协调与合作，以共同完成指定作业任务的工作方式。通过协同模式，能够在有效减少农机之间的冲突和避免资源浪费的同时，提高农机利用率、作业质量和土地利用率，为大田无人化智慧农场的农机调配提供重要依据。

9.3.2 无人和人工驾驶农机协同作业区域的划分

对于无人驾驶农机和人工驾驶农机协同作业区域的划分，可采用 Bresenham 算法计算农田边界点，根据农田特征和作业需求，对最外圈边界进行内缩来满足幅宽要求。内缩后采用多边形剪裁算法提取无人驾驶路径规划边界，实现与农田边界区域的分割。在路径划分算法中，根据平台端获取的已知路径信息，确定无人驾驶路径的起始点和终止点，在区域切割路径的交点范围内切割路径，以实现无人驾驶和人工驾驶的平滑过渡(图 9-32)。

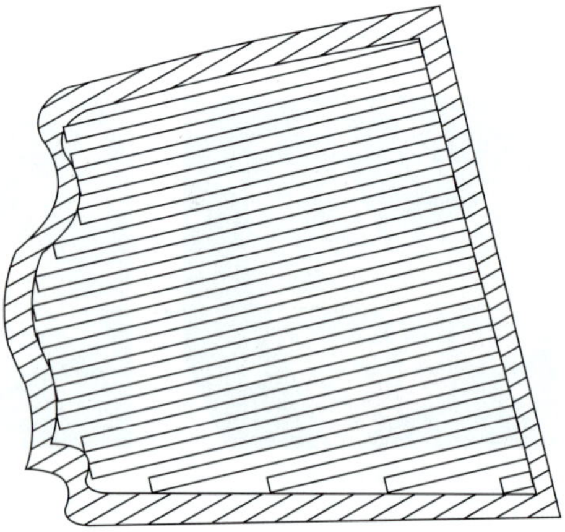

图 9-32　人机协同多边形农田区域划分示意图

针对人工驾驶与无人驾驶协同作业时存在的问题，本文提出基于交替点和风险区计算的区域二次划分方法。对于交替点和风险区域进行二次划分，以确保作业的安全性和完整度。通过静态交替点设定，在路径划分后根据农机幅宽和区域形状选取安全距离，以实现无人驾驶和人工驾驶农机之间的高效衔接。在作业过程中提供动态交替点设定，人工驾驶农机实时监测作业环境，在作业任务需调整或出现风险动态调整交替点时保证作业的灵活性和安全性。同时通过风险区判定，识别和标记斜角和曲线等危险区域，利用数学模型计算风险参数以确保作业过程的安全性(图 9-33)。

除此之外，还设计开发了一款基于 Android 系统平台的人机协同区域划分应用。其中，无人驾驶端负责接收云平台的指令信息，并实现区域划分、路径规划、交替点判断和风险区划分等，而人工驾驶端则通过集成高德地图 SDK(Software Developmet Kit，软件工

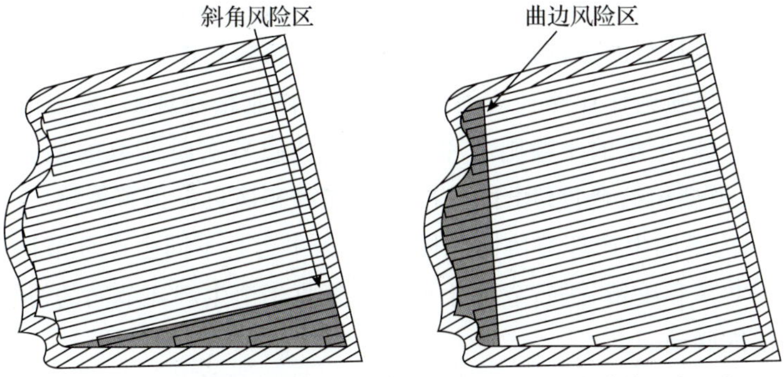

图 9-33　人机协同风险区域划分示意图

具包）实现作业区域的动态可视化显示、交替点设置、风险区显示等功能。农机手可以通过该功能实现实时路径绘制、交替点调整和风险区预警，从而提高作业效率和安全性（图 9-34）。

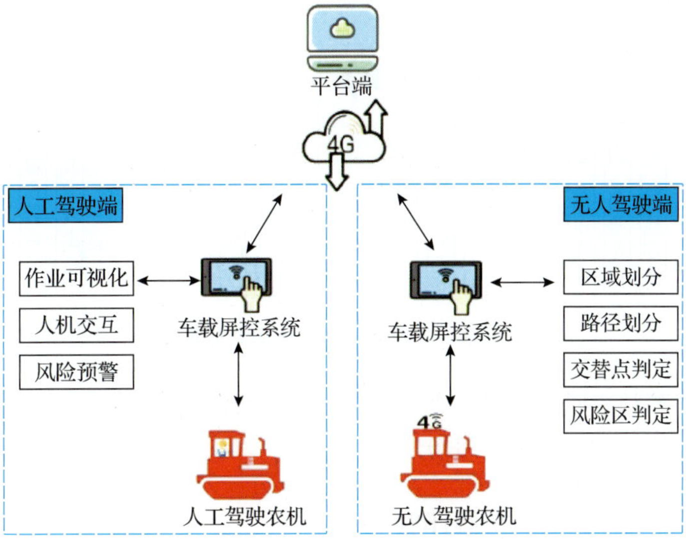

图 9-34　人机协同模式下作业区域划分系统示意图

农业装备人机协同作业技术是大田无人化智慧农场的关键之一，高效合理、安全可靠的人机协同区域划分可以提高整个系统的执行效率，同时降低执行代价。

9.4　不同生产环节协同关键技术

农业不同生产环节协同技术是指整合农艺规范（如轮作制度、种植密度）、土壤感知数据、环境监测数据（水、光、温、湿）和作物生长数据，通过物联网、人工智能和北斗导航等现代技术，将耕整、种植、田间管理和收获等环节的作业路径、作物生长数据及环境参数进行跨环节共享与智能决策，是实现作物生产全环节精准化与高效联动的技术体系。其核心在于打破传统农业各环节的数据孤岛，构建耕种管收感知和作业数据闭环，例如播种轨迹可用于高地隙喷雾机喷施作业路径规划或对行收获作业路径规划；采集的作物行数据可指导后续对行作业等；采集的土壤肥力和通过环境传感器实时获取的温湿度和降雨量等数据，与作物生长模型相结合，可用于优化施肥、灌溉和病虫害预警策略。

图 9-35 所示为不同生产环节协同总体框图，云平台是不同生产环节协同的中枢。通过云平台的数据共享和决策，进行农业生产耕种管收 4 个生产环节间的协同作业，实现耕种管收全流程精准联动。

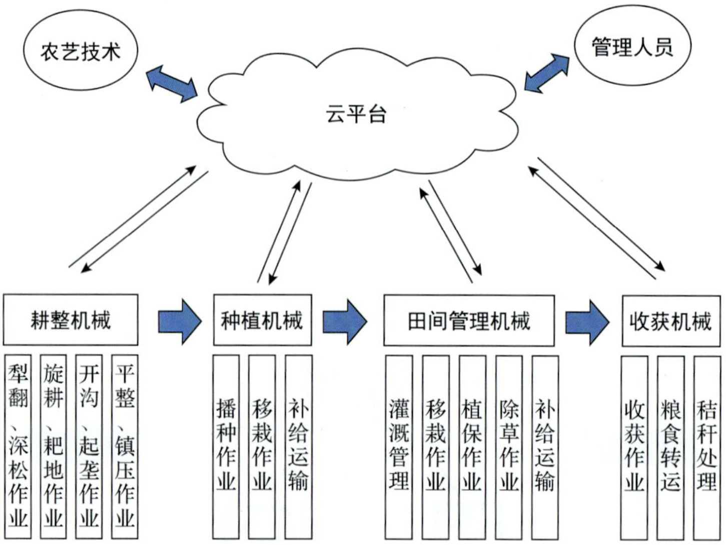

图 9-35　不同生产环节协同总体框图

本节以再生稻种收同轨协同作业和甘蔗对行收获作业为例，介绍大田无人化智慧农场不同生产环节协同关键技术应用场景。

9.4.1　再生稻种收同轨协同作业

再生稻是通过一次种植实现两次收获的水稻种植模式。头茬水稻成熟收割时，保留稻桩和根系，利用其再生能力重新发苗、抽穗，形成第二季产量（再生季）。为获得较高再生稻产量，在湖南一般保留 30～40 cm 稻桩，以维持腋芽活性。

为了减少再生稻头季收获时收获机对稻桩的碾压，可采用种收同轨协同作业技术。在再生稻种植时，按设计好的收获机路径种植并预留收获机履带行走空间，通过农艺技术调整株距和行距，确保基本苗量。头季稻收获时，再生稻收获机按照预定路径行驶，即履带行走在预留的行走空间上。

图 9-36 为种收同轨协同作业技术示意图，再生稻种植时采用水稻精量穴直播机直播，直播机共 10 个排种器，行距 25 cm，作业幅宽 2.5 m。再生稻收获机割台割幅 2.8 m，

履带宽度 35 cm。根据再生稻收获机轨距提前预留碾压行空间，水稻精量穴直播机的其中 2 个排种器不加种子，空出间宽为 50 cm，供 35 cm 宽履带行走。如图 9-36 所示，水稻精量穴直播机和再生稻收获机的导航中心线存在一定的偏离，因此，再生稻收获机在规划收获作业路径时调用播种作业历史路径，并向前进方向左侧偏移，以保证收获机履带对准预留行，实现“种收同轨”。

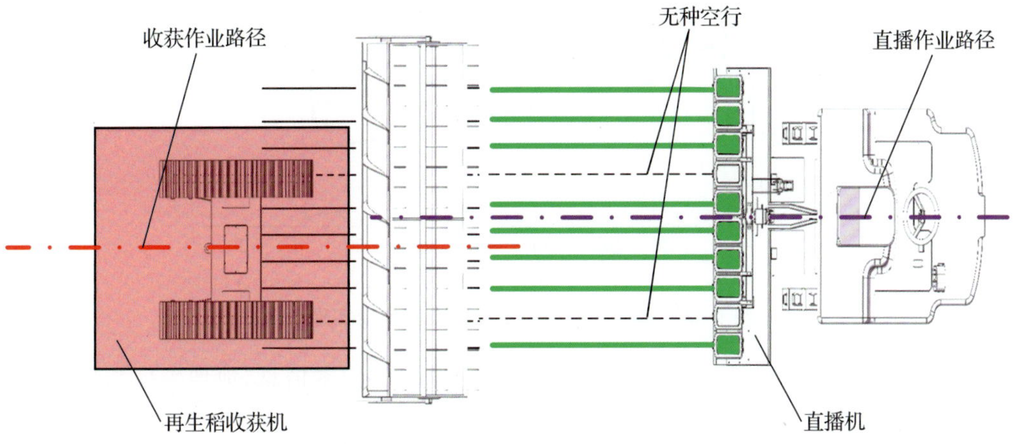

图 9-36　种收同轨协同作业技术

如图 9-37 所示，在湖南益阳千山红镇国家再生稻种植示范区进行种收同轨协同作业技术应用试验。播种作业规划路径和收获作业实际轨迹如图 9-38 所示，收获机履带对准未播种行进行作业，播种轨迹与收获轨迹基本重合，再生稻收获时直线碾压率降至 3.2%。

（a）收获机

（b）播种机

图 9-37　种收同轨协同作业所用收获机和播种机

9.4.2　甘蔗收获机对行收获

甘蔗机械化收获需要精准对行，但种植时农机行驶轨迹受田间地表起伏影响，加之甘蔗生长过程中的分蘖效应导致植株向垄两侧延展，致使种植路径无法直接用于收获导航。为解决该问题，采用基于无人机图像处理的甘蔗行视觉提取方法规划收获路径，具体实施流程包括以下三个步骤。

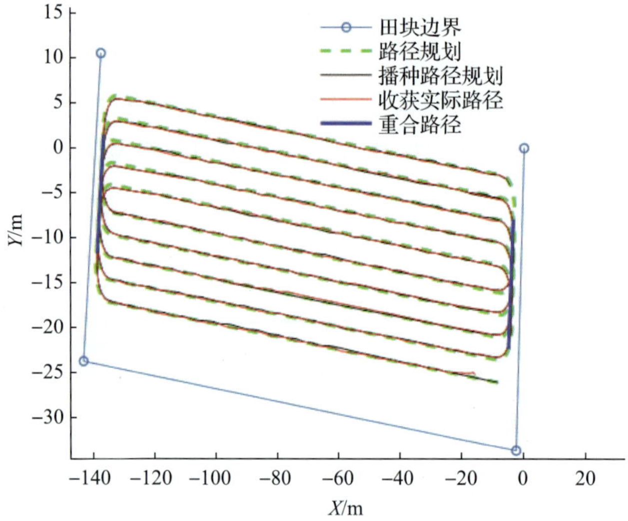

图 9-38　播种作业规划路径和收获作业实际轨迹

（1）在甘蔗幼苗期封行前，采用无人机航拍获取包含像素信息、地理坐标和投影参数的正射影像，如图 9-39 所示。

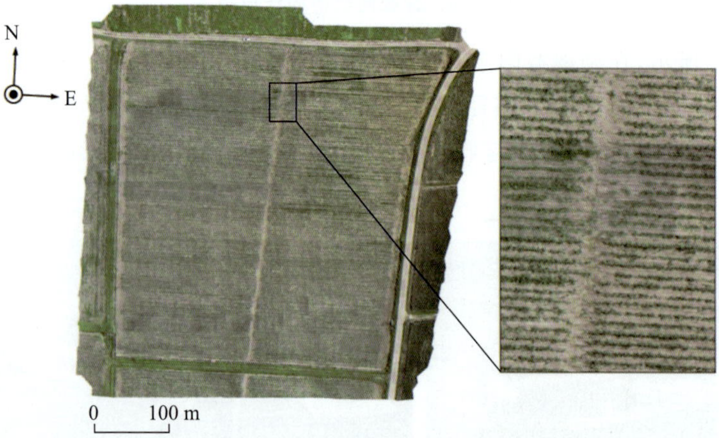

图 9-39　甘蔗地无人机航拍图像及局部放大图

（2）采用数字图像处理技术提取甘蔗行的直线特征，规划导航作业路径，如图 9-40 所示。①以甘蔗地边界作为边界，保留甘蔗作物行，从图像中选定 ROI 区域。②采用超绿特征提取法对 ROI 区域进行灰度化处理，并采用基于灰度直方图的阈值选择方法（P-Tile）进行图像二值化。③对图像进行形态学开运算（先腐蚀后膨胀）以消除噪点和尖刺，同时保留甘蔗茎部的几何特征。④沿 X 轴方向对图像进行等距分割，得到若干个分割条带，将每个条带的横向像素投影，得到投影直方图，直方图曲线的波峰（即波形中点）即为甘蔗行特征点。⑤结合甘蔗种植行距信息，将特征点与该列距离小于 25 个像素的点归为一类；⑥采用最小二乘法对聚类后的特征点簇进行直线拟合，得到甘蔗行直线。

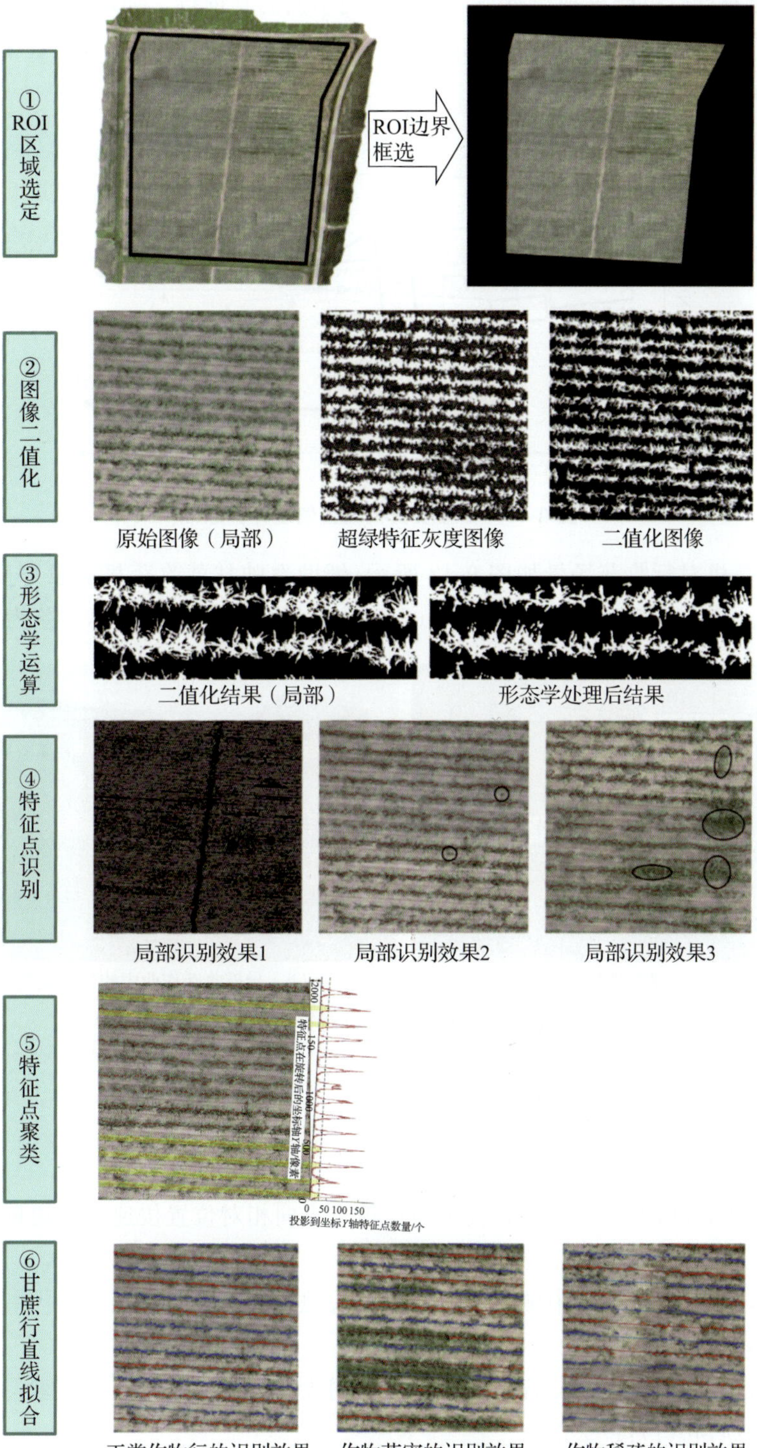

图 9-40　甘蔗行导航作业路径提取

(3)建立以刀盘中心为基准的偏差计算模型。由于甘蔗收获机轴距较大而甘蔗行距较小，在初始对行时可能出现刀盘与后轮轴对向不同的甘蔗行。为避免航线误判，将距刀盘中心（而不是后轮轴中心）欧式距离最小的直线确定为当前作业行。位置偏差计算原理如图 9-41 所示。

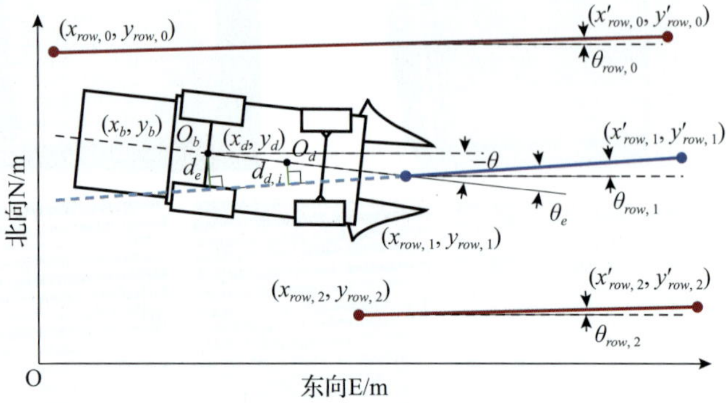

图 9-41　甘蔗收获机位置偏差计算原理

甘蔗收获机对行收获场景如图 9-42 所示，辅助驾驶甘蔗收获机能较好跟踪甘蔗行，对行收获作业横向偏差绝对平均值为 0.025 m，最大值为 0.088 m，标准差为 0.031 m。

（a）试验地块　　（b）导航收获作业中的甘蔗收获机

图 9-42　甘蔗收获机对行收获场景

参考文献

[1] 张闻宇，张智刚，罗锡文，等. 收获机与运粮车纵向相对位置位速耦合协同控制方法与试验[J]. 农业工程学报，2021，37(9)：1-11.

[2] 罗锡文，胡炼，何杰，等. 中国大田无人农场关键技术研究与建设实践[J]. 农业工程学报，2024，40(1)：1-16.

[3] 满忠贤，何杰，刘善琪，等. 智能农机多机协同收获作业控制方法与试验[J]. 农业工程学报，2024，40(1)：17-26.

[4] 阚平. 基于路径规划的多植保无人机协同精准作业方法研究[D]. 济南：山东大学，2021。

[5] 刘小明. 基于 5G 的植保无人机多机协同系统设计与实现[D]. 北京：中国农业科学

院,2022。
[6] 刘璐.植保无人机路径规划与协同作业研究[D].河北:华北理工大学,2023.
[7] 邹佳蕊. 无人驾驶农机和人工驾驶农机协同作业区域划分方法与试验[D].广州:华南农业大学,2024.
[8] 张国城. 基于无人机航拍图像和 GNSS 的甘蔗收获机辅助导航系统研究[D]. 广州:华南农业大学,2024.
[9] Zhang W Y,Hu L W,Ding F, et al. Parking precise alignment control and cotransporter system for rice harvester and transporter[J]. Computers and Electronics in Agriculture,2023,215:108443.

第10章

智慧化管理关键技术

10.1 信息传输

10.1.1 物联网

随着科技的飞速进步，智慧农业已成为提高生产效率、优化资源配置、保障食品安全的重要手段。农业物联网感知技术作为智慧农业的核心，发挥着至关重要的作用。

10.1.1.1 农业物联网感知技术概述

农业物联网感知技术是指通过集成各类传感器、摄像头和无人机等智能设备，对农业生产环境中的各种信息进行实时、精准、全面的监测与采集，进而将获取的信息转化为可供分析处理的数字信息。这一过程不仅实现了农业生产环境的可视化，更为后续的农业大数据分析、智能决策支持提供了坚实的基础。

农业物联网感知技术的核心在于“感知”与“互联”。感知，即通过传感器等设备获取农业生产中的关键信息；互联，则是将这些信息通过无线网络传输至云端或本地服务器，实现数据的共享与交换。农业物联网感知技术的应用极大地提高了农业生产的智能化水平，为农业精细化管理、精准化作业提供了可能。

10.1.1.2 农业物联网感知系统的关键技术

1.传感器技术

传感器是农业物联网感知系统的基本单元，广泛应用于农田环境监测。根据监测对象的不同，传感器可分为多种类型，如气象传感器(监测空气温湿度、风速风向等)、土壤传感器(监测土壤水分、养分含量、pH 等)、光照传感器(监测光照强度和光照时长)以及二氧化碳传感器等。这些传感器具有精度高、稳定性高、功耗低等特点，能够准确反映农业生产环境的变化情况。

2.视频监控技术

视频监控技术在智慧农业中的应用日益广泛，通过安装高清摄像头，可以对农田进行全天候、无死角监控，不仅能够实时观察作物生长状况，及时发现病虫害等问题，还能结合图像处理与识别技术，实现作物表型特征的自动提取与分析。此外，视频监控还具有防盗、防火等安全监控功能，为农业生产提供全方位保障。

3. 无人机技术

无人机作为农业物联网感知系统的重要组成部分，以其独特的空中视角和高效的数据采集能力受到广泛关注。无人机搭载的高光谱相机、多光谱相机等设备能够实现对作物生长状况的实时监测，快速获取大面积农田的作物生长数据。这些数据为精准农业管理提供了重要依据，有助于制定更加科学合理的农业生产计划。

10.1.1.3 感知系统的关键技术

1. 精准灌溉与施肥

在智慧农业中，通过土壤湿度传感器和土壤养分传感器监测土壤水分和养分状况，结合作物生长模型和气象数据，可以制订精准的灌溉和施肥计划。当土壤水分或养分低于设定阈值时，系统自动启动灌溉或施肥设备进行作业，实现按需灌溉和施肥。这种精准管理方式不仅提高了水资源和肥料的利用效率，还减少了环境污染和生态破坏。

2. 病虫害智能预警与防控

虫情监测仪和视频监控设备能够实时监测农田中的病虫害情况，一旦发现病虫害迹象，系统立即发出预警信息并启动防控措施。通过图像识别技术确定病虫害种类和严重程度后，可以采取针对性的防控措施，如喷洒农药、物理防治等，以有效控制病虫害扩散，保障作物健康生长。

3. 作物生长状况实时监测

无人机和地面传感器能够实时监测作物生长状况，包括株高、叶面积和叶绿素含量等表型特征。这些数据可为育种家提供丰富的信息，有助于评估作物生长性能，筛选优良品种。同时，系统还可以根据作物生长状况调整管理措施，如调整光照强度、温度等环境条件以优化作物生长环境，提高产量和品质。

4. 农业气象灾害预警

气象传感器监测到的气象数据经过处理后能用于预测未来一段时间内的天气变化趋势。当预测到可能发生的农业气象灾害，如干旱、洪涝、霜冻等时，系统及时发出预警信息，提醒农民采取应对措施以减少灾害损失，保障农业生产安全。

农业物联网感知技术在智慧农业中的应用具有广泛的前景和重要的意义。通过不断提升感知技术的精度和广度以及优化数据处理和分析算法，可以更好地掌握农业生产环境的变化情况，为制定科学合理的农业生产计划提供有力支持。

10.1.2 4G/5G

4G 与 5G 通信技术的发明作为现代移动通信领域的里程碑，为各行各业带来了前所未有的变革，尤其在智慧农业管理中，它们的信息传输应用更是展现了巨大的潜力和价值。

4G 通信技术作为第四代移动通信技术，其核心内容包括高速数据传输、IP 化网络架构以及多种无线接入方式。4G 以其高速率、大带宽的特点，使智慧农业管理中的数据传输变得更加高效和实时。在农田环境监测、智能灌溉和病虫害预警等场景中，4G 能够迅速将传感器收集到的土壤湿度、作物生长状态和病虫害图像等数据上传至云端或数据中心，为农业管理者提供及时、准确的决策依据。此外，4G 还支持高清视频传输，使远程监控成为可能，农学家可以通过视频连线对田间作业进行远程指导和培训，极大地提高了农业生产的效率和质量。

然而，智慧农业管理不断深入发展，对数据传输速率、时延以及连接密度的要求也越来越高，5G 通信技术应运而生。5G 作为第五代移动通信技术，不仅继承了 4G 的优势，还在传输速率、时延、连接密度等方面实现了质的飞跃。5G 支持高达数十 Gbps 的峰值速率，意味着在智慧农业管理中，海量数据的传输将不再受到带宽限制，无论是高清图像、视频还是大规模物联网设备的实时数据，都能得到快速、稳定的传输。同时，5G 的超低时延特性(低至 1 ms)为农业机器人、无人驾驶农机等设备的远程实时控制提供了可能，使农业作业更加精准和高效。此外，5G 的大连接能力也为农业物联网的广泛部署提供了基础，使农田中的每一个作物、每一台设备都能实现互联互通，形成一个庞大的智慧农业生态系统。

在智慧农业管理的信息传输应用中，5G 展现了其独特的优势。首先，在精准农业方面，5G 能够支持高密度、高精度的传感器网络部署，可实现对农田环境的实时监测和精准调控。通过 5G 网络传输数据，农业管理者可以精确掌握作物的生长状况、土壤湿度和养分含量等信息，从而制定更加科学合理的灌溉和施肥方案，提高农作物的产量和品质。其次，在智能农机管理方面，5G 使无人驾驶农机和智能农业机器人等设备能够实现远程实时控制和自主作业。通过 5G 网络传输控制指令和实时数据，这些设备能够精准执行农业作业任务，减少人力投入和作业误差，提高农业生产效率。同时，5G 还支持多设备协同作业，使多台农机能够按照预定路线和作业要求同时作业，进一步提高作业效率。在农产品追溯管理方面，5G 也为农产品从生产到销售的全程追溯提供了技术支持。通过 5G 网络传输农产品生产、加工和运输等环节的实时数据，消费者可以随时随地查询农产品的来源和品质等信息，保障农产品的安全和可追溯性。

智慧农业管理要求带宽的上行速度不低于 50 Mbps，下载速度不低于 100 Mbps，平均丢包率不高于 1%，网络平均延时不超过 50 ms，网络要求可满足图形以及数据的稳定传输。应建有北斗固定基站或满足 CORS 网络覆盖要求。农业领域应用典型场景的网络性能要求见表 10-1。

表 10-1 农业领域应用典型场景网络性能要求

应用场景	场景描述	整体需求	网络需求		
			网络双向时延/ms	带宽/(Mb/s)	可靠性/%
目标与环境识别	大数据流量监控	大宽带,多并发	<200	2~4	90
信息采集与服务	低功耗传感器通信数据采集	多并发	尽量保障	尽量保障	90
远程设备操控	设备操控(控制部分)	超低时延、高可靠	<18	0.05~0.1	99.999
	设备操控(视频部分)	低时延、高可靠、大宽带	<50	30~100	99.9
管理	无人机	低时延、高可靠、大宽带、多客户端、大范围运动	<20	>50(上行速率)	99.999

4G 与 5G 通信技术在智慧农业管理中的信息传输应用上发挥着至关重要的作用,不仅提高了数据传输的速率和稳定性,还降低了时延,提高了连接密度,为智慧农业管理提供了强有力的技术支撑。随着技术的不断进步和应用场景的不断拓展,相信 4G 与 5G 通信技术将在智慧农业管理中发挥更加重要的作用,推动农业生产的智能化、精准化和高效化。

10.2 作物生长管理

农作物生长管理包括农作物长势和对病虫草害的管理。为实现作物生产智慧化管理,应首先邀请农学家共同建立作物长势、水肥胁迫和病虫草侵害的信息数据库。

以水稻生产为例,包括水稻生产各个时期,如幼苗期、分蘖期、拔节期、始穗期、抽穗期、齐穗期、灌浆期、蜡熟期和成熟期等,相关重要信息包括叶片的数量、颜色、叶绿素和冠层的颜色,茎秆的直径和颜色等。采用深度迁移学习方法对水稻各生育期进行识别,从而根据作物生长情况精准开展农事作业,通过网络摄像机采集训练数据。由于性能稳定、功能齐全、性价比高等优点,采集设备选用杭州海康威视数字技术股份有限公司生产的网络摄像机,型号包括 DS-7716N-K4(20 倍光学变倍,200 万像素,简称为型号 1)和 DS-2CD2646XM-LGLSEPTZ(4 倍光学变倍,400 万像素,简称为型号 2)。型号 1 需要配电配网,部署麻烦且成本较高,但可以全天候工作;型号 2 采用 4G 供网和太阳能供电,部署方便且成本较低,但遇到连续阴雨天气可能停止工作。两种网络摄像机配合工作,可以采集到更丰富的、覆盖整个生育期的图像信息(图 10-1 和图 10-2)。

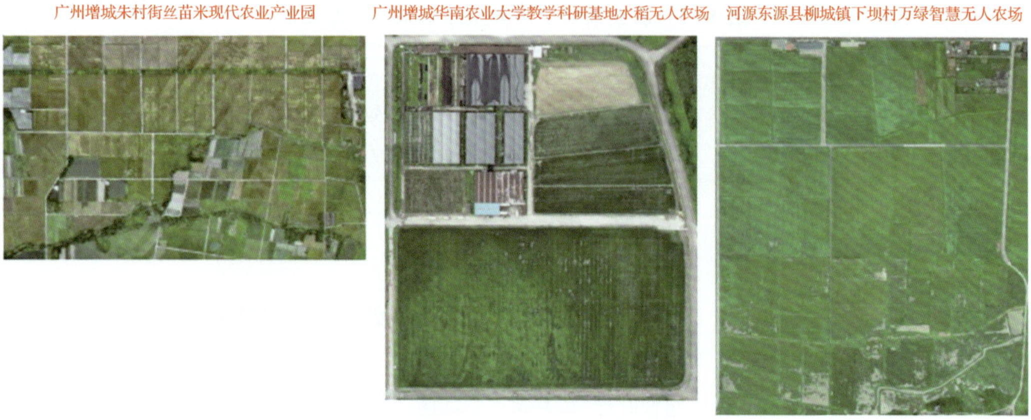

图 10-1　采集区域

图 10-2　网络摄像机部署

对采集的不同时期的数据，在 ImageNet 上选用 VGGNet（VGG19）、ResNet（ResNet34）和 MobileNet（MobileNet_V3_Small）作为图像分类模型，进行深度迁移学习，将准确率作为评价指标进行性能对比，以选择最优的卷积神经网络模型。为了适应模型的输入，在输入模型之前将图像数据缩放为 224×224×3 像素，并进行归一化和标准化处理。模型训练过程中，选用交叉熵损失函数（Cross-Entropy Loss）作为损失函数，选用 Adam 优化器作为优化器，学习率设置为 1.0×10^{-4}，batch_size 设置为 128，epoch 设置为 50，每个 epoch 包含多次迭代，每 30 次迭代进行一次验证，并保存最优训练模型，直至训练结束。

选择最优的训练模型，在测试集上验证识别效果，并在型号 2 网络摄像机采集的连续时间数据集上（两季，未出现在训练集、验证集和测试集中）进行回测，验证对不同生育期的区分效果(即对不同生育期时间节点的识别效果,图 10-3)。

图 10-3　水稻生产时期识别

为了精准管理作物生长,植物叶片的性状特征是评估植物生长状况的关键要素。在大田无人化智慧农场中,采用群体-植株-叶片的大田作物长势信息采集方法,采用激光雷达和 RGB 相机获取大田作物植株的生长信息和叶片信息。以花生为例,花生整个生长周期可分为播种出苗期、苗期、开花下针期、结荚期和饱果成熟期,根据品种和种植条件的不同,整个生长周期一般为 100～180 d(图 10-4)。

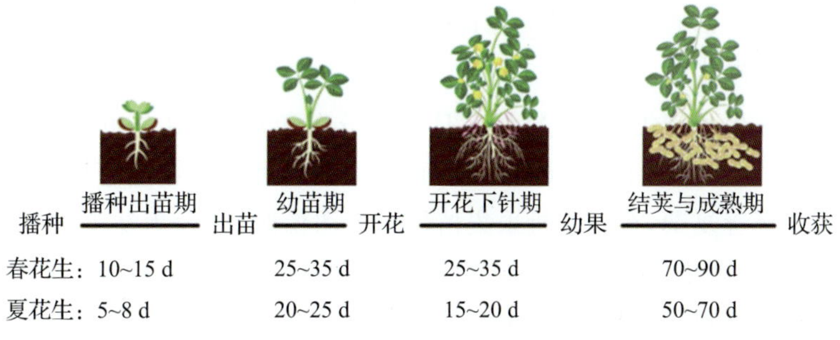

图 10-4　花生生长周期

大田花生长势信息获取系统由无人机采集系统、激光雷达采集系统、手机 RGB 图像采集系统和数据管理平台组成。采用无人机获取花生田块高精度地图,将高精度地图上花生植株位置信息与激光雷达获取的田间花生植株的具体位置信息相匹配，即可在高精度地图上显示植株的位置与其他传感器采集的生长数据。通过处理激光雷达获取的点云数据，提取单株花生的株高、最大冠幅等植株信息，通过 Android 手机叶片几何数据获取系统可实现对田间花生叶片的图片采集与几何信息获取，将不同传感器设备获取的花生生长数据上传，可实现对花生群体到植株再到叶片的信息采集（图 10-5）。

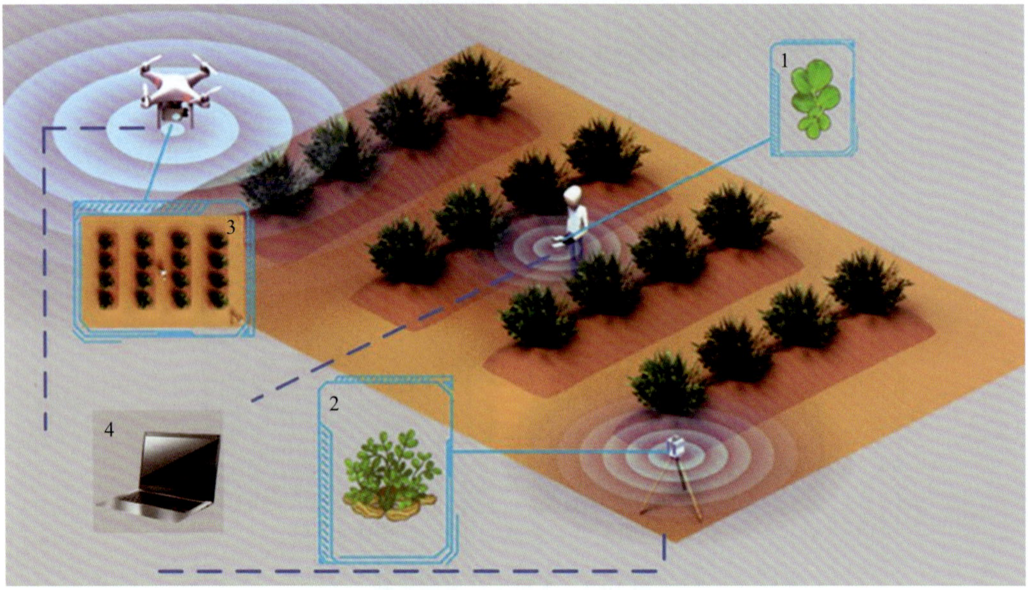

注：1. 手机 RGB 相机获取叶片几何信息；2. 激光雷达获取植株信息；
3. 无人机获取田块地图信息；4. 花生数据管理平台。

图 10-5　群体-植株-叶片信息采集图

对田间环境下种植的花生植株进行点云采集时，由于田间区域数据范围较大，为了获取更高质量的数据，减少遮挡造成的数据缺失，根据扫描仪器的扫描距离和田间试验区长度，本文布置了 6 个扫描基站扫描田间花生植株长势，将标靶球置于需要采集区域内。为了减少环境等因素对数据的影响，选择环境风速小于 2 级、天气晴朗的午后进行采集。系统布置示意图如图 10-6 所示。

由于田间植株生长密集，叶片数量多且空间分布无规律，对花生叶片的采集较为困难。为此，设计了一种基于手机 RGB 相机的测量系统，对田间花生进行叶片几何信息的采集。由于田间环境复杂，在用手机采集植物叶片图像时，叶片无法完整平铺，受光照后会产生阴影，影响处理结果，同时背景中会存在其他叶片，影响该叶片信息的提取。采集花生植株叶片几何参数时，用叶片测量装置固定手机，将田间花生叶片用夹具固定于背景板上，通过自行开发的叶片采集与测量手机 App，拍摄叶片图像，并将测量的叶长、叶宽等叶片几何信息与拍摄的图片上传至数据管控平台（图 10-7）。

通过不同的传感器采集不同时期田间花生生长的信息，将信息传输至田间花生长势信息管理平台，对信息进行统一的管理与分析，便于数据的收集与储存，同时将各时

（a）采集系统架设

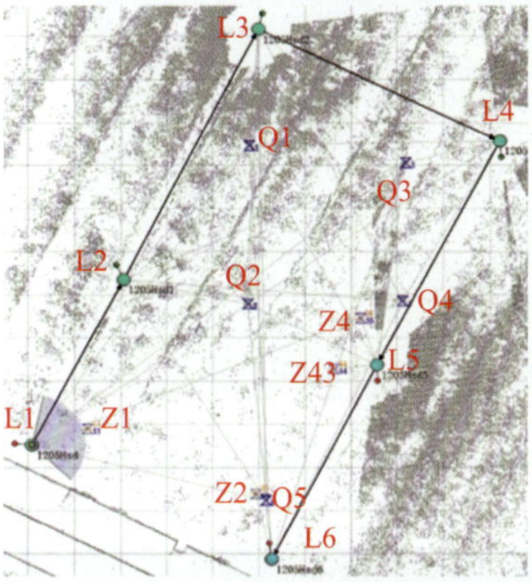

（b）采集系统布置方案

（c）花生植株扫描现场

图 10-6　大田花生植株长势信息获取

图 10-7　系统拍摄叶片

期的数据可视化（图 10-8）。

在大田无人化智慧农场中应有能自动获取作物生长信息的技术和措施，如用无人机携带多光谱、高光谱和高分辨相机拍照，应有能将田间获取的信息（如图片等）与数据库中的信息自动进行比对的技术，应能根据比对结果进行智能决策，做出施肥/施药的处方图，准确给出施肥的种类和施肥量或施药的药剂和药量等（图 10-9）。

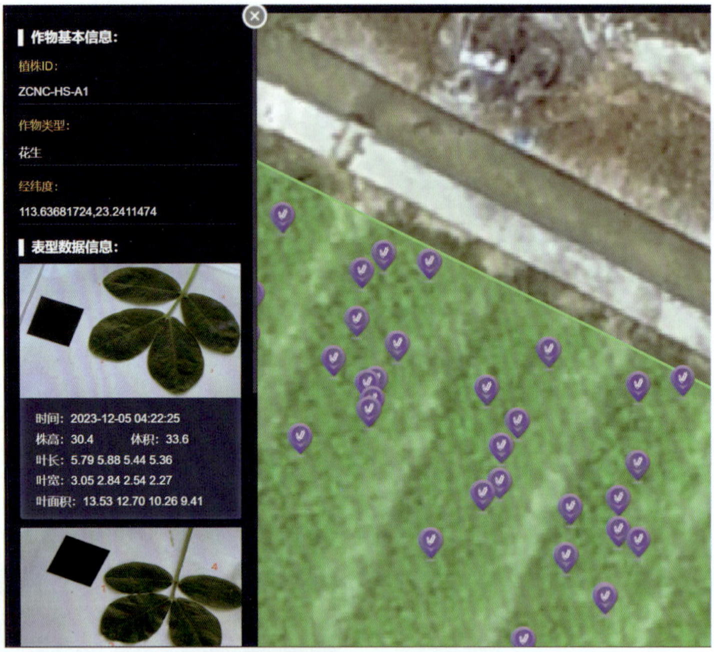

图 10-8 田间花生长势信息数据管理平台中的花生生长数据

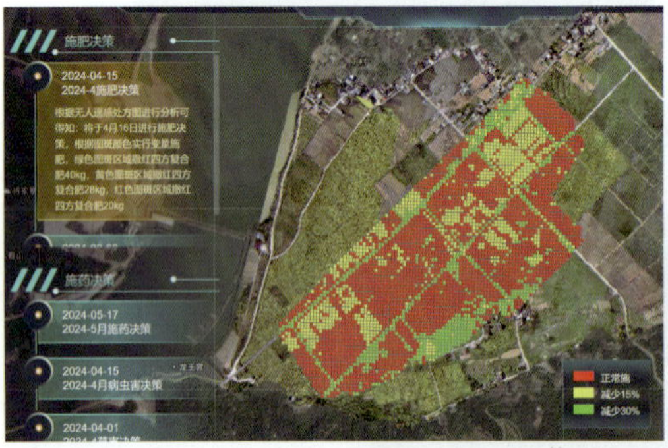

施肥处方

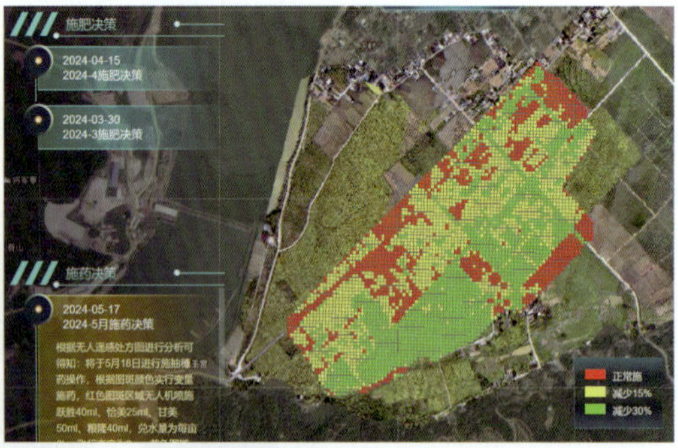

施药处方

病虫害处方

草害处方

图 10-9 作物生长管理决策处方图

二维码 10-1　叶片数据管理　　二维码 10-2　处方图

10.3　智能农机管理

智能农机是指配备有导航系统，能精准进行土地耕整、施肥施药、精量播种、作物收获的无人化、自主化作业装备，是大田无人化智慧农场中实现机器代人的关键。

农机的智慧化管理包括 3 个方面。一是远程监控，通过安装在农机上的卫星天线，可获得农机的作业位置、作业轨迹和作业进度，通过安装在农机上的摄像头监控装置和传感器，可精准获得农机的作业质量，如犁、耙、旋耕质量，插秧均匀性和漏插率及漂秧情况，喷雾雾滴大小、均匀性和喷嘴堵塞情况，收获机收获幅宽和夹带损失等。二是远程监控农机工况并进行故障预警和指导维修，如旋耕机的旋耕刀转速和收获机脱粒滚筒转速等，并与数据库中正常工作的数据进行比对，如发现异常，立即进行智能决策并提出处理方案；如出现故障，立即指导维修，或提供最近的维修点地址。三是进行远程调度，如某台农机完成指定作业任务后，管控平台即根据农场全场作业任务安排，以行驶距离和行驶时间最短为原则，将机器调至新的作业地块，并告知转移路线和入田口位置。全环节智能农机组成见图 10-10。

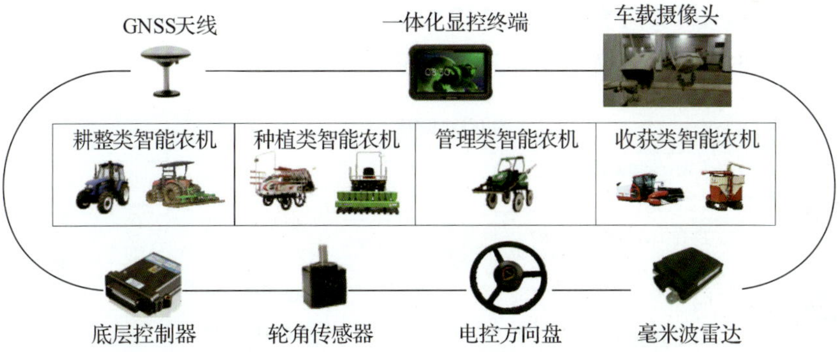

图 10-10　全环节智能农机组成

地图构建与要素集成为农机田间转移和田间作业提供精准的可视化区域和位置判断，其中要素集成包括田块、道路、机库和障碍物等。作业前首先获取农场原始地图信息，采用小型多旋翼高精度航测无人机采集农场图像，得到重建的 RGB 和 TIF 地图图像。然后建立在线地图服务，通过构建地图图像栅格金字塔加快地图的显示速度；采用 Arc-GIS Server 提供的在线地图服务技术，采用 WEBAPI 调用地图图像链接，实现与天地图图层贴合和显示，生成农场地图并在线放大获取农场定位、距离和区域等信息。最后，实现多元化信息集成（图 10-11）。

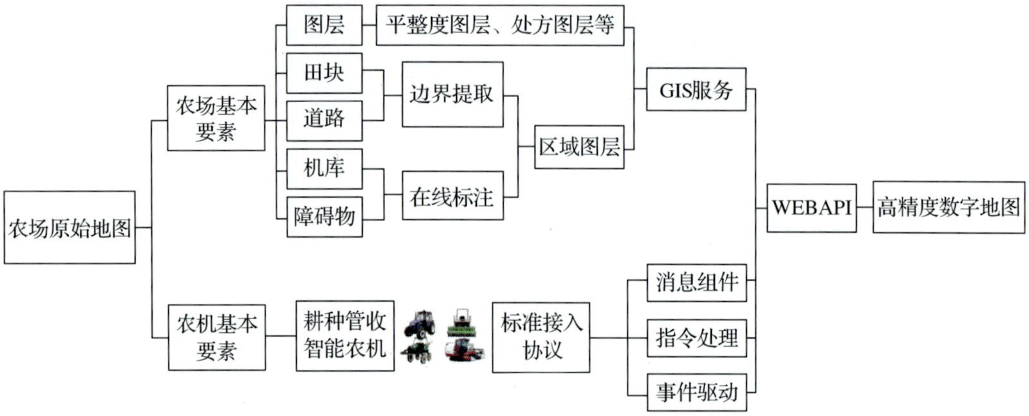

图 10-11　智能农机管理地图要素

基于此，制定全环节智能农机的标准化接入协议，实现农机作业数据交互与控制的对接。为了精准获取智能农机的作业状态数据，并实现不同平台接入智能农机的可拓展性、便捷性和实用性，制定农机端、一体化显控终端和平台端的“三级”协议栈，实现对农机组件、终端各模块信息数据上报和指令控制的平台标准化接入。根据智能农机结构组成，以及一体化显控终端与农机存在的一对一关系，将标准接入关系分为农机端与显控终端、农机端与平台端和显控终端与平台端；将接入协议形式划分为通信协议与数据协议，通信协议确定不同关系间的通信方式，数据协议建立通信数据集成规范，智能农机标准化接入设计如图 10-12 所示（T：远程任务对象；Msg：指令消息数据对象；MsgAck：反馈消息数据对象；Sdata：农机作业状态数据；AMMC：农机机载摄像头视频数据；mtr：农场监控数据；otcScan：智能农机的障碍物扫描数据；rdWn：岔路盲区预警数据）。

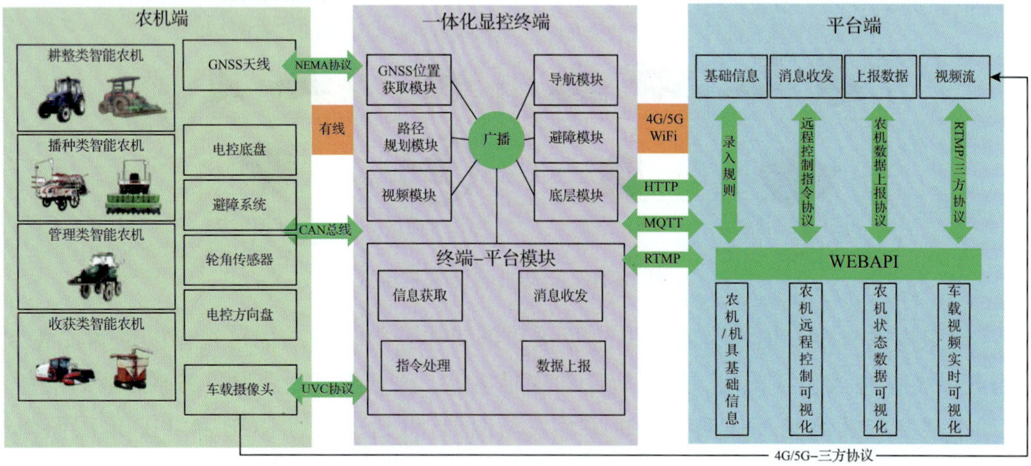

图 10-12　远程管控模型

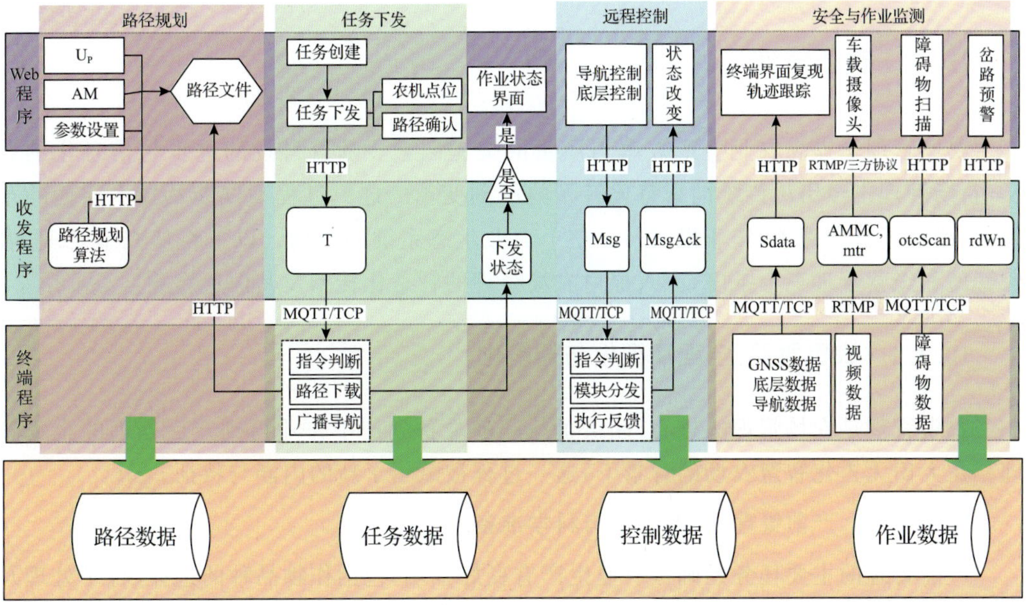

图 10-12 （续）

面向无人驾驶的农田地图应具有更高的定位精度与可靠性，华南农业大学采用高精度地图对农场关键信息进行识别或标注，为农场田块、道路、设备定位、障碍物、机库区域和智能农机路径规划点位提供高效率、高精度的标记与数据采集。在农场高精度地图信息构建完成后，对大田无人化智慧农场中各类型智能农机的组成进行分析，制定与平台的标准化接入协议。通过标准化接入协议实现农机作业数据的精准采集与控制对接，并在高精度数字地图上展示农机位置、在线状态与作业轨迹（图 10-13）。

二维码 10-3
远程管控

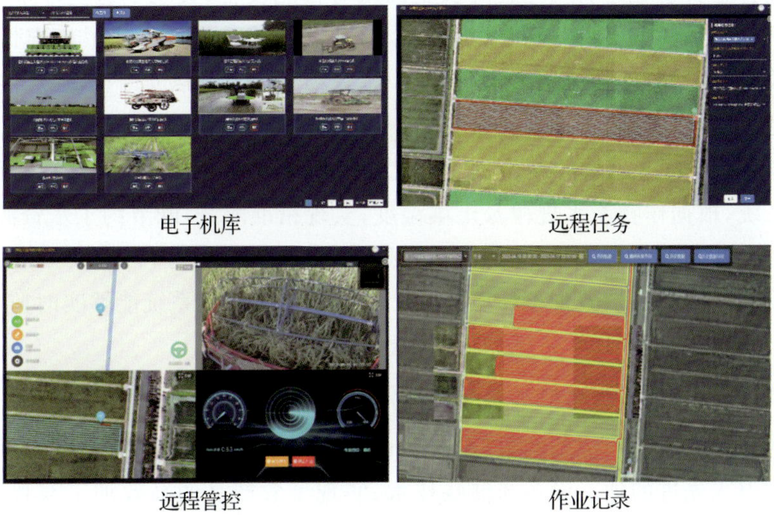

图 10-13 智能农机管理

10.4 农场管理

农场管理是提高农业生产效率与质量的关键因素。随着科技的进步与信息化的普及,农场管理正经历从传统向智慧化转型的深刻变革。这一过程不仅涉及技术层面的革新,更涵盖了管理理念、作业模式乃至整个农业生态系统的重构。以下将从农事管理、农资管理和经营管理三个维度,深入探讨农场管理的智慧化转型及其深远影响。

10.4.1 农事管理:全程精细化与智能化

农事管理是农场管理的核心,涵盖了从产前准备到产中作业再到产后处理的全程管理。在大田无人化智慧农场的背景下,这一过程被赋予了新的内涵与特征。

10.4.1.1 产前管理:精准选择与科学准备

产前管理的主要任务是确保农业生产有良好开端,包括作物品种的选择、种子处理及土地准备等多个环节。以水稻生产为例,传统上,农民主要凭经验选择稻种,而大田无人化智慧农场则通过大数据分析市场需求、种植区域的气候条件及土壤特性,精准选择市场欢迎、品质优良、产量高的稻种品种,不仅提高了产品的市场竞争力,也为后续的种植管理奠定了坚实基础。

稻种加工同样实现了智能化升级。先进的种子清选、分级及包衣/丸粒化技术,可有效提升种子的发芽率与抗逆性。特别是直播稻的播前处理,借助智能设备对种子进行精准处理,可显著改善播后生长状况,为高产稳产提供支持。

10.4.1.2 产中管理:机械化与智能化并行

产中管理是农业生产的核心环节,包括耕、种、管、收、干燥及秸秆处理等多个步骤。大田无人化智慧农场通过引入先进的农业机械与智能设备,实现了这些环节的机械化与智能化。例如,智能农机装备通过北斗导航、GPS定位等技术,实现了精准作业,大幅提高了作业效率与精度。同时,通过物联网技术,农场管理者可以实时监测农作物的生长状况,及时调整管理措施,确保作物健康生长。

在灌溉、施肥、病虫害防治等方面,大田无人化智慧农场也展现了其独特优势。采用智能灌溉系统,根据作物需水规律及土壤湿度,实现精准灌溉,既节约了水资源,又促进了作物生长。在施肥方面,采用测土配方施肥技术,结合作物长势,科学安排基肥与追肥的比例,提高了肥料利用率,减少了环境污染。智能病虫害监测系统能够实时监测作物病虫害情况,为及时防治提供科学依据,有效降低了病虫害损失。

10.4.1.3 产后管理:高效加工与智能储藏

产后管理是农业生产链条的最后一环,也是实现农产品增值的关键。大田无人化智慧农场通过引入先进的加工设备与储藏技术,实现了农产品的高效加工与智能储藏。在加工环节,采用自动化生产线与智能控制系统,提高了加工效率与产品质量。同时,通过物联网技术，对加工过程进行实时监测与调控，确保产品符合安全标准与市场需求。

在储藏环节，大田无人化智慧农场采用智能温度调节系统、湿度调节系统及气体调节系统等技术手段，为农产品提供最适宜的储藏环境。通过实时监测储藏环境的各项指标，及时调整储藏条件，延长了农产品的保鲜期与货架期，降低了储藏损耗。

农事任务规划表的提前制定能够为当前季度的生产提供更加清晰的生产过程，为后续生产中调整某一环节提供了数据支持。以水稻生产为例，在大田无人化智慧农场生产中，作业任务包含农机作业任务与非农机作业任务，且受到一天中农事作业时间以及农事间隔时间的农艺约束条件。通过综合考虑以上因素且根据智慧生产的时序流程，可确定农事任务分配的数学模型，设计任务分配算法对农事任务分配数学模型进行求解，获取面向智慧生产全过程的任务规划时间表。以水稻直播生产流程为例，其农事流程如图 10-14 所示。

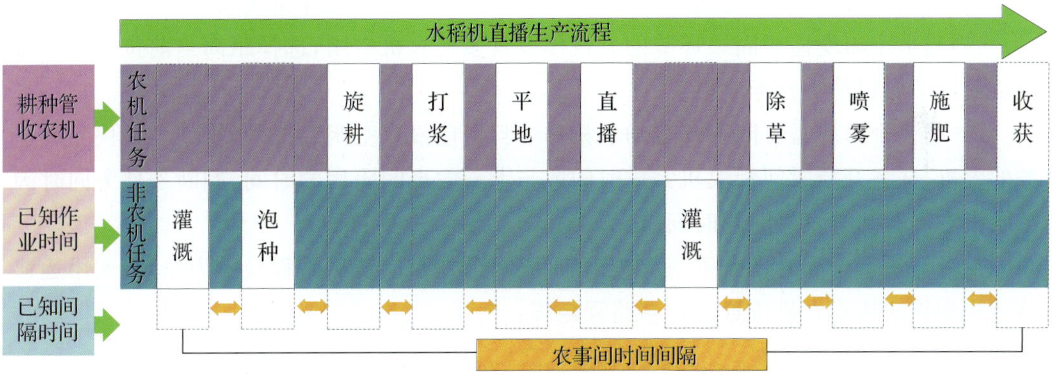

图 10-14　水稻机直播农事流程

通过上述对水稻智慧化生产的描述，将农事生产中设计的对象构建为数据对象，并利用数据对象构建农事分配数学模型，以便对分配模型进行求解。农事分配数据对象包括了农事生产流程、任务数据对象与农机数据对象，构建内容如下。

(1)农事生产流程集合 $Faig=\{fa_1,fa_2,...,fa_i,fa_o\}$，$fa_i$ 为农事生产的一个环节。其中 $fa_i=\{nameFa_i,typeFa_i,expT_i,intervFa_i,FaT_i\}$，表示农事属性信息，其中 $nameFa_i$ 为农事名称，$typeFa_i$ 为农事类型，包括农机作业与非农机作业，$expT_i$ 为非农机作业农事预计时间，$intervFa_i$ 为与下一农事间间隔时间，FaT_i 表示农事一天中的作业时间要求。

(2)将农事任务数据对象转化为农田数据对象，农田集合 $F=\{F_1,F_2,...,F_i...,F_n\}$，其中 $F_i=\{locF_i,len_i,width_i,area_i,faigF_i\}$，$\forall\ faigF_i\in Faig$，表示农田属性信息，$locF_i$ 表示田块下田口，len_i 表示田块长度，$width_i$ 表示田块宽度，$area_i$ 表示田块的面积，$faigF_i$ 表示对田块规划的农事环节集合，且任意的田块农事类型都属于智慧生产流程集合。

(3)农机集合 $M=\{mach_1,mach_2,...,mach_i,...,mach_m\}$，其中 $mach_i=\{typeFa_i,$

$widOP_i, capOP_i, speedR_i, oilOP_i, oilUOP_i, turnT_i, OPT_i, locM_i\}$表示智能农机的属性信息，$typeFa_i$ 表示服务的农事类型，与农事中的农机作业类型相对应。$widOP_i$ 表示作业幅宽，$capOP_i$ 表示作业能力，$speedR_i$ 表示路上速度，$oilOP_i$ 表示作业油耗，$oilUOP_i$ 表示非作业油耗，$turnT_i$ 表示转弯时间，OPT_i 表示一天中农机作业时间段，$locM_i$ 表示农机当前位置。

除对以上基础信息的数据模型构建以外，农事分配还需满足下述条件。

（1）对于农机作业任务，一个田块只安排同一环节的农事任务，且一台农机对应一个田块任务。

（2）对于农机作业任务，必须有对应类型的农机。

（3）农事任务分配前不同环节之间农事间隔时间与非农机作业时间是已知的。

（4）农事作业时间规定，确定农事可以在哪些时间段生产，例如 9：00～20：00，其余时间不规划该农事任务。当完成时间超过设定时间时，从第二天开始规划。

（5）当多个田块需要同一环节的农机作业且多台农机空闲，选择距离当前位置与作业田块最近的农机作为目标农机。

（6）当多个田块需要同一环节的农机作业且当前没有空闲农机，则规划为最快完成任务的农机，任务开始时间为农机完成时间或与上一农事间隔后的时间，判断条件为同时满足农机空闲时间与农事间隔时间。

在针对农事分配时还需引入农机田块间转移路程，以转移路程最少为原则，调用运移路径规划算法构建农机位置的转移路程矩阵：

$$Trans = \begin{bmatrix} S_{0,0} & \ldots S_{0,n-1} & S_{0,n} \\ \ldots & S_{i,k} & \ldots \\ S_{n,0} & S_{n,n-1} & S_{n,n} \end{bmatrix} \tag{10-1}$$

构建代价函数如下：

$$minf = a\left(\sum_{i=1}^{m} S_i\right) + b\left(\sum_{i=1}^{m} C_i\right) + g(max([T_1, T_2, \ldots, T_n])) \tag{10-2}$$

代价函数中的作业时间约束如下：

$$T_i \geqslant \sum_{i,k} AMWorkT_{ij} \times z_{ikj} + UAMWorkT_{ij} + intervFa_j \tag{10-3}$$

$$\forall i \in [1,n], \forall k \in [1,m], \forall k \in [1,o]$$

$$AMWorkT_{ij} \geqslant TransT_{ijk} + TurnT_{ijk} + WorkT_{ijk} \tag{10-4}$$

$$TransT_{ijk} \geqslant \sum_{i,k} (Trans_{ij} \div speed_k) \tag{10-5}$$

$$TurnT_{ijk} \geqslant \sum_{i,k} (TurnNum_i \times TurnT_k) \tag{10-6}$$

$$WorkT_{ijk} \geqslant \sum_{i,k} (area_i \div capOP_k) \tag{10-7}$$

$$TransT_{ijk} \leqslant WorkT_{ijk} \tag{10-8}$$

$$T^S \leqslant T_i \leqslant T^E \tag{10-9}$$

$$T_{ij}^S \geqslant T_{ij-1}^E + intervFa_{ij}, j > 1 \tag{10-10}$$

路程约束如下：

$$S_i \geqslant \sum_{i,k} Trans_{ijk} \times z_{ijk}, \forall i \in [i,n], \forall k \in [i,m], \forall j \in [i,o] \tag{10-11}$$

油耗约束如下：

$$C_i \geqslant \sum_{i,k} (TransC_{ijk} + TurnC_{ijk} + WorkC_{ijk}) \times z_{ijk} \tag{10-12}$$

$$\forall i \in [i,n], \forall k \in [i,m], \forall j \in [i,o]$$

$$TurnC_{ijk} + TransC_{ijk} \geqslant \sum_{i,k} (TurnT_{ijk} + TransT_{ijk}) \times oilUOP_i \tag{10-13}$$

$$WorkC_{ijk} \geqslant \sum_{i,k} WorkT_{ijk} \times oilOP_k \tag{10-14}$$

任务分配模型参数变量及其含义如表 10-2 所示。在上述任务分配数学模型中，转移路程矩阵(10-1)表示所有田块与机库之间的转移距离，下标 0 表示机库，S_{ik} 表示田块 i 到田块 k 的转移距离。代价函数(10-2)表示完成农事任务中消耗的路程、油耗与时间代价，其中 S、C、T 分别表示农机转移路程、油耗以及所有农事完成的时间，α、β、γ 表示不同因素所占比重。在作业时间约束中，时间约束(10-3)表示完成农事任务的所有消耗时间，包括农机完成任务作业时间、非农机完成任务时间与农事 j 与上一农事的间隔时间。时间约束(10-4)表示农机完成任务时间，分为田块间转移时间、田内作业转弯时间与田内作业时间。非农机任务时间主要为完成时间。时间约束(10-5)中农机转移时间计算为到达田块 i 执行 j 任务的农机 k 的转移路程除以农机 k 的路上速度。时间约束(10-6)表示农机田内转弯时间计算，为田块 i 作业转弯次数乘以农机 k 单次转弯时间。时间约束(10-7)表示农机田内作业时间，计算为田块 i 面积除以农机 k 的作业能力。时间约束(10-8)表示农机 k 到田块 i 转移路程时间不能大于在田块 i 的作业时间。时间约束(10-9)表示完成所有的农事任务的时间在给定的时间范围内。时间约束(10-10)表示某一环节农事的开始时间需满足上一农事的完成时间与间隔时间要求。路程约束(10-11)表示完成所有农机农事任务总的转移路程。油耗约束(10-12)表示完成所有农机农事任务消耗的总油量。油耗约束(10-13)表示转移与田内转弯非作业状态的油耗，即转移时间与转弯时间乘以单位时间内农机 k 的非作业油耗。油耗约束(10-14)表示农机作业的油耗，即田内作业时间乘以单位时间内农机 k 的作业能力。

表 10-2 任务分配模型参数变量及其含义

参数	含义
T_i	田块 i 所有农事任务所需的时间
S_i	田块 i 所有农事任务农机转移路径
C_i	田块 i 所有农事任务农机油耗

续表 10-2

参数	含义
$TransT_{ijk}$	田块 i 农事类型 j 的农机转移路程时间
$TurnT_{ijk}$	田块 i 农事类型 j 的农机调头时间
$WorkT_{ijk}$	田块 i 农事类型 j 的农机作业时间
$WorkUT_{ij}$	田块 i 农事 j 的非农机作业时间
T^S	所有农事任务的开始时间
T^E	所有农事任务最晚结束时间
T_{ij}^S	田块 i 的农事 j 的开始时间
T_{ij-1}^E	田块 i 的农事 $j-1$ 的完成时间
$Trans_{ijk}$	农机 k 到田块 i 执行农事 j 的转移路程
$TurnC_{ijk}$	农机 k 在田块 i 执行农事 j 的调头油耗
$TransC_{ijk}$	农机 k 到田块 i 执行农事 j 的转移油耗
$WorkC_{ijk}$	农机 k 在田块 i 执行农事 j 的转移油耗
z_{ijk}	$\begin{cases}1,\text{农机任务}\\0,\text{非农机任务}\end{cases}$

10.4.2 农资管理:精准化与绿色化

农资管理是农场管理的重要组成部分,直接关系到农业生产成本、效率与农产品质量。大田无人化智慧农场通过精准化与绿色化的农资管理策略,实现农业生产的高效与可持续发展。

10.4.2.1 肥料管理:科学施肥与绿色发展

在肥料管理方面,大田无人化智慧农场注重科学施肥与绿色发展。通过测土配方施肥技术,根据土壤养分状况与作物需求,精准制定施肥方案,以减少肥料浪费与环境污染。同时,积极推广有机肥与生物肥料的使用,改善土壤结构,提高土壤肥力,促进农业可持续发展。

10.4.2.2 农药管理:精准用药与绿色防控

在农药管理方面,大田无人化智慧农场强调精准用药与绿色防控。通过智能病虫害监测系统实时监测作物病虫害情况,为精准用药提供科学依据。同时,推广使用生物农药与天敌防控等绿色防控技术,减少化学农药的使用量,降低农药残留风险,保障农产品安全。

10.4.3 经营管理:节本增效与可持续发展

经营管理是农场管理的最终目标,直接关系到农场的经济效益与可持续发展能力。大田无人化智慧农场通过节本增效的经营管理策略,可实现经济效益与社会效益的双赢。

10.4.3.1 成本控制与效率提升

在成本控制方面,大田无人化智慧农场通过引入智能设备与信息系统,实现农业生产的精准化管理与自动化作业，不仅可降低人力成本与物资消耗，还可提高作业效率与产品质量。同时，通过数据分析与挖掘，农场管理者能够及时发现并解决生产中的瓶颈问题，优化资源配置，进一步提高生产效率与经济效益。

10.4.3.2　市场导向与品牌建设

在经营管理中，大田无人化智慧农场还注重市场导向与品牌建设。通过大数据分析市场需求与消费者偏好，及时调整生产结构与产品结构，满足市场需求。同时，加强品牌建设与营销推广，提升农产品的品牌影响力与市场占有率。这不仅有助于实现农产品的优质优价，还为农场的可持续发展奠定了坚实基础。

农场管理的智慧化转型是农业发展的必然趋势。通过农事管理的全程精细化与智能化、农资管理的精准化与绿色化，以及经营管理的节本增效与可持续发展策略的实施，可实现农业生产效率与质量的双提升。未来，随着科技的不断发展与应用的深入推广，大田无人化智慧农场将在推动农业现代化、促进农业可持续发展方面发挥更加重要的作用。

二维码 10-4
农场管理

10.5　无人农机管控平台

10.5.1　无人农机管控平台概述

无人农机管控平台是农机管理与控制的中心，是实现智能农机作业全过程、高效率、高质量的管理与调度的关键，无人农机管控平台通过信息化技术实现对农机各种信息与数据的存储和学习，融合智能算法实现数据处理、推理和决策的云端计算，以及有效信息的挖掘和各种作业指令的下达，并建立可视化模型，是大田无人化智慧农场的“大脑”。因此，无人农机云管控平台系统是实现大田无人化智慧农场的关键之一。

大田无人化智慧农场云管控平台包括远程控制、信息管理和任务调度三大功能，如图 10-15 所示。其中，远程控制包括耕、种、管、收无人驾驶农机的远程控制和实时安全管控。农机远程控制以任务为媒介，通过创建任务来实现远程管控。为保证远程控制农机的作业安全，采取作业前任务安全确认，作业中对农机周围环境、作业效果、农机状态和作业进度实时监测。

信息管理分为农场基本要素管理、农机管理、任务管理、设备管理、数据管理和用户管理 6 个模块。大田无人化智慧农场云管控平台采集和分析处理农场要素、农机、任务、设备和作物各生长期的大量数据，如历史图片信息、智能作业路径、作业数据和导航数据等多异构数据，结合农事生产要求提供可视化界面展示和分析、农事决策分析，为农事决策和病虫害防治决策提供支撑。

任务调度包括多台同种无人农机或异种无人农机作业调度，如多台无人驾驶收获机(N)与一台无人驾驶运粮车的调度(N 对 1)、多台无人驾驶收获机(N)与多台无人驾驶运粮车(M)的调度(N 对 M,其中 N≥M)。

大田无人化智慧农场云管控平台总控中心可创建并管理新的大田无人化智慧农场平台,所有创建的大田无人化智慧农场管控平台隶属于大田无人化智慧农场总控中心。

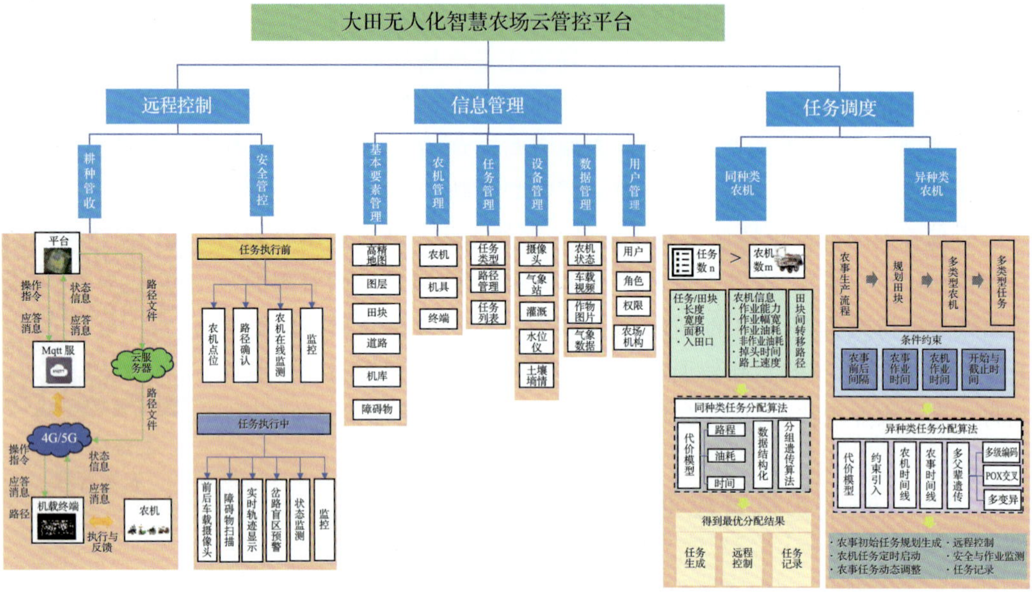

图 10-15　大田无人化智慧农场云管控平台

10.5.2　无人农机管控平台的架构设计

平台架构设计以服务农机作业为出发点,如图 10-16 所示,包括设备层、网络层、接口协议层、基础平台层和业务应用层。

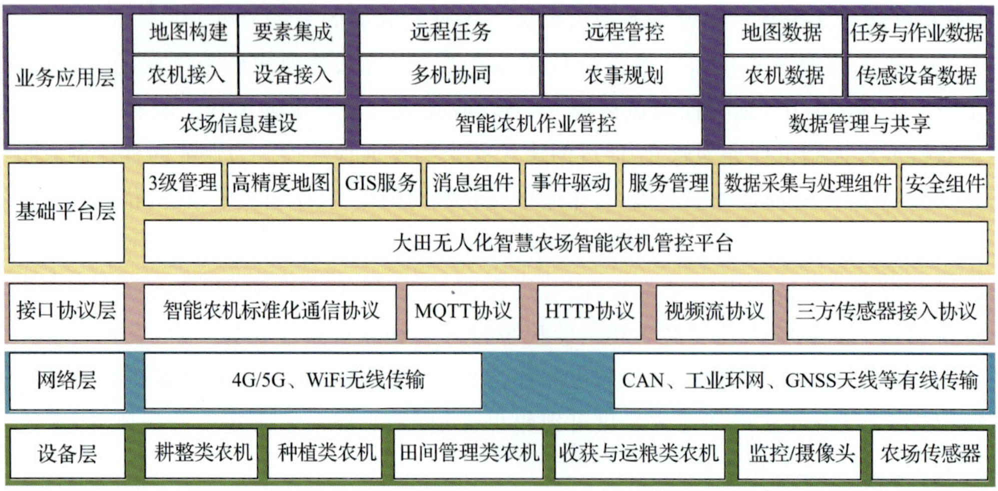

图 10-16　平台架构

设备层包括智能农机或智能设备，主要由完成农事生产全环节的智能农机组成，是大田无人化智慧农场中作业生产的核心对象，智能设备主要包括监控与传感器。

网络层是智能农机、智能设备与平台间的数据传输通道，是农场设备层数据与更高层数据通信的渠道。

接口协议层通过对智能农机、智能设备与通信数据集成规范，实现各类智能农机对象化存储以及本体属性、任务属性和指令属性的数据信息采集、控制和属性绑定等。采用 MQTT 协议实现一体化显控终端与平台的通信，适用于设备硬件存储空间有限或网络带宽有限的场景，且具有长连接、实时性的特点，更适用于实时控制的场合和执行器。

基础平台层是大田无人化智慧农场智能农机作业管控平台，分别从管理和技术上进行结构设计。针对多农场的管理，设计"3 级"管理模式，实现逐级管理。以农场为单位分为 3 个级别，第 1 级云管控总系统具有最大权限，可管理第 2 级的所有农场信息，实现一个账户管理多个农场；第 2 级农场管理员仅可管理本级的一个农场，实现一个账户管理一个农场；第 3 级终端与设备作为执行者，通过无线网络接收更高级别发来的指令实现远程管控。平台技术设计分别从网络架构、地图构建、远程管控、数据采集与处理和服务管理进行设计。平台选用 B/S(Browser/Server)网络架构，通过集成高精度地图、GIS(Geographic Information System)服务和识别算法实现农场地图构建，远程管控通过构建消息组件与事件驱动实现不同指令控制与模块处理，对平台多种服务实现配置与发布。

业务应用层根据实际需求实现业务与应用的过程和核心功能，包括农场信息建设、智能农机作业管控、数据管理与共享。大田无人化智慧农场智能农机作业管控平台的核心对象是智能农机，地图构建与要素集成为农机田间转移和田间作业提供精准的可视化区域和位置判断，其中要素集成包括田块、道路、机库和障碍物等。农机接入实现对智能农机的数字化管理。设备接入为农机是否能作业、条件是否成熟提供环境数据。智能农机作业服务包括远程任务、远程管控、多机协同与农事任务规划。数据管理与共享通过业务分割实现农场中不同数据的分类管理，并通过互联网实现数据共享。

10.5.3 相关案例

意大利农业科技公司 X Farm 创建的云平台包括农场管理、大田管理、农业机械管理、灌溉管理、农作物保护管理、经济管理、精准作业管理、物流管理、环境与气候管理和可持续性管理等功能。其中大田管理功能可以最大限度地管理农田，如划定农田边界、一键导入田块信息、管理作物（计划作物轮作、创建子单元将田地划分为子地块）、监测现场信息（田间作物、作物史、地块及土壤信息及农艺状态）、土壤特性分析（物理特性及化学特性）、定位笔记及分享，根据作物类型、生产方式等在地图上以不同颜色查看农场地块，查看农场中的传感器、测量农场地块数据、农场地图可视化、降雨监测、控制中心以及作物轮作计划等。部分功能如图 10-17 所示。

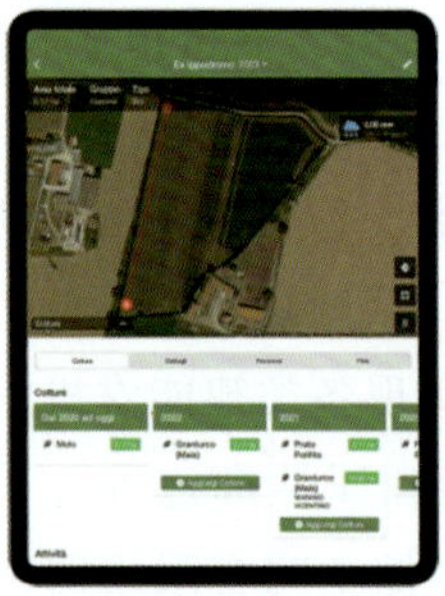

管理作物

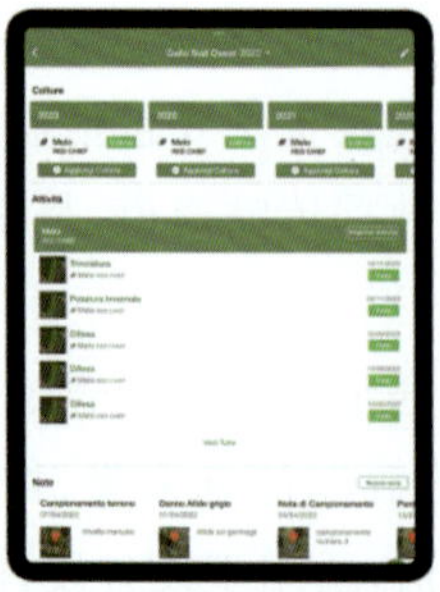

监测现场信息

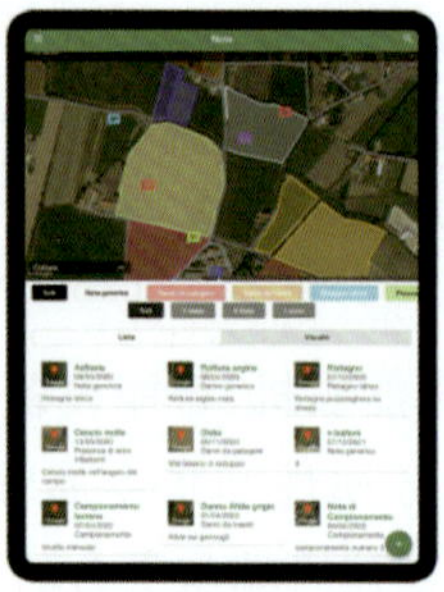

查看田块

查看传感器

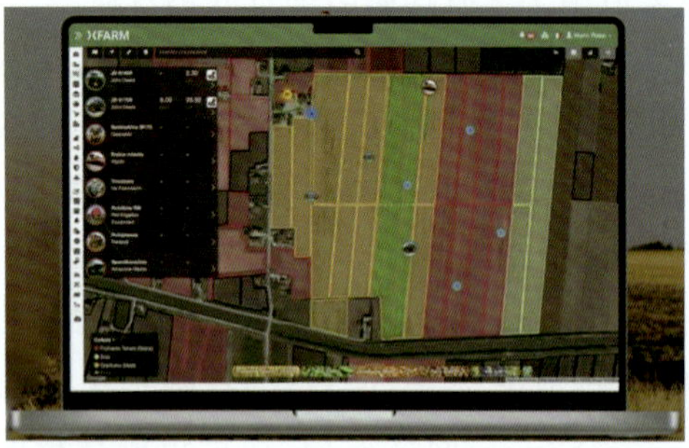

控制中心

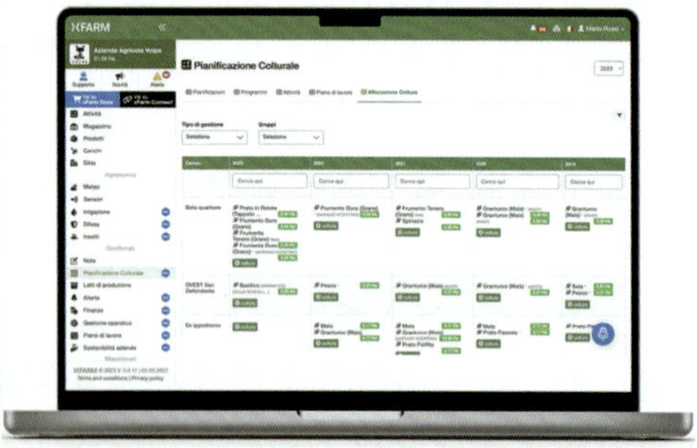

作物轮作计划

图 10-17　X Farm 云平台部分功能

10.5.3.1　Fratelli Gomiero 农场管理和监测

Fratelli Gomiero 位于意大利北部威尼托大区的帕多瓦省，占地 400 多 hm²，主要种植谷物。所在地区经常发生一个地区下雨，而几公里外的田地的环境条件完全不同的情况。由于没有精确和及时的控制，灌溉等操作效率不高。机器和人员的控制缺乏数字工具管理，导致大量时间损失，并且无法实时查看农场情况。为了解决这些问题，农场采用传感器实时监测环境变化，例如安装气象站和土壤湿度传感器实时监测各种环境参数变化情况（降雨、温度、风、空气湿度、土壤湿度），并通过降雨历史评估年度趋势，为灌溉操作提供建议，为当年和下一年生产做出更好的决策。X Farm 的主要优点在于采用数字生态系统，将公司的所有信息集中在一起，只需要一个程序就可控制和管理一切，提高了农场的管理效率（图 10-18）。

Fratelli Gomiero农场

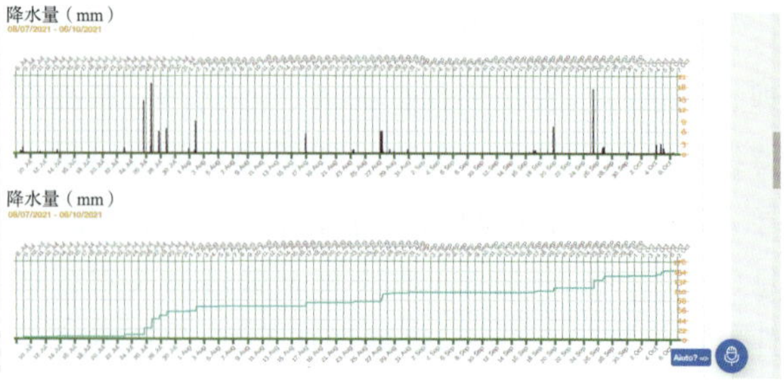

X Farm官方网站降水量统计图

图 10-18　X Farm 平台对农场的管理及监测

10.5.3.2 Riso Gallo 可持续稻田

Riso Gallo 是意大利的一家水稻种植公司，选择 X Farm 平台数字解决方案，以将其供应链完全数字化。该供应链目前由 180 多个参与“水稻可持续发展”项目的农场组成，以保证各种田间活动完全可追溯，提高生产效率，从而提高农场的环境和经济可持续性。2023 年，6 个试点农场参与了 X Farm 技术的测试，试点农场采用 IOT(物联网)传感器和 X Farm 平台，形成总计超过 400 hm^2 的数字地图，计划在四年内，所有参与的农场都采用 Riso Gallo 免费提供的数字工具(图 10-19)。

Riso Gallo农场

X Farm平台

图 10-19 Riso Gallo 农场使用 X Farm 平台

该平台为 Riso Gallo 的“水稻可持续发展”供应链开发两项主要创新。一是专门用于水稻种植的可持续性指标，形成关于供应链的完整可持续性报告，评估不同水稻品种或农艺技术的效果，以便作出对环境影响最小的选择。二是用于针对稻瘟病菌数据收集的特定 DSS(decision support system，决策支持系统)，DSS 将针对 Riso Gallo 感兴趣的主要品种进行比较。模型的开发工作于 2024 年开始，由农学家、工程师和研究人员组成团队，以试验的形式进行，以提供有关最佳处理的准确信息，有助于保护作物。

10.5.3.3 图利谷物文化优化供应链

为确保更好地管理整个供应链上的所有农艺操作，图利谷物文化(Tulli Cereal Culture)整合 X Farm 技术，为其 60 家农场客户提供透明的可持续供应链，包括软小麦和硬粒小麦、饼干小麦、玉米和有机供应链。图利谷物文化通过与供应链中的所有参与者(从研究实验室到农民再到食品工业)形成协同效应和协议，全程跟踪产品，从生产到分销，为整个生产系统带来效益。通过传感器和疾病控制决策支持系统以及其他先进服务，支持该集团进行农场管理，并从总体上监测整个供应链，从而实现可持续发展。传感器和预测模型作为供应链一部分，利用 X Farm 平台优化农场管理和农业操作。该平台同时适配移动端和桌面端，确保农民实时监控农场，从而改善各个生产阶段，实现全面的供应链管理。另外，对于供应链管理人员来说，该平台将允许及时控制汇总数据，并通过门户网站 Analytics(https://xfarm.ag/en/xfarm-analytics)对关键农场参数和指标进行实时比较，如叶片湿度传感器能够实时检测叶片水分，测量叶片上水分的持续时间。通过 X Farm 平台，客户不仅可以在所有农艺阶段得到更多的关注，而且还可以获得越来越可持续和可追溯的信息，促进了农业技术的创新(图 10-20)。

图 10-20　图利谷物文化公司使用 X Farm 平台

10.5.3.4　戴森农业公司的土地数字化

X Farm 平台与英国最大的农业企业之一戴森农业(Dyson Farming)宣布了一项为期三年的数字农业项目，重点关注数据驱动的效率，以支持可持续粮食生产的未来，包括通过设计和实施一个量身定制的平台，将超过 33 600 英亩(1 英亩≈4 047 m^2)的土地数字化。该平台收集、保存并处理戴森农场的管理和记录数据，还包括连接各种农业机械和设备，以更好地跟踪其使用情况并提高效率。戴森农业在英国林肯郡、牛津郡、西伯克郡、萨默塞特郡和格洛斯特郡拥有 36 000 英亩的农田。在 X Farm 技术公司开发的平台上，戴森农业已经注册了近 1 000 块田地、3 700 英亩的环境特征，以及 100 多个仓库、250 多台机器设备。该项目将确保其每年生产的 10 万 t 粮食都能被追溯到生长地，透明化粮食供应，并共享生产过程中自然和环境的各种数据(图 10-21)。

戴森农业大田　　数字化平台

图 10-21　戴森农业公司使用 X Farm 平台

参考文献

[1] 赵胜利.作物生长感知与智慧管理物联网平台架构与实现[D].南京:南京农业大学,2015.

[2] 盛晓雨,蔡鹏,郑世玲,等.基于农业物联网的特早熟黄花菜智慧管理系统[J].现代计算机,2023,29(14):74-80.

[3] 李佳乐,赵鸿鑫,林佳,等.南繁育种基地物联网智慧管理平台设计与应用[J].农业大数据学报,2023,5(4):37-46.

[4] 贾敬敦,鲁相洁,黄峰,等.远程控制与无线通信技术在农业中的应用分析与展望[J].农业机械学报,2021,52(S1):351-359.

[5] 夏宁,林伟君,张晋,等."十四五"广东省农业物联网发展技术路线图研究[Z].广州:广东省农业科学院农业经济与信息研究所,2023-02-24.

[6] 罗锡文,胡炼,何杰,等.中国大田无人农场关键技术研究与建设实践[J].农业工程学报,2024,40(1):1-16.

[7] 岳姝雨.智慧农场管理系统的研究与开发[D].张家口:河北北方学院,2022.

[8] 刘婥韬,徐岚俊,李小龙,等.农机管理调度中心系统的设计与实现[J].农业技术与装备,2022,(8):110-113.

[9] 赵博,张巍朋,苑严伟,等.农业装备运维与作业服务管理信息化技术研究进展[J].农业机械学 报,2023,54(12):1-26.

[10] 推介成果:稻麦轮作全程"无人化"智能农机装备与远程管控平台系统[J].智能化农业装备学报(中英文),2023,4(3):71.

[11] 尹彦鑫,孟志军,赵春江,等.大田无人农场关键技术研究现状与展望[J].智慧农业(中英文),2022,4(4):1-25.

[10] Pei Wang ,Mengdong Yue, Xiwen Luo, et al. Design and Test of Intelligent Farm Machinery Operation Control Platform for Unmanned Farms[J]. Agronomy,2024,14(4):804.

第 11 章

大田无人化智慧农场安全技术

11.1　大田无人化智慧农场安全概述

提高大田无人化智慧农场生产效率的前提是要保证大田无人化智慧农场生产的高质量与可靠性,大田无人化智慧农场能否可靠、有效、有序地完成各项农业生产任务,关键在于其各项设备、设施是否都配备有相应的安全保障措施。大田无人化智慧农场的各项设备在正常运转的同时,除了需要抵御来自外部的损坏外,还需要有相应的应急处置方案以应对设备内部故障。因此,大田无人化智慧农场的发展离不开安全问题研究。

大田无人化智慧农场的安全技术主要包含主动安全技术、被动安全技术以及信息安全技术三个方面。主动安全体系主要由启停防碰撞、测距感应停车、自动避障等安全技术组成;被动安全体系主要由紧急开关、远程监制平台、远程遥控开关、电子围栏、农机可靠性结构和接触碰撞开关等安全技术组成;信息安全体系主要由物理安全防护、网络入侵检测技术、CAN 总线通信协议设计、数据加密技术、差分信号异常解决方案和 4G 通信安全防御机制等安全技术组成。主动安全、被动安全和信息安全共同组成了大田无人化智慧农场作业安全体系,如图 11-1 所示,使大田无人化智慧农场各项设备安全、可靠地工作。

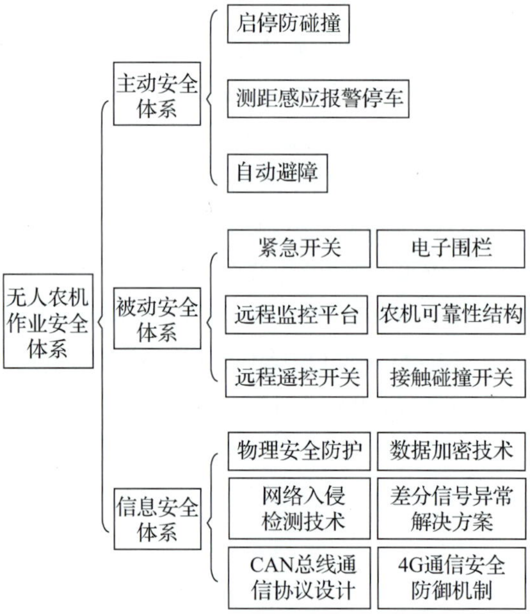

图 11-1　大田无人化智慧农场作业安全体系

11.2 大田无人化智慧农场安全技术

11.2.1 避障路径规划

智能农机的避障路径规划方式通过传感器,结合深度学习与神经网络,对障碍物进行检测,构建农机作业环境,根据农机作业和障碍物的位置信息生成路径规划。广泛应用的障碍物检测传感器有超声波传感器、激光雷达传感器和视觉传感器等。超声波传感器具有方向性好、定向传播的优点,但超声波遇到分界面会产生反射回波,不适用于大田复杂环境中的检测,主要用于停车时障碍物的检测;激光雷达传感器具有测量精度高、响应速度快、抗干扰力强等优点,但是价格较贵,主要用于室内移动机器人障碍物识别;视觉传感器可以获得环境中更多的信息,且价格较低,随着计算机运算能力的提升和深度学习算法的发展,逐渐在农业领域得到广泛应用。

无人农机的避障路径规划技术与无人驾驶汽车类似,主要区别在于其行驶环境不同。无人农机的避障算法根据环境信息规划避障路径,根据障碍物信息情况,可分为已知、未知和半未知三种。障碍物信息已知是指已知农机的工作环境并事先获得该环境的地图信息,农机可以预先得到障碍物信息,并根据这些信息规划出一条避开障碍物的最优全局工作路径。障碍物信息未知和部分未知的情况主要是指农机在作业过程中可能会遇到一些意料之外的移动或静止的障碍物,此时则需要通过传感器对局部环境障碍物进行实时感知并规划局部避障路径,从而确保农机的行驶安全。障碍物信息已知的全局路径规划算法中,应用广泛且较成熟的主要有 A*、D* 和快速扩展树(Rapidly Exploring Random Tree,RRT)。其中,A* 和 D* 基于搜索图进行路径规划,RRT 则是基于采样进行路径规划。D* 算法是一种经典的最优路径搜索算法,遍历搜索图后得到一条最优路径,但在地图较大的情况下,计算量也随之增大,导致搜索效率降低。A* 算法采用启发函数,在可以搜索最优路径的同时大大提高搜索效率,但仍存在可能陷入局部最小值、在动态环境中规划效果不佳等问题。基于采样进行路径规划的算法无需对状态空间进行建模,搜索速度快,且效率高。典型的基于随机采样的 RRT 算法对动态场景有很好的适应性,适合解决复杂环境中的路径规划问题,但存在规划路径抖动大、易陷入局部区域等缺陷。随着不同学科的深入研究,各种智能优化路径规划算法应运而生,如蚁群算法、遗传算法和粒子群算法等。

上述路径规划算法多用于环境已知的全局路径规划,对于环境未知和部分未知的情况,需要进行动态避障路径规划。典型的局部路径规划有人工势场法、TEB(Timed Elastic Band)轨迹规划算法和动态窗口法等。经过多年的研究和发展,出现了许多适用性较高、性能较好的路径规划算法,但都存在一定局限性。障碍物信息已知的全局路径规划算法有 A* 算法、RRT 算法和其他各种智能优化算法,局部避障路径规划算法有 TEB、人工势场法和动态窗口法等。近些年,国内外学者针对不同的应用对象和场景,改进已有的路径规划算法，使其以更好的性能完成相关任务。大田环境相对固定，无人农机要在大田中自主完成相关任务，首先需要根据已知的障碍物信息和环境信息规划全局工作路径。但在农机进行自主作业时，可能会出现未知的障碍物，特别是大田中的农民和其他机械操作人员。为了确保农机和人员的安全，行人障碍物检测感知和局部避障路径规划是至关重要的。

11.2.2 主动感知

障碍物探测及主动避障是农机自动导航系统要解决的一个重要问题。障碍物检测与主动避障的主要任务是在一个外部环境未知的情况下，通过传感器获取周围环境信息，按照一定的方法对障碍物进行有效的绕行，智能农机自主地完成从起始点到目标点的路径规划。对于智能农机的主动避障，华南农业大学研发出一种基于毫米波雷达的自动避障技术。

11.2.2.1 毫米波雷达数据处理与解析

选用湖南纳雷科技有限公司型号为 SR73F 的毫米波雷达，该雷达利用发射的无线电波与返回波的差，准确测量目标物体的距离、速度和角度等。SR73F 探测区域示意图如图 11-2 所示。

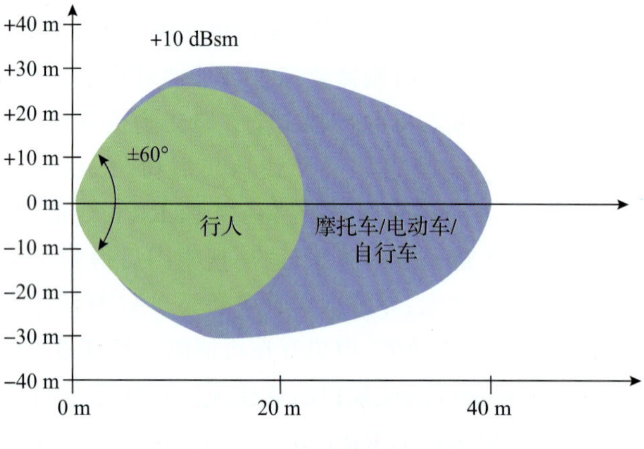

图 11-2 SR73F 探测区域示意图

SR73F 支持 CAN 接口，CAN 总线通信网络符合 ISO11898-2 标准，传输速率为 500 kbit/s。SR73F 向周边发射雷达信号，接收信号并多步处理，能获取目标组的轨迹信息。通过简单的软件接口，将传感器连接至 CAN 网络以提供基于毫米波雷达的环境感知信息到一个或者几个评估单元，也可通过 CAN 接口配置传感器。当 SR73F 毫米波雷达识别到目标时，会输出目标信息报文，从而得到目标的纵向距离、横向距离、纵向速度、横向速度和截面积的计算方法，将雷达原始数据通过相关计算公式转换成实际值，并按照相关公式即可得到目标距离、目标速度和目标角度等信息，进而可知目标是动态障碍物还是静态障碍物，还可得到障碍物的详细位置信息。

11.2.2.2 毫米波雷达有效目标确定

由于无人农机作业环境中的噪声以及毫米波雷达的自身缺陷，在实际应用中，毫米波雷达会检测到除了目标障碍物外的其他障碍物，主要包括空目标、无效目标和非危险目标。

(1)空目标　障碍物的信息检测值返回零值时，即为空目标。对于空目标，直接根据所测得的目标距离值进行判断，若距离为 0，则可直接滤除。

(2)无效目标　毫米波雷达因受噪声干扰和能量损失，在解析过程中会误检出一些无效目标。这些目标数据只出现在一帧或几帧的数据中，一般不会连续出现。由于无效目标数据的格式和真实目标数据的格式相同，无法单靠某一帧数据来识别，需结合其前、后帧的数据进行综合判断。状态参数 Detect Count 描述的是目标被探测到的次数，状态参数 Lost Count 描述的是目标连续丢失的次数，C_D 为累积次数阈值，C_L 为丢失次数阈值。通过设置毫米波雷达检测到的目标有效生命周期来过滤无效目标。

(3)非危险目标　在无人农机作业环境下，毫米波雷达会探测到很多目标，有的目标不在无人农机的作业路径上，因此不会对无人农机产生潜在危险，这些目标称为非危险目标。针对非危险目标，可在无人农机作业路径周围划定警戒区域，毫米波雷达的探测目标主要集中于既定的警戒区域，对于警戒区域以外的障碍物，无人机碰撞风险较小。

以上三类目标不会直接威胁无人农机作业安全，但会加重系统的数据处理负担，降低系统效率，甚至会造成误判，导致安全事故，因此需对原始毫米波雷达目标信号进行筛选，从而获得有效目标。选取无人农机所在作业区域及相邻区域作为警戒区域。毫米波雷达安装在拖拉机车头正中位置，以毫米波雷达垂直向下与水平地面的交点作为坐标系原点，假设坐标系的 Y 轴为无人农机行驶方向，X 轴垂直于无人农机的行驶方向。假设拖拉机作业区域及相邻区域共存在 3 个障碍物，如图 11-3 所示。根据纵向距离阈值来衡量作业区域 Ⅰ 内的目标是否具备威胁性，设 Y_0 为纵向距离阈值，非威胁目标的纵向坐标 y 应满足 $y > y_0$。根据横向距离阈值来衡量相邻区域 Ⅱ 和 Ⅲ 内的目标是否具备威胁性，设 x_0 为横向距离阈值，非威胁目标的横向坐标 x 应满足 $x > x_0$。为预留一定的拖拉机转弯空间，横向阈值 x_0 设置为 10 m，大多数农机作业速度一般不超过 1.5 m/s，同时考虑毫米波雷达的测量误差，纵向距离阈值 y_0 设置为 50 m，足够农机进行避障等操作。毫米波雷达有效目标获取的算法流程图如图 11-4 所示。

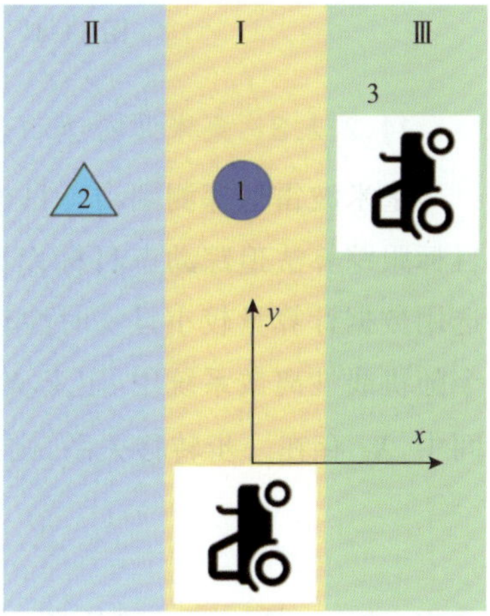

图 11-3　无人农机警戒区域划分

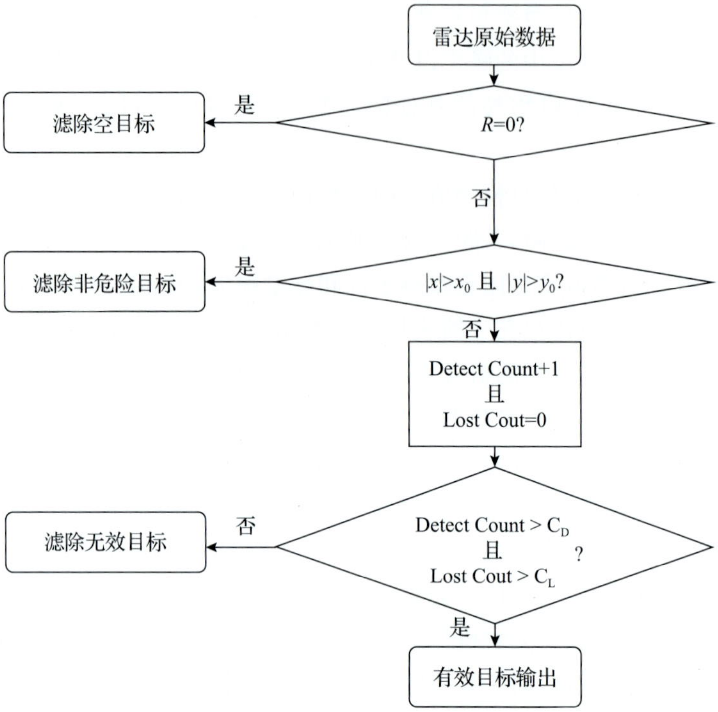

图 11-4　毫米波雷达有效目标获取的算法流程图

11.2.2.3　毫米波雷达动态目标跟踪

毫米波雷达探测到动态目标后,可能会受到干扰等因素影响而丢失目标,因此需通过目标跟踪算法追踪动态目标以减少目标丢失,而且可为后续避障策略的设计提供支撑。选用数据计算量较小且实时性较好的卡尔曼滤波进行毫米波雷达的动态目标跟踪。在一个随机线性离散系统中,定义 $\boldsymbol{X}_k$ 为系统在 k 时刻的 m 维状态向量,并且在对应的状态空间中,$\boldsymbol{X}_k$ 存在一步转移关系,则定义状态转移方程为:

$$X_{k,k-1} = \Phi_{k,k-1} X_{k-1} + \Gamma_{k,k-1} W_{k-1} \tag{11-1}$$

式中:$\Phi_{k,k-1}$ 是 $m \times m$ 维矩阵,代表系统从 $k-1$ 时刻到 k 时刻的一步转移状态;$\boldsymbol{W}_{k-1}$ 是 1 维向量,代表 $k-1$ 时刻系统受到的扰动噪声;$\Gamma_{k,k-1}$ 是 $\mathrm{m} \times 1$ 维控制矩阵,代表 $k-1$ 时刻噪声对 $X_{k,k-1}$ 的影响程度。

定义量测方程为:

$$Z_k = H_k X_k + V_k \tag{11-2}$$

式中:$\boldsymbol{Z}_K$ 为 n 维向量,代表 k 时刻系统的观测向量;$\boldsymbol{H}_K$ 为 $n \times m$ 维矩阵,代表 k 时刻系统的观测矩阵;$\boldsymbol{V}_K$ 为 n 维向量,代表 k 时刻系统的观测噪声向量。

若 $\boldsymbol{V}_K$ 和 $\boldsymbol{W}_K$ 是彼此独立的,且满足正态分布的白噪声,则有:

$$\begin{cases} E[W_k] = 0 \\ E[V_k] = 0 \\ E[W_k V_k^T] = 0 \end{cases} \tag{11-3}$$

$$\begin{cases} E[W_k W_k^T] = Q_k \\ E[V_k V_k^T] = R_k \end{cases} \tag{11-4}$$

式中：$\boldsymbol{Q_k}$ 是 1×1 维矩阵，对应 W_k 的对称正定方差阵；$\boldsymbol{R_k}$ 是 $n \times n$ 维矩阵，对应 $\boldsymbol{V_k}$ 的对称正定方差阵。则状态向量 $\boldsymbol{X_k}$ 的最优估值 X_k 的求解过程如下：

通过状态转移方程，定义 $\boldsymbol{X_k}$ 的一步预测方程为：

$$\hat{X}_{k,k-1} = \Phi_{k,k-1} \hat{X}_{k-1} \tag{11-5}$$

结合一步预测方程与量测方程，计算状态滤波方程，其定义为：

$$\hat{X}_k = \hat{X}_{k,k-1} + K_k [Z_k - H_k \hat{X}_{k,k-1}] \tag{11-6}$$

式中：$\boldsymbol{K_k}$ 为滤波增益矩阵，其计算方法为：

$$K_k = \frac{P_{k,k-1} H_k^T}{H_k P_{k,k-1} H_k^T + R_k} \tag{11-7}$$

计算一步预测误差的方差阵，其定义为：

$$P_{k,k-1} = \Phi_{k,k-1} P_{k-1} \Phi_{k,k-1}^T + \Gamma_{k,k-1} Q_{k-1} \Gamma_{k,k-1}^T \tag{11-8}$$

计算最优估计误差的方差阵，其定义为：

$$P_k = [I - K_k H_k] P_{k,k-1} \tag{11-9}$$

综上，采用卡尔曼滤波结合系统模型和观测数据，利用当前状态的估计和误差协方差的更新，可预测和估计下一时刻的状态。因此，利用卡尔曼滤波对动态目标跟踪，计算量小、实时性高，而且对后续避障策略的设计具有借鉴意义。

二维码 11-1　目标感知 1

二维码 11-2　目标感知 2

为提高无人驾驶农机对农场环境中障碍物感知的准确性，解决视觉检测容易受光照、遮挡及毫米波雷达易受车辆颠簸影响等问题，本文提出一种视觉与毫米波雷达信息融合的目标检测方法。首先基于距离阈值与生命周期方法，采用毫米波雷达数据处理算法过滤部分雷达目标数据。针对视觉目标检测算法在复杂田间下参数量大、计算量大和模型体积大等问题，制作农场环境障碍物数据集，搭建基于改进 YOLOv5s(You Only Lock

Once version 5)的目标检测网络。随后，通过时间戳对齐和直接线性标定法的坐标变换，完成雷达点向图像像素坐标系中的映射。最后，通过改进 YOLOv5s 网络进行检测，利用视觉检测结果和毫米波雷达检测结果进行决策级融合。以检测目标的类型和距离作为匹配依据，滤除干扰信息和错误信息，保留融合后置信度较高的目标，从而提高农场障碍物的识别率。试验结果表明，改进后的 YOLOv5s 模型的参数量、计算量、模型体积分别为原 YOLOv5s 模型的 40.2%、39.2%和 38.2%，平均精度均值达到了 97.0%，比原始模型高 0.5 个百分点，检测效果更好(图 11-5)。

YOLOv5s　　改进YOLOv5s

图 11-5　检测对比图

以田间行人试验为例，对融合感知避障系统输出的目标信息进行分析。在田间行人试验中，行人分别站在 9 个不同的位置点，以雷达目标框和相机目标框的交并比作为融合置信度，融合检测避障系统对 9 个位置点的输出信息如表 11-1 所示。

表 11-1 行人试验结果

真实距离		融合结果		
Xm	Ym	融合置信度	类别	目标置信度
2	1.5	0	*	*
5.75	−0.25	0.78	行人	0.96
7.5	−0.25	0.80	行人	0.92
9.375	1	0.54	行人	0.95
6.75	0.625	0.64	行人	0.96
4.625	0	0.51	行人	0.96
2	−1.5	0	*	*
7.875	2.5	0.57	行人	0.95
8	−1.5	0.7	行人	0.90

注：表中 * 表示没有检测到目标、− 表示人在车轴的右边。

毫米波雷达与视觉融合效果如图 11-6 所示，当目标物出现在 X 方向 2 m，Y 方向上 ±1.5 m处的位置时，正处于相机的视野盲区，相机无法检测到障碍物的信息。试验结果表明，融合检测避障系统能够有效利用相机准确获取目标类别信息和毫米波雷达准确获取目标定位信息的特点以避障。在获取目标类别方面，去除两组相机漏检的数据，其余 7 组数据的相机输出目标的平均置信度为 0.94，融合平均置信度为 0.65，表明相机能够准确识别出目标物，融合算法能够准确匹配目标物，为无人驾驶农机提供目标物的位置、尺寸和类别信息。

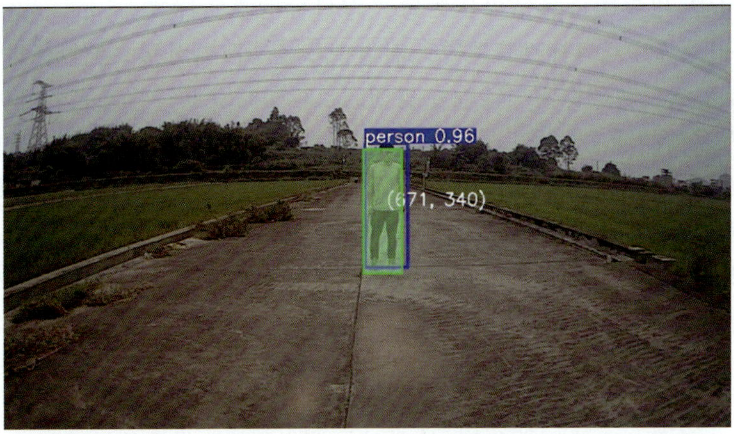

图 11-6 融合算法检测结果图

11.2.3 车路协同

车路协同的道路监测方式采用先进的无线通信和新一代互联网技术，全方位实施车车、车路动态实时信息交互，并在全时空动态交通信息采集与融合基础上，实现车辆的主动安全控制和道路协同管理，该方法能够全局规划避障路径并有效降低智能农机障碍物检测的成本。针对现有技术中存在的问题，本文提出了一种大田无人化智慧农场智能农机安全作业车路协同方法。通过在重要作业区域安装监测设备，采用深度学习和多传感器融合的方法对目标进行识别和定位，并对识别目标进行追踪和分类。在智能农机作业过程中，根据识别结果进行智能农机监管、作业路径规划以及作业道路管控，保证农机作业的安全。具体技术方案如下。

视频 11-3　路口防撞预警系统演示

视频 11-4　路口防撞预警系统详细介绍

视频 11-5　路口防撞预警系统在云管控平台上的显示效果

(1)划定大田无人化智慧农场重要作业区域，安装和标定点云传感器与视觉传感器等信息监测设备。

(2)采用深度学习和多传感器融合方法对目标进行识别与定位。将信息监控设备的视觉传感器获取的图像信息输入至目标检测网络中进行检测，将感兴趣目标的像素坐标转到点云传感器的坐标系中，在点云坐标系中生成敏感区域，将敏感区域中的点云信息进行聚类，以聚类信息结果作为感兴趣目标的真实位置。

(3)采用追踪算法对目标进行追踪。通过卡尔曼滤波器对感兴趣目标进行位置预测，采用匈牙利算法将预测数据与当前帧检测到的目标进行关联。将感兴趣目标的状态和运动信息定义为 8 维的状态向量 $[x,y,r,h,vx,xy,xh]$，其中 (x,y) 为目标的中心位置坐标，γ 为宽高比，h 为高度，$[vx,xy,xh]$ 表示 $[x,y,r,h]$ 对应参数在图像坐标中的速度。采用带有等速运动和线性观测模型的标准卡尔曼滤波器，将边界框坐标 $[x,y,r,h]$ 作为目标的直接观测值。然后采用匈牙利算法将卡尔曼预测结果与当前帧的目标进行关联。对于运动信息度量，算法表示为：

$$d^{(1)}(i,j) = (d_j - y_i)^T S_i^{-1}(d_j - y_i) \tag{11-10}$$

式中：$d^{(1)}(i,j)$ 为第 j 个检测框和第 i 个轨迹预测得到的边界框的马氏距离；d_j 为第 j 个检测框；y_i 为第 i 个轨迹预测后的边界框；S_i 为第 i 个轨迹预测得到的当前测量空间的协方差矩阵；马氏距离用于过滤可能性极低的匹配，当 $d^{(1)}(i,j)$ 小于指定的阈值，认为关联成功。

(4)算法将识别目标进行动态目标对象、静态目标对象以及作业智能农机分类。融合设备检测到目标对象 k，记录下 t_0 时刻的坐标以及速度 $(x_{t0},y_{t0},z_{t0},v_{xt0},v_{yt})$，且每隔 T_s，更新 t_0 的数据，若 t_0 到 t_s 满足：

$$\sqrt{(x_t-x_{t0})^2+(y_t-y_{t0})^2}\geqslant D \tag{11-11}$$

则判定为机动目标对象处于移动状态，若 t_0 到 t_s 不满足上述状态，则判定为机动目标对象处于静止状态。式中，t_0 为目标对象的初始标志时间点，T_s 为动静态判断的间隔时长，t_s 为 t_0 过 T_s 后的时间点，(x_{t0},y_{t0},z_{t0}) 为目标对象在 t_0 时刻的坐标信息，(v_{xt0},v_{yt}) 为目标对象在 t_0 时刻的速度信息，(x_t,y_t) 为目标对象在 t_s 时刻的坐标信息，D 为目标对象在 t_0 到 t_s 的距离变化量。

(5)智能农机作业前，根据目标在不同道路上的分布情况，计算得到智能农机最优作业路线，警示路线中动态目标离开以及封闭作业路线。判断各段道路是否存在静态目标阻碍智能农机作业，在无静态目标阻碍智能农机作业的道路段中，选出最优作业路径。如图 11-7 所示，分别检测道路 $W_1,W_2,W_3,\cdots,W_9$ 上的目标，结合智能农机作业幅宽，判断各段道路是否存在静态目标阻碍智能农机作业，在无静态目标阻碍智能农机作业的道路段中，选出最优作业路径。W_2 中存在静态目标阻碍智能农机作业，根据作业路径最短，拐弯数量最少的原则确定 W_1,W_4,W_7,W_8,W_9 作为最优作业路径。在确定最优作业路径后，采用红绿灯、电子显示屏和警报铃等警示作业上的动态障碍物离开作业路径，并采用

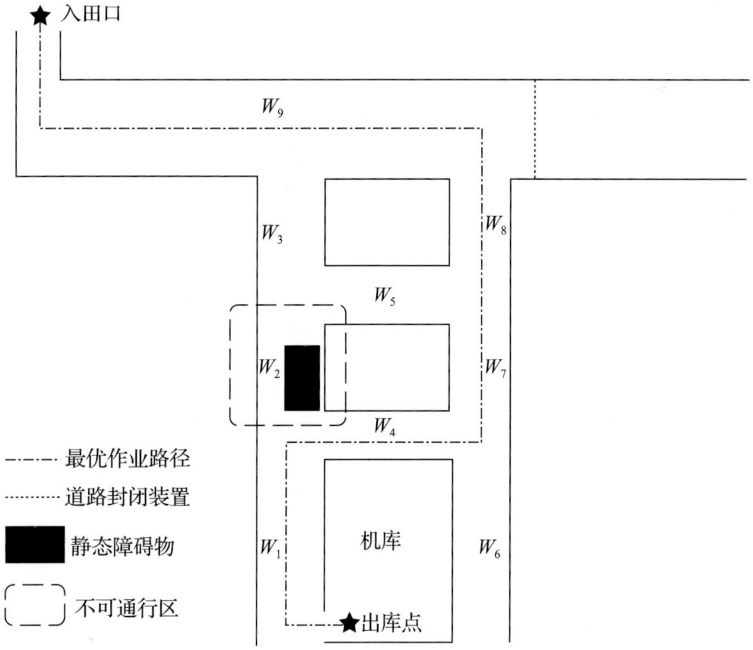

图 11-7　作业路径选择示意图

电动栏杆、电动闸门等封闭作业道路。

（6）智能农机作业过程中，监测智能农机的实际位置与规划路径的偏差，进行安全监管和危险预测。实时检测智能农机与规划路径的偏差，根据不同偏差值对智能农机进行不同的管控措施。情况①：当智能农机偏离作业路径，但未超出作业道路时，给智能农机下发偏差预警信号；情况②：当智能农机偏离作业路径，且准备超出作业道路时，获取智能农机的实时作业参数，根据智能农机的实时作业参数以及作业道路的信息，重新规划路径，下发给智能农机；情况③：当智能农机偏离作业路径，且超出作业道路时，给智能农机下发紧急停车指令；情况④：当有动态障碍物突然进入智能农机的前方时，给智能农机下发紧急停车指令。作业农机通行后，解除区域封闭。农机与道路协同的流程图如图 11-8 所示。

（7）智能农机通行后，解除区域封闭。封闭措施包括采用电动栏杆和电动闸门，警示措施包括采用红绿灯、电子显示屏和警报铃（图 11-9）。

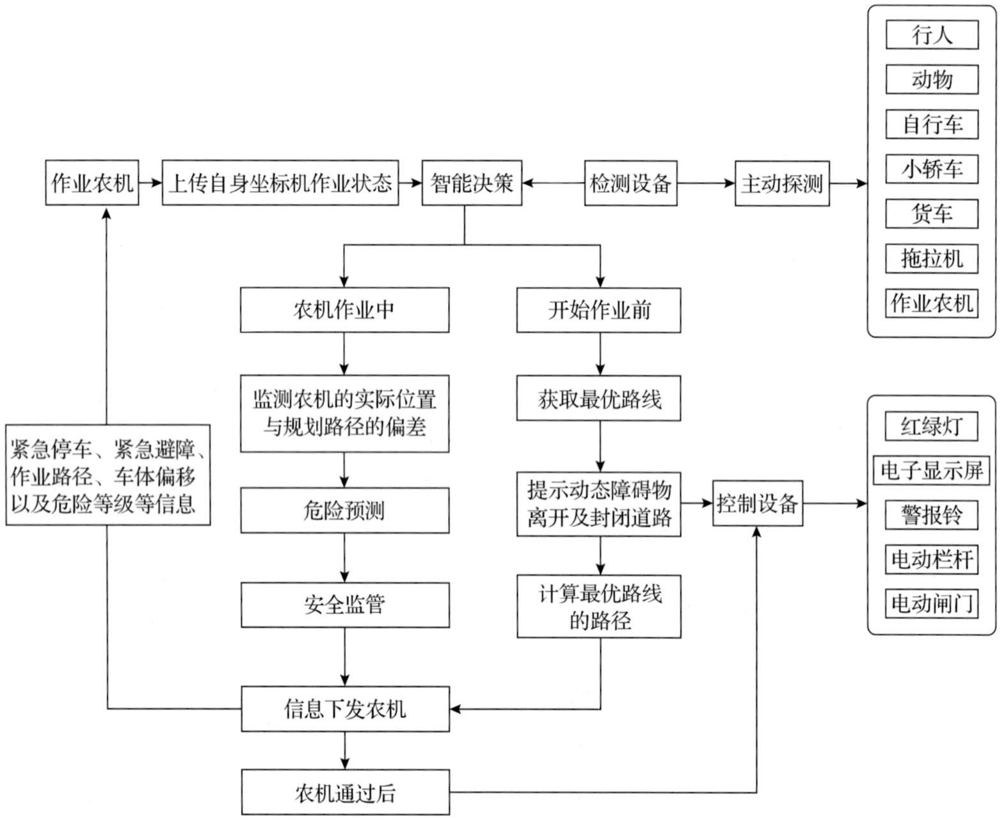

图 11-8　农机与道路协同流程图

11.2.4　碰撞接触

智能农机接触碰撞传感器是一种安装在智能农机外部的设备，主要用于检测智能农

图 11-9　增城水稻无人化智慧农场的路口预警防撞系统

机与周围环境的接触情况。当智能农机与其他物体发生接触时,传感器会立即感知到,并将信号传递给控制系统,使智能农机及时停车或避让,以避免发生碰撞事故。该传感器可采用机械式、压电式或电阻式等原理,通过检测物体与传感器之间的接触力或变形程度,实现碰撞检测。接触碰撞传感器是智能农机被动安全体系的关键组成部分,可有效保护农机和周围环境免受损害。

图 11-10 所示为一款接触传感软垫,主要由缓冲软垫、压力传感器、安装支架以及信号传导线束等零部件组装而成,该接触传感软垫整体安装在智能农机的车头,压力传感器安装在缓冲软垫与安装支架之间,信号传导线束连接压力传感器与主控装置。当障碍物与智能农机的传感接触软垫发生碰撞,产生的压力经过缓冲软垫缓冲后作用至压力传感器,压力传感器将收到的压力转换为相应的电信号,并通过信号传导线束将电信号传输到主控,主控通过该电信号识别到智能农机与障碍物发生碰撞,从而发出断开智能农机主电源的指令,使智能农机立即停车熄火。

以下对碰撞开关的应用场景进行模拟分析,以直观呈现碰撞开关的作用:假设智能农机作业时,主动安全措施因某种原因失效,此时出现障碍物,与智能农机与其的碰撞不可避免。由于智能农机还在运行,发生事故后极有可能继续碰撞,若没有人员在现场处理,智能农机将失控,造成难以挽回的损失。若智能农机上配备了接触碰撞开关,那么碰撞发生时,碰撞力会触发开关,使智能农机停车熄火,从而避免二次事故的发生。接触碰撞开关作为一种被动安全措施,实用性较强,是被动安全体系中极为重要的安全装置,未来或许会成为智能农机必备的一种安全设备。

（a）接触传感软垫正面

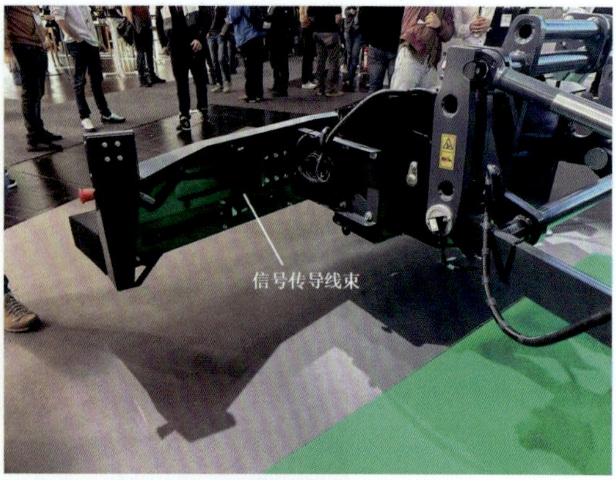

（b）接触传感软垫背面

图 11-10　接触传感软垫

11.2.5　急停避障

急停避障技术主要包括自动紧急制动（AEB）和自动紧急转向（AES）等功能。这些技术能够在检测到潜在碰撞风险时，自动采取制动或转向措施，以避免碰撞或减轻碰撞的严重程度。AEB 系统通过雷达（如激光雷达）、摄像头和超声波传感器等设备，不断采集前方环境数据，并通过数据融合技术生成详细的环境模型。控制单元采用特定算法评估碰撞风险，当检测到潜在碰撞风险时，系统会先向驾驶员发出警告信号，如果驾驶员未能及时反应，系统会自动介入，采取制动措施，减慢或停止车辆以避免碰撞。在某些情况下，如果直接刹停会导致车辆处于更大的安全隐患之中，AES 系统会通过降速后主动变道的方式直接躲避前方障碍物。这种功能在高速突发情况下尤为有效，能够通过测算刹停距离并监测两侧道路情况，综合判断后选择最佳避障方案。急停避障主要用于对动态障碍物的规避。智能决策环节是障碍物避让技术的核心，关键是基于处理后的环境信息和农机设备的自身状态，通过一定的算法和策略，计算出最优的避让路径或避让措施，这些算法和策略包括人工势场法、动态规划法和神经网络算法等。速度规划有以下几种常见的方法。

（1）对路径指定线加速度来生成速度，线加速度可以是某一常数，或由比例-微分控制器来生成。

（2）样条插值　将时间域划分为若干区间，采用速度关于时间的三次样条函数来插值。该方法容易产生加速度变化率较大的问题。

（3）函数拟合　直接用速度关于路径长度的二次多项式来生成速度。

（4）目标时刻点法　先根据对障碍物未来运动状态的预测，在规划路径与时间这两个维度构成的二维图中标记障碍物在未来一段时间内所占据的区域。以目标农机当前车速匀速通过规划路径所需的时间为基准，根据一定原则创建一组目标时刻点，在该二维图中以目标时刻点为目标点搜索产生一组速度规划方案。

(5)QP 算法　该方法引入 S-T 图的概念，将自动驾驶农机的速度规划归纳为 S-T 图上的搜索问题进行求解。S-T 图是一个关于给定局部路径纵向位移和时间的二维关系图，任何一个 S-T 图都基于一条已经给定的轨迹曲线(图 11-11)。根据自动驾驶农机预测模块对动态障碍物的轨迹预测，每个动态障碍物都会在这条给定的路径上有投影，从而产生对于一定 S-T 区域的覆盖。

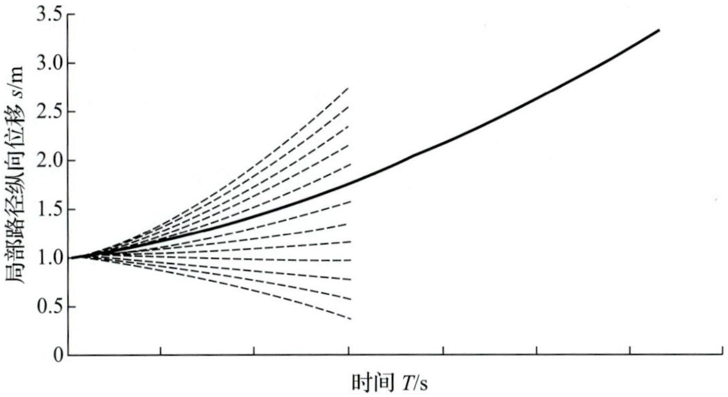

图 11-11　最优局部路径的选择

①障碍物预测。若环境中出现移动障碍物，移动障碍物会在未来某些时刻(t_1，t_2，t_3…)占据已经规划好的路径。如果目标农机仍然以当前车速匀速行驶，可能会在未来的某一时刻与移动障碍物碰撞。图 11-12 所示为障碍物未来轨迹预测示意图。根据移动障碍物当前所处位置($x_{0_{obj}}$，$y_{0_{obj}}$)、速度($v_{0_{obj}}$，$v_{0_{obj}}$)、加速度($a_{0_{obj}}$，$a_{0_{obj}}$)，可以预测经过时间 t 后移动障碍物所处位置($x_{0_{obj}}$，$y_{0_{obj}}$)：

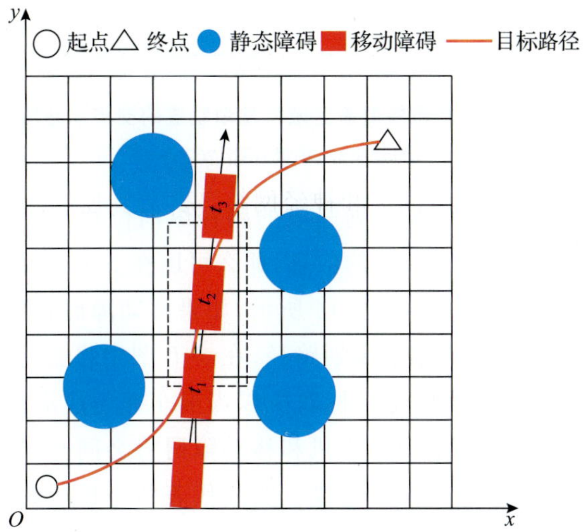

图 11-12　障碍物未来轨迹预测示意图

(图片来源：杨世春等，2020)

$$\begin{cases} x_{t_{obj}} = x_{0_{obj}} + vx_{obj} \times t + \frac{1}{2} \times \mathrm{a}x_{obj} \times t^2 \\ y_{t_{obj}} = y_{0_{obj}} + vy_{obj} \times t + \frac{1}{2} \times \mathrm{a}y_{obj} \times t^2 \end{cases} \tag{11-12}$$

用矩阵表示为：

$$Y = \begin{bmatrix} x_{t_{obj}} \\ y_{t_{obj}} \end{bmatrix}, X = \begin{bmatrix} 1 \\ t \\ t^2 \end{bmatrix}, A = \begin{bmatrix} x_{0_{obj}} & vx_{obj} & \frac{1}{2} \times ax_{obj} \\ y_{0_{obj}} & vy_{obj} & \frac{1}{2} \times ay_{obj} \end{bmatrix} \tag{11-13}$$

得到 t 时刻移动障碍物所处位置后，根据移动障碍物轮廓计算其覆盖区域 Q：$Y \to Q$ 图 11-13 所示为障碍物覆盖区域与规划轨迹的交集示意图。计算 Q 与规划路径 S 的交集 $\triangle S$：$\triangle S = Q \cap S$。那么，$\triangle S$ 与 t 一一对应。

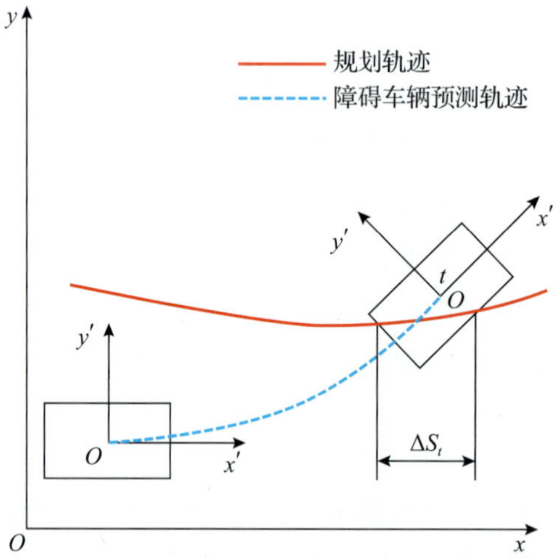

图 11-13　障碍物覆盖区域与规划轨迹的交集示意图

（图片来源：杨世春等，2020）

②S-T 图生成。S-T 图是已经规划完成的路径纵向位移与时间之间的二维关系图（图 11-14）。此前已经获得△S 关于 t 的信息，那么可以在 S-T 图中标记某一时刻 t 在路径 S 上占据的某一段路径△S。如图 11-14 所示，如果移动障碍物经过了规划路径，那么因为移动障碍物在一段时间内占据了规划路径，在 S-T 图中将会有一块覆盖区域。图中 S 为规划路径的长度。虚线代表的是目标农机以当前车速匀速沿规划路径行驶，用时记为 t min。可以发现，在某些时刻，目标农机和移动障碍将会同时出现在期望路径的某一位置，这意味着目标农机将与移动障碍碰撞。实线代表的是目标农机从当前时刻开始以最大加速度加速通过期望路径，用时记为 t min。

③S-T 图栅格化。为了在 S-T 图中进行路径搜索，需要对 S-T 图进行格栅化。根据需要确定采样周期和规划路径的路径点间隔，如图 11-15 所示。从当前时刻开始根据采

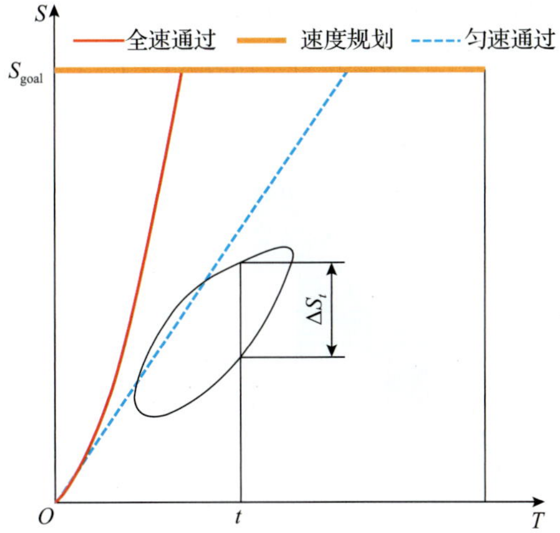

图 11-14　S-T 图

（图片来源：杨世春等，2020）

样周期针对未来某一时刻计算移动障碍物所处位置 Y，Y 为 $1\sim c$ 的自然数，c 的值根据移动障碍物离开规划路径的时刻确定。t_k 与 t_{k+1} 之间的时间差为采样周期。

$$X_k=\begin{bmatrix}1\\t_k\\t_k^2\end{bmatrix},Y_k=\begin{bmatrix}x_{t_k}\\y_{t_k}\end{bmatrix},k\in(1,c)\text{ 且 }k\in N \tag{11-14}$$

$$Y_k=AX_k \tag{11-15}$$

$$Y_k\Rightarrow Q_k \tag{11-16}$$

$$\Delta S_k=Q_k\cap S_{xy} \tag{11-17}$$

最终得到 ΔS_k，ΔS_k 中包含在时刻 t_k 移动障碍物在采样后的期望路径点上的投影。将 t_k 与 ΔS_k 相对应的标记在网格化后的 S-T 图上，此即为 S-T 搜索图。

④创建目标时刻点。创建 S-T 搜索图的目的是为搜索算法提供搜索空间。从 t_a 与 $t_{\min}$ 中选择较小的值记为 $T_{t\min}$，从 $T_{t\min}$ 开始向后等间隔产生一组时刻点，这些时刻点（包括 $T_{t\min}$）用 T_{tr}（$r\in N$ 且 $r\neq 0$）表示，数目由移动障碍在 S-T 图中占据的区域而定。T_{tr} 被称为目标时刻，T_{sr} 的集合记为 TT，TT 称为目标时刻集。同时产生与之数量相匹配的一组 T_{sr}，T_{sr} 的大小与 Sgoal 相等，称为目标路径点，这一组 T_{sr} 的集合记为 T_s，称为目标路径点集。TT 与 T_s 中的元素一一对应，并且对应了 S-T 图上 T_s 线上的一组点，这组点称为目标时刻点。

⑤路径搜索算法。结合上游行为决策输出的信息，速度规划可以灵活设置障碍物体周边的代价（Cost），以达到调整速度方案的目的。当上游决定针对物体 a 进行抢先决策时，在 S-T 图上物体 a 运动路径上方的网格的 Cost 就可以调成偏小。同时，为了避免任何潜在的碰撞，所有动态障碍物体的路径经过网格的 Cost 都需要调大。除此之外，还需

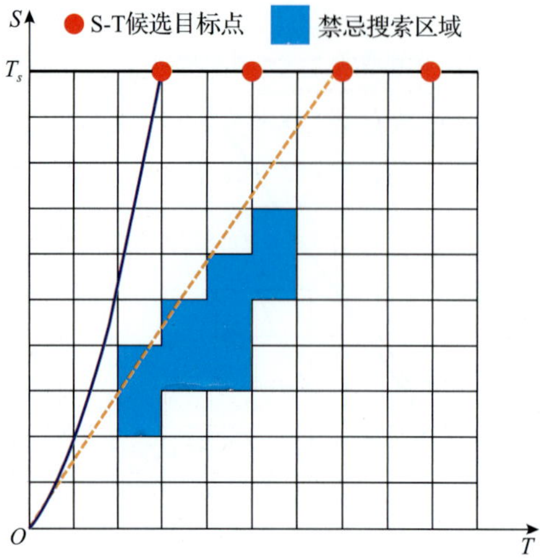

图 11-15　*S-T* 栅格化

（图片来源：杨世春等，2020）

要考虑一条给定速度方案在加速度等方面的 Cost。例如，*S-T* 图上过于“陡峭”的曲线代表加速度大甚至不连续，这样很有可能导致反馈控制模块（Feedback Control）无法实际执行。所以，每条曲线所对应的速度方案均有一个整体的 Cost。实际上根据上游（决策）输出和下游（控制）限制来调整 Cost，是速度规划中的 *S-T* 图算法的关键设置。在设置好 Cost 的基础上，最小 Cost 局部路径的产生可以用类似 A* 或者 Dikstra 等简单搜索算法实现。在得到了最小 Cost 的 *S-T* 路径后，可以简单算出局部路径上任何一个位置对应的速度（对应 *S-T* 图任意点斜率）和加速度（斜率的导数），从而完成速度规划的计算。基于路径搜索算法针对每一个 *S-T* 候选目标点，在 *S-T* 禁忌搜索空间中搜索产生从起点到目标点的路径，如图 11-16 所示。

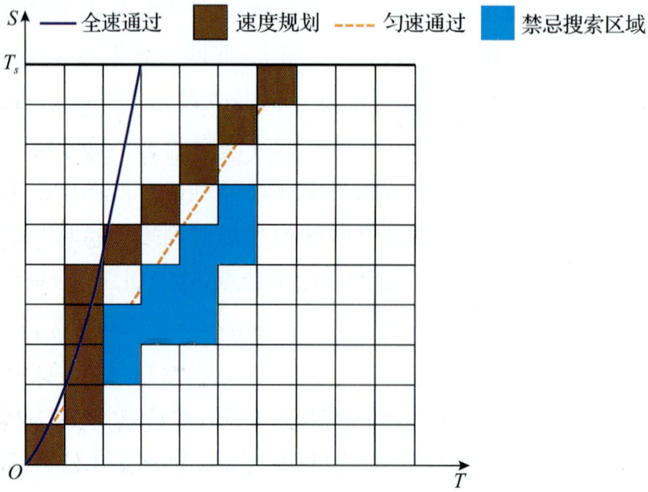

图 11-16　基于路径搜索算法的路径搜索结果

（图片来源：杨世春等，2020）

⑥速度平滑。通过路径搜索算法在 S-T 禁忌搜索图中找到一条从起点到目标点的路径时，由于是对原有 S-T 图进行离散采样，所以得到的路径也是曲折且离散的。为了获得平滑的路径曲线，可以利用多项式回归分析对离散路径点进行拟合，此外，QP 算法也可应用于速度平滑过程。图 11-17 为速度规划轨迹平滑的结果示意图。

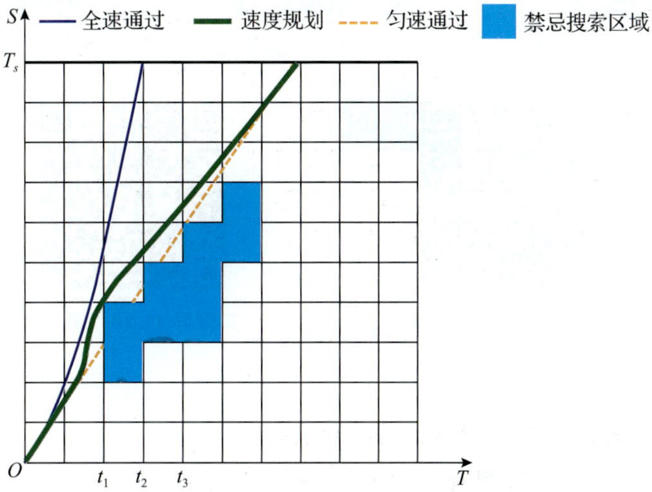

图 11-17　速度规划轨迹平滑结果

（图片来源：杨世春等，2020）

（6）大田无人化智慧农场中智能农机设备的障碍物避让应用实例

①旋耕机智能避让。智能旋耕机作为大田无人化智慧农场中的关键设备之一，通过集成计算机视觉和智能控制技术，可实现对田间障碍物的自主识别和避让。在实际应用中，智能旋耕机能够实时识别出土堆、石块、树桩等障碍物，并自动调整行进路径，确保旋耕工作的连续性和高效性。应用结果表明，旋耕机的智能避让不仅显著提高了作业效率，还大大降低了设备损坏和维修成本。

②无人驾驶拖拉机。无人驾驶拖拉机在大田无人化智慧农场中的应用也越来越广泛。通过集成高精度定位、环境感知和智能控制等技术，无人驾驶拖拉机能够自主完成耕、种、管、收等农业生产任务。在田间作业时，无人驾驶拖拉机能够实时感知周围环境中的障碍物信息，并基于一定的算法和策略，自主调整行进路径或采取避让措施。例如，在遇到树木、电线杆等静态障碍物时，无人驾驶拖拉机能够自动绕行；在遇到行驶的作业车辆或移动的人或动物等动态障碍物时，无人驾驶拖拉机能够采取制动措施，确保作业安全。

③无人机喷雾机。无人机喷雾作为大田无人化智慧农场中的重要内容，通过集成无人机技术和喷雾技术，可实现对农田的精准喷洒。在喷洒过程中，无人机可实时感知周围环境中的障碍物，并自主调整飞行路径和喷洒角度，以确保喷洒的精准度和安全性。例如，在遇到电线杆、树木等障碍物时，无人机能够自动调整飞行高度和速度，避免碰撞；在遇到农田边界或已喷洒区域时，无人机能够自动调整喷洒角度和范围，避免重复喷洒或漏喷。

二维码 11-6　紧急避障　　二维码 11-7　避障 1　　二维码 11-8　避障 2

二维码 11-9　避让 1　　二维码 11-10　避让 2

11.2.6　信息安全

11.2.6.1　信息安全隐患

随着农业机械无人化和智能化程度的不断提升，智能农机的信息安全问题逐渐凸显，和智能农机的主动安全和被动安全同样重要，信息安全是智能农机不断发展过程中的进一步挑战。当前，智能农机在信息安全方面存在的安全隐患主要分为通信安全和数据安全两类。

1. 智能农机内部通信安全

智能农机的 ECU(Electronic Control Unit，电子控制单元)通过 CAN 等网络进行内部通信，攻击者可通过发送大量的错误报文或其他方式来攻击智能农机的 CAN 网络，导致智能农机内部通信故障，ECU 不能正常运作，最终导致智能农机不能正常作业，甚至发生事故。

2. 智能农机远程通信安全

智能农机需连接差分信号才能正常工作。此外，智能农机还需采用 4G 通信技术进行远程通信。差分信号可能存在信号中断等其他异常问题，而 4G 通信则存在通信安全和信号中断等问题。这些问题都会导致智能农机不能正常通信，进而影响智能农机的作业安全。

3. 智能农机数据安全

智能农机作业时会产成大量数据。第一类主要是由传感器直接产生的，用于控制智能农机决策和运动的数据，如智能农机作业时运行参数、农机本身和障碍物位置信息、作业状态以及高精度地图等数据；第二类主要是智能农机与特定平台、基础设施和个人终端等其他通信终端交互时的数据或储存的数据，例如粮食产量等数据。这些数据一旦被攻击者得到，将严重威胁智能农机的信息安全。目前智能农机的很多物理接口和设备暴露在外，例如 OBD 端口、USB 接口、充电端口等，这些接口和外部设备对外部攻击的防御能力较弱，攻击者可通过多种方式侵入智能农机通信网络，对智能农机的安全造成很大威胁。随着智能农机的不断研发，可以预想，智能农机与外部信息交互的接口会越来越多，信息交互的方式也会越来越丰富，信息安全的问题也将更加突出。

11.2.6.2 信息安全保护措施

针对上述问题，可用于保护智能农机信息安全的措施有物理安全防护、网络入侵检测技术、CAN 总线安全协议设计、数据加密技术、差分信号异常解决方案和 4G 通信安全防御机制等。其中，物理安全防护是在外部接口上加装防护罩，作为保护智能农机不被直接攻击的第一道屏障；网络入侵检测技术主要对 CAN 总线通信网络进行监控，检测到系统存在异常行为时将报警；CAN 总线安全协议设计以及数据加密技术则提高系统自身防御力，在面对入侵时有一定的抵抗性，同时保护智能农机作业时机密数据的安全；差分信号异常处理方案则针对差分信号（包括 4G 网络差分）出现信号中断等异常时给出处理方案；4G 通信安全防御机制则保护智能农机与远程终端进行远程通信时的安全。

网络入侵检测技术分为基于特征码的检测和基于异常的检测，基于特征码的检测精度高、误报率低，但应用于车载总线检测会受到很多限制。因此，在智能农机上，基于异常的网络入侵检测技术更为适用，其通用流程如图 11-18 所示。

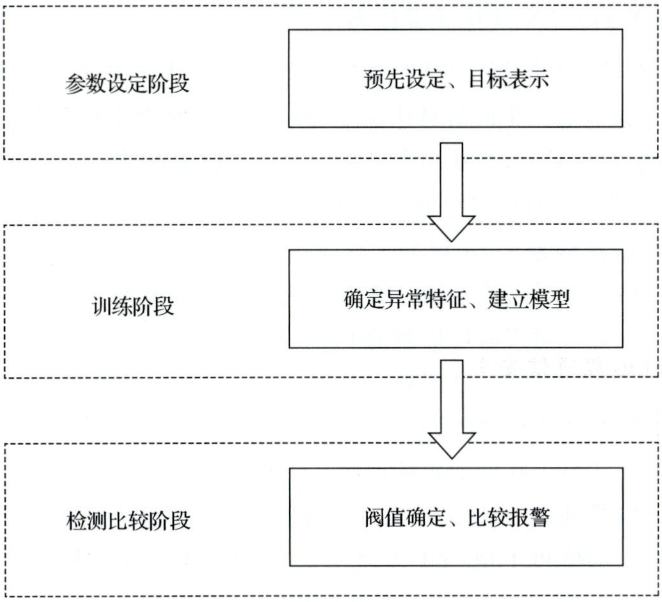

图 11-18 异常检测技术通用流程

异常检测技术主要可分为三类：基于统计的异常检测技术、基于知识的异常检测技术和基于机器学习的异常检测技术。具体类型及优缺点如表 11-2 所示。

表 11-2 异常检测技术的类型及优缺点

技术	子类型	优点	缺点
基于统计	单变量	不需要目标系统的相关经验就可进行观测；准确通知恶意活动	异常行为容易被攻击者训练成正常行为；参数和指标设置较麻烦
	多变量		
	时间序列		
	熵		
基于知识：可用的先验知识和数据	有限状态机	检测具有鲁棒性和可扩展性	难以获取高质量的知识和数据，且耗时
	描述语言		
	专家系统		
基于机器学习	贝尔斯网络	方法多、灵活性高、适应性强	依赖系统对可接受行为的假设；资源的消耗高
	马尔科夫模型		
	神经网络		
	模糊逻辑		
	遗传算法		
	聚类和异常检测		
	决策树		

1. 基于信息熵的 CAN 总线异常检测

将检测智能农机 CAN 总线异常行为的问题放入统计学中进行理解：假设攻击者入侵智能农机 CAN 总线后产生的信息违反了智能农机正常安全作业时信息的统计规律，则可认定当前智能农机 CAN 总线出现异常行为。对智能农机 CAN 总线进行异常检测，应先定义 CAN 总线消息的正常行为，进而确定异常行为，而信息熵正是表示系统中信息不确定度的指标，信息熵越大，系统的不确定度就越大。根据理论分析，可在智能农机 CAN 总线的异常检测中引入信息熵。首先将智能农机正常安全作业时 CAN 总线的报文数据作为样本库；然后对当前待检测的 CAN 总线报文进行数据处理，计算其信息熵；最后将结果与样本库进行比较，进而确定当前 CAN 总线中是否存在异常。异常检测方法可分为两个阶段，具体流程如图 11-19 所示。

(1)样本库标定阶段　在智能农机正常安全作业时，首先采集 CAN 总线中的报文数据，对原始数据进行预处理，统计出单位时间内报文流量、报文自信息等数据；然后根据预处理结果设定熵值、阈值和 T 值；最后完成对 CAN 总线信息熵的样本库标定。

(2)检测阶段　采集当前 CAN 总线报文数据，对待检测的 CAN 总线报文数据进行预处理，计算信息熵值并确定相对距离，然后与标定的样本库进行比较，以检测是否有异常出现，若存在异常，则报警；若没有异常，则确认当前智能农机 CAN 总线未遭受攻击。

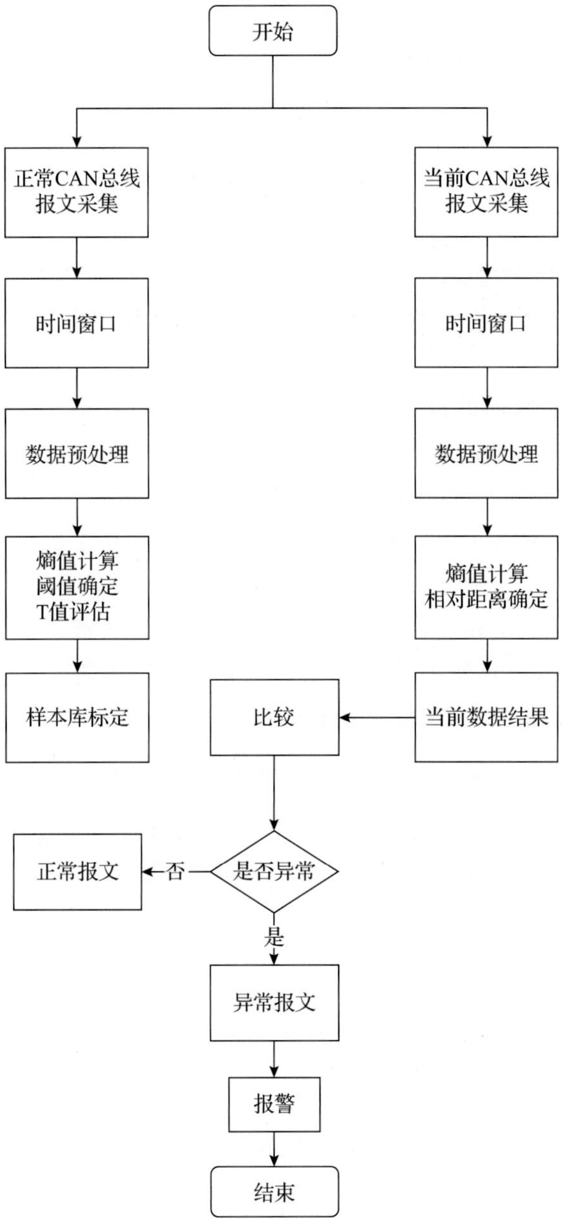

图 11-19　异常检测方法流程图

2. 基于数据加密技术的 CAN 总线安全协议设计

设计 CAN 总线安全协议以保护智能农机的内部通信安全，同时利用数据加密技术对数据进行加密，以保护智能农机作业时的数据安全。CAN 总线网关对传输过来的消息进行初步筛选分类，对智能农机 CAN 总线上的所有 ID 进行安全等级划分，例如启停、加速、转向等必须划分为高等级 ID；对不属于车载消息 ID 表中的消息或虽属于 ID 表中但数量明显异常的消息，直接进行过滤。智能农机 ECU 通过 CAN 总线进行通信，对传输效率和实时性具有很高的要求，因此 CAN 总线安全协议的设计中应利用数据压缩算法，以防止无人农机内部总线数据过载，从而确保 CAN 总线安全通信。利用数据加密算法，如 AES（Adranced Encryption Standard）加密算法，对不同安全等级的消息执行不同的加密算法。CAN 总线数据段长度仅为8 字节，采用 HMAC（Hash-based Messoge Authentication Cocle）算法对不同安全等级的消息分配不同长度的身份认证码。综上，CAN 总线安全协议的设计主要包括四个步骤，如图 11-20 所示。

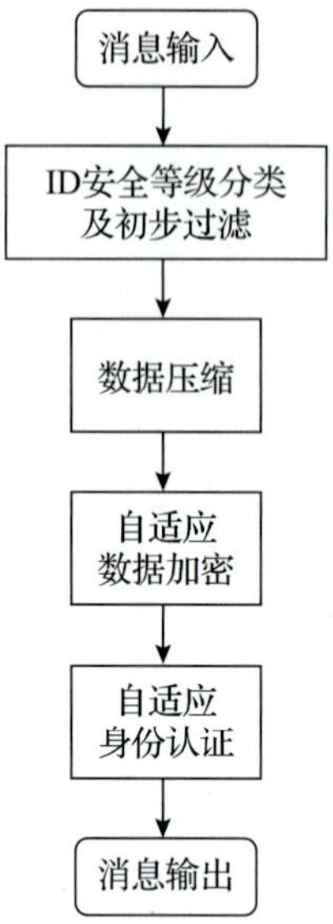

图 11-20 CAN 总线安全协议设计

智能农机 CAN 总线内的报文数据以明文形式传输，若无加密手段，将严重影响智能农机的数据安全。利用加密算法，将智能农机传输的数据按照某种算法、经过特定的运算过程，转变成一段密文，只有输入正确的密钥以及相应的解密过程才能读取原始数据。AES 算法是当前最流行的算法之一。AES 算法为分组密码，每组长度相等，每次加密一组数据，直到加密完整个明文。密钥的长度可使用 128 位、192 位或 256 位，密钥的长度不同，推荐加密轮数也不同，如表 11-3 所示。

表 11-3 AES 算法密钥长度及加密轮数分类

AES	密钥长度（32 位比特字）	分组长度（32 位比特字）	加密轮数
AES-128	4	4	10
AES-192	6	4	12
AES-256	8	4	14

以 AES-128 为例，AES 的加密公式为：

$$C = E(K, P) \tag{11-18}$$

式中：P 为明文，K 为密钥，C 为密文。也就是说，把明文 P 和密钥 K 作为加密函数的参数输入，则加密函数 E 会输出密文 C。

在加密函数 E 中，会执行一个轮函数，并且执行 10 次，该轮函数的前 9 次执行的操作是一样的，只有第 10 次不同。

AES 的处理单位是字节，128 位的输入明文分组 P 和输入密钥 K 都被分成 16 个字节，分别记为 $P=P_0P_1\cdots P_{15}$，$K=K_0K_1\cdots K_{15}$。

例如，明文分组为 $P = abc\cdots op$，其中字符 a 对应 P_0，p 对应 P_{15}。一般，明文分组用字节为单位的正方形矩阵描述，称为状态矩阵。在算法的每一轮中，状态矩阵的内容不断发生变化，最后的结果作为密文输出。该矩阵中字节的排列顺序为从上到下、从左至右依次排列，加密流程如图 11-21 所示，AES 加密过程主要包括字节替代、行移位、列混淆和轮密钥加。解密过程分别为对应的逆操作。由于每一步操作都是可逆的，按照相反的顺序进行解密即可恢复明文。

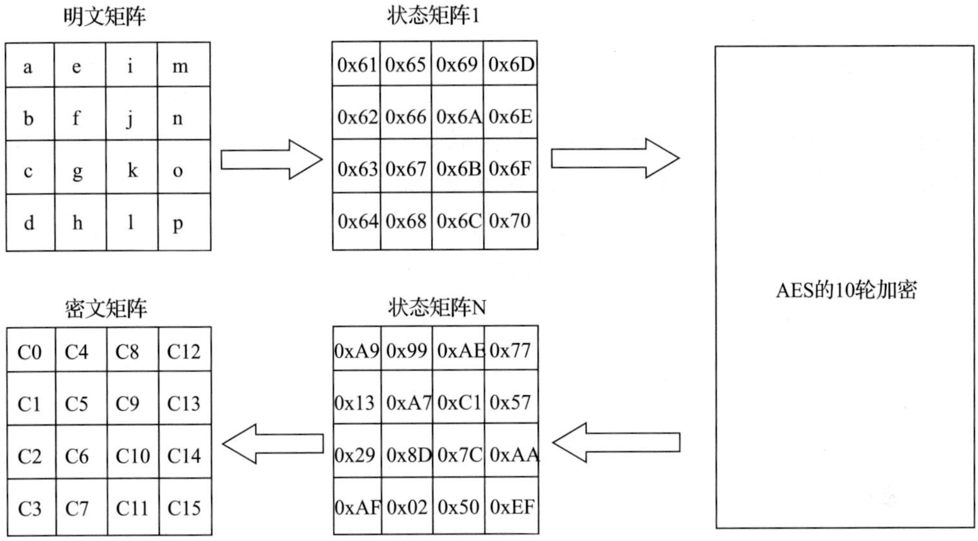

图 11-21　AES 加密过程

3. 差分信号异常解决方案

智能农机的信号系统主要分为地基差分信号和星基差分信号，针对不同差分模式存在的不同异常问题，采取对应的解决方案。电台播发差分数据时，常见的问题主要有：①电台协议不匹配；②电台收发频率、波特率不匹配；③基站信号受到干扰。对于①，可提前设置和调整，或更换合适的电台；对于②，应设置收发频率和波特率为一致，若频率范围不同，可更换电台或基站；对于③，采用网络 RTK 模式来收发差分信号或者调整收发频率。采用网络 RTK 模式收发差分信号时，常见问题主要有：①CORS 无法正常登录；②4G 卡信息经常中断；③无法获取固定解。对于①，应续费或更换 CORS 账号，同时避免同账号多设备使用；对于②，可尝试更换不同服务商的 SIM 卡或改用物联网卡；对于③，需升级 CORS 账户精度。对于星基增强系统长时间达不到高精度的情况，通常的解决方案是先排除硬件系统故障，然后将智能农机移至空旷区域并移除噪声源，关闭 RTK 模式，接通 TCM（terminal control module，终端控制模块）并重新标定设备，最后激活 StarFire 服务。

4. 4G 通信安全措施

采用 4G 通信技术，智能农机可与远程平台实现数据互动，但不法分子也可采取多种攻击手段攻击 4G 通信，如病毒植入、数据截取、窃听攻击、网络协议欺骗攻击和分布式拒绝服务攻击等，严重威胁智能农机安全。

为了确保 4G 远程通信的安全性，必须采取相应安全防护措施，4G 通信安全防御措施主要包括以下四个方面。

(1)完善 4G 无线通信安全协议　主要是加强用户身份认证和数据过滤技术的应用。采用双向身份认证机制或动态数字签名认证,以确保首次访问或再次接入用户的身份信息不会被破解。此外,采用数据过滤和加密技术,对可能存在的危险信息加以筛选,减少安全协议信息量,并对信道实行加密设置,以控制访问权限。

(2)应用防火墙技术和入侵监测系统　利用防火墙技术和入侵监测系统对终端访问记录及操作规律进行监控,监视用户的访问行为。一旦发现异常状况,立刻采取安全措施,并向远程控制平台发送警报,以确保 4G 远程通信的安全性。

(3)更新软件和固件　4G 通信设备的软件和固件可能会存在漏洞,黑客可利用这些漏洞进行攻击。为了保障安全,需及时更新软件和固件,以修补可能存在的漏洞。

(4)加强物理硬件安全防护及安全管理　避免物理攻击,减少物理端口被入侵的可能,全面提升 4G 网络安全系数。通过合理的安全管理,避免人为因素导致的安全问题。

11.3　安全系统设计

11.3.1　安全系统功能设计

大田无人化智慧农场安全技术中的安全系统功能设计是一个综合性的复杂工程,旨在通过高度集成化的信息技术手段,确保农场作业的安全性、高效性和智能化。不仅涉及无人机、无人驾驶农机等智能设备的运用,还涵盖了物联网、大数据、人工智能等多种先进技术,以实现对农场生产全过程的精准监测、智能控制和安全保障。以下介绍大田无人化智慧农场安全技术中的安全系统功能设计。

11.3.1.1　系统概述

大田无人化智慧农场安全技术系统是一个集环境监测、智能作业、安全预警、数据管理与决策支持于一体的综合管理平台,通过集成无人机、无人驾驶农机、物联网传感器、大数据分析及人工智能算法等关键技术,实现对农场生产环境的实时监测、作业任务的智能调度、安全隐患的即时预警以及生产管理数据的深度挖掘与分析,为农场的安全生产提供全方位的技术支撑。

11.3.1.2　系统架构设计

大田无人化智慧农场安全技术系统的架构设计主要分为三个层次:感知层、网络层和应用层。感知层是大田无人化智慧农场安全技术的基础,主要负责数据采集和初步处理。通过部署在农场各区域的物联网传感器(如温湿度传感器、光照强度传感器、土壤水分传感器、虫情监测设备等)以及无人机和无人驾驶农机搭载的各类传感器,实时采集农田环境参数、作物生长状态、病虫害情况以及农机作业状态等信息,这些数据是后续智能分析与决策的重要依据。网络层负责感知层与应用层之间的数据传输与通信。采用无线通信技术，如 WiFi、LoRa(Long Range Radio)、NB-IoT(Narrow Band-Internet of Things)等，以及有线通信技术，如光纤、以太网等，构建农场内部的通信网络，实现数据的实时传输与共享。同时，利用云计算和边缘计算技术，对海量数据进行预处理和分布式存储，提高数据处理效率和响应速度。应用层是大田无人化智慧农场安全技术系统的核心，包括智能控制、数据分析、安全预警和决策支持等多个功能模块。这些模块通过对感知层采集的数据进行深度挖掘与分析，实现农场生产全过程的智能化管理与安全控制。

11.3.1.3 安全系统功能设计

1. 智能监测功能

环境监测：大田无人化智慧农场安全技术系统通过部署在农田的物联网传感器，实时监测农田的土壤温湿度、光照强度和降水量等环境参数，以及大气中的二氧化碳浓度和 $PM_{2.5}$ 等空气质量指标。这些数据通过网络层传输至应用层，经过数据分析模块处理后，以图表和报告等形式呈现给农场管理人员，为农业生产提供科学依据。

作物监测：系统配备有农田作物长势感知系统，通过地面物联网设备对农田作物的冠层 NDVI、生物量、叶面积指数、营养状况和生育期等生长参数进行实时监测。结合作物生长模型，对作物生长和营养情况进行诊断分析，提出适宜的施肥、灌溉等管理建议。

农机监测：在无人驾驶农机上搭载各类传感器，实时监测农机的作业状态、行驶轨迹和燃油消耗等参数，确保农机在作业过程中的安全性和高效性。同时，通过作业监测系统对农机作业类型、时间、质量等数据进行实时采集、汇聚和应用，为农机管理提供数据支持。

2. 智能控制功能

无人机作业控制：无人机作为大田无人化智慧农场的重要执行单元，具有航测、植保和施肥等多种功能。系统通过地面控制站对无人机进行飞行轨迹规划、任务指派、控制和数据交互。无人机搭载高分辨率遥感相机和喷洒设备，实现农田的航测、植保和施肥作业。应用自主飞行技术和高精度定位技术，确保无人机在作业过程中的安全性和准确性。

无人驾驶农机控制：无人驾驶农机通过预设的导航路径和自主驾驶算法，实现耕整、种植、田间管理和收获等作业任务的自动化执行。系统根据农田环境参数和作物生长状态，智能调节农机的作业参数，确保作业质量和效率。同时，通过动态障碍自动避让技术，确保农机在复杂环境中的安全行驶。

3. 安全预警功能

环境异常预警：系统实时监测农田环境参数，一旦发现环境异常(如土壤湿度过高、光照强度不足等)，立即触发预警机制，向农场管理人员发送预警信息。管理人员即可根据预警信息及时调整农业生产措施，避免环境因素对作物生长造成不利影响。

病虫害预警：物联网虫情信息采集设备能够诱捕害虫并拍照上传至智慧平台，通过自动分析识别并监测害虫种类和数量。一旦发现病虫害有暴发趋势，系统立即发出预警信号，并提供相应的防控建议。同时，结合无人机植保功能，实时精准喷洒农药，有效控制病虫害传播。

农机安全预警：无人驾驶农机在作业过程中实时监测农机状态参数（如燃油消耗、发动机温度等），一旦发现异常情况（如燃油不足、发动机过热等），立即发出预警信号并自动停机保护。同时，通过远程监控功能，管理人员可随时掌握农机作业状态，确保农机安全运行。

4. 数据管理与决策支持功能

数据管理：系统采用大数据技术对海量数据进行存储、处理和分析。通过构建数据仓库和数据挖掘模型，实现数据的集中管理和深度挖掘。管理人员可通过系统界面查询历史数据、生成报表和图表等形式的数据分析结果，为农业生产提供决策支持。

决策支持：系统结合人工智能算法和作物生长模型，对农场生产数据进行智能分析。通过预测作物产量、评估生长条件、优化资源配置等方式，为农场管理人员提供科学的决策建议。同时，系统支持多角色用户权限管理，确保数据安全和隐私保护。

将智能农机作业安全体系在水稻直播机上集成一个智能农机作业安全系统，如图 11-22 所示。其中，主动安全系统包括测距感应停车、自动避障绕行和声光报警，被动安全系统包括紧急开关停车熄火、远程控制平台和接触碰撞停车熄火，信息安全系统包括网络入侵检测技术、CAN 总线安全协议和数据加密技术。

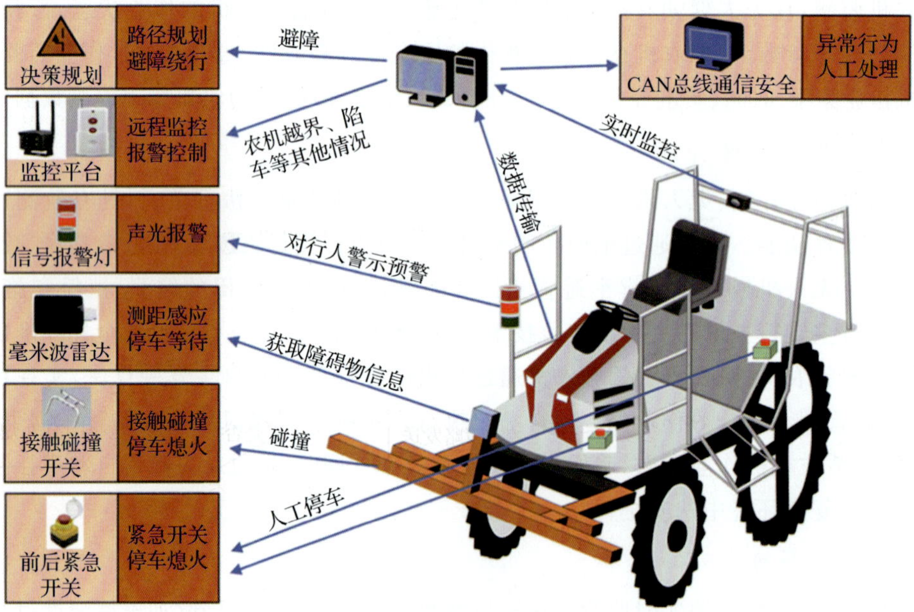

图 11-22 智能农机作业安全系统集成图

系统硬件平台设计：以装有无人驾驶系统的水稻直播机为研究平台，智能农机作业安全系统所需硬件主要包括毫米波雷达、控制器、紧急开关、接触碰撞开关、4G 摄像头、信号报警灯和计算机等。毫米波雷达选用湖南纳雷科技有限公司的 SR73F 毫米波雷达；控制器选用 Nvidia Jetson Nano，其搭载四核 ARM Cortex-A57 CPU 和 128 个 Nvidia Maxwell 架构的 CUDA 核心，具有 4GB LPDDR4 内存和丰富的接口；紧急开关选用施耐德电气有限公司的急停开关；接触碰撞开关用 SolidWorks 设计后加工而成；摄像头选用旗帆公司的 4G 摄像头；信号报警灯选用凯戈特科技公司的 LED 信号报警灯。所有需要供电的设备均由直播机供电。

系统软件平台设计：根据硬件平台设计要求，结合水稻直播机作业安全的实际需要，设计的系统软件总体方案如图 11-23 所示，包括环境感知、决策规划、控制执行、远程控制平台和辅助停车装置。其中，环境感知部分主要采用毫米波雷达采集数据，并将数据传输到英伟达 Nano 进行数据处理；决策规划部分负责完成有效目标确定和动态目标跟踪等工作，生成避障策略和声光报警策略；控制执行部分主要为英伟达 Nano 和直播机自带的无人驾驶系统，负责控制直播机的自动启停和转弯避障等动作，以及将智能农机的姿态、位置、作业环境和检测到的 CAN 总线通信异常行为等信息传输至远程控制平台；远程控制平台接收异常检测结果并实时监控智能农机作业环境；停车辅助装置包括紧急开关停车熄火和接触碰撞停车熄火。

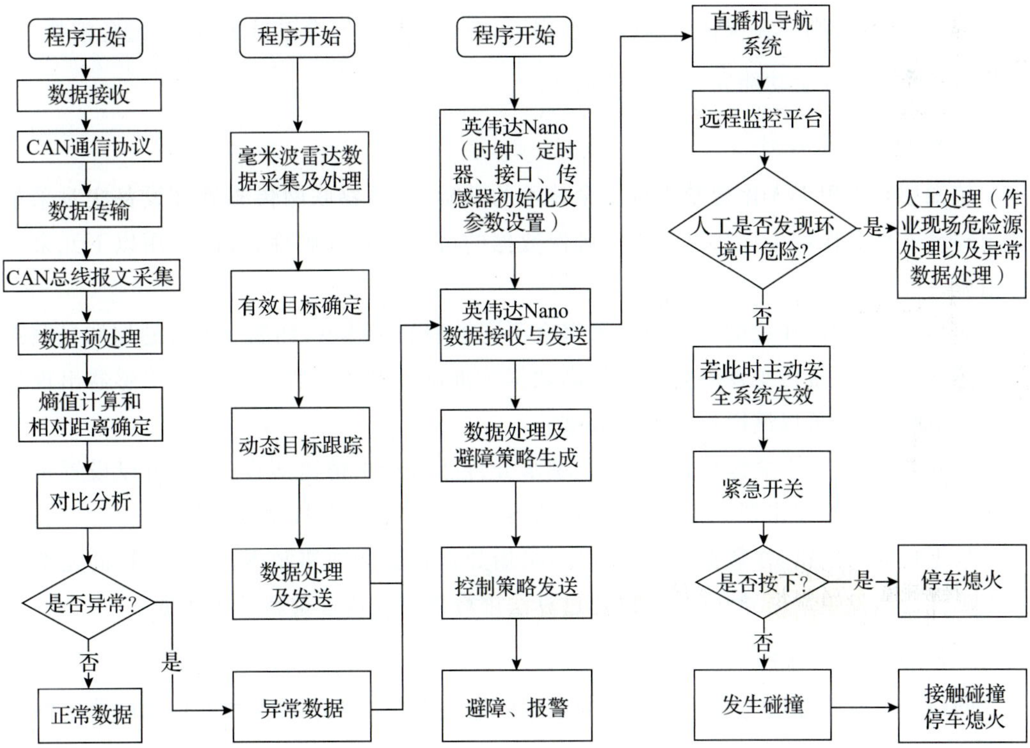

图 11-23　智能农机作业安全系统软件及整体工作流程图

11.3.2　安全功能冗余设计

11.3.2.1　安全功能冗余设计的必要性

在大田无人化智慧农场中，智能设备如无人机、无人驾驶农机等扮演着核心角色，通过物联网、大数据、人工智能等技术实现对农场环境的实时监测和精准作业。然而，这些装备在长时间运行过程中难免会出现故障，如传感器失灵、电池耗尽和通信中断等。一旦主系统发生故障，如果不及时处置，将会导致作业中断，甚至引发安全事故。因此，设计安全功能冗余系统，通过增加备用设备和系统，可以在主系统失效时迅速接管作业任务，确保各项作业的连续性和安全性。

11.3.2.2 安全功能冗余设计的原则

(1)可靠性原则　冗余系统必须具有高可靠性，能够在主系统发生故障时迅速启动并稳定运行。

(2)独立性原则　冗余系统应与主系统在物理和逻辑上保持独立，避免主系统故障对冗余系统的影响。

(3)一致性原则　冗余系统应与主系统保持数据一致性和操作一致性，确保切换过程中作业任务的无缝衔接。

(4)经济性原则　在保证可靠性的前提下，应合理控制冗余系统的成本，避免浪费。

11.3.2.3 安全功能冗余设计的内容

1. 感知层冗余设计

感知层是大田无人化智慧农场安全技术的基础，通过物联网传感器等设备实时采集农田环境参数和作物生长状态。为了确保数据的可靠性和准确性，可以采用以下冗余设计措施。

多传感器融合：在关键监测点部署多个不同类型的传感器，如温湿度传感器和光照强度传感器等，通过多传感器融合技术提高数据的准确性和鲁棒性。当某个传感器出现故障时，其他传感器可以继续提供有效数据。

传感器备份：对于关键传感器，如土壤水分传感器和虫情监测设备等，可以设置备份传感器。当主传感器出现故障时，备份传感器可以立即启动并接替其工作。

数据校验与纠错：在数据传输过程中，采用数据校验和纠错技术，确保数据的完整性和准确性。当发现数据异常时，可以通过算法进行修正或请求重新发送数据。

2. 网络层冗余设计

网络层负责感知层与应用层之间的数据传输与通信。为了确保数据传输的稳定性和可靠性，可以采用以下冗余设计措施。

多网络通道：建立多条数据传输通道，如 WiFi、LoRa、NB-IoT 等，确保在主通道出现故障时，备用通道可以迅速接管数据传输任务。

数据备份与恢复：在网络层设置数据备份服务器，实时备份传输的数据。如发生数据丢失或损坏，可以从备份服务器中恢复数据。

加密与认证：采用加密技术和认证机制，确保数据传输过程中的安全性和可靠性，防止数据被非法截获或篡改。

3. 应用层冗余设计

应用层是大田无人化智慧农场安全技术系统的核心，包括智能控制、数据分析和安全预警等多个功能模块。为了确保应用层的稳定性和可靠性，可以采用以下冗余设计措施。

多服务器架构：采用主备服务器架构或多服务器集群架构，确保在主服务器出现故障时，备用服务器或服务器集群可以迅速接管业务处理任务。

软件容错技术：在软件开发过程中，采用容错技术，如异常处理、错误恢复等，确保在软件出现错误时能够自动恢复或提示用户进行干预。

备份与恢复策略：制定详细的数据备份和恢复策略，包括定期备份、增量备份、全量备份等，确保在数据丢失或损坏时能够迅速恢复。

4. 农机装备冗余设计

在大田无人化智慧农场中，农机装备是完成作业任务的关键。为了确保农机装备的稳定性和可靠性，可以采用以下冗余设计措施。

备用农机装备：为关键农机装备设置备用设备，当主设备出现故障时，备用装备可以迅速接管作业任务。

装备自检与故障预警：在农机装备上安装自检系统和故障预警系统，实时监测装备的运行状态和性能参数。一旦发现异常情况，立即发出预警信号并提示用户进行检修。

远程监控与诊断：通过远程监控平台对农机装备进行实时监控和故障诊断。当发现装备故障时，可以通过远程操作指导用户进行检修或派遣技术人员前往现场处理。

11.3.2.4 安全功能冗余设计的实施步骤

(1)需求分析　根据大田无人化智慧农场的实际需求，明确需要哪些安全功能冗余设计。

(2)系统设计　根据需求分析结果，设计安全功能冗余系统的总体架构和详细方案。

(3)装备选型与采购　根据系统设计要求，选择合适的装备和材料，并进行采购。

(4)系统部署与调试　将装备和材料部署到大田无人化智慧农场中，并进行系统调试和测试。确保各个模块之间的协同工作和数据传输的稳定性。

(5)培训与指导　对农场管理人员和技术人员进行系统培训和指导，使其能够熟练掌握系统的操作和维护方法。

(6)优化与升级　根据系统运行情况和用户反馈，定期优化和升级安全功能冗余系统，确保其性能和可靠性。

11.3.3 安全规范

大田无人化智慧农场安全技术中的安全规范是确保农场作业安全、高效运行的关键，涵盖了从农机操作、人员管理、环境监测到应急处理等多个方面，旨在通过标准化、系统化的管理，降低事故风险，提升农场整体的安全水平。按照 GB/T29639—2020 的要求编制应急预案，确保应急工作的可操作性。

11.3.3.1 农机操作安全规范

1. 无人机操作规范

操作人员资质：操作无人机的人员必须持有相应的操作许可证，并经过专业培训，确保具备安全操作的能力。

飞行前检查：每次飞行前，操作人员需对无人机进行全面检查，包括机体结构、电池电量、传感器状态和通信设备等，确保无人机处于良好状态。

飞行环境评估：评估飞行区域的天气条件、障碍物分布和电磁环境等，确保飞行安全。避免在雷雨、大风和雾霾等恶劣天气下飞行，同时远离高压线和信号塔等电磁干扰源。

飞行区域限制：严格遵守飞行区域限制，避免在禁飞区、人口密集区和军事敏感区等区域飞行。飞行前，应向当地相关部门申请飞行许可，确保合法合规。

飞行高度与速度控制：根据作业需求和安全要求，合理设置无人机的飞行高度和速度。一般，飞行高度应控制在 30 m 以内，速度不宜过快，以避免碰撞和坠落风险。

2. 无人驾驶农机操作规范

操作人员培训：操作无人驾驶农机的人员需经过专业培训，掌握机器的工作原理、操作方法和安全注意事项。

作业前检查：作业前，对农机进行全面检查，包括发动机、传动系统、转向系统和制动系统等关键部件，确保农机处于良好状态。

作业环境评估：评估作业区域的地形、作物种类和病虫害情况等因素，制定合理的作业方案。避免在陡峭、泥泞、有障碍物等不利条件下作业。

安全距离保持：在作业过程中，保持农机与周围人员、动物和建筑物等的安全距离，防止发生碰撞和伤害事故。

避障系统安装：无人农机在机耕道行驶时应加装避障系统，农机作业区域内应设有电子围栏。

异常排障：作业时发现机器运转不正常或其他故障，应立即停机检查，排除故障。

11.3.3.2 人员管理安全规范

1. 工作人员行为规范

身体条件要求：操作人员应保持良好的精神状态，不得在饮酒、疲劳、服用药物或身体不适等情况下操作机器。

个人防护装备：操作人员应佩戴齐全的个人防护装备，如安全帽、防护眼镜和反光背心等，以提高作业安全性。

紧急应对能力：操作人员应具备基本的紧急应对能力，如遇到突发情况时能够迅速切断动力源、启动应急程序等。

2. 团队协作与沟通

明确职责：在团队作业中，应明确各成员的职责分工，确保任务有序进行。

有效沟通：团队成员之间应保持有效的沟通，及时传递作业信息、反馈问题并提出建议。

协同作业：在协同作业中，各成员应相互配合、相互支持，共同完成作业任务。

11.3.3.3　环境监测与预警

1. 环境监测

实时监测：利用物联网技术实时监测农场环境参数，如温湿度、光照强度和土壤水分等，为精准作业提供数据支持。

数据分析：对监测数据进行深度分析，掌握农场环境的变化趋势和规律，为决策提供依据。

2. 预警系统

建立预警机制：根据监测数据和历史经验，建立科学的预警机制，对可能出现的风险进行预警。

制定应急预案：制定详细的应急响应预案，明确应急响应流程和措施。在接到预警后，迅速启动应急响应程序，采取有效措施降低风险。

11.3.3.4　农药使用安全规范

1. 农药选择与配置

选择合格农药：根据作物种类和病虫害情况，选择符合国家标准、高效低毒的农药。

规范农药配置：按照农药使用说明书规范配置农药，避免农药之间发生化学反应或产生药害。

2. 农药喷洒安全

喷洒前检查：喷洒前，对喷洒设备进行全面检查，确保设备处于良好状态。

喷洒作业：喷洒作业中，严格遵守操作规程和安全要求，确保农药喷洒均匀、无遗漏。

防护措施：操作人员应佩戴好口罩、手套等防护用品，避免农药直接接触皮肤和眼睛。

3. 农药废弃物处理

集中回收：将废弃的农药包装瓶和包装袋集中回收，不得随意丢弃造成环境污染。

安全处理：将废弃农药包装物送至指定的处理点进行安全处理，防止农药泄漏和扩散。

11.3.3.5　应急处理与救援

1. 应急预案制定

制定应急预案：根据农场实际情况和潜在风险点制定详细的应急预案，明确应急响应流程、救援措施和责任人等。

组织应急演练：定期组织应急演练活动，提高员工的应急响应能力和自救互救能力。

2. 应急处理

迅速响应：在发生突发事件时，立即启动应急预案并迅速响应。

现场处置：根据事件类型和性质采取相应的现场处置措施，如切断电源、疏散人员、控制火源等。

信息报告：及时向上级部门和相关部门报告事件情况并请求支援。

3. 救援与恢复

救援行动：在救援行动中，确保救援人员的人身安全并尽可能减少损失。

恢复生产：在事件得到妥善处理后及时恢复生产活动，并总结经验教训以改进工作。

大田无人化智慧农场安全技术中的安全规范是确保农场作业安全、高效运行的重要保障。通过制定和实施这些规范，可以有效降低事故风险，提升农场整体的安全水平。

参考文献

[1] 王瑞. 无人农机障碍物检测与局部路径规划研究[D]. 江苏：江苏大学，2021.

[2] 叶纯键. 无人农机作业安全系统的研究[D]. 广州：华南农业大学，2023.

[3] 胡炼，李伟聪，何杰，等. 一种无人化农场智能农机安全作业机路协同方法[P]. 广东省：CN202211308690.8，2023-02-03.

[4] 杨世春、曹耀光、陶吉. 自动驾驶汽车决策与控制[M]. 北京：清华大学出版社，2020.

[5] 甄先通，黄坚，王亮. 自动驾驶汽车环境感知[M]. 北京：清华大学出版社，2020.

[6] 罗锡文，廖娟，胡炼，等. 我国智能农机的研究进展与无人农场的实践[J]. 华南农业大学学报，2021，42(6)：8-17，5.

[7] 尹彦鑫，孟志军，赵春江，等. 大田无人农场关键技术研究现状与展望[J]. 智慧农业(中英文)，2022，4(4)：1-25.

第 12 章

大田无人化智慧农场应用

12.1 英国哈珀·亚当斯大麦无人化智慧农场实践（Hands Free Hectare project）

2015 年，英国哈珀·亚当斯大学（Harper Adams University）工程系的 Kit Franklin 和 Jonathan Gill 最早提出了“无人作业农场”的构思。随后，由哈珀亚当斯大学牵头，HFH 项目（Hands Free Hectare project）在英国精准决策公司（Precision Decisions Ltd.）的支持下于 2016 年 10 月正式启动，旨在没有农艺师和农机驾驶员直接参与下完成 1 hm^2 面积大麦生产的所有作业环节。该项目最先对一台井关拖拉机进行了无人驾驶改造，并在 2017 年 4 月 25 日成功完成了该农场首个自主作业任务——采用 SimTech 条播机播种春大麦。2017 年 9 月成功完成了一个完全自主的种植周期，包括春大麦收获，这实现全球首创，是自动化农业的重要里程碑。第二年的冬小麦种植中，通过改进自动化拖拉机，增加了远程启动，更改了控制系统功能，使拖拉机和联合收获机能够同时运行并在移动中卸粮。

该项目采用自动驾驶拖拉机、无人机和其他自动化装备成功实现了大麦无人化智慧生产，展示了大田无人化智慧农场的可行性，为未来智慧农场的建设提供了重要的技术参考（图 12-1）。

12.2 广东增城水稻无人化智慧农场

12.2.1 项目背景

华南农业大学增城教学科研基地位于广州东部，西依增江，北接从化区，南邻增城市中心，东与东莞市相望。地理坐标为东经 113°30′12″～113°45′36″，北纬 23°10′09″～23°25′15″之间，属于南亚热带季风气候区，年平均气温约为 22 ℃，无霜期长达 350 d 以上；年降水量充沛，平均约 1 600 mm；年日照时数超过 2 000 h。基地土地集中连片，土壤肥沃，主要由河流冲积物和风化残积物构成，地势平缓，生态环境优良，周边 30 km 内无任何工业污染，为作物生长提供了丰富的自然资源与环境。

（a）预整理——打除草剂

（b）春大麦播种

（c）机器人巡田

（d）春大麦收获

（d）收获前测大麦含水率

（e）春大麦收获

（f）冬小麦播种

（j）冬小麦收获

图 12-1　HFH 项目

华南农业大学集成相关的智能农机装备，创建了全球首个水稻无人化智慧农场。增城水稻无人化智慧农场主要推行“稻—稻—油”模式，2020 年的中稻试验面积为 1.87 hm^2，2021 年的早稻和晚稻试验面积为 3.33 hm^2（图 12-2 和图 12-3）。

图 12-2　2 台收获机和 1 台运粮车协同作业

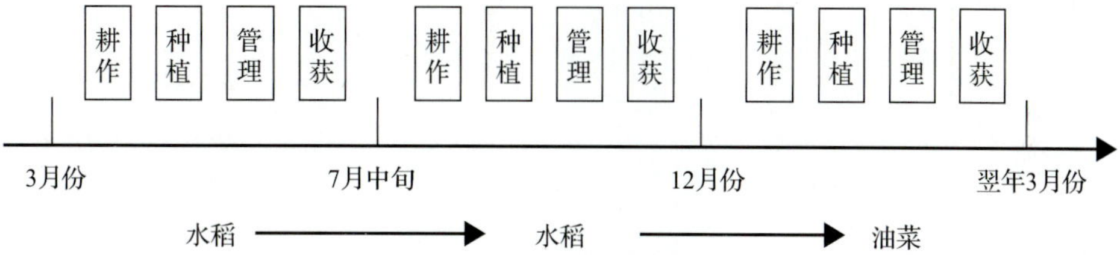

图 12-3　“稻—稻—油”轮作模式

12.2.2　无人化精准平整

12.2.2.1　精准平整

如图 12-4 所示，增城水稻无人化智慧农场共有 5 块水田，总面积约 80 亩。

图 12-4　增城水稻无人化智慧农场农田地形基本情况

采用北斗水田精准平地机进行精准平整作业。平整前田块的整体色彩差异大，表明高差显示明显，采用精准平地机粗平后，田块的色彩差异减小，高差逐渐减少，细平后的田块基本无明显色差，高差较为平均。改造前后的农田平整度改善效果如图 12-5 和图 12-6 所示。

12.2.2.2 精准旋耕

采用无人驾驶旋耕机进行旱旋耕（图 12-7），直线行驶横向误差不超过 2.5 cm，田头转弯对行误差不超过 3.0 cm。作业质量好、作业效率高，作业效率可达到 1.33 hm^2/h。

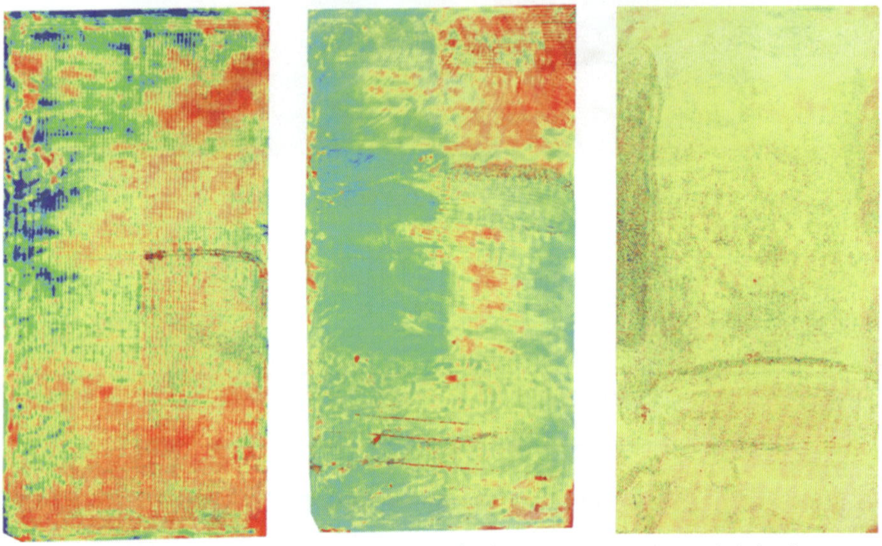

（a）平整前　（b）粗平　（c）细平

图 12-5　农田改造效果

图 12-6　农田平整度实际改善效果

图 12-7　无人驾驶旋耕机

12.2.2.3 精准种植

精量旱直播（图 12-8）是华南农业大学近 10 年来在国内广泛推广的一种轻简栽培技术，在新疆采用精量旱直播技术的水稻产量超过 15 000 kg/hm^2。采用无人驾驶水稻精量旱直播机将水稻干种或浸泡 24 h 后的湿种（不催芽）直接播在播种机开出的播种沟中并覆土（2 cm 左右），然后上水 5～10 cm。数日后，待水自然落下后，稻种吸饱了水，土壤湿润，稻种扎根出苗情况非常好。

图 12-8　无人驾驶旱直播机

12.2.2.4　精准管理

在水稻生产前期采用无人机施肥和施药。作业前先用无人机获取水稻生长的养分胁迫和病虫害情况，然后制定施肥和施药处方图，实现精准对靶喷施（图 12-9 和图 12-10）。在水稻生长中后期，采用无人驾驶高地隙喷杆喷雾机（地隙 1 m、喷幅 12 m），雾化效果好，作业效率高（图 12-11），实现了精准喷雾，“不重不漏”。

图 12-9　变量施肥处方图

图 12-10　变量施肥无人机

图 12-11　高地隙喷杆喷雾机施药

12.2.2.5　精准收获

二维码 12-1
华南农业大学水稻
无人化智慧农场

华南农业大学研制成功 2 种无人驾驶主从收获模式：第 1 种为跟车卸粮模式，作业时无人驾驶运粮车与无人驾驶收获机并行，在直线段卸粮，直线行驶时收获机和运粮车横向位置误差不超过 5 cm，纵向位置误差不超过 10 cm，可保证收获机准确地将稻谷卸至运粮车中。第 2 种为等待卸粮模式，无人驾驶收获机在田中收获时，无人驾驶运粮车在田边等待。收获机粮仓快满时，通过云端服务器向运粮车发出卸粮通知，运粮车随即自动行驶至收获机旁，收获机准确地将收获的稻谷卸至运粮车中（图 12-12）。卸粮后，收获机继续收获，运粮车粮仓装满后自动行驶至田边，将稻谷卸至运粮卡车中，运粮卡车再将稻谷运至干燥中心。在增城水稻无人化智慧农场的收获中，采用第 2 种模式，即等待卸粮模式。

图 12-12　无人驾驶收获机向运粮车卸粮

12.2.3 建设成效

增城水稻无人化智慧农场种植试验从 2020 年 5 月 3 日开始旋耕，至 8 月 30 日收获，历时 120 d，实现了水稻生产耕种管收全程无人作业。水稻无人化智慧农场的稻谷产量高于当地的平均产量，表明了其巨大的发展潜力。2021 年早稻生产采用优质丝苗米品种 19 香，产量达 9 943.35 kg/hm^2，高于当地的平均产量 7 500 kg/hm^2。水稻无人化智慧农场实现了耕种管收生产环节全覆盖、机库田间转移作业全自动、自动避障异况停车保安全、作物生长过程实时全监控和智能决策精准作业全无人 5 个功能。

水稻无人化智慧农场极大地提高了农业生产效率，全程无人化作业有效缓解了农村劳动力短缺的问题，使得农民可以从繁重的体力劳动中解放出来，有更多时间和精力投入到其他增值活动中，如学习新技能、发展副业或参与乡村治理，从而促进了农民收入的多元化和增长。其次，水稻无人化智慧农场技术的应用推动了农业可持续发展。精准施肥和精准施药减少了化肥、农药的过度使用，保护了生态环境，降低了农业面源污染的风险，为应对全球气候变化和资源紧张挑战提供了可行的解决方案。再者，水稻无人化智慧农场的示范效应显著，激发了社会对智慧农业的关注和投资热情，促进了农业科技的创新与应用。作为现代农业的标杆，引领了农业产业升级的方向，为传统农业向现代农业转型提供了宝贵经验和示范路径，有助于加速农业现代化进程。此外，水稻无人化智慧农场还增强了农业生产的抗风险能力。面对自然灾害、病虫害等不确定因素，无人系统能够迅速响应，采取预防措施，减少损失，保障粮食安全。

综上所述，水稻无人化智慧农场不仅在生产效率和作物产量上取得了显著成效，更在促进农民增收、保护生态环境、推动农业科技创新、引领产业升级以及增强农业抗风险能力等方面产生了广泛而深远的社会效益，为构建现代农业体系、实现乡村振兴战略目标贡献了重要力量，对维护国家粮食安全、增强农业国际竞争力具有重要意义。

12.3 湖南大通湖再生稻无人化智慧农场

12.3.1 项目背景

大通湖区地处湘中偏北、洞庭腹地，东临漉湖，南连沅江市，西北与南县、华容县毗邻，位于东经 112°15′28″～112°42′02″和北纬 29°01′19″～29°19′16″之间，属中亚热带向北亚热带过渡的大陆性季风湿润气候区，年平均气温 16.5 ℃，无霜期 264 d；年均降水 1 240.8 mm；年均日照 1 643.3 h，年均太阳辐射总量 105.1 cal/cm^2。全区土地面积 379.08 km^2，地形为典型的洞庭湖冲积平原，区内的湖泊、水面、沟渠纵横交错。土壤成土母质为河湖沉积物，地势低洼平坦，地面海拔高程 24～32 m。

宏硕再生稻无人化智慧农场项目建设地点位于湖南益阳市大通湖区千山红镇，总面积 1 118 亩，核心面积 350 多亩（图 12-13）。区内种植方式以“稻—再—油”轮作为主（图 12-14），土地集中连片，周边 50 km 内无工业污染企业，无重金属污染。

图 12-13 大通湖再生稻无人化智慧农场

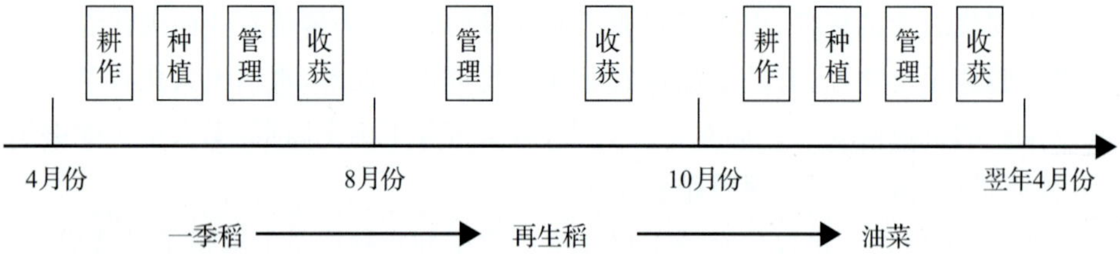

图 12-14 “稻—再—油”轮作模式

12.3.2 无人化作业

12.3.2.1 土地整治

1. 基本情况

2023 年 2 月 17 日，采用 Phantom 4 RTK 无人机对农田进行航测并建图。如图 12-15 所示，农场共有 15 块水田，由北向南依次编号为 1～15 号。每条水田被分隔成 3 块，由西向东依次编号为 A、B、C。总面积约 264 亩，每小块约 6 亩。各田块的编号及其平均高程（单位：m）如图 12-15b 所示。从平均高程可以看出，各田块的高程差异较大。

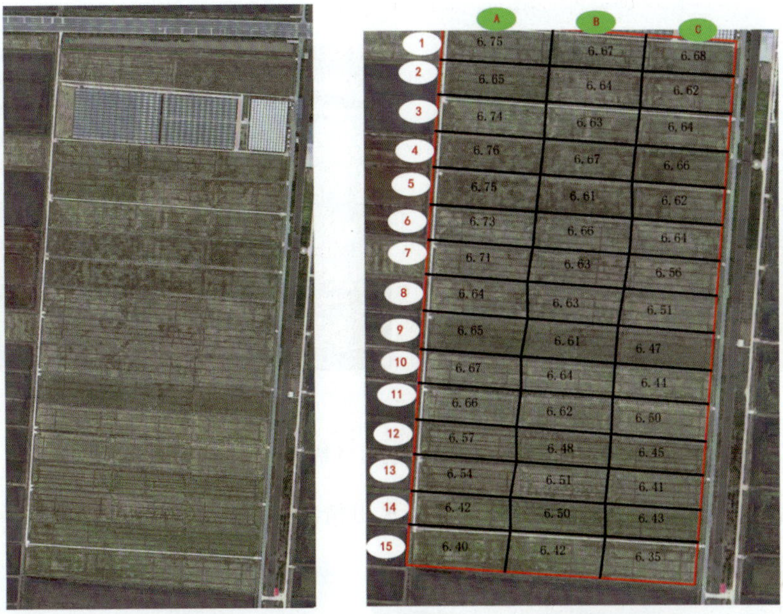

（a）农场实景图　　（b）各田块地形平均高度

图 12-15　大通湖再生稻无人化智慧农场农田地形基本情况

2. 机耕道与农田整理

农田机耕道沿用现有道路，对下田口进行改造，改造方案如图 12-16a 所示。宽度设计为 2.5 m，路面材料选择耐磨且承重能力强的钢筋混凝土。同时，设置清晰的交通标识和指示，确保农机驾驶员能够驾驶农机安全通行。结合田块相邻分布的特点，连接相邻的下田口道路，如图 12-16b 所示。

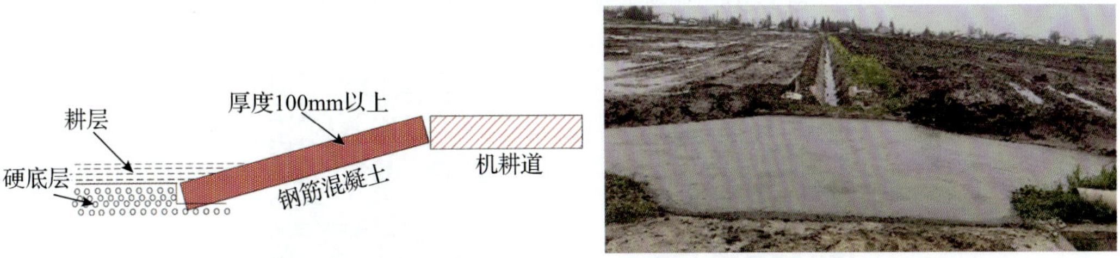

（a）下田口改造方案　　（b）下田口改造后实际情况

图 12-16　下田口改造

除了 8、9 和 10 号田的整体高差超过 30 cm 外，其余田块的高差均小于 20 cm。通过旋耕机械铲除各田块内的田埂，将各田块内的 3 个小田块合并，并进行精准平整。针对 8、9 和 10 号田的高差问题，采用推土机进行土方搬运，如图 12-17a 所示。推土机搭载的北斗平地系统利用北斗高精度定位技术，实时显示铲底相对基准的高度，精准引导操作人员进行作业，动画显示直观高效，推土作业后的地形情况如图 12-17b 所示。

（a）推土作业　　（b）推土作业效果

图 12-17　北斗平地系统引导精准平地机作业

如图 12-18 所示，推土完成后，采用北斗水田精准平地机进行精准平整作业。

（a）平整作业　　（b）平整作业效果

图 12-18　北斗平地系统引导精准平地机作业

二维码 12-2　大通湖旋耕　　维码 12-3　大通湖激光平田

改造前后的农田平整度改善效果如图 12-19 所示。

12.3.2.2　精准耕整

水田采用旱地/水田整地技术，选用无人驾驶 954 拖拉机配 2.3 m 旋耕机进行旋耕。无人驾驶旋耕机具备电机/电液转向、动力换挡/换向、电控液压提升、耕深自动调节和电控离合等功能，作业时自动控制机具升降。耕整作业时拖拉机前进速度不低于 1 m/s，旋

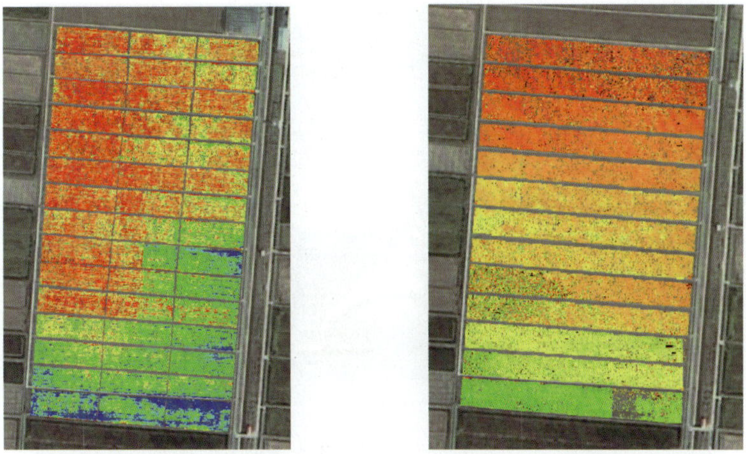

（a）改造前　　（b）改造后

图 12-19　农田改造效果

耕 2 遍以上。

农场管理人员通过农机管理云平台远程监控无人驾驶旋耕机的管理信息、卫星定位和作业轨迹等。作业前，进行设备检查和必要的维护，确保旋耕机处于良好的工作状态。采用 GIS（地理信息系统）软件和高精度地图，规划旋耕机的作业路径，确保覆盖所有需要耕作的区域，同时避开障碍物。操作人员通过远程控制启动旋耕机。旋耕机采用北斗卫星导航系统定位，确保按照预设路径行驶。对土壤进行翻耕和破碎。完成指定区域的耕作后，旋耕机自动返回起点或指定位置。作业结束后，系统自动生成作业报告，包括耕作面积、深度和速度等关键数据，供农场管理者参考。

如图 12-20 所示，直线行驶横向误差不超过 2.5 cm，调头对行误差不超过 3.0 cm。

**二维码 12-4
大通湖旋耕**

12.3.2.3　精准种植

根据当地种植习惯和气候因素，选用插秧方式，采用洋马 YR90D 插秧机改装的无人驾驶水稻插秧机进行作业，采用北斗卫星导航系统进行定位和导航，同时，根据预先设定的插秧参数，如株距、行距和插秧深度等，控制插秧机构精准作业。

插秧前，选择合适的秧苗，一般采用毯状秧苗或钵体秧苗。秧苗的质量要好，根系发达、无病虫害、秧龄合适。

在田间作业时，通过北斗卫星定位系统对田块进行边界识别和路径规划。无人驾驶插秧机根据田块形状自动规划出最佳的插秧路径，直线行驶的横向误差不超过2 cm，调头对行的误差不超过 2.5 cm。水稻精量穴直播机作业时，采用北斗卫星导航系统对田块进行边界识别与路径规划，设置好田块形状、大小及播种行距等参数，然后启动机器进行播种作业。按规划路径前进，控制系统依直播机行走速度自动调节排种器转速，开沟器按

图 12-20　耕整作业

调节好的深度控制种子入土深度，确保播种深度均匀一致。

二维码 12-5
大通湖直播

二维码 12-6
大通湖插秧 1

二维码 12-7
大通湖插秧 2

作业完成后，全面检查播种质量，包括种子覆土情况，有无种子外露；精准测量播种行距与穴距，随机抽查种子分布状态，有无成堆或空缺现象。若发现播种质量不符合要求，如覆土过浅、穴距不均匀等，及时调节播种机。

12.3.2.4　精准管理

采用植保无人机进行农药喷施作业。

(1)检查设备　作业前，对无人机进行全面检查，包括检查机体结构是否有损坏、裂缝，螺丝是否松动等情况。检查电池，确保电池电量充足，并且电池外观无鼓包、破损以及接触不良等异常现象。检查喷头，确保喷头无堵塞且喷头的喷雾模式处于正常状态，喷雾的角度和范围符合要求。检查药箱，查看药是否有泄漏，内部是否干净。确保药箱的容量刻度清晰，方便准确配药。

(2)规划航线　作业田块一般为长方形田块，根据前期采用无人机航拍获取的地图，采用平行航线进行路径规划，由于该植保无人机的喷雾幅宽为 4 m，因此将航线间距设置为 3.8 m 左右，使相邻两条航线的喷雾范围能够产生一定的重叠，避免出现空白区域。将植保无人机的飞行高度设置为距农作物顶端 3 m 左右，飞行速度设定为 3 m/s 左右，保证农药能够均匀地喷洒在农作物上。

(3)作业过程　将植保无人机放置在没有障碍物的起飞点。启动无人机，使无人机平稳地起飞。同时，操作人员密切关注无人机的起飞姿态，确保垂直上升，避免倾斜或偏离起飞点。

无人机按照预先规划好的航线自动飞行，通过压力泵等设备将药箱中的农药输送到喷头，再均匀地喷洒在农作物上。操作人员应实时关注无人机的飞行状态，包括飞行高度、速度和航向等参数。同时，观察农药的喷洒情况，如喷洒的范围是否覆盖整个作业区域，喷洒的颗粒大小是否符合要求等。

二维码 12-8
大通湖飞防

二维码 12-9
大通湖除草

二维码 12-10
大通湖变量施肥

(4)作业后事项　完成作业任务后，系统会自动记录本次作业的相关数据，如作业面积、农药使用量和飞行时间等，为下一次作业提供参考，也有助于评估本次作业的效果。同时，根据后续农作物的生长情况对作业效果进行分析，若发现病虫害防治效果不佳，分析可能原因，如农药选择不当或喷洒不均匀等，以便在下次作业中进行改进。

12.3.2.5　收获无人农机应用

采用沃德 4LZ-7.0ZQ 型再生稻收获机(图 12-21)，作业参数如表 12-1 所示。该收获机配备有窄履带和宽割台，具有割茬高度一致和碾压率低的特点，适应再生稻生长特性。

为保证再生稻头季收获后稻茬再生发芽率，需要合理规划收获路径以最大程度减少碾压。主要措施是尽量将卸粮路径与收获机地头转弯路径(非作业路径)重合，方案如图 12-22 所示。

图 12-21　再生稻收获机向运粮车卸粮

表 12-1 再生稻收获机作业参数

技术指标 Technical index	参数值 Parameter
长×宽×高 Length×width×height/(mm×mm×mm)	5 740×2 800×3 170
履带接地长度×履带宽度 Track length×Track width /(mm×mm)	1 833×350
割幅 Cutting width/mm	2 800
粮仓容积 Volume of granary/m^3	1.5
直行碾压率 Straight rolling rate/%	25
作业速度 Operation Speed/(km/h)	0～5.8
喂入量 Feed amount/(kg/s)	7
平均接地压力 Average grounding pressure/ kpa	29.5
作业效率 Work efficiency/(mu/h)	2.63
履带宽度/cm	35

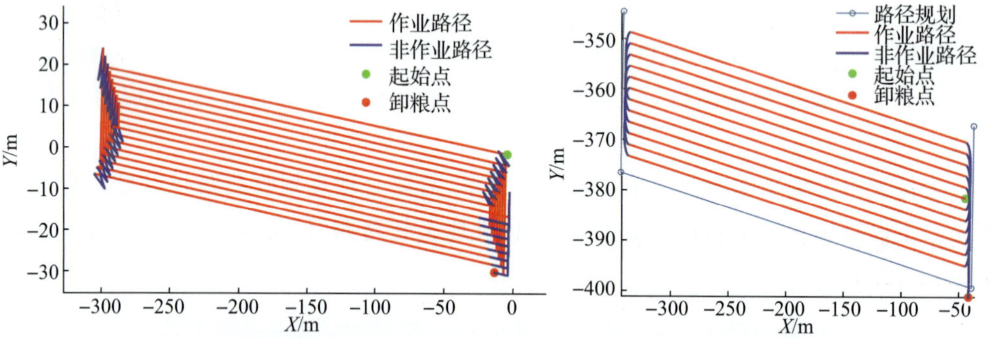

(a) 双季稻常规收获路径规划　　(b) 再生稻收获路径规划

图 12-22 两种路径规划方案比较

收获作业结束后，导出农机作业的实时位置坐标以生成作业轨迹，对比分析理论与实际作业路径、整体碾压面积和转弯路径长度和转弯碾压面积，结果如表 12-2 所示。再生稻水田湿滑，容易造成农机侧滑，因此实际作业中需要不断调整农机方向，导致实际值大于理论值，经计算其碾压面积占全田的 24%。人工驾驶再生稻收获机在田间作业，最终得出再生稻头季直线碾压率由人工驾驶的 24.58%下降到 17.55%，

二维码 12-11
大通湖收获

卸粮区域碾压率由人工驾驶的78.2%下降到47.1%，割茬高度CV由16.9%下降到4.7%。改进设计的路径规划全田碾压仅占26.29%。

表12-2 理论与实际作业效果

项目	路径长度/m	整体碾压面积/m²	转弯长度/m	转弯碾压面积/m²
理论值	4 020.3	2 573.3	153.9	107.7
实际值	4 185.2	2 629.6	177.3	124.1

12.3.3 建设成效

经过无人化改造的插秧机、拖拉机和收获机等农机装备可自主精准执行预先设定的农事任务。“窄带宽幅”“割台仿形”和“路径种收同轨控制”等系列技术将再生稻头季收获的碾压率由40%降至10%左右，提高了再生稻第二季发芽率和产量；“远观近看”巡田和“专家经验”处方模型等系列技术使再生稻田的氮肥施用量比传统施肥方案减少了28%。2023年再生稻第二季平均亩产达到了411 kg，加上第一季的788.2 kg，两季的平均亩产达到了1 199.2 kg，最高的达到了1 290 kg。

大通湖再生稻无人化智慧农场不仅为再生稻的高效生产提供了解决方案，也为其他作物生产无人(少人)生产提供了创新范例。随着技术成熟，通过与华中农业大学、湖南农业大学等其他科研单位进一步深化合作，可为全国范围内推广再生稻无人化智慧农场提供可复制的样板。

12.4 上海联适水稻无人化智慧农场

12.4.1 项目背景

上海联适水稻无人化智慧农场项目位于上海青浦外冈镇泉泾村，是上海首个大田无人化智慧农场试验基地，以“数字化无人农场”为核心，致力于推动农业的高质量发展。外冈镇拥有20 000亩水稻田，其中绿色认证面积近13 000亩，占全镇水稻面积的2/3。核心区域位于练塘镇双菱村，占地面积约160.88亩，主要用于示范无人化水稻种植作业。外冈镇的水田田块整齐、土地平整、连片成方，设施配套齐全，为试验基地规模化经营提供了良好的基础。截至目前，已经初步实现200亩水稻田的全程无人化作业，完成了对现有农用作业机械的无人化改造，包括插秧机、自走式喷雾机、收获机等，初步实现了无人化插秧、无人化植保、无人化收获，以及不同作业机械间的协同作业。联适导航重点聚焦水稻无人化智慧农场、智能农机关键技术的研发和试验，建设了智慧农业装备系统远程监管和大数据控制中心。

12.4.2　无人化作业

上海联适水稻无人化智慧农场涵盖了智能感知和智能控制等关键领域。智能感知部分包括北斗导航、惯性导航、激光雷达和机器视觉技术，用于优化估计、联邦滤波、传感器故障诊断融合、发数抑制和扩展卡尔曼滤波。智能控制部分包括多功能 ECU 平台、自适应 PID 控制、多机协同、线控底盘、SDK 和智能决策，以及 ISOBUS 标准，用于控制各种农业机械，如拖拉机、喷雾机、采棉机和播种机。

12.4.2.1　智能感知

联适导航的智能土壤采样系统是联适导航自主研发的一款高精度、高效率、可视化采样的土样采集和展示系统。该系统车载终端内置高精度定位板卡，可实现厘米级高精度定位，精准记录采样点的位置并生成采样轨迹。系统实时获取采样点的位置后进行可视化显示。显示终端可以即时展示定义好规则的采样点编号、采样时间和经纬度等信息。采样位置数据可永久保存在本地，并可实时上传至后台，实现远程监管，一键采集、一键打印，操作简单方便，可以在精准农业平台查看和管理采样点数据。该系统可以解决人工采样过程中耗费人力、效率较低、很难统一规范的问题，可节省人力，实现高效、标准化采样。该系统具有定位精度高、采样效率高、界面友好、操作简单、即时打印采样标签、统一采样深度和直径以及电子地图可视化等优势。图 12-23 展示了该系统的硬件设备，包括一个安装在拖拉机上的采样装置和一个显示采样信息的平板电脑。此外，还可展示采样过程中的实际操作场景和电子地图的可视化界面。智能土壤采样系统通过自动化和精确化的技术手段，提高了土壤采样的效率和准确性，可为农业生产提供科学的数据支持。

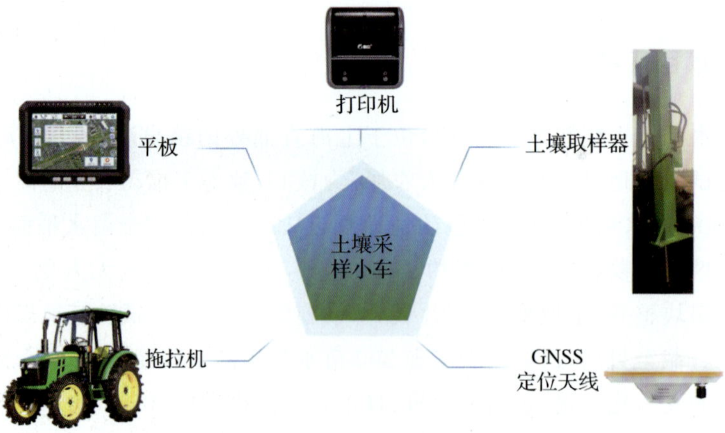

图 12-23　智能土壤采样系统

12.4.2.2 智能控制

联适导航的 VF200 北斗精准种肥控制系统是一种用于种肥作业的精准控制的智能控制设备，通过 T101 显控终端、定位天线、网关模块和播种施肥电机等组件，实现对播种和施肥过程的精准控制(图 12-24)。系统包括直流无刷电机，可定位精准，兼容性高，扭矩大，功耗低，有多种作业模式。产品参数部分列出了电机功率、供电电压、工作温度、存储温度、系统测速精度、电机转速控制精度和防护等级等技术规格(表 12-3)。图 12-25 展示了系统在播种机中的应用。系统采用电机直接驱动播种，即使在水田、坡地、泥地等复杂地形也能保持作业效果，从 0.4 km/h 到 18 km/h 都能保证作业精度。可以通过屏幕直接调控株距和播种量，操作简便。此外，系统还具备智能识别作业状态的功能，能够根据机具姿态和车速提供双重保障，并支持自动和手动模式，确保作业的灵活性和可靠性。

图 12-24　VF200 北斗精准种肥控制系统

图 12-25　VF200 应用场景图

表 12-3　VF200 北斗精准种肥控制系统产品参数

产品性能	产品参数
电气参数	电机功耗：400W
物理性能	供电电压：DC 7.5～15V
	工作温度：－40～＋70℃
	存储温度：－45～＋80℃
	系统测速精度：0.1 m/s
	电机转速控制精度：0.19/min
	防护等级：IP67
数据接口	RS232、CAN

联适导航的 VS100 北斗智能喷雾控制系统是一种用于喷雾作业精准控制的智能控制设备，通过北斗卫星天线、智能喷雾控制器、控制阀组和 T100 车载平板等组件，实现对喷雾作业的精准控制（图 12-26）。系统支持自动和手动两种操作模式，可以根据用户需求进行配置。具备信息化回传功能，允许后台远程查看作业信息，适用于各类喷药机和液态施肥机，具有节本增效、性能稳定、可靠性高、喷液精度高达 98％等优点。此外，系统还支持辅助驾驶功能，能够实时显示作业轨迹，并在速度、流量、压力不在合理范围内时报警。操作界面直观，便于用户监控和调整喷雾作业。

图 12-26　VS100 北斗智能喷雾控制系统

联适导航的 VF100 北斗变量侧深施肥系统是一种智能施肥设备，通过卫星定位天线、车载显示终端、变量施肥控制器、控制下肥量电机、温度传感器、超声波传感器和导电板等组件，实现对施肥作业的精准控制（图 12-27）。系统包括无人驾驶/自动驾驶变量侧深施肥精准控制，可实现增肥、减肥和均匀施肥，可实时采集电导率与耕种层深度，实时显示施肥量，具有多种作业信息显示、作业数据统计与显示、施肥量分布显示等功能，可云端查看施肥作业详情，缺肥、堵肥异常提醒，支持导入处方图并按处方图变量施肥等。操作界面直观，便于用户监控和调整施肥作业。

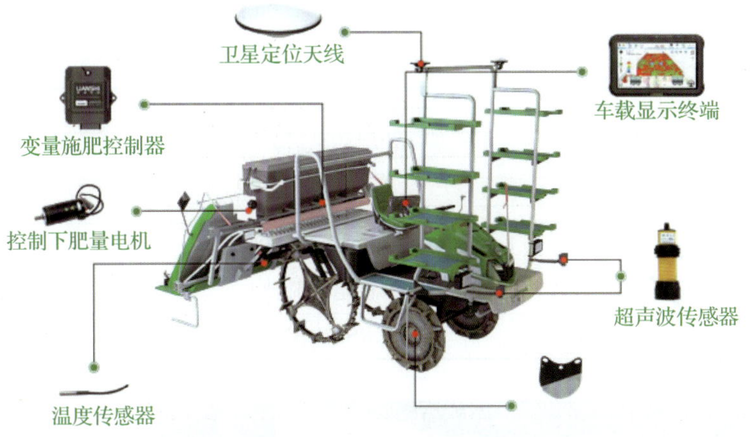

二维码 12-12
北斗变量侧深
施肥系统

图 12-27　VF100 北斗变量侧深施肥系统

联适导航的 AY100 北斗谷物测产系统是一种用于收获机的智能测产设备，通过车载显示终端和卫星定位天线，实现对收获谷物的精确测量（图 12-28）。系统的优点包括系统标定简单便捷，实时产量分布图出图快速，可兼容自动驾驶、无人驾驶等多种作业方式，具有记亩功能和一键称重功能，云端记录作业数据可追溯。产品参数部分列出了电气参数和系统性能，如供电电压、工作温度、存储温度、静态测量精度、动态测量精度、防护等级、核定载高和数据接口等技术规格（表 12-4）。图 12-29 展示了系统在联合收获机中的应用。

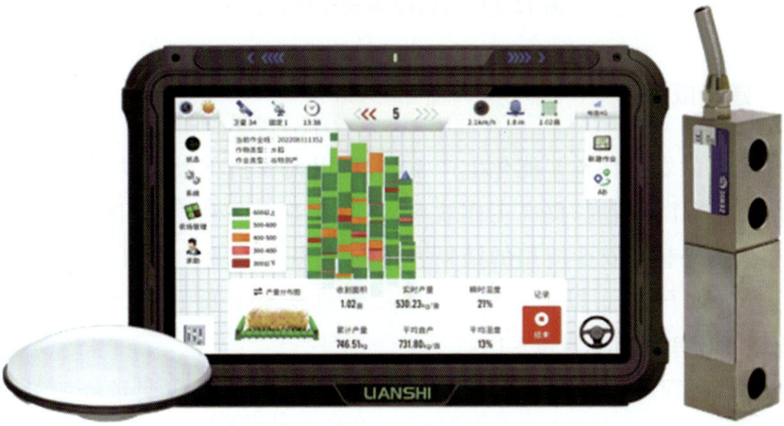

图 12-28　AY100 北斗谷物测产系统

表 12-4　AY100 北斗谷物测产系统产品参数

产品性能	产品参数
电气参数	电机功耗:400W
系统性能	供电电压:9～30 V
	工作温度:－40～＋70℃
	存储温度:－45～＋80℃
	静态测量精度:95%
	动态测量精度:90%
	防护等级:IP67
	核定载荷:2T
数据接口	RS232、CAN

图 12-29　AY100 系统应用场景

12.4.3　建设成效

基于北斗导航的农机具备智能化生产系统,可以使农机驾驶员从单调重复的劳动中解放出来,显著提高作业精度,提高工作效率,提高农业资源利用率,降低生产成本,提高投入产出比。国内外精准农业应用的结果表明,与传统的农业作业相比,应用该技术和产品后,每亩可节约种子 2 kg 以上,增产 10 kg,燃油成本降低 10%以上,人力成本降低65%以上,土地利用率提高 0.5%～1%。

采用产量图、高程图、作物长势图和土壤养分图等数据生成变量施肥处方图,可以减少 5%～10%的农资成本。同时,利用智慧农场管理平台和智能农机,人工成本可以降低 50%。此外,通过高质量农机作业和精准化农事决策指导,每亩可增加 5%。

12.5 安徽中科智能感知无人化智慧农场

12.5.1 项目背景

安徽中科智能感知无人化智慧农场位于芜湖三山经济开发区，总面积 600 亩。采用先进的农业技术，开展了水稻种植数据的即时获取、实时分析、动态管理、精准指导等全程数字化应用和无人化作业，实现了省水、省肥、省药和省人工，降低了生产成本，提高了粮食品质。

12.5.2 无人化作业

12.5.2.1 土地整治

采用高精度测量设备和地理信息技术对农场耕地进行了测绘，分析地形、地貌和土壤特性，通过“小田改大田”进行集中连片整治，建设了机耕道路和智能灌溉系统，并为农场配备物联网传感系统和无人化农场智慧 SaaS 系统，可为无人农机作业提供基础设施和地理信息（图 12-30）。

图 12-30 农场总览

12.5.2.2 智能巡田

采用无人机对水稻不同生长阶段进行定期巡航监测，将无人机的巡田信息上传至 SaaS 系统，系统通过水稻生长模型和智能感知数据以及农业专家知识库知识图谱，根据不同的作业需求生成各类作业处方图，实现水稻不同生长阶段的智能决策，如生成精准施肥处方图，再由变量施肥无人机进行精准施肥作业（图 12-31）。

图 12-31　无人机巡田与精准施肥决策

12.5.2.3　智能灌溉

采用物联网技术实现水田精准灌溉作业，系统硬件包括水位水分传感器、灌水阀门、排水闸门和水泵等。SaaS 系统通过实时监测田中的土壤湿度、水层深度以及气温、降雨量等环境参数，自动决策和调节灌溉水量及排水流量，使田中水层深度和土壤含水率满足不同水稻生长时期的需求(图 12-32)。灌溉阀门和闸门还可通过设置阈值、定时或人工判断，实现远程自动灌溉和手动控制灌溉。

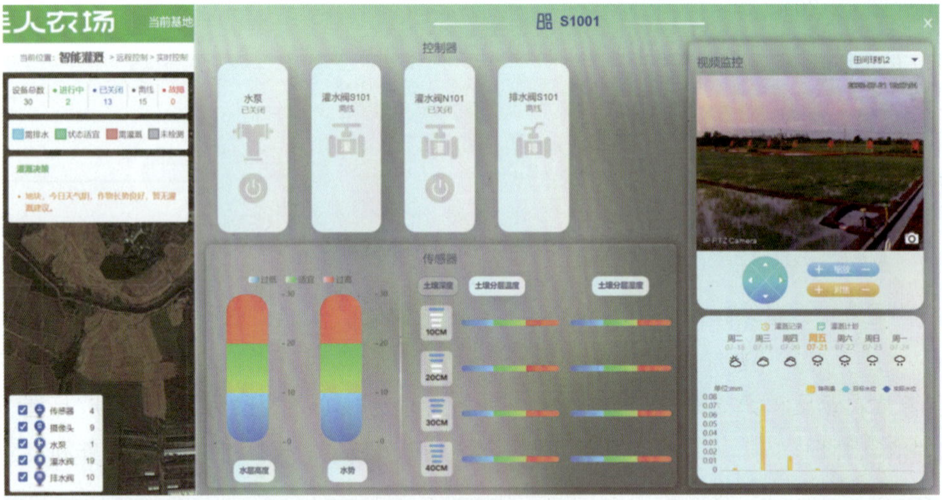

图 12-32　智能灌溉系统平台

12.5.2.4　精准收获

采用无人驾驶收获机进行精准收获，收获机喂入量为 6.0 kg/s，割台作业幅宽约为 2.3 m。收获作业路径由 SaaS 系统远程下发，收获机按作业路径进行收获作业，自动调整收割高度和速度等参数，粮仓装满后自动行驶至地边运粮车附近进行卸粮，收获作业现场如图 12-33 所示。同时，收获机也可以与运粮车以等待卸粮协同模式或跟随卸粮协同模式、多台收获机和运粮车协同模式作业。

图 12-33 精准收获作业现场

12.5.3 建设成效

安徽中科智能感知无人化智慧农场实现了水稻生产耕种管收无人化作业，农机作业横向误差小于 3 cm。无人化农场智慧农场 SaaS 系统融入人工智能技术，实现了智能巡田和智能灌溉技术集成应用，可减少肥料和农药用量 10%以上，提高生产效率 50%以上，农场综合效益提升 20%以上。

12.6 黑龙江七星大田无人化智慧农场

12.6.1 项目背景

七星万亩大田无人化智慧农场位于黑龙江佳木斯富锦建三江七星农场，总面积 15 000 亩。2020 年，七星农场作为集团第一批数字农(牧)场试点大力推进大田无人化智慧农场建设，以智慧农业工程为支撑，以水稻标准化种植管理为核心，依托“万亩大地号”打造了涵盖地理信息管理、农业基础数据采集、农业金融信贷服务、生资标准化供给服务和专业气象服务等 15 个技术领域的水稻生产全程智能化示范区。

七星农场全面整合了 5G 网络、“3S”技术(遥感技术，remote sensing，RS；地理信息技术，geographic information system，GIS；全球定位系统，global positioning system，GPS)、物联网、大数据、北斗导航、温汤浸种、智能双氧催芽、叠盘育秧、卫星遥感、近地空遥感、智能节水灌溉、智能叶龄诊断、精准施肥、无人驾驶、旱平免搅浆、侧深施肥、无人机巡田等 20 余项新技术，搭建了包含地理信息、农业遥感、叶龄诊断、智能灌溉、精准施肥、智能农机六大系统的“七星智慧农业管理平台”，并依托该“智慧农业大脑”，采用无人拖拉机、无人插秧机、无人收获机等无人机械，实现了水

二维码 12-13
七星农场

稻生产的全程无人化作业。

12.6.2 无人化作业

12.6.2.1 土地耕作智能化

采用卫星导航定位和无人驾驶技术，通过在智能农机上挂载不同农具实现犁耕、旋耕、筑埂作业无人化，包括耕整地农具改装、智能机库建设、作业质量监测标准及系统开发农具与智能农机自动挂接等。

12.6.2.2 育秧智能化

研制并建设了无人育秧工厂，在工厂内实现了从种子到标准机插秧苗的全程智能化控制，包括播种管理、秧田管理、育苗车间研制以及育秧基质生产等。其中播种包括自动播种设备研制，可实现播土、播种和覆土一次完成；秧田管理包括立体智能育秧架研制，替代秧盘的育秧槽设计，自动行走植保机器人等；智能育苗车间的研制包括自动喷淋（可雾化，可水肥药一体化），智能温控、补光，调酸、墒情和秧苗长势监测，秧苗自动切割。

12.6.2.3 插秧智能化

依托无人驾驶技术，通过改造和研发插秧机和运苗车，解决了秧苗自动补给问题。实现秧苗到田间，到插秧机的自动对接，实现了插秧无人化。

12.6.2.4 田间管理智能化

通过生产过程数据采集，建立了水稻生长模型，创建了智慧种植系统，实现了田间管理智能调控，包括智能灌溉系统的开发与应用、水稻生长模型建立以及智慧种植系统研发等。其中，水稻生长模型可通过物联网和人工智能自动提取自然环境、生长环境、农艺措施和生长发育数据。

12.6.2.5 收获智能化

采用卫星导航定位和无人驾驶技术，实现了收获无人化，包括无人驾驶收获机的升级改装、产量的自动测量、收获机与运粮车的协同作业、智能装卸粮食以及智能仓储系统的研发。

12.6.3 建设成效

以良种、良法、良田、智能农机无人驾驶技术等单项技术成果为依托，以百亩试验区智能农机测试数据及千亩示范区种植历史为典型案例，全面推广以智能管控平台（“农业大脑”）为核心的1.5万亩大田无人化智慧农场示范区，辐射带动周边50万亩智慧种植区。七星农场成功打造了百亩试验区、千亩示范区和万亩推广区，提升了现代化大农业的发展水平。示范区的建立为全国提供了可复制可推广的经验模式，全面提高了育秧、插秧、田间管理、收获仓储与耕整地全过程的智能化、无人化管理水平。在此基础上，通过智能管控平台对水稻生产过程中生长、环境与农艺措施的信息采集，应用大数据技术构建了水稻生产信息库(水稻生产数字模型),最终实现了农业生产全过程的模拟预测与各项措施的优化调控。

12.7 河北赵县小麦无人化智慧农场

12.7.1 项目背景

河北赵县小麦无人化智慧农场位于赵县光辉农业机械服务专业合作社,面积 110 亩,实现了小麦生产全程无人化作业,包括无人驾驶拖拉机耕整地、无人驾驶拖拉机播种施肥、无人驾驶自走式喷药机喷药和无人驾驶小麦联合收获机收获作业等环节,形成了小麦无人化智慧农场建设系统解决方案。

12.7.2 无人化作业

12.7.2.1 无人化整地

研发的拖拉机无人驾驶控制系统由北斗高精度定位系统、作业控制器、障碍物感知模块和遥控器等组成,采用速度自适应预瞄算法,实现了耕整地高精度路径跟踪、行进速度自动控制、地头自动转弯和协同操控避障功能,路径跟踪误差为 2.5 cm(图 12-34a)。

12.7.2.2 无人化播种施肥

改造升级了传统施肥播种机,加装小麦精量播种控制系统和小麦精准施肥控制系统,实现了小麦精量排种和基于处方图的变量施肥或定量施肥。施肥播种机与无人驾驶拖拉机组成无人化播种施肥机组,实现了无人化作业智能监测、堵漏状态监测、电机故障报警、作业数据记录、智能人机交互和无人化播种施肥(图 12-34b)。

12.7.2.3 无人化喷药

对传统自走式喷雾机进行了无人化改造,实现了从远程遥控启动、机具出库、田间道路行走、喷杆展开折叠、喷洒药液、高精度直线行走、地头转弯和机具回库等环节的无人化操控。结合流量与压力实时监测技术,实现了按量精准喷洒,解决喷洒不匀的问题,还可实时监测喷头状态并进行堵塞报警(图 12-34c)。

12.7.2.4 无人化收获

针对农田边界不规则和数据采集不完整的问题,采用边缘建模、数据插值和滤波的方法,实现了不规则地块全覆盖路径规划。改造了小麦联合收获机,实现了无人驾驶收获机前进后退及速度控制、转向控制、割台高度控制、粮满报警、卸粮遥控、远程打火熄火和数据远程传输等功能(图 12-34d)。

（a）无人化耕整作业　（b）无人化播种施肥作业

（c）无人化喷药作业　（b）无人化收获作业

图 12-34　小麦生产全程无人化作业

12.7.2.5　小麦无人化智慧农场智能管控云平台

小麦无人化智慧农场管控云平台包括实时监控、作业管理、农机管理、指令查询、地块管理、作业处方、路径规划和用户管理等模块，具备作业任务分配、转移路径规划、调度指令下发、导航 AB 线共享和处方图下发等功能（图 12-35）。

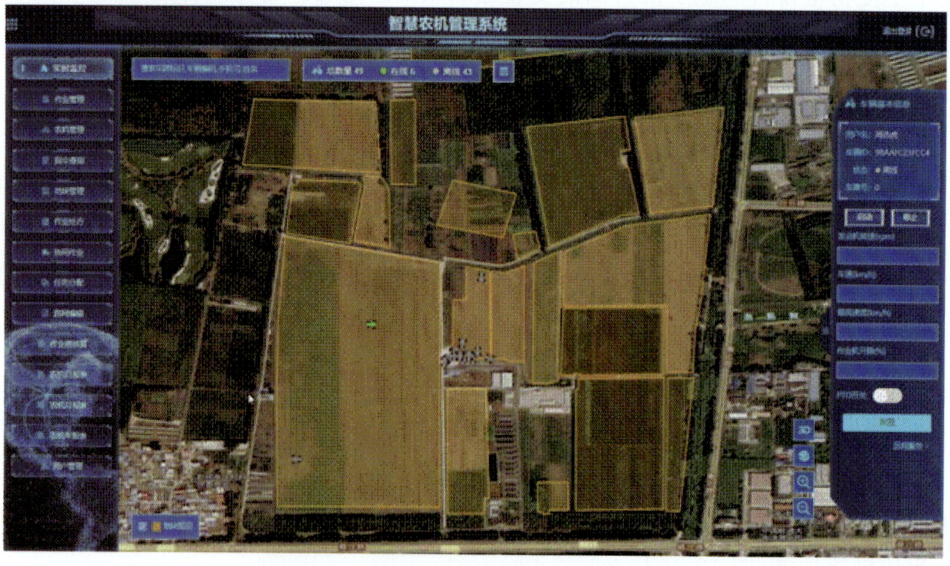

图 12-35　小麦无人化智慧农场管控云平台

12.7.3 建设成效

河北赵县小麦无人化智慧农场实现了小麦生产全程无人化作业，提高了农业生产效率，如无人驾驶植保机完成 110 亩地作业仅需 2 h，采用精量播种的小麦播种量从 50 kg/亩减少到 30 kg/亩，同时解决了缺苗断垄等问题。

第 13 章

发展与展望

近年来，大田无人化智慧农场在关键技术突破和应用实践方面取得了重要进展，国内已启动建设了一批无人化智慧农场，包括水稻、小麦、玉米和花生等不同作物，水田和旱地等不同土壤，耕种管收等不同作业环节，单机和多机等不同作业模式，实现了耕种管收生产环节全覆盖、机库田间转移作业全自动、自动避障异况停车保安全、作物生长过程实时全监控、智能决策精准作业全无人五大功能。实践表明，无人化智慧农场的应用大幅提高了劳动生产率、土地产出率和资源利用率，社会效益、经济效益显著，为农业的转型升级和高质量发展提供了有力支撑，是农业现代化的重要发展方向和农业新质生产力的重要代表之一。同时，以智能农机为特点的无人化智慧农场正吸引更多年轻人投身于农业事业，为乡村振兴和农业可持续发展提供人才保障。本章将探讨无人化智慧农场的发展与展望。

13.1 发展机遇与挑战

13.1.1 发展机遇

1. 科技进步推动无人化智慧农场向更高水平发展

随着人工智能、物联网、大数据、5G 等现代信息技术的飞速发展，无人化智慧农场的技术水平也在不断提升。人工智能技术在作物病虫害诊断和农机作业智能决策等方面的应用越来越广，诊断的准确性和决策的科学性不断提高。物联网技术实现了农机装备和农场环境的互联互通，为智能感知和远程控制提供了基础。大数据技术对农场生产过程中产生的海量数据进行分析和挖掘，为精准作业和科学管理提供了强有力的支持。5G 数据传输高速率、低延迟，保障了农机远程控制和数据传输的实时性和稳定性，推动了无人化智慧农场向更高水平发展。

2. 无人化智慧农场为解决“无人种地”和“怎样种地”提供了重要途径

当前，农村劳动力的老龄化、女性化、副业化日益加剧，导致农业生产面临人力严重不足的困境。无人化智慧农场能够大幅提高劳动生产率，有效减少人力依赖，缓解劳动力短缺。同时，随着生活水平的提高，人们对农产品的质量和安全要求越来越高。无人化智慧农场通过精准作业和智能管理，减少了化肥和农药的使用量，生产出更加绿色、安全的农产品，满足了市场对高品质农产品的需求。此外，农产品市场竞争的加剧也促使农业生产主体寻求提高效率、降低成本的途径，无人化智慧农场正好契合了这一市场需求。

3. 国家及地方政府高度重视智慧农业的发展

《全国智慧农业行动计划（2024—2028 年）》等诸多政策文件颁布，明确指出要加大对智能农机研发、无人农场建设等方面的支持力度。各地政府也纷纷制定相关政策，通过财政补贴、税收优惠等手段，鼓励企业和农户参与无人化智慧农场的建设。政策的有力支撑为无人化智慧农场的发展营造了良好的发展环境，提供了资金保障。

13.1.2 面临挑战

1. 关键技术仍存在“卡点”

经过多年持续努力，数字化感知、智能化决策、精准化作业和智慧化管理四大关键技术仍存在若干亟待解决的“卡点”。数字化感知是无人化智慧农场建设的基础，但目前仍存在诸多短板与薄弱之处。如土壤中的氮、磷、钾、有机质及 pH 的快速、实时和在线监测至今仍未取得重大突破，当下仍需依靠田中取样并在实验室进行测定的传统方式。作物病虫害危害情况的检测也是短板之一，现仍主要依靠田间近距离观察与检测的方法进行鉴别，无人机高光谱和多光谱检测技术的精度仍难以达到实用化水平。此外，智能农机核心部件的高端传感器仍依赖进口，国产传感器的部分技术性能与国际先进水平存在一定差距。精准化作业是无人化智慧农场建设的关键环节，也存在一些“卡点”。在复杂环境下，农机的自主决策能力与适应性有待提升。如在遭遇极端天气、复杂地形等情形时，智能农机可能出现无法正常作业的情况。又如在不规则地块的路径规划方面，目前仍难以实现智能全覆盖。在水田作业中，水田土壤承载力低、硬底层不平，导致农机滑转、滑移和侧滑现象严重，甚至导致农机陷入土壤，影响导航的自主控制。诸如此类“卡点”务必加大解决力度，为无人化智慧农场的建设提供有力支撑。

2. 标准与规范体系尚不完善

目前，无人化智慧农场缺乏统一的标准与规范，从智能农机的生产制造到无人化智慧农场的整体规划、作业流程以及运营，尚未形成完善的标准体系，导致不同厂家的产品和系统之间兼容性差，缺乏统一的标准和接口，数据共享困难，难以实现互联互通和协同作业，制约了无人化智慧农场整体效能的发挥。

3. 高成本限制大规模应用

无人化智慧农场建设所需的智能农机、传感器、通信设备以及配套的软件平台等资金投入较高，设备维护、数据处理、技术人员工资等运营成本也较高。此外，由于技术和市场等因素，无人化智慧农场的产出效益和潜力尚待进一步挖掘。

4. 复合型人才短缺

无人化智慧农场的发展，需要既懂农业专业知识又能掌握现代信息技术的现代农业工程复合型人才。当前此类人才短缺,导致在建设和运营无人化智慧农场过程中遇到的技术难题难以解决,存在设备操作和维护困难等诸多挑战,制约着行业发展。

13.2 发展趋势展望

无人化智慧农场是农业现代化的发展方向,具有广阔的发展前景。尽管目前还面临一些挑战,但随着技术的不断进步和政策的有力支持,无人化智慧农场将逐渐成为农业生产的重要模式,为实现农业的高效、绿色、可持续发展做出重要贡献。

13.2.1 关键技术创新发展

1. 新型传感技术以及多技术融合推动数字化感知技术创新

在无人化智慧农场中,数字化感知技术与传感器发挥着核心作用,其发展和创新将极大提高农场的信息获取能力,如土壤中微量元素含量、植物生长应力和水分状况等关键指标的获取。此外,传感技术与人工智能、大数据技术、物联网以及自动化控制技术的深度融合,将显著提升信息获取的精度与范围,实现低功耗广域智能感知、高速率与低延迟的数据传输以及决策协同,在感知基础上的作物生长趋势预测、病虫害发生概率评估和预测等成为可能。

2. 人工智能推动智能化决策和智慧化管理技术创新

人工智能深度融入无人化智慧农场生产各环节,将为无人化智慧农场的智能化决策和智慧化管理带来全面革新。如在土壤整治环节,人工智能可对数字化感知获取的土壤质地、肥力、pH、耕作阻力等信息进行综合分析,依据不同区域土壤特性和种植需求,智能决策出最优的土地整治方案。在耕整环节,借助数字化感知收集的农田地形、土壤湿度、作物茬口等信息,为不同作物智能推荐最佳耕整方式。在种植环节,基于数字化感知的气候数据、土壤条件、作物品种特性等信息,运用大数据分析和预测模型,为不同区域智能决策出种植方案。在田间管理环节,针对水、肥、药和杂草管理,为实现精准灌溉、施肥、施药和除草决策出最佳作业处方。在收获环节,人工智能根据数字化感知的作物成熟度、生长状况、天气变化等信息,决策出最佳收获时间和收获方式,并控制收获设备的作业参数,如割台高度、脱粒滚筒转速等,实现高效低损收获。此外,人工智能与无人化智慧农场云管控平台的深度融合,将优化实现农机智能运维与调度,以及农场资源高效配置与协同管理,提高农机的使用效率,减少能源消耗和运营成本,提高农场整体运营效率。大模型则可提供农业知识图谱构建、农业生产预测与风险预警、农业生产决策辅助等功能。

3. 智能农机发展推动精准化作业技术创新

智能农机将朝着更加精准、高端、智能和绿色的方向发展。在精准方面,高精度北斗卫星定位导航、先进惯性导航和视觉导航等技术融合,能够适应更多场景和更复杂环境,通过与精准耕整、精准种植、变量施药和智能收获技术融合，实现更加精准的作业。在性能方面，智能农机的动力系统、传动系统和作业系统将不断优化，在不同作业场景和负载条件下，动力系统能够自动调整输出功率，确保农机始终保持最佳工作状态，避免能源浪费，提高作业效率。同时，电动农机等新型动力智能农机也在逐渐投入应用。在功能方面，智能农机将具备更多智能化功能，如自动检测和诊断故障、自动更换作业机具或部件等。在自主作业方面，智能农机可自主完成从机库到农田、田间作业后自动返回机库，通过搭载的多种先进传感器自主感知作业环境、作物状态和自身工作状况，在农田环境复杂、干扰因素多的情况下，自主优化作业参数，高精度完成作业。同时，集体智能技术支持多智能农机协同集群式作业，满足智慧农场的规模化生产需求。

13.2.2 应用规模和场景不断拓展

随着无人化智慧农场关键技术的突破，推进无人化智慧农场建设相关政策的实施，以及政府、企业和社会投资建设无人农场积极性的提高，无人化智慧农场的应用数量和规模将不断增长，不仅用于大田作物生产，还将涵盖蔬菜、水果、花卉等经济与园艺作物以及畜牧业、渔业等领域的生产。

1. 应用面积规模化

从耕整、种植、施肥、病虫害防治、灌溉到收获作业环节，水稻、小麦和玉米等大田主要粮食作物的全程无人化作业将成为常态，并形成可复制可推广模式和较为完善的标准体系。高标准农田建设、智慧农业等相关政策支持以及标准制定将推动无人化智慧农场的规模化应用，促进无人化智慧农场的快速发展。无人化智慧农场的建设和运营成本明显降低，生产效率和经济效益显著提高，单个智慧农场应用面积将达万亩级规模。

2. 适应作物多样化

在大田作物种植领域，无人化智慧农场的应用将更加广泛和深入，不仅应用于主要粮食作物的生产，还将拓展至更多大田作物的生产，如油菜、花生、蔬菜、水果以及花卉等经济作物和园艺作物，并打造出一批规模化的典型场景。另外，依据不同农作物的生长特性和需求，研发个性化无人化智慧农场解决方案也是未来的发展方向。

3. 应用场景不断拓展

无人化智慧农场还将在设施农业、畜牧业、渔业等领域发挥重要作用，逐步建成无人化智慧温室、无人化智慧猪场、无人化智慧鸡场以及无人化渔场，并将在农产品加工、仓储物流等领域发挥重要作用，实现农业全产业链的智能化升级。

13.2.3 产业体系逐步完善

无人化智慧农场的产业体系是一个多领域相互交织、协同发展的有机整体，各部分紧密联系、相互促进，共同推动无人化智慧农场的建设和发展，为现代农业转型升级提供有力支撑。

1. 科研院所研发

科研院所是无人化智慧农场产业体系中的重要创新力量。科研院所将围绕无人化智慧农场进行前沿技术探索和基础理论研究，优化智能算法，提升数据分析速度和准确性，与企业合作共同攻克关键技术并不断研发新的智能农机，与育种、农艺、信息、农业工程等学科交叉融合形成系统解决方案，结合不同地区的农业生产特点开展无人化智慧农场试验和示范，积极参与行业标准和规范的制定，为无人化智慧农场的发展提供技术依据，推动产业健康和可持续发展。

2. 农机企业制造

智能农机是无人化智慧农场的硬件基础。智能农机制造企业结合农业生产实际需求加强创新，不断推出功能强大、性能稳定的智能农机系列产品，满足不同规模农场的需求。同时，加强智能农机的售后服务、技术培训和维修保养等相关产业的发展。

3. 经营主体运营

各类农业经营主体是无人化智慧农场建设的载体。要通过典型示范，使农业合作社、龙头企业和种田大户逐步认识到“请人种地不如请计算机种地”，提高其建设无人化智慧农场的积极性。

4. 农业信息服务

数据已成为无人化智慧农场重要的资产，应制定政策支持从事农业数据采集、数据分析与决策制定以及农业金融服务等业务的农业信息服务组织的发展，为无人化智慧农场的建设以及后续的高效运行提供支持。

5. 人才培养与引进

无人化智慧农场的发展急需众多专业人才，包括科学家、研发人员、农业技术专家、信息技术人才以及农机与农业机器人工程师等多个领域的人才。要支持相关高校与企业加强无人化智慧农场人才的培养与引进工作。同时，还要吸引更多人工智能、信息技术型人才和创新型人才投身农业领域，为无人化智慧农场的发展注入新的活力。此外，积极支持职业院校探索和实践无人化智慧农场建设的技术人员及管理人员的培养模式。